通信与导航系列规划教材

通信系统建模与仿真教程
（第3版）

陈树新　主编
石　磊　吴　昊　参编

电子工业出版社
Publishing House of Electronics Industry
北京·BEIJING

内 容 简 介

应用需求的牵引和相关学科领域的发展，使得建模与仿真技术已经发展形成了较完整的专业技术体系，成为了分析、研究现代通信系统的重要工具。本书在全面系统介绍系统建模与仿真的基本理论基础上，围绕现代通信系统，分析了系统建模与仿真方法和实现技术，简要介绍了 MATLAB 中通信相关模型的参数设置和使用方法。全书共分 10 章，具体内容包括绪论、系统建模与仿真基础、系统建模方法、系统仿真方法、仿真中的随机过程分析、随机变量的实现、通信系统建模、通信信道及其建模、通信仿真中的参数估计，以及通信仿真中的性能指标估计等内容。

编者具有多年从事通信领域系统建模和仿真的教学和科研工作经历，本书在内容编排上注意建模仿真理论与通信系统应用的结合，讲述由浅入深、简明透彻、概念清晰、重点突出，既便于教师组织教学，又有利于学生自学。

本书可用作电子及通信类专业本科生和研究生的教材使用，也可供相关专业教学、科研和工程技术人员阅读和参考。

未经许可，不得以任何方式复制或抄袭本书之部分或全部内容。
版权所有，侵权必究。

图书在版编目（CIP）数据

通信系统建模与仿真教程 / 陈树新主编. —3 版. —北京：电子工业出版社，2017.3
通信与导航系列规划教材
ISBN 978-7-121-31013-3

I. ①通… II. ①陈… III. ①通信系统－系统建模－高等学校－教材 ②通信系统－系统仿真－高等学校－教材 IV. ①TN914

中国版本图书馆 CIP 数据核字（2017）第 039445 号

策划编辑：竺南直
责任编辑：桑　昀
印　　刷：涿州市京南印刷厂
装　　订：涿州市京南印刷厂
出版发行：电子工业出版社
　　　　　北京市海淀区万寿路 173 信箱　邮编：100036
开　　本：787×1092　1/16　印张：22.25　字数：570 千字
版　　次：2007 年 7 月第 1 版
　　　　　2017 年 3 月第 3 版
印　　次：2017 年 3 月第 1 次印刷
定　　价：49.50 元

凡所购买电子工业出版社图书有缺损问题，请向购买书店调换。若书店售缺，请与本社发行部联系，联系及邮购电话：（010）88254888，88258888。
质量投诉请发邮件至 zlts@phei.com.cn，盗版侵权举报请发邮件至 dbqq@phei.com.cn。
本书咨询联系方式：davidzhu@phei.com.cn。

《通信与导航系列规划教材》总序

互联网和全球卫星导航系统被称为是二十世纪人类的两个最伟大发明,这两大发明的交互作用与应用构成了这套丛书出版的时代背景。近年来,移动互联网、云计算、大数据、物联网、机器人不断丰富着这个时代背景,呈现出缤纷多彩的人类数字化生活。例如,基于位置的服务集成卫星定位、通信、地理信息、惯性导航、信息服务等技术,把恰当的信息在恰当的时刻、以恰当的粒度(信息详细程度)和恰当的媒体形态(文字、图形、语音、视频等)、送到恰当的地点、送给恰当的人。这样一来通信和导航就成为通用技术基础,更加凸显了这套丛书出版的意义。

由空军工程大学信息与导航学院组织编写的 14 部专业教材,涉及导航、密码学、通信、天线与电波传播、频谱管理、通信工程设计、数据链、增强现实原理与应用等,有些教材在教学中已经广泛采用,历经数次修订完善,更趋成熟;还有一些教材汇集了学院近年来的科研成果,有较强的针对性,内容新颖。这套丛书既适合各类专业技术人员进行专题学习,也可作为高校教材或参考用书。希望丛书的出版,有助于国内相关领域学科发展,为信息技术人才培养做出贡献。

中国工程院院士:

第 3 版前言

本书每次修订都是作者重新理解通信系统建模仿真内涵,教材内容进一步提炼和优化的过程。

20 世纪 90 年代,为了配合"通信原理"课程教学,作者编写了 MATLAB 通信仿真讲义(未公开出版)并在校内使用,受到教师和学生的广泛欢迎,成为我校 2006 年"通信原理"国家级精品课程成功申报的重要支撑元素之一。2003 年"现代通信系统仿真"独立设课,为满足课程教学需要,参考 Michel C. Jeruchim 的 *Simulation of Communication Systems*,*Second Edition*,2007 年公开出版了本书的第 1 版,该版教材脱离了"通信原理"课程辅助教学的功能,初步形成了现代通信系统建模与仿真课程教学体系。2008 年在我校首届课程教学法改革评比中,作者围绕"研讨式课堂教学环境构建"提出的"模块递进式教学法",获得全校评比第一名,其中,课后布置给学生完成计算机仿真实验题目,在教学过程中取得了较好的效果,因此,将这些仿真实验题目引入到 2012 年公开出版的第 2 版教材当中。但是,上述几版的教材,其内容中心是通信系统,目标核心是通信系统的建模和仿真方法,缺乏对系统建模和仿真知识体系框架的完整描述,对于系统建模仿真原理和技术没有真正触及,为此我们从以下几方面进行再版修订:

1. 理论体系进行了重构

根据我校 2016 年新修订的课程标准,按照 4∶6 的比例分别介绍系统建模仿真理论,以及这些理论和技术在通信系统中的应用,使得学生在初步掌握系统建模和仿真知识体系框架的基础上,具备通信系统建模仿真的能力,进而满足电子信息类专业高年级本科教学,以及相关专业研究生学习使用的需要。为此本书 2、3、4 章全部,以及 1、5、6 章的部分内容,重点介绍系统建模仿真原理和技术,其他章节介绍通信系统建模仿真的方法。

2. 知识内容进行了修订

教材第 2 版已经被多所院校老师选用,在他们课程教学活动中始终与作者保持联络,就教材相关内容进行了深入探讨和交流,得到了大量有益的建议。同时还有不少学生就本课程的学习中遇到的问题咨询作者。根据他们的意见和建议,结合我们的教学工作经验,作者对部分内容进行了修订。例如,原第 1 章,去掉原 1.3 节内容,增加"系统建模和仿真发展"内容;原第 4 章,拓展成"系统仿真方法"和"随机变量的实现"两章内容,强化了系统建模仿真知识体系框架。

3. 相关内容进行了剔除

一是过时内容的剔除,在第 2 版教材中,利用一章介绍了"案例研究:码分多址数字蜂窝移动通信系统",由于其内容仅仅介绍了第一、二、三代移动通信系统,明显滞后于现代通信系统的发展,为此进行了全面的删除。二是重复内容的剔除,对原教材 2.6 节"时间连续信号的采样"内容进行了删除,主要由于这部分内容在本科"信号与线性系统"、"脉冲与数字电路"和"数字信号处理"等课程中已经进行了详细的介绍,因此,进行删除。除此之外,还有部分内容进行了小规模删除,因此,确保了教材内容的先进性。

4．实验案例进行了增加

在本课程独立设课以来,学生每年都能结合课程学习完成相关的课程论文,有的论文已在相关学术期刊上发表,本次修订结合课程学习的知识点,增加了学生完成的5个实验案例,其目的主要有以下三方面:一是拓展学生的思维,从课本的知识点学习到实验案例(课程论文)的完成,可以说是将知识转化成能力(应用)的过程,通过这些案例的展示,有利于课程知识的学习与学生能力的培养。二是翻转的学生角色,学生从知识的输入者转变为知识的输出者,有利于老师了解学生对知识的掌握程度,更有利于激发学生主动学习的热情。三是探索混合学习模式,2016年作者成功申报军队学位与研究生重点研究课题"混合学习在研究生课程教学中的应用研究"(****16B02),本书是该课题的研究成果之一,同时还为混合学习的实施提供了支撑。

5．对第2版中有些内容和印刷错误进行了调整和修正

修订后本书知识点虽然进行了调整,但知识内容总体数量变化不大,因此,在教学活动中如果全部进行讲解,其参考学时为54学时,当然讲授内容也可以根据课程设置的具体情况、专业特点、教学要求和教学对象的不同进行取舍。

在第3版中,全部章节内容的调整、修订和编写由陈树新教授完成,石磊老师重新编写了本书的仿真实验部分内容和附录,实验案例内容由吴昊博士进行收集与编写,王希硕士完成了全书文字稿的校对,陈坤和刘卓威博士完成相关资料的收集和整理,最后由陈树新对全书进行了统稿。

书中有部分内容源自作者承担的国家自然科学基金(61673392)的研究成果。

本书在构思和选材过程中,参阅了大量的国内外文献,在此向相关原著者表示敬意和感谢。在编写过程中,作者始终得到吴德伟教授的关心和支持。研究生黄森、陈建华对本书的初稿进行了认真阅读,并提出了大量宝贵意见,在此表示感谢。同时还需要感谢"军用导航"国家级实验教学示范中心,大学科研部机关和研究中心等机构的支持。

由于作者水平有限,书中难免存在错误和不足,恳请广大读者批评指正,联系 E-mail:chenshuxin68@sina.com。

作　者

2016年12月

第 2 版前言

本书第 1 版自 2007 年出版以来,在多所院校使用,受到教师和学生的好评,这使我们感到十分欣慰。本次再版的原因主要有以下几方面:

1. 自本书第 1 版出版以来,我们与多所院校的教师就本书相关内容进行了深入探讨和交流,得到了大量有益的建议。在教学活动中使用本书的教师、学生们对本书提出了很多很好的意见,同时我们自己也发现了许多需要改进之处。

2. 2008 年恰逢我校首届研究生课程教学法改革评比,我们认真分析课程内容,积极探索课改途径,提出的"模块递进式教学法"获得全校评比第一名。这次活动不仅探索了新型研究生课程教学模式,更重要的是极大丰富了教材内容,其中,布置给学生完成计算机仿真实验题目,在教学过程中取得了较好的效果,因此,有必要引入到新版教材当中。

3. 计算机仿真领域无论是理论和算法的发展,其速度往往超出我们的预料,这样就促使我们需要及时更新和充实相关内容和知识。

4. 在第 1 版中有些内容和印刷错误需要调整和修正。

考虑到计算机仿真理论和技术的发展,以及课程教学内容的系统性和连贯性,第 2 版在保持教材原有基本结构和风格模式的基础上,对原书中一些内容进行了调整和修订,同时对部分章节进行了重新编写,具体来讲完成了以下工作:

1. 进行了部分内容的调整与增添。在基本保持原书的编写风格基础上,注重现代通信系统建模与仿真的系统性、实用性,突出基本理论、基本概念和基本分析方法的讲解,因此,对第 1 章和第 2 章的内容进行重新整合,调整了第 4 章和第 8 章的相关内容,在第 3 章增添了调制信道的相关内容,在第 6 章专门介绍了 Simulink 中关于信道的相关描述,在第 9 章中增添了相关背景知识内容。

2. 强化了与现代仿真工具的关联。随着 MATLAB 软件版本的不断提升,特别是 Simulink 软件功能的进一步强大,大量可以直接应用的通信功能模块出现在软件库当中,这不仅降低了现代通信系统仿真的复杂度,更为构建复杂的大型通信仿真系统创造了条件,因此,在本书的各个章节当中,均增加了 Simulink 相关通信仿真模块的分析和说明。

3. 提升了学生实践工程能力培养。新版教材在课后作业设置过程中,在保持了原有的"思考和练习"内容基础上,在第 2 章到第 8 章还增加了对应的"仿真实验"内容,这部分内容与课程知识点紧密相关,通过仿真实验的方式能够完成对基本定理证明、系统性能分析和物理现象验证等,这些对学生掌握通信理论知识,提升建模和仿真能力很有帮助。

本书全部讲解的参考学时为 54 学时,当然讲授内容也可以根据课程设置的具体情况、专业特点、教学要求和教学对象的不同进行自由取舍。

在第 2 版中,第 1、2、3、4、5、6、7、8 章的调整、修订和编写由陈树新完成,第 9 章的研究案例由苏一栋和林诚编写,最后由陈树新对全书进行了统稿。

本书在编写构思和选材过程中,参阅了大量的国内外文献,在此向相关原著者表示敬意和感谢。

在本书的编写过程中始终得到陈校平主任的关心和支持，研究生吴昊、霍辰杰对本书的初稿进行了认真阅读，并提出了大量宝贵意见，在此表示感谢。

由于作者水平有限，书中难免存在错误和不足，恳请广大读者批评指正。

E-mail：chenshuxin68@sina.com

作 者
2011 年 10 月

第 1 版前言

随着通信技术的飞速发展，通信系统结构和功能变得越来越复杂，这迫使人们对通信系统的研究与开发将投入更多的时间和精力，为了及时、高效、省力地完成各类研发工作，只有利用强大的计算机辅助分析和设计工具才能实现。因此，利用计算机仿真技术对通信系统进行分析和研究，就形成了现代通信系统建模与仿真这一新兴的研究方向，有关这个研究方向相关的基本理论、方法和实现技术成为本书的论述中心。

全书共分 9 章，重点介绍利用波形级仿真技术来评估通信系统性能的基本理论、方法和实现技术。具体章节内容安排如下：第 1 章介绍了系统仿真和建模的基本概念，并结合通信系统的特点，介绍通信系统仿真的研究内容和研究方法，以及建模与仿真在通信系统设计中的作用。第 2 章讨论了仿真与建模方法论的有关内容，这些内容涉及高效、简洁和准确地进行仿真建模的具体实施手段。当然，在建模和仿真过程中，准确性、复杂性和计算资源之间需要根据实际情况进行权衡。第 3 章在简要介绍概率论基础之后，介绍了通信系统仿真过程所必需的随机过程理论，内容包括随机信号与噪声的特性表述，以及它们通过线性系统后的基本性能分析。第 4 章在学习了蒙特卡洛仿真技术的基础上，主要介绍了产生随机过程采样值的一些方法，这些随机序列是用于驱动 MC 仿真的，最后对于所产生的输入波形，即随机序列质量进行评估。第 5 章对通信系统的主要模块进行了分析研究，这些模块包括：信源及信源编译码部分，数字基带传输子系统，信道编码部分，调制与解调子系统，同步子系统等，最后介绍了仿真的标校过程。通过对这些模块的研究，能够使读者基本掌握通信系统建模过程。第 6 章介绍了几种信道模型的构建方法，为研究通信系统的性能提供了保障。第 7 章以通信系统仿真为背景，介绍信号参数估计的理论和方法，重点分析参数估计精度与运行时间的关系，为确定最佳的估计方案提供了理论依据。第 8 章研究了通信仿真系统的性能指标的估计方法，对于模拟通信系统来讲，其性能指标是指信噪比；对于数字通信系统，其性能指标是误码率。第 9 章结合对 CDMA 数字蜂窝移动通信系统性能的评估，从仿真方法论的角度提出问题，并指出具体解决问题的思路。

全书以电子和通信学科为应用背景，在选材上，强调建模仿真的基本理论、方法、实现技术和结果的研究与分析，尽量减小与具体仿真语言或环境的关联性，充分提高学生提出、研究、分析通信问题的实际工作能力；在内容编排上，强调内容的提炼，避免抽象的理论表述与复杂的数学推导，加强必要的物理概念和应用背景的讲解；在写作上，力求简明扼要，深入浅出，着重基本概念、基本原理和基本技术的阐述。本书全部讲解的参考学时为 54 学时，当然讲授内容也可以根据课程设置的具体情况、专业特点和教学要求自由取舍。本书配有电子教案，欢迎任课教师索取。

本书第 1、5、7、8、9 章及附录由陈树新编写，第 2、3、4 章由邓妍编写，第 6 章由姚如贵编写，并由陈树新规划统稿全书。

在本书的完成过程中,参阅了大量的国内外文献,在此向相关原著者表示敬意和感谢!

由于现代通信系统建模与仿真的理论和技术发展迅速,编者水平有限,书中难免存在错误和不足,恳请读者批评指正。

E-mail: chenshuxin68@sina.com

作 者
2007 年 1 月

目 录

第1章 绪论 ·············· 1
  1.1 系统与模型 ··········· 1
    1.1.1 系统 ············ 1
    1.1.2 模型 ············ 2
    1.1.3 模型的分类 ········ 3
  1.2 仿真 ·············· 4
    1.2.1 定义 ············ 4
    1.2.2 相似理论 ········· 5
    1.2.3 仿真的分类 ········ 7
  1.3 系统建模与仿真的发展 ······ 8
    1.3.1 历史回顾 ········· 8
    1.3.2 发展趋势 ········· 9
  1.4 仿真在通信系统开发中的作用 ·· 11
    1.4.1 不同开发阶段的应用 ··· 11
    1.4.2 有效性分析 ········ 12
    1.4.3 典型案例分析 ······· 12
  思考与练习 ············· 14

第2章 系统建模与仿真基础 ······ 15
  2.1 系统建模的基本概念 ······· 15
    2.1.1 分类与准则 ········ 15
    2.1.2 实施步骤 ········· 16
    2.1.3 思维方法 ········· 18
  2.2 系统建模的实现方法 ······· 20
    2.2.1 基本思路 ········· 21
    2.2.2 通信系统建模的实现方法 · 22
    2.2.3 虚拟与混合系统建模 ··· 23
  2.3 系统建模的误差分析 ······· 25
    2.3.1 系统建模误差 ······· 25
    2.3.2 设备建模误差 ······· 26
    2.3.3 过程建模误差 ······· 27
  2.4 系统仿真的实现方法 ······· 29
    2.4.1 仿真理论和方法 ······ 30
    2.4.2 通信系统仿真的实现方法 · 31
    2.4.3 通信系统分层仿真观点 ·· 33
    2.4.4 系统仿真的性能评估 ··· 34
  2.5 系统仿真的验证 ·········· 35
    2.5.1 设备模型的验证 ····· 36
    2.5.2 随机过程模型的验证 ··· 37
    2.5.3 系统模型的验证 ····· 38
  小结 ················ 39
  思考与练习 ············· 40
  仿真实验 ·············· 40
  实验案例：地面通信干扰源跟踪问题
        的系统建模 ········ 40

第3章 系统建模方法 ·········· 45
  3.1 系统的描述 ············ 45
    3.1.1 时域描述模型 ······· 45
    3.1.2 传递函数模型 ······· 46
    3.1.3 状态空间模型 ······· 47
  3.2 连续系统的建模 ·········· 48
    3.2.1 微分方程建模方法 ···· 48
    3.2.2 频域建模方法 ······· 50
    3.2.3 分布参数系统建模方法 ·· 52
  3.3 离散事件系统建模基础 ······ 53
    3.3.1 离散事件系统的基本要素 · 54
    3.3.2 离散事件仿真模型的部件与
         结构 ··········· 55
  3.4 离散事件系统典型建模方法 ··· 57
    3.4.1 Petri网建模方法 ····· 57
    3.4.2 活动循环图建模方法 ··· 59
    3.4.3 实体流图建模方法 ···· 61
  小结 ················ 63
  思考与练习 ············· 63
  仿真实验 ·············· 64

第4章 系统仿真方法 ·········· 65
  4.1 连续系统数值仿真方法 ······ 65

   4.1.1 数学原理 ········· 65
   4.1.2 实现方法 ········· 67
   4.1.3 稳定性分析 ······· 70
  4.2 离散事件系统仿真基本策略 ····· 71
   4.2.1 事件调度法 ······· 71
   4.2.2 活动扫描法 ······· 73
   4.2.3 进程交互法 ······· 75
   4.2.4 时间推进机制 ····· 77
  4.3 蒙特卡洛仿真原理 ············ 78
   4.3.1 蒙特卡洛仿真的定义 ··· 79
   4.3.2 MC法在通信中的应用 ··· 80
  4.4 准解析MC仿真 ··············· 82
   4.4.1 问题提出 ············ 82
   4.4.2 基本原理 ············ 82
   4.4.3 二进制通信系统的QA仿真 ··· 84
  小结 ·························· 85
  思考与练习 ···················· 86
  仿真实验 ······················ 87
  实验案例：关于蒙特卡洛仿真法计算
     圆周率的进一步讨论 ···· 87

第5章 仿真中的随机过程分析 ······· 92
  5.1 概率论基础 ················ 92
   5.1.1 随机事件与概率 ··· 92
   5.1.2 随机变量与概率分布 ··· 94
   5.1.3 单随机变量模型 ··· 96
  5.2 随机过程的基本概念 ······· 102
   5.2.1 随机过程的一般表述 ··· 102
   5.2.2 随机过程的统计特性 ··· 103
  5.3 平稳随机过程及其特性分析 ··· 105
   5.3.1 平稳随机过程及其各态
     历经性 ············ 105
   5.3.2 平稳随机过程的特性分析 ··· 106
  5.4 信道分析 ···················· 109
   5.4.1 信道模型 ············ 109
   5.4.2 恒参信道 ············ 111
   5.4.3 变参信道 ············ 113
  5.5 噪声 ························ 116
   5.5.1 噪声的分类 ········ 116
   5.5.2 起伏噪声 ············ 117

   5.5.3 白噪声和带限白噪声模型 ··· 119
   5.5.4 量化噪声 ············ 120
  5.6 随机过程的模型 ············ 126
   5.6.1 随机序列 ············ 126
   5.6.2 泊松过程 ············ 130
   5.6.3 高斯随机过程 ······ 134
  5.7 随机过程通过线性系统 ····· 135
   5.7.1 基本概念 ············ 136
   5.7.2 窄带随机过程 ······ 137
   5.7.3 正弦波加窄带高斯噪声 ··· 139
  小结 ·························· 141
  思考与练习 ···················· 142
  仿真实验 ······················ 143

第6章 随机变量的实现 ············ 145
  6.1 要求与特点 ················ 145
  6.2 随机数产生 ················ 146
   6.2.1 均匀分布随机数的产生 ··· 147
   6.2.2 任意概率密度函数随机数的
     生成方法 ············ 149
   6.2.3 斯随机变量的产生 ··· 155
  6.3 独立随机序列的产生 ······· 157
   6.3.1 高斯白噪声序列 ···· 157
   6.3.2 二进制伪随机序列 ··· 158
   6.3.3 M进制伪随机序列 ··· 165
  6.4 相关随机序列的产生 ······· 167
   6.4.1 相关高斯标量序列 ··· 168
   6.4.2 相关高斯矢量序列 ··· 172
   6.4.3 相关非高斯序列 ···· 174
  6.5 随机数产生器的测试 ······· 174
   6.5.1 平稳性与非相关性 ··· 175
   6.5.2 拟合优良度检测 ···· 177
  小结 ·························· 179
  思考与练习 ···················· 180
  仿真实验 ······················ 180
  实验案例：梅森旋转算法生成随机数
     及其改进算法 ········ 181

第7章 通信系统建模 ················ 183
  7.1 通信系统的建模方法与原则 ····· 183

7.2	信源	184	8.1.3 电离层相位信道	242
	7.2.1 模拟信源	185	8.2 衰落与多径信道	243
	7.2.2 数字信源	186	8.2.1 阴影衰落	244
7.3	信源编译码	188	8.2.2 多径衰落	245
	7.3.1 模拟信源编译码	188	8.2.3 WSSUS 模型的特性分析	248
	7.3.2 数字信源的编译码	189	8.2.4 衰落信道的冲击响应	250
7.4	数字基带	191	8.3 多径衰落信道的结构模型	252
	7.4.1 逻辑到逻辑的映射	192	8.3.1 弥散多径信道模型	252
	7.4.2 逻辑到波形的映射	194	8.3.2 离散多径信道模型	255
	7.4.3 二进制数字基带通信系统仿真	196	8.3.3 抽头增益过程的生成	257
			8.3.4 HAPS 多径信道模型	258
7.5	信道编码	197	8.4 有限状态信道模型	259
	7.5.1 分组码	198	8.4.1 定义和特点	259
	7.5.2 卷积码	203	8.4.2 有限状态无记忆模型	260
	7.5.3 编码通信的链路仿真	207	8.4.3 有限状态有记忆模型：隐马尔可夫模型（HMM）	261
7.6	调制系统	210		
	7.6.1 模拟调制	211	8.4.4 Fritchman 模型	265
	7.6.2 数字调制	212	8.5 衰落信道中通信系统的仿真方法	266
	7.6.3 仿真与实现	217		
7.7	解调与检测	219	8.5.1 波形级仿真	266
	7.7.1 相干解调	219	8.5.2 码元级仿真	267
	7.7.2 非相干解调	221	8.5.3 语音编码级仿真	268
7.8	同步	224	8.6 移动信道的参考模型	268
	7.8.1 同步技术对仿真的影响	225	8.6.1 线路损耗模型	268
	7.8.2 载波同步恢复	227	8.6.2 信道冲激响应模型	269
	7.8.3 位同步恢复	229	8.7 Simulink 中的信道模块	270
7.9	仿真的标校	231	8.7.1 加性高斯白噪声信道	270
	7.9.1 信号功率	231	8.7.2 二进制对称信道	271
	7.9.2 噪声功率	233	8.7.3 多径瑞利衰落信道	272
小结		233	8.7.4 多径莱斯衰落信道	273
思考与练习		234	8.7.5 射频损耗	274
仿真实验		235	小结	275
实验案例：卷积码软判决维特比译码的性能仿真与分析		235	思考与练习	276
			仿真实验	276
第8章 通信信道及其建模		239	实验案例：Ka 频段临近空间通信信道建模	277
8.1	准自由空间信道	239		
	8.1.1 晴空大气（对流层）信道	239	第9章 通信仿真中的参数估计	281
	8.1.2 雨衰信道	241	9.1 参数估计的基本概念	281

        9.1.1 理论背景和基本概念………… 281
        9.1.2 估计器的性能………………… 283
    9.2 波形平均电平和功率估计………… 286
        9.2.1 波形平均电平估计…………… 286
        9.2.2 波形平均功率估计…………… 290
    9.3 波形幅度概率密度和分布
        函数估计……………………………… 291
        9.3.1 经验分布……………………… 292
        9.3.2 直方图………………………… 292
    9.4 信号功率谱密度的估计…………… 295
        9.4.1 估计器的基本形式…………… 295
        9.4.2 估计器的修正形式…………… 297
        9.4.3 估计器的期望值与方差……… 300
        9.4.4 实现 PSD 的估计器………… 301
    9.5 时延和相位估计…………………… 303
        9.5.1 无噪声环境下载波相位和定时
              同步的估计………………… 304
        9.5.2 分组估计器…………………… 305
    9.6 性能的目测指标…………………… 308
        9.6.1 眼图…………………………… 308
        9.6.2 散布图………………………… 309
    小结…………………………………………… 310
    思考与练习………………………………… 310
    仿真实验…………………………………… 311

第 10 章 通信仿真中的性能指标估计… 312
    10.1 信噪比估计……………………… 312

        10.1.1 信噪比估计器的形式……… 312
        10.1.2 估计器的统计特性………… 314
        10.1.3 估计器的实现……………… 315
    10.2 数字系统性能估计……………… 318
        10.2.1 理论框架…………………… 318
        10.2.2 MC 估计器的形式………… 320
        10.2.3 MC 估计器的置信区间…… 321
        10.2.4 MC 估计器的均值和方差… 324
    10.3 尾部外推法……………………… 326
        10.3.1 估计器形式………………… 326
        10.3.2 估计器的性能分析与实现… 329
    10.4 重要事件采样法………………… 330
        10.4.1 重要事件采样法工作原理… 330
        10.4.2 偏差概率密度函数的选择… 332
    小结…………………………………………… 333
    思考与练习………………………………… 334
    仿真实验…………………………………… 334

附录 A 傅里叶变换……………………… 335

附录 B 离散傅里叶变换（DFT）……… 337

附录 C 几种通信系统仿真中常用的
        概率分布………………………… 339

附录 D 误差函数表……………………… 340

参考文献…………………………………… 341

第1章 绪　　论

随着计算机技术发展，计算机仿真技术已经成为分析、研究各种系统，尤其是复杂系统的重要工具，它不仅用于工程领域，如机械、航空、航天、电力、冶金、化工、电子等方面，还广泛用于非工程领域，如交通管理、生产调度、库存控制、生态环境以及社会经济等方面。作为目前发展最为迅猛的通信领域，由于其系统结构和功能变得越来越复杂，这迫使人们对通信系统的研究与开发将投入更多的时间和精力，为了及时、高效、省力地完成各类研发工作，只有利用强大的计算机辅助分析和设计工具才能实现。

本章将简要介绍系统仿真和建模的基本概念，以及系统建模与仿真的发展，并结合通信系统的特点，介绍仿真在通信系统开发中的作用。

1.1　系统与模型

1.1.1　系统

系统这一词最早见著古希腊原子论创始人德谟克利特（Democritus，460 BC—370 BC）的著作《世界大系统》一书。该书明确地论述了关于系统的含义，它指出"任何事物都是在联系中显现出来的，都是在系统中存在的，系统的联系规定每一事物，而每一联系又能反映系统联系的总貌"。著名学者戈登在总结前人思想的基础上，将系统定义为"按照某些规律结合起来，互相作用、互相依存的所有实体的集合或总和"。现在一般认为，系统是指由若干相互关联、互相作用的事物按一定规律组合而成的具有特定功能的整体。因此，系统具有整体性和相关性的基本特征。

根据上述分析，首先，必须明确系统的整体性。也就是说，系统是一个整体，它的各部分是不可分割的。以通信系统为例，该系统的任务是传输消息，这些消息可以是语言、文字、图像、数据、指令等。为了便于传输，先由转换设备将所传消息按一定规则变换为相对应的信号，信号形式多样，可以是电信号，也可以是光信号，它们通常是随时间变化的电流、电压或光强，经过适当的信道（即信号传输的通道，如传输线、电缆、空间、光纤、光缆等）将信号传送到接收方，再转换为声音、文字、图像、数据、指令等。

可以看到，对于上述通信系统，如果缺少任何一个环节或者处理过程都无法将信息有效和可靠地进行传输。其次，要明确系统的相关性。系统内部各物体相互之间以一定规律联系着，它们的特定关系形成了具有特定性能的系统。实际上对于系统的定义存在较大的差异，同样以通信领域的应用为例，通信设备中的滤波器就可以认为是一个简单系统，而由同步卫星和地面站组成的卫星通信是一个庞大的复合系统，它不仅包括为完成通信任务的通信系统，还包括保障卫星正常运行的各类子系统。

这样看来，定义一个系统时，首先要确定系统的边界。尽管世界上的事物是相互联系的，但是当研究某一对象时，总是要将该对象与其环境区别开来。边界确定了系统的范围，边界以外对系统的作用称为系统的输入，系统对边界以外的环境的作用称为系统的输出。尽管世界上的系统千差万别，但人们总结出描述和研究系统的"三要素"，即实体、属性和活动。

（1）实体：确定了系统的构成，也就确定了系统的边界。

（2）属性：也称为描述变量，用于描述每一实体的特征。

（3）活动：用于定义系统内部实体之间的相互作用，从而确定了系统内部发生变化的过程。

实体具有数不清的层次和特征，能反映实体的一切特征和运动规律的东西，只能是实体本身，因此，当利用各种方法来研究系统时，最终均应该用系统的实体来加以检验。由存在于系统内部的实体、属性和活动组成的整体称为系统的状态，处于平衡状态的系统称为静态系统，状态随时间不断变化着的系统称为动态系统。当然，随着研究系统更为深入，将需要更多的要素进行描述，在这方面3.3节给出了离散事件系统的基本要素。除此之外，在对系统进行描述过程中，还常用以下术语：

（1）系统环境：影响系统而又不受该系统直接控制的全部外界因素的集合。

（2）系统边界：为了限制所研究问题涉及的范围，一般用系统边界把被研究的系统与系统环境区分开来。

有些系统经常会受到系统外界因素变化的影响，在建立系统模型时，要注意正确划清系统边界，而边界的确定要根据所研究问题的目的而定。确定研究目标后才能确定哪些属于系统内部因素，哪些属于系统外部环境。

1.1.2 模型

为了研究、分析、设计和实现一个系统，需要进行实验。实验的方法通常可分为两大类：一类是直接在真实系统上进行，另一类是先构造模型，通过对模型的实验来代替或部分代替对真实系统的实验。传统上大多采用第一类方法，随着科学技术的发展，尽管第一类方法在某些情况下仍然是必不可少的，但第二类方法日益成为人们更为常用的方法，其主要原因在于：

（1）系统还处于设计阶段，真实的系统尚未建立，人们需要更准确地了解未来系统的性能，这时就只能通过对模型的实验来了解。

（2）在真实系统上进行实验可能会引起系统破坏或发生故障，例如，对一个处于运行状态的化工系统或电力系统进行没有把握的实验，将会冒巨大的风险。

（3）需要进行多次实验时，难以保证每次实验的条件相同，因而无法准确判断实验结果的优劣。

（4）实验时间太长或费用昂贵。

因此，在模型上进行实验日益为人们所青睐，为了达到系统研究的目的，系统模型通常用来收集系统有关信息，以及描述系统有关实体。建模是对相应的真实对象和真实关系中那些有用的和令人感兴趣的特性的抽象，是对系统某些本质方面的描述，它以各种可用的形式提供被研究系统的描述信息，通常可分为三大类。

（1）物理建模：采用一定比例尺按照真实系统的"样子"制作，按照一定比例尺制作真实系统的"样子"，沙盘模型就是物理模型的典型例子。

（2）数学建模：采用数学的各类形式来描述系统的内在规律。

（3）非形式描述：模型的非形式描述，说明了模型的本质但不是细节，它帮助建模者抓住模型的基本轮廓，并能想象模型在概念框架中如何进行工作，因此，它是一种最自然而有效的建模方法。

如本书不专门强调，之后所提到的系统模型均指系统的数学模型。

1.1.3 模型的分类

根据一般系统理论的观点，系统可看作一个集合结构。通常按照数学模型的形式和类型，以及研究方法进行分类。

（1）按形式和类型划分，可以分为线性与非线性、静态与动态、确定性与随机性、微观与宏观、时变与时不变系统，以及集中参数与分布参数模型等。

（2）按研究方法划分，可以分为连续与离散、时域与频域、输入输出与状态空间，以及参数与非参数模型等。

1. 线性与非线性模型

线性模型是用来描述线性系统的，一般说来，线性模型能满足下列算子运算：

$$\begin{cases} (T_1 + T_2)X = T_1 X + T_2 X \\ T_1(T_2 X) = T_2(T_1 X) \\ T_1(X + Y) = T_1 X + T_1 Y \end{cases} \tag{1-1}$$

式中，T_1 和 T_2——算子；
　　　X 和 Y——变量。

非线性模型是用来描述非线性系统的，一般不满足叠加原理。

2. 动态与静态模型

静态（数学）模型给出系统处于平衡状态下的各属性之间的关系式，据此便可以求得当任何属性值改变而引起平衡点变化时，模型内部所有属性随之发生变化的情形。动态（数学）模型允许把系统属性值的变化描述为一个时间的函数，在进行求解运算时，按照属性模型的复杂程度可分别采用分析法和数值法。

3. 确定性与随机性模型

当一个系统的输出（状态和活动）完全可以用它的输入（外作用或干扰）来描述时，则这种系统称为确定性系统；若一个系统的输出（状态和活动）是随机的，即对于给定的输入（外作用或干扰）存在多种可能的输出，则该系统是随机系统。

4. 微观与宏观模型

微观与宏观模型的差别在于，前者是研究事物内部微小单元的运动规律，一般用微分方程、差分方程或状态方程表示；而后者是研究事物的宏观现象的，一般用联立方程组进行建模。

5. 时变与时不变系统模型

如果系统模型的参数都是常数，它们不随时间变化，则称该系统模型为时不变系统模型或常参量系统模型，否则称为时变系统模型。如果利用数学语言来描述时不变系统模型，那么系统模型输入信号 $x(t)$ 和输出响应 $y(t)$ 之间存在着如下的函数关系：

$$y(t-t_0) = T[x(t-t_0)] \tag{1-2}$$

线性系统模型可以是时不变的,也可以是时变的。描述线性时不变(Linear Time Invariant,LTI)系统的数学模型是常系数线性微分(或差分)方程,而描述线性时变系统的数学模型是变系数线性微分(或差分)方程。

6. 集中参数与分布参数模型

集中参数模型所描述的系统动态过程可用常微分方程来描述,例如一个物体挂在质量可以忽略的弹簧上的系统,低频环境下电阻、电容和电感组成的电路等。分布参数系统要用偏微分方程来描述,例如一个管路中流体的流动,若各点的速度相同,则此时流体的运动规律可作为集中参数系统来处理,否则,应作为分布参数系统来研究。

7. 连续与离散模型

当系统的状态变化主要表现为连续平滑时,称该系统为连续系统;当系统的状态变化主要表现为不连续(离散)时,则称该系统为离散系统。一个真实系统很少表现为完全连续的或完全离散的,而是考虑哪一种形式的变化占优势,即以主要特征为依据来划分系统模型的类型。

还有一类系统,虽然本身是连续的,但仅在指定的离散时间点上利用与变量有关的信息,这种系统称为离散采集系统,或时间离散系统。

通常,描述连续系统的数学模型是微分方程,描述离散系统的数学模型是差分方程,而混合系统模型则用微分方程和差分方程联合进行描述。

8. 时域与频域模型

在时间域和频率域内表示的数学模型分别称为时域模型和频域模型,如系统的过渡过程曲线和频率响应曲线。

9. 输入输出与状态空间模型

只关注系统外部特性的数学模型为输入输出模型,如微分方程、传递函数;状态空间模型不仅能描述系统内部状态,而且还能够揭示系统内部状态与外部输入输出之间的联系。

10. 参数与非参数模型

参数模型即用属性表达式描述的模型,如各种方程;而非参数模型则不是用属性表达式而是用图表示的,如阶跃响应曲线、频率特性等。

1.2 仿 真

1.2.1 定义

1961 年,G. W. Morgenthater 首次对"仿真"进行了技术性定义,即"仿真是指在实际系统尚不存在的情况下对于系统或活动本质的实现"。另一个较为经典的对"仿真"进行技术性定义的是 Korn,他在 1978 年的著作《连续系统仿真》中将仿真定义为"用能代表所研究的系统的模型做实验"。1982 年,Spriet 进一步将仿真的内涵加以扩充,定义为"所有支持模型建立与模型分析的活动即为仿真活动"。Oren 在 1984 年给出了仿真的基本概念框架，即"建模—实验—分析"，在此基础上提出了"仿真是一种基于模型的活动"的定义，这个定义被认为是现代仿真技术的一个重要概念。实际上，随着科学技术的进步，特别是信息技术的迅速发展，"仿真"的技术含义不断地得以发展和完善。

综上所述，"系统、模型、仿真"三者之间有着密切的关系。系统是研究的对象，模型是系统的抽象，仿真则是通过对模型的实验以达到研究系统的目的手段与方法。现代仿真技术均是在计算机支持下进行的，因此，系统仿真也称为计算机仿真。那么计算机仿真三要素及三个基本活动如图 1-1 所示。

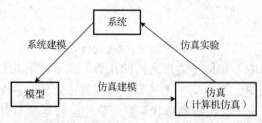

图 1-1　计算机仿真三要素和三个基本活动

传统上，"系统建模"这一活动属于系统辨识技术范畴，仿真技术则侧重在"仿真建模"，即针对不同形式的系统模型研究其求解算法，使其在计算机上得以实现。至于"仿真实验"这一活动，也往往只注重仿真程序的检验功能，至于如何将仿真实验的结果与实际系统的行为进行比较这一根本性的问题，缺乏必要的研究。

现代仿真技术的一个重要进展是将仿真活动扩展到系统建模、仿真建模和仿真实验这三个方面，并将其统一到同一环境当中。在系统建模方面，提出了用仿真方法确定实际系统的模型。例如，根据某一系统在实验中所获得的输入输出数据，在计算机上进行仿真实验，确定模型的结构和参数；基于模型库的结构化建模，采用面向对象建模方法，在类库的基础上实现模型的拼合与重用。

在仿真建模方面，除了适应计算机软硬件环境的发展而不断研究和开发出许多新算法和新软件外，现代仿真技术还采用模型与实验的分离技术，即实现模型的数据驱动。将任何一个仿真问题分为两部分：模型与实验，在这一点上现代仿真技术与传统的仿真定义是一致的。其区别在于：现代仿真技术将模型又分为参数模型和参数值两部分，参数值属于实验框架的内容之一。这样，模型参数与其对应的参数模型分离开来。仿真实验时，只需对参数模型赋予具体参数值，就形成了一个特定的模型，从而大大提高了仿真的灵活性和运行效率。

在仿真实验方面，现代仿真技术将实验框架与仿真运行控制区分开来。一个实验框架定义一组条件，它们包括：模型参数、输入变量、观测变量、初始条件、终止条件、输出说明，等等。前面已对模型参数进行了说明，除此之外，与传统仿真区别在于，将输出函数的定义与仿真模型分离开来。这样，当需要不同形式的输出时，不必重新修改仿真模型，甚至不必重新仿真运行。

1.2.2　相似理论

相似理论是研究事物之间相似规律及其应用的科学，是仿真科学的基本理论。系统仿真是通过研究模型来揭示原型（实际系统）的形态特征和本质，从而达到认识实际系统的目的。

所谓相似，是指各类事物间某些共性的客观存在。相似性是客观世界的一种普遍现象，它反映了客观世界的特性和共同规律。采用相似技术来建立实际系统的相似模型，这是相似理论在系统仿真中基础作用的根本体现。

相似理论基本内容包括相似定义、相似定理、相似类型和相似方法。因为系统具有内部结构和外部行为，因此，系统的相似有两个基本水平：结构水平和行为水平。同构必具有行为等价的特性，但行为等价的两个系统并不一定具有同构关系。因此系统相似无论具有什么水平，基本特征都归结为行为等价。不同领域中的相似有各自的特点，人们对各领域的认识水平也不一样，归纳总结，大致有如下基本类型。

1. 空间相似

当系统空间序结构存在共同性时，系统之间就表现出相似性。空间相似是一种最基本的相似方式。例如，几何学中的相似多边形之间的相似就属于空间相似。仿真系统中对外形结构的仿真就是一种空间相似。例如，在飞机驾驶模拟器中，驾驶座舱的外形尺寸要尽量与实际飞机一致，各种仪表、开关、按钮的形状和空间位置也要尽量与对应型号飞机一致。

2. 时间相似

当系统时间序结构存在共同性时，系统之间也表现出相似性。例如，许多植物的生长都经历生根、发芽、成长、开花、结果等几个阶段，这种相似就是时间相似。仿真中对时间相似的运用也比比皆是。例如，坦克射击模拟器，实车在炮手按动发射按钮与听到爆炸声之间有一定的时间间隔，那么在仿真中这个时间间隔就要尽量与实车一致，过长或过短都会导致仿真的逼真度下降。

3. 功能相似

当系统功能序结构存在共同性时，系统之间也表现出相似性。例如，计算机根据预先编制的程序，可以完成数学运算、逻辑推理等人脑完成的工作，具备了人脑的部分功能，在计算机与人脑之间就形成了一定的相似性，这种相似就是功能相似。从本质上讲，仿真就是对原型系统部分功能的模拟。仿真系统与原型系统的数学模型是相似的，这种相似决定了二者功能的相似性。

4. 动态特性相似

两种不同的物理系统，如果它们的动态方程相似，其运动规律就相似。例如，由刚体、线性弹簧和阻尼器构成的简单机械系统，与由集中参数 LRC 元件构成的电系统是两个截然不同的物理系统，但它们的动态方程是相似的，都可以用二阶线性微分方程的形式来描述，两个系统之间就存在相似性，这种相似就是动态特性相似。

动态方程相似的系统，其动态特性就相似，这是控制系统仿真的理论基础。要对一个控制系统进行仿真，首先要建立该系统的数学模型，再通过某种算法将其转化为仿真模型，用计算机来解算，以此研究原型系统的运动规律。

5. 信息相似

当系统信息作用存在共同性时，系统之间也表现出相似性。例如，许多种动物都靠发出不同的叫声向同伴传递不同的信息，信息传递方式的相似就决定了这些动物之间存在相似性，这种相似就是信息相似。仿真中最典型的信息相似就是人在回路仿真系统中，人机（或人与虚拟环境）信息交互与原型系统人机（或人与真实环境）信息交互之间的相似，包括运动感觉信息相似、视觉信息相似、听觉信息相似、触觉信息相似等。

1.2.3 仿真的分类

除了可按模型的特性对仿真系统进行分类外，仿真的分类方法还有以下几种。

1. 根据计算机分类

（1）模拟计算机仿真。模拟机使用一系列运算器（如放大器、积分器、加法器、乘法器、函数发生器等）和无源器件相互连接成仿真电路。由于各运算器并行操作，所以运算速度快，实时性好。其缺点是计算精度低，线性部件运算误差为千分之几，非线性运算误差在百分之几，而且排除故障工作繁复，模型变化后更改困难。

（2）数字计算机仿真。将系统模型用一组程序来描述，并使它在数字计算机上运行。数字计算机精度高，一般可以达到所期望的有效数字位且可以对动态特征截然不同的各种动态系统进行仿真研究，但运算速度慢（串行运算）。

（3）模拟数字混合仿真。混合仿真系统有两种基本结构：一种是在模拟机基础上增加一些数字逻辑功能，称为混合模拟机；另一种是由模拟机、数字机及其接口组成，两台计算机之间利用 D/A 转换及 A/D 转换，交换信息，称为数字—模拟混合计算机。

2. 根据仿真时钟与实际时钟的比例关系分类

众所周知，系统动态模型的时间标尺可以和实际系统的时间标尺不同，前者受仿真时钟控制，而后者受实际时钟控制。

（1）实时仿真：仿真时钟与实际时钟是完全一致的。

（2）欠实时仿真：仿真时钟比实际时钟慢。

（3）超实时仿真：仿真时钟比实际时钟快。

3. 根据仿真系统的结构和实现手段不同分类

（1）数学仿真。实际系统全部由数学模型代替，并把数学模型变成仿真模型，在计算机上对实际系统进行研究的过程。

（2）物理仿真，又称物理效应仿真。它指的是研制某些硬件结构（实体模型），使之可重现系统的各种状态，而不必采用昂贵的原型。

（3）半实物仿真，又称硬件在回路中仿真（Hardware In The Loop）。在某些系统研究中，常把数学模型、实体模型（物理效应模型）和系统的实际设备（实物）联系在一起运转，组成仿真系统，这种仿真称为半实物仿真。

（4）人在回路中仿真。人在回路中的仿真系统，要着重解决人的感觉环境的仿真生成技术，其中包括视觉、听觉、动感、力反馈等仿真环境。

（5）软件在回路中仿真。这里所指的软件是实物上的专用软件，例如武器系统中的战术决策、信息处理、控制软件，这类仿真又称为嵌入式仿真。

除此之外，仿真还有很多其他的分类方法，这里就不一一列举了。

1.3 系统建模与仿真的发展

仿真是一种基于模型的活动,而计算机仿真则是人类社会由机械化向信息化时代前进中产生的新的技术学科,它的发展是与控制工程、系统工程及计算机技术的发展密切相联系的。控制工程和系统工程的发展促进了仿真技术的广泛应用,而计算机的出现以及计算技术的发展,则为这一技术提供了强有力的手段和工具。

1.3.1 历史回顾

半个多世纪以来,计算机仿真科学与技术在系统科学、控制科学、计算机科学等学科中孕育、交叉、综合和发展,并在各学科、各行业的实际应用中成长,逐渐突破孕育本学科的原学科范畴,成为一门新兴的学科。它的发展经历了如下几个阶段。

1. 初级阶段

早期人们使用物理科学基础进行建模,在第二次世界大战后期,火炮控制与飞行控制动力学系统的研究孕育了计算机仿真科学与技术的发展。从20世纪40年代到60年代,相继研制成功了通用电子模拟计算机和混合模拟计算机。在导弹和宇宙飞船姿态及轨道动力学研究、阿波罗登月计划及核电站中仿真技术都得到应用。由于采用的工具是通用电子模拟计算机和混合模拟计算机,因而可称为模拟阶段。

2. 发展阶段

20世纪60年代,随着数字仿真机的诞生,计算机仿真科学与技术不但在军事领域得到迅速发展,而且扩展到了许多工业领域,如培训飞行员的飞机训练仿真器、电站操作人员的仿真系统、汽车驾驶模拟器,以及复杂工业过程的仿真系统等,同时相继出现了一些从事仿真设备和仿真系统生产的专业化公司,使仿真科学与技术真正进入到了数字仿真阶段。

3. 成熟阶段

20世纪90年代,由于计算机仿真的系统日益复杂,规模越来越大,在需求牵引和计算机科学与技术的推动下,为了更好地实现信息与仿真资源共享,促进仿真系统的互操作和重用,以美国为代表的发达国家在聚合级仿真、分布式交互仿真、先进的并行交互仿真的基础上,将计算机仿真科学与技术开始向高层体系结构(HLA)方向发展,实现多种类型仿真系统之间互操作、仿真模型组件重用的成熟阶段。

4. 复杂系统应用阶段

20世纪末21世纪初,对广泛领域的复杂性问题进行科学研究的需求进一步推动计算机仿真技术的发展。仿真科学与技术在计算机技术、网络技术、图形图像技术、多媒体技术、软件工程、信息处理、控制论以及系统工程等技术的发展和支持下,逐渐发展形成了具有广泛应用领域的新兴的交叉学科——仿真科学与技术学科。表1-1给出建模与仿真的历史发展。

表 1-1 建模与仿真的历史发展

年　　代	发展的主要特点
1600—1940 年	在物理科学基础上的建模
20 世纪 40 年代	电子计算机的出现
20 世纪 50 年代中期	仿真应用于航空领域
20 世纪 60 年代	工业操作过程的仿真
20 世纪 70 年代	包括经济、社会和环境因素的大系统仿真
20 世纪 70 年代中期	系统与仿真的结合，如用于随机网络建模的 SLAM 仿真系统；系统仿真与更高级的决策结合，如决策支持系统 DSS
20 世纪 80 年代中期	集成化建模与仿真环境，如美国 Prisker 公司的 TESS 建模仿真系统
20 世纪 90 年代	可视化建模与仿真，虚拟现实仿真，分布交互仿真
20 世纪末 21 世纪初	复杂系统仿真

1.3.2 发展趋势

随着对计算机仿真的理论和方法的研究的不断深入，以及作为其支撑技术之一的计算机技术的不断发展和进步，计算机仿真技术在应用过程中出现的问题将逐步得到解决。微处理器性能的增长使得利用微型计算机和工作站进行复杂系统的仿真分析成为可能，当然像中长期天气预报这样模型复杂、数据繁多、实时性要求高的问题的计算仍离不开巨型机。在软件设计中广泛采用了面向对象的思想和方法，再加上计算机图形技术的进步，仿真过程中的人机交互越来越方便直观。总之，计算机仿真技术正朝着一体化建模与仿真环境的方向稳步发展。

近年来，由于问题域的扩展，以及仿真支持技术的发展，系统仿真方法学致力于更自然地抽取事物的属性特征，寻求使模型研究者更自然地参与仿真活动的方法，等等。在这些探索的推动下，生长了一批新的研究热点。

1. 面向对象仿真（Object-Oriented Simulation，OOS）

面向对象仿真根据组成系统的对象及其相互作用关系来构造仿真模型，模型的对象通常表示实际系统中相应的实体，从而弥补了模型与实际系统之间的差距，而且它分析、设计和实现系统的观点与人们认识客观世界的自然思维方式极为一致，因而增强了仿真研究的直观性和易理解性。面向对象仿真具有内在的可扩充性和可重用性，因而为仿真大规模的复杂系统提供了极为方便的手段。面向对象仿真容易实现与计算机图形学、人工智能/专家系统和管理决策科学的结合，从而可以形成新一代的面向对象仿真建模环境，更便于在决策支持和辅助管理中推广和普及仿真决策技术。

2. 定性仿真（Qualitative Simulation，QS）

定性仿真主要用于复杂系统的研究，由于传统的定量数字仿真的局限，建模与仿真领域引入定性研究方法，并将它进行拓展并应用。定性仿真力求非数字化，以非数字手段处理信息输入、建模、行为分析和结构输出，通过定性模型推导系统定性行为描述。

3. 智能仿真（Intelligence Simulation，IS）

智能仿真是以知识为核心和人类思维行为作背景的智能技术，引入整个建模与仿真过程，构造各处基本知识的仿真系统（Knowledge Based Simulation System，KBSS），即智能仿真平台。智能仿真技术的开发途径是人工智能（如专家系统、知识工程、模式识别、神经网络等）与仿真技术（如仿真模型、仿真算法、仿真语言、仿真软件等）的集成化。因此，近年来各种智能算法，如模糊算法、神经算法、遗传算法的探索也形成了智能建模与仿真中的一些研究热点。

4．分布交互仿真（Distributed Interactive Simulation，DIS）

分布交互仿真是通过计算机网络将分散在各地的仿真设备互联，构成时间与空间互相耦合的虚拟仿真环境。实现分布交互仿真的关键技术是网络技术、支撑环境技术、组织和管理。其中，网络技术是实现分布交互仿真的基础，支撑环境技术是分布交互仿真的核心，组织和管理是完善分布交互仿真的信号。

5．可视化仿真（Visual Simulation，VS）

可视化仿真可用于为数值仿真过程及结果增加文本提示、图形、图像、动画表现，使仿真过程更加直观，结果更容易理解，并能验证仿真过程是否正确。近年来还提出了动画仿真（Animated Simulation，AS），主要用于系统仿真模型建立之后动画显示，所以原则上仍属于可视化仿真。

6．多媒体仿真（Multimedia Simulation，MS）

多媒体仿真是在可视化仿真的基础上再加入声音，从而可以得到视觉和听觉媒体组合的多媒体仿真。多媒体仿真是对传统意义上数字仿真概念内涵的扩展，它利用系统分析的原理与信息技术，以更加接近自然的多媒体形式建立描述系统内在变化规律的模型，并在计算机上以多媒体的形式再现系统动态演变过程，从而获取有关系统的感性和理性认识。

7．虚拟现实仿真（Virtual Reality Simulation，VRS）

虚拟现实是一种由计算机全部或部分生成的多维感觉环境，给参与者产生各种感官信号，如视觉、听觉、触觉等，使参与者有身临其境的感觉，能体验、接受和认识客观世界中的客观事物。同时人与虚拟环境之间可以进行多维信息的交互作用，参与者可以从定性和定量综合集成的虚拟环境中，获得对客观世界中客观事物的感性和理性的认识，从而深化概念和建造新的构想和创意。人的参与分两种情况：一种是使人根据虚拟环境做出实时的操作和控制决策响应；另一种是使人对虚拟系统仿真结果进行观察分析和调试修改。虚拟现实仿真是在多媒体仿真的基础上强调三维动画、交互功能，支持触、嗅、味知觉，从而得到VRS 系统。

8．Internet 网上仿真

由于 Internet 的迅速崛起，可以利用面向对象的互联网程序语言 Java，开发多种面向 WWW（World Wide Web）的仿真系统，如美国海军研究院的 Simkit 可以在网络浏览器的支持下进行分布式仿真，用 Simkit 建立的仿真模型可以在世界任何地点的网络用户机上运行，使分布在各网点的用户仿真模型可在其他网点上运行，或进行全球范围内总体仿真模型的分布式仿真运行。近年来，利用面向 WWW 的程序语言开发离散事件仿真系统、基于 WWW 的仿真建模以及互联网上的仿真运行已成为系统仿真中研究工作的热点。

1.4 仿真在通信系统开发中的作用

随着通信系统日趋复杂,仿真在通信系统开发过程中得以广泛应用。但是,在设计和实现通信系统的过程当中,仿真本身不是最终的目标,它只是这些过程中的一种辅助工具。对于实际系统的设计,它与具体问题的分析不同,有其自身的特点。在实际设计过程中,不是通过对系统各单元特性的详细而精密的了解,推导出系统功能或结构,而是以性能指标作为设计的技术规范,来完成通信系统设计和实现的。

1.4.1 不同开发阶段的应用

仿真在通信系统工程开发的各个阶段都起着十分重要的作用,无论是早期的概念设计阶段,还是中期的工程实现阶段,以及最后的测试阶段等,都离不开仿真这个有效的工具。

1. 概念设计阶段

通信系统工程设计一般从概念定义开始,这也就是早期的概念设计阶段,在这一阶段中,设计者需要强调设计的顶层技术规范,也就是需要确定系统的信息速率、误码率等性能指标。这些通信系统的性能指标是由两个重要因素确定,即信号噪声比(SNR)和累积的信号失真。通常这两个因素相互影响,相互制约,因此需要通过仿真进行折中考虑。

在早期的概念设计阶段,信噪比和信号失真的估计是用较简单的模型和理论推测得到的。例如,为了计算 SNR,滤波器可以用有一定带宽的理想低通滤波器作模型,而由实际滤波器引入的失真则用 SNR 的下降量来等效。在得到 SNR 之后就可以利用通信系统仿真公式计算法计算系统的性能指标,如果初始设计产生的候选系统满足性能目标,则设计继续进行下一步。否则,设计的拓扑逻辑就需要改变,这时相应的信号失真的相关参数也必须修改。

2. 工程实现阶段

在这一阶段中需要对子系统和各个模块单元指标进一步细化,同时还需要验证信号失真,因此,仿真在本阶段显得非常重要。例如,一个滤波器确定为三阶巴待沃斯滤波器,这时就可以利用波形级仿真来确定滤波器引入信号失真大小,若经过仿真得到的信号失真小于规定值,则这时可以放松对其他模块单元的要求,否则,就需要提高其他模块单元的设计指标,以满足整个系统对信号失真的要求。对于 SNR 和信号失真折中研究,以及建立硬件开发的详细规格,利用波形级仿真显得非常灵活有效,当然波形级仿真也是目前唯一可用的方法。

3. 硬件开发阶段

在硬件开发的开始阶段,需要对关键部件/子系统进行测试,以确定它们的性能指标,这些硬件样机部件的性能测量值将用于验证仿真中系统的端到端性能。若仿真得到令人满意的结果时,则可以制作余下的硬件,完成一个测试一个,最后,将整个系统的模型硬件连在一起并予以测试。否则,必须修改技术指标,或者对部分设计进行重新制作。

4. 测试阶段

当系统的硬件样机完成后,就对它进行测试,并将测试结果与仿真结果进行比较。硬件和仿真结果相近的程度是判断仿真是否有效的标准。有效的仿真模型可以用来预期关键部件的老化特性，进而预测整个通信系统运行的使用寿命（EOL），不仅如此，有效的仿真模型还可以作为故障检修的有效工具。

总之，仿真在通信系统设计中起重要作用。在概念定义阶段，给出顶层的技术要求；在设计进行和开发过程中，与硬件开发一起确定最后的技术条件并检查子系统对整个系统性能的影响；在运行情况下，仿真可以用作检修故障的工具，并且预计系统的 EOL 性能。

1.4.2 有效性分析

系统设计的基本目的就是能够构建出一个在预期的使用寿命期内，满足某些特定的性能指标的系统。当所得到的性能指标与系统真实值的差异处于允许的范围之内时，则称该系统设计有效，而对于这个有效特性的分析，就被称为系统的设计有效性分析。

假如已经找到一个能满足性能要求的具体设计方案，这里所谓具体设计方案，也就是指系统中的每个模块都被某函数完全地描述出来。但是仅按照这个方案制造出的实际设备，有可能不能满足原来设计要求技术要求，因为任何实际设备的特性都不能达到无限精确，也不能完全预测各种其他因素产生的影响，因此，希望制造出与设计要求完全一样的设备是不可能的。当然，这些问题在系统早期的概念设计阶段不必考虑，但在中期工程实现阶段需要关注。

即使能够生产这样的一个设备，它的特性可以完全精确地再现给定的设备，但仍有其他一些原因使得这种精确变得毫无意义，其中很现实的原因之一就是测试和检验。对于一个系统的所有技术要求，都必须检验是否合格。技术要求越具体、越详细，检验过程的花费就越多，同时检验结果不满足要求的可能性就越大。

然而更重要的原因，是老化和环境对器件特性影响的不确定性，因为系统设计者以及后来的使用者都希望系统在给定的时间内，以及可能的环境变化范围内保证其基本的性能指标，但是，设备的特性会因为老化而发生变化。不仅如此，环境对设备的影响也是十分严重的，特别是天气变化会产生许多影响，例如信道衰落、天线上形成冰块、雨水对天线罩的影响，等等。

总之，基于上述因素在系统中用实际设备替代抽象模型显然会存在误差。对于任意系统而言，其输出结果通常具有随机性，因此，只能用统计方法对结果进行预测，同时利用统计方法减小甚至消除各类无法预知的外界影响。要摆脱这些外界影响，需要得到设备在使用初期应具有的详细特性，这样才能够使得设备在使用寿命结束时（EOL）也能保证性能指标。

然而实现这样的处理过程是非常困难的，但是实现这些过程又是十分必要的，在这种情况下，只能采用虚拟系统建模方法进行实现。在这种虚拟建模方法中，需要规定 EOL 参数规范，也就是确定这些参数所允许的误差范围，而这些参数对系统性能起到主要作用。为了简化集成、测试和验证过程，这组参数要尽可能地少，并且在系统设计的任何阶段都容易测量。

1.4.3 典型案例分析

为了在整个通信系统开发过程中使用仿真技术，必须要能够预测 EOL 的详细特性。这些特性能够从 EOL 的参数说明表中推断得出，也可以从要使用的实际型号设备的经验数据中得出。当然，如果这样的设备还没有制造出来，这些参数也只能采取其他手段获得，例如，在某种特定的条件下进行解析分析等。

为了说明仿真技术在通信系统设计和实现过程中的具体应用，如图 1-2 所示给出了通信系统开发过程的流程图。

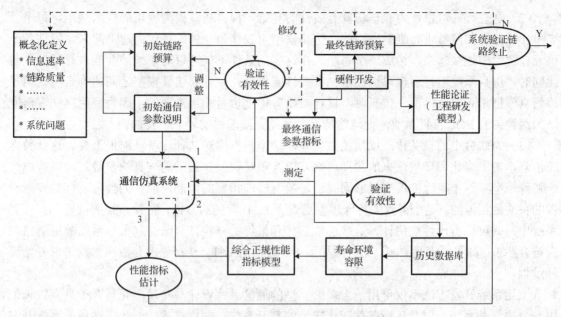

图 1-2 通信系统开发过程的流程图

从图中可以看到,仿真技术起着非常重要的作用。该图主要反映的是卫星通信系统,但同时也适用于其他系统分析。

1. **概念化定义阶段**

在此阶段,需要制定最高层性能指标,例如信息速率、链路质量、可用性和连通性等。由于这里主要关心的是链路层,因此,只研究与通信链路性能有关的内容。链路性能主要与以下两个因素有关:其一是链路信噪比;其二是链路的累积失真。一般来说上述两个因素之间相互影响,因此,在处理时需要权衡各自的利弊,就像图 1-2 所示那样,在设计初期需要根据假设条件做出适当的选择。信噪比主要反映在链路预算或链路计算过程中,它并不是仿真所关注的,可以用一些参数来控制,而波形失真或保真度则是由仿真来确定的。

2. **系统设计阶段**

此时,通过给出一些适当的系统参数来限制系统的初始状态,这些参数就是系统仿真的初始值,在这些初始参数基础上,就可以建立一个仿真模型,并利用这个仿真系统来确定假设系统所引起的性能失真,同时将系统的性能失真与原来的链路预算放在一起考虑,利用这些信息确定是否终止系统验证。当满足终止系统验证条件时,说明失真参数和信噪比都调整到了满足系统性能要求范围以内。如果不是这种情况,那么链路预算和失真参数都必须重新检查,并调整到获得终止系统验证为止。

3. **硬件设计阶段**

此时,开发的硬件通常是指设计开发模型,这个设备的设计不是最终的设计结果,只要求它与所要完成的产品比较相似即可。这些硬件或者也可以称为设计开发模型,它们主要有 3 个用途。

(1) 给出了要达到初始技术指标所面临的难易程度,同时还提供了将这些初始技术指标调整到最终形式的方法。

（2）这些硬件可以作为验证仿真有效性的基础，根据仿真模型要求的技术规范，每个独立单元的特性都能够进行测量，因此，仿真模型可以作为硬件的镜像而建立起来，硬件各个单元在实验中连接起来，构成一个系统，在这样的条件下就可以对系统的性能进行验证。与此同时，仿真系统运行后也可以观察到有关性能指标，硬件和仿真模型之间的吻合度说明了该仿真模型是否有效。而在仿真时，设计一组置信度也是相当重要的，因为要用这些置信度来预测设备的 EOL 特性参数，而这些特性参数是无法通过实验来证实的。

（3）为研究中的设备建立或增加数据库，这个数据库对估计设备性能很重要。这些数据库信息，加上老化和环境带来的预期影响，以及测量误差和最后的失真的参数，可以构成一个特殊模型，这个特殊的模型能够同时满足所有性能指标的限制，而它的具体特性与实际设备的特性是相似的。这个得到的特殊模型是设计 EOL 性能的前提，把该系统的特性加在仿真系统中，就可以得出性能估计。这些性能估计和最终的链路预算结合起来，可以验证链路是否符合要求。如果不满足要求，则必须如图 1-2 所示的那样，选择修改参数和结构重新开始设计过程。

上述系统开发方法不仅可用于大多数类型的通信系统设计与实现，而且对于具有较长使用寿命的复杂系统，以及环境条件变化较大的复杂系统也同样有效。因此，在通信系统开发过程中是普遍适用的。

思考与练习

1-1　描述系统的"三要素"是什么？它们对系统的描述各起到什么样的作用？
1-2　为什么人们越来越关注在系统模型上的实验？
1-3　结合不同通信系统说明模型的不同分类方法。
1-4　计算机仿真"三要素"是什么？它们之间有什么样的相互关系？
1-5　通信系统性能估计有哪些方法？各有什么特点？
1-6　简述 VRS 的现状和发展。
1-7　结合某一通信系统的设计过程，说明仿真在其中所起的作用。
1-8　结合图 1-2，简要说明仿真在不同阶段所起的作用。

第 2 章 系统建模与仿真基础

系统模型是研究和掌握系统运动规律的有力工具,建模是对系统内在关系的抽象,在抽象过程中,必须联系真实系统与建模目标,既要准确有效,又要高效可靠。系统仿真是一项应用技术,它的发展离不开应用需求的推动,在系统的规划、设计、运行、分析及改造的各个阶段,仿真技术都可以发挥重要作用。对于通信系统来讲,作为一个具有较长使用寿命的复杂系统,其运行的环境条件往往是变化的,这种变化有可能是周期的,但在大多数情况下是随机的。例如,卫星通信系统,短波通信系统以及远程地面网络等。对于这些复杂系统,它们不仅建设费用很高,而且维护费用昂贵。为了降低上述成本,在通信系统的设计、建设和使用过程中引入系统建模与仿真技术势在必行,而如何根据实际通信系统的技术要求构建一个有效的仿真模型,这就是建模与仿真方法论需要研究的问题。

本章首先讨论系统建模分类与准则、实施步骤和思维方法等基本概念,结合通信系统特点,给出系统建模的实现方法,分析系统建模的误差来源,研究系统仿真在通信系统中的实现方法,最后给出不同的系统仿真验证方法。

2.1 系统建模的基本概念

系统建模属于系统辨识的范畴,因此,系统数学模型的建立需要按照模型对输入、输出状态变量,以及它们间的函数关系进行抽象,这种抽象过程称为理论构造。在抽象过程中,必须联系真实系统与建模目标,首先提出一个详细描述系统的抽象模型,并在此基础上不断增加细节到原来的抽象中去,使抽象不断具体化,最后用数学语言定量地描述系统的内在联系和变化规律,实现实际系统和数学模型间的等效关系。

2.1.1 分类与准则

明确系统建模方法的分类,确定建模准则是有效开展系统建模的关键和基础。

1. 建模方法的分类

传统的数学建模方法基本上有两大类,也就是机理分析建模和实验统计建模。近些年建模方法又有了新的进展,常见方法包括:机理分析法、直接相似法、系统辨别法、回归统计法、概率统计法、量纲分析法、网络图论法、图解法、模糊集论法、蒙特卡罗法、层次分析法、"隔舱"系统法、定性推理法、"灰色"系统法、多分面法、分析-统计法和计算机辅助建模法,等等。在数学建模中,如何较合理地选择建模方法,至今没有一个固定程式,常常根据系统状况、建模目标、建模要求及实际背景来确定。

2. 建模遵循的原则

在系统分析中,建立能较全面、集中、精确地反映系统的状态、本质特征和变化规律的数学模型是系统建模的关键。但在实际问题中,要求直接用数学公式描述的事物是有限的,在许多情况下模型与实际现象完全吻合也是不大可能的。因此,系统分析下的数学模型只是系统结构和机理的一个抽象,只有在系统满足一些原则的前提下,所描述的模型才趋于实际。通常系统建模一般遵循以下原则。

(1) 可分离性原则。系统中的实体在不同程度上都是相互关联的,但是在系统分析中,绝大部分的联系是可以忽略的,系统的分离依赖于对系统的充分认识,对系统环境的界定,对系统因素的提炼,以及对约束条件与外部条件的设定。

(2) 假设的合理性原则。在实际问题中,数学建模的过程是对系统进行抽象,并且提出一些合理的假设。假设的合理性直接关系到系统模型的真实性,无论是物理系统、经济系统,还是其他自然科学系统,它们的模型都是在一定的假设下建立的。

例如,在对2PSK通信系统进行性能仿真分析时,假设信道中的噪声是加性高斯白噪声,系统是线性时不变的,如果采用同步检测,则系统误码率可以表示为:

$$P_e = \frac{1}{2}\text{erfc}(\sqrt{r}) \tag{2-1}$$

式中,r——输入解调器的信噪比。

上面对信道特性和噪声特性的假设,实际上就是对系统模型简化和理想化。

(3) 因果性原则。按照集合论的观点,因果性原则要求系统的输入量和输出量满足函数映射关系,它是数学模型的必要条件。

除此之外,系统建模还应当遵循输入量和输出量的可测量性、可选择性原则,对动态模型还应当保证适应性原则,这里就不一一说明了。

2.1.2 实施步骤

系统建模实际上是对系统抽象的一个过程,随着抽象过程的不断深入,系统模型的描述将更加细致,而这一过程大致可以划分为如下步骤。

1. 准备阶段

在建模的准备阶段需要明确建模的对象、建模的目的、建模用来解决哪些问题,以及如何运用模型来解决问题等。首先,对于打算分析模型,需要熟悉模型的所属领域,要清楚建模的对象是属于自然科学、社会科学,还是工程技术科学等领域。不同领域的模型都具有各自领域的特点与规律,应当根据具体的问题来寻求建模的方法与技巧。其次,建模是为了解决问题,还是为了预测、决策和设计一个新的系统,或者是兼而有之。最后,还需要确定模型的实现是用来模拟还是仿真,是用定性还是定量等方式来解决问题。

2. 系统认识阶段

(1) 确定系统建模的目标。对优化或决策问题,大都需要建立模型的目标,例如质量最好、产量最高、能耗最少、成本最低、经济效益最好、进度最快等,同时要考虑是建立单目标模型还是建立多目标模型。目标确定之后,要将目标表述为适合于建模的相应形式,通常表示为模型中目标的最大化或最小化。

(2) 确定系统建模的规范。根据模型问题要求和模型的目标,拟定模型的规范,使模型问题规范化。规范化工作包括:对问题有效范围的限定,解决问题的方式和工具要求,最终结果的精度要求,以及结果形式和使用方面的要求。

(3)确定系统建模的要素。根据模型目标和模型规范确定所应涉及的各种要素。在要素确定过程中须注意选择真正起作用的因素,筛去那些对目标无显著影响的因素。对选定因素应注意它们是确定性的还是不确定性的,能否进行定量分析等。

(4)确定系统建模的关系及其限制。模型中的关系要求建模者从模型和模型规范出发,对模型要素之间的各种影响、因果联系进行深入分析,并作适当的筛选,找出那些对模型真正起作用的重要关系。所有这些关系将把目标与所有要素联系为一个整体,形成模型分析的基础,这时通常可以表示为一个结构模型。在确定了关系后,模型规范告诉建模者,模型的建立必须在一定的环境、一定的范围、一定的要求下进行,这个环境、范围和要求必然要对模型起限制作用。此外,要素本身的变化有一定限度,要素的相互影响作用也只能在一定的限度内保持有效。因此,模型制约化工作要求建模者找出对模型目标、模型要素和模型关系起限制作用的各种局部性和整体性约束条件。

3. 系统建模阶段

(1)要素变量的确定。模型是对现实系统的某种表示,所以模型离不开形式,因此,需要利用要素变量来表示系统的要素原型,同时准确描述要素变量之间的关系,要素变量与模型目标之间的关系,表示约束条件,以及各个部分的整体性,特别是进行定量化描述,这些都是模型形式化的核心问题。

(2)模型形式的简化。建模是为了解决实际问题,模型的形式只能恰当适中,并非越复杂越好,而是要便于使用、便于有效地解决问题,因此,需要开展模型的简洁化工作。对于复杂的系统,建模的过程必须对原型进行抽象、简化,把那些反映问题本质属性的形态、量纲及其关系抽象出来,简化非本质因素,使模型摆脱原型的具体复杂形态。对于有若干子系统的系统,通常确定子系统,明确它们之间的联系,并描述各个子系统的输入和输出关系。

(3)进行必要的假设。进一步分析建模假设的各个条件,首先,区分常量和变量、已知量和未知量,然后查明各种量所处的地位、作用和它们之间的关系,选择恰当的数学工具和建模方法,建立刻画实际问题的数学模型。一般地讲,在能够达到预期目的的前提下,所用的数学工具越简单越好,建模时究竟采用什么方法构造模型则要根据实际问题的性质和模型假设所给出的信息而定。

4. 模型求解阶段

模型表示形式的完成不是建模工作的结束,如何利用模型进行计算求解成为最重要的问题。构造数学模型之后,模型求解常常会用到传统的和现代的数学方法,对于复杂系统,常常无法用一般的数学方法求解,计算机模拟仿真是模型求解中最有力的工具之一。其方法是根据已知条件和数据,分析模型的特征和模型的结构特点,设计或选择求解模型的数学方法和算法,然后编写计算机程序或运算与算法相适应的软件包,并借助计算机完成对模型的求解。

5. 模型分析与检验阶段

依据建模的目的要求,对模型求解的数字结果,需要进行稳定性分析、系统参数的灵敏度分析和误差分析等。通过分析,如果不符合要求,就修正或增减建模假设条件,重新建模,直到符合要求。如果通过分析符合要求，还可以对模型进行评价、预测、优化等方面的分析和探讨。

数学模型的建立是为系统分析服务的，因此，模型应当能解释系统的客观实际。在模型分析符合要求之后，还必须回到客观实际中去对模型进行检验，看它是否符合客观实际。若模型不合格，则必须修正模型或增减模型假设条件重新建模，并不断完善，直到获得满意结果。

以上几个阶段可用框图的形式表示，如图2-1所示。

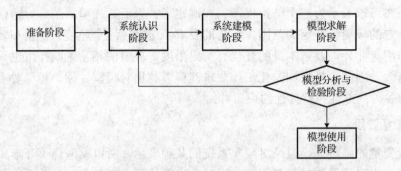

图 2-1　系统建模的主要实施步骤

2.1.3　思维方法

数学模型是用来研究系统功能及其规律的工具，通常它应具备下述 5 个方面的能力。

（1）分析综合能力；
（2）抽象概括能力；
（3）想象洞察能力；
（4）运用数学工具的能力；
（5）通过实践验证数学模型的能力。

建立数学模型是一种积极的思维活动，既没有统一的模式，也没有固定的方法，其过程大体都要经过分析与综合、抽象与概括、比较与类比、系统化与具体化的阶段，其中分析与综合是基础，抽象与概括是关键。

1. 抽象

科学研究就是要揭示事物的共性和联系的规律，因此，需要忽略每个具体事物的特殊性，着眼于整体和一般规律，通常称这种研究方法为抽象。

例如，人们在日常生活中经常会遇到这样一个问题：有四条腿的椅子，往往不能一次放稳，只能有三只脚着地，需要旋转调整几次，方可使四只脚着地、放稳，请建立这个过程的数学模型。

问题分析：数学建模的关键是用数学语言把四只脚同时着地的条件和结论表示出来。

（1）椅子的位置和调整的表述。注意到椅子脚连线成正方形，以中心点为对称点，正方形绕中心的旋转表示了椅子位置的改变，因此，可以用旋转角度 θ 这一变量表示椅子的位置。

（2）椅脚着地的数学表示。显然若用变量表示椅脚与地面的距离，当此变量为零时，就表示椅脚着地。这样需引进 4 个变量，且均为 θ 的函数。

(3) 分析研究这些函数的关系和性质，而这些关系和性质，则反映了四只脚同时着地的条件和结论。

为了实现上述三个过程，数学建模具体步骤如下。

(1) 模型的假设。

① 椅子四条腿一样长，椅脚与地面接触处可视为一个点，四脚的连线呈四方形。

② 地面高度是连续变化的，即为连续曲面。

③ 对于椅脚的间距和椅腿的长度而言，地面是相对平坦的，椅子在任何位置至少有三只脚同时着地。

(2) 模型的构成。将用自然语言描述的现象，翻译成形式化的数学语言。

(3) 模型的求解。

具体实现过程请读者根据上述描述步骤，自行设计。

2. 归纳

从特殊的具体的认识推进到一般的抽象的认识，这一种思维方式被称为归纳，它是科学发现的一种常用的有效的思维方式。归纳的前提是存在单个的事实或特殊的情况，所以归纳是立足于观察、经验或实验的基础上的。另外，归纳是依据若干已知的不完全的现象推断尚属未知的现象，因此，结论具有明显的猜测性质，然而它却超越了前提包含的内容。

开普勒第三定律的发现，可视为归纳法的典型例子。

第谷·布拉赫（Tycho Brahe，1546—1601 年）观测行星运动，积累了 20 年的资料。开普勒（Kepler，1571—1630 年）作为他的助手，运用数学工具分析研究这些资料，发现火星的位置与根据哥白尼的"行星绕太阳的运行轨道是圆形的"理论所计算的位置相差 8 弧分。在深入分析的基础上，他于 1609 年归纳出开普勒第一定律，即各行星分别在不同的椭圆轨道上绕太阳运行，太阳位于这些椭圆的一个焦点上。同年又归纳出开普勒第二定律，即单位时间内，太阳-行星径扫过的面积是常数。为了寻求行星运动周期与轨道尺寸的关系，他将当时已发现的六大行星的运行周期和椭圆轨道的长半轴列成表格，经反复研究，终于总结出开普勒第三定律，即行星运行周期的平方与其椭圆轨道长半轴的三次方成正比。

3. 演绎

演绎推理是由一般性的命题推出特殊命题的推理方法。演绎推理的作用在于把特殊情况明晰化，把蕴涵的性质揭露出来，有助于科学的理论化和体系化。牛顿以微积分为工具，在开普勒三定律和牛顿力学第二定律的基础上，演绎出万有引力定律，这一定律成功地定量解释了许多自然现象，也为其后一系列的观测和实验数据所证实。

4. 类比

类比是在两类不同的事物之间进行对比，找出若干相同或相似点之后，推测在其他方面也可能存在相同或相似之处的一种思维方式。由于类比是从人们已经掌握了的事物的属性来推测正在研究中的事物的属性，所以类比的结果是猜测性的，不一定可靠，但它却具有发现的功能，是创造性思维的重要方法。

例如，由刚体、线性弹簧和阻尼器构成的简单机械系统，与由集中参数 LRC 元件构成的电路系统，它们的动态方程具有极强的类比性。

5. 移植

在科学研究中，往往能够将一个或几个学科领域中的理论和行之有效的研究方法、研究手段移用到其他领域当中去，为解决其他学科领域中存在的疑难问题提供启发和帮助。这是由于自然界各种运动形式之间的相互联系与相互统一，决定了各门自然科学之间的相互影响与相互渗透。移植的特点是把问题的关键与已有的规律和原理联系起来，与既存的事实联系起来，从而构成一个新的模型或深掘其本质的概念与思想。

例 2-1 利用面积比例法计算圆周率。

解 估计的方法是用一个具有单位面积的正方形包围一个扇形区域，即单位圆的第一象限，均匀地在正方形中撒 N 粒豆子（或铁钉），如图 2-2 所示。

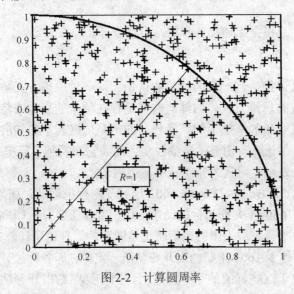

图 2-2 计算圆周率

若有 N_1 粒落入扇形区域，则落入扇形区域的比例为：

$$P = \frac{N_1}{N}$$

如果均匀撒无穷多粒豆子，那么这一比例将等于扇形区域面积与正方形的面积之比，即：

$$P = \lim_{N \to \infty} \frac{N_1}{N} = \frac{S_{扇形}}{S_{正方形}} = \frac{1 \times 1 \times \pi / 4}{1 \times 1} = \frac{\pi}{4}$$

因此，只要确定 N_1 和 N 的数值，就可以近似地确定圆周率 π。

2.2 系统建模的实现方法

在系统模型构建时，通常会涉及两个相互矛盾的问题：一是希望建立的模型尽可能精确，也就是准确性要高；二是尽量减小计算机资源的使用，这里资源是用存储容量和运行时间来量度的。因此，在系统模型构建时，讨论准确性和计算机资源需求之间的折中十分必要。遵循可分离性原则，把复杂模型分解，形成有序的递阶层次结构，则是解决上述两个问题的有效途径。

2.2.1 基本思路

当模型的准确性越高，对模型的描述将更加细致，这就意味着构成模型需要的指令越多，进而运行的时间越长。但是，在任何给定的系统中，原始系统的复杂性是固有的，虽然不涉及方法论的问题，但是模型的复杂性是受控于仿真设计者的，因此，可以在遵循因果性原则基础上，进行合理性的假设，构建出系统的层次描述结构，如图 2-3 所示。

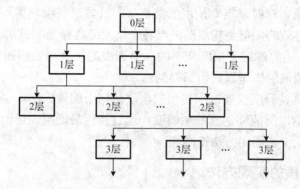

图 2-3 通信系统的层次描述结构

由图 2-3 可示，具有按层次逐层分支的树状结构，这种结构在软件系统上也称为"层次结构"，适合于软件工具和复杂系统的管理。如果从建模的角度出发，树状结构是自上而下的，离树根较近的模型称为高层模型或高级模型，离树根较远的模型称为低层模型或低级模型。

以通信系统为例，高层模型不依赖或很少依赖物理模型。典型的高层模型，例如滤波器的传递函数，它建立在滤波器输出与输入间的关系之上，而不考虑这个黑箱（滤波器）内部的工作情况。相反，低层模型在一定程度上是由高层模型分解得到的，每个单元有独立的模型，这些单元又可继续分解，如此等等。原则上这个过程可以一直重复，最终达到基本物理描述。通常在仿真建模时只需要到达满足要求的精确度标准即可，因此，分解是适度的。

为了说明高层模型和低层模型的区别与联系，考察一个由 N 个元件组成的线性滤波器。其中某一个低层模型与一个电路模型相对应，这时可以利用基尔霍夫电压定律（KVL），建立适当的微分方程，输入信号（电压或电流）将被电路模型中的各个元器件所变换，采取并联或者是串联形式，在整个电路模型的作用下产生输出。

当然，高层模型分析就不同于低层模型，如果高层模型对应于滤波器的传递函数 $H(f)$，这时仅利用滤波器的传递函数的输入和输出就可以完全确定传递函数 $H(f)$，因此，高级模型并不关心 $H(f)$ 内部是如何构建的。在这里对滤波器而言，传递函数 $H(f)$ 对应于高级模型，电路的微分方程式对应于低级模型。

出于对运算成本的考虑，通常将一个复杂的通信系统分解成多个子系统，设计者只对子系统进行分层建模即可。在上面的例子中，既然滤波器是利用它的输出与输入之间的关系建立的，那么此时滤波器的高级模型和低级模型应该能得到相同的结果，这时在建立仿真模型时通常采用高层模型。建立高层模型除可以简化系统级仿真外，还有其他原因，例如高层模型可以简化对仿真系统有效性认可的测量，这个测量是验证仿真系统和修改模型基础。比如在上面的滤波器例子中可以看到，一个低层模型可能有很多关联的参数，为了证实模型的准确性，必须能测量这些参数的值，以确认它们可以插入仿真系统。低级模型需要很多这样的测量，不仅如此，这些测量有时可能要对不能直接访问的单元进行。因此，对于一个低级模型，完成测量可能是费时又费钱的事情。

但是在某些情况下需要更关注低层模型，例如在非线性系统中，利用高级模型将不可能充分地描述非线性滤波器的输入与输出的关系，这时就需要采用基于物理原理的低层模型。另外，在上述滤波器系统当中，当一个或多个单元结构模块发生变化时，希望考察滤波器系统整体性能的变化情况，这时就需要使用低层模型。虽然，高级模型和低级模型在滤波器的输入与输出的关系是等效的，但是构成滤波器各个单元的选择是随机的，因此，$H(f)$ 本身是一个随机函数。例如，当要确定置信度95%的3dB带宽时，就需要掌握 $H(f)$ 的分布函数，而这个分布函数只能利用低层模型通过仿真得到。

系统所要求的仿真精确度仅取决于建模的层次结构中的最低层，也就是说，最高层所描述的系统，其输入和输出所能够达到的精确度，通过执行最低层表述的输入和输出关系也能得到，这就是建模层次上的通用方法论准则。

2.2.2 通信系统建模的实现方法

通信的目的是传递消息，消息以信号的形式表现出来，在传输的过程中信号和噪声干扰构成了传输的波形（电压或电流），在接收端希望将信号分量尽可能地从波形中恢复出来。为了仿真上述过程，可以通过源端产生信号波形，通过设备模型进行逐级传输，并在合适的位置上混入噪声和干扰，形成最终的传输波形。因此，成功的通信仿真系统应当做到以下几方面。

（1）仿真框图与实际通信系统的框图尽量一样。
（2）设备模型工作方式和真实设备接近一致。
（3）产生的波形的统计特性接近真实波形。

考虑到通信系统的功能、目的和特点，根据上述分析可以将通信仿真系统的建模结构分成系统建模、设备建模和过程建模3种。

1. 系统建模

系统模型是一种实际通信系统拓扑结构，其框图与真实系统越接近，整个系统的精确度就越高。出于对计算效率的考虑，建模应当尽可能地采用高层模型。在图2-3所示的树状结构图的每一层都可以采用一组子系统来降低模型的复杂度，以这种方式降低系统复杂度，在系统建模过程中得到广泛的应用。在建模时可以将某些子系统完全忽略，或者以简单的形式表示出来。例如，在通信系统中同步子系统是其重要的组成部分，但在研究其他子系统时，例如调制和解调时，可以首先假定通信系统的同步已经建立，完全忽略同步对其他子系统的影响问题。又如，对于不能仿真的A/D转换器，在通信系统中，通常假定存在离散源，用离散源来替代A/D转换器对模拟信号（时间连续信号）的离散化处理。

2. 设备建模

通信系统的一个设备在子系统层次上就是一个方框图，它能完成一定的功能，例如电缆、调制解调器等。从计算角度来讲，设备建模就是子系统分层上的传输函数模型的构建。传输函数模型实际是指在仿真脉冲的驱动下，与输入值有关的输出规则。这个规则就是某种描述方式，例如一个或一组方程、一个算法等。一个好的规则必须是有意义的，同时还是物理可实现的。一个好的子系统模型应当有可以调节的输入参数，这些参数反映了对应设备模型描述，它们与实际设备的工作数值相关。

3. 过程建模

通信系统或设备的输入和输出通常包含信息、噪声和干扰等部分，它们均为随机过程。仿真的目标就是测定有用信号的传输质量，很明显，这种测定的真实性依赖于仿真过程能够重现或者描述实际过程的真实程度。为了提高这种"真实程度"，同时简化运算的复杂程度，通常把过程建模分为：信源、噪声和干扰随机过程建模；随机信道建模；等价随机过程建模3种。

（1）根据信息论和随机过程理论，信源和噪声源都是随机过程，都可以根据它们的统计特性用随机信号发生器产生，在通信系统的设计和检测中，信源经常被用作测试信号。

（2）随机信道建模实际上也是随机过程建模，例如多径信道就是一个典型的随机过程模型。在进行信道建模时需要对信道的冲击响应建模 $h(\cdot)$，而 $h(\cdot)$ 是随时间变化的随机过程。

（3）除了上述两种随机过程建模以外，还存在一种用于简化运算的复杂程度的等价随机过程建模，其基本思想是：假定随机过程 $x(t)$ 是 n 个级联子系统的输入信号，输出用 $y(t)$ 表示。如果利用某种方法可以推导出随机过程 $y(t)$ 的统计特性，那么，就可以根据随机过程 $y(t)$ 的统计特性，产生一个随机过程来模拟 $y(t)$。实际上，如果用一个随机信号发生器来模拟 $y(t)$，则可以节省将 $x(t)$ 通过级联子系统而产生 $y(t)$ 的运算过程。因此，等价随机过程建模可以减少运算量。

2.2.3 虚拟与混合系统建模

在前面的讨论中，假定每个有待建模实体都已经定义好了，需要对整个系统进行建模。但是，在实际设计过程中情况并非如此，有可能出现以下两种情况：一种情况是有些系统的技术细节在设计的初期并不十分明确，仅仅是通过后来的研究和分析才逐步变得清晰；另一种情况是有些设备是货架产品，可以直接接入仿真系统，为此，提出了虚拟系统与混合系统建模方案。

1. 虚拟系统建模

所谓虚拟系统是指由一些被定义好的若干子系统组成，对这些子系统的仿真被称为虚拟系统仿真建模。为了完成一个特定性能的具体硬件实现，事先通常需要进行仿真研究，因为，仿真的一个重要特征就是能够在一个系统实际建立之前估计出它的实际性能。而完成这个虚拟系统仿真建模处理过程的关键，就是确定各个子系统的几个主要控制参数。如果利用几个适当的参数作为硬件设计的控制工具，并使其满足系统的具体要求，那么就可以构成出一个符合要求的虚拟系统，并且可以通过软件模型完成对实际系统性能合理的近似和定界。随着系统每个部分逐渐建立，系统各部分的性能都可以在实验室里测量出来，如果在仿真时使用这些参数，就可以近似地反映出"真实系统"的性能估计。

虚拟的数字通信系统当然也可以利用几个被定义好的子系统进行描述，这些子系统可以构成一个合理的具有最低复杂程度的系统，以通信系统为例，它的虚拟系统通常被称为数字通信标准系统，在这个标准系统当中包括数据源、调制器、发送滤波器、发送放大器、信道、接收滤波器和解调器等，具体各设备模型的描述如下所述。

（1）数据源。它可以具有一个或多个比特流形式，它的统计特性和波形特性需要描述。

如果没有特殊的说明,就假定数据源是一个随机或伪随机的二进制序列,而伪随机的二进制序列可以通过移位寄存器产生,例如 m 序列发生器等。

(2) 调制器。调制器模型可以利用两种方法进行描述:其一是通过设定在信号空间星座图中产生的失真情况来描述调制器;其二是对信号采用正交方式进行描述,这时需要确定正交信号幅度增益的不均衡性和相位不均衡程度。

(3) 滤波器。通过滤波器的幅度特性 $H(f)$ 和相位特性 $\phi(f)$ 进行描述。对于幅度特性 $H(f)$,首先需要考虑带宽以及一些非理想特性指标,例如过度带宽度和带内波动指标等。对于相位特性 $\phi(f)$,需要考虑相位 $\phi(f)$ 和频率 f 之间的线性化程度,进而研究群延迟等特性。

(4) 放大器。放大器模型有两种描述方式:其一是输入功率/输出功率曲线;其二是输入功率/输出相位曲线。这种曲线可以根据预知的放大器类型的测量值画出。

(5) 信道。在这里指的是传输介质,是实际应用情况的反映。例如,对于卫星通信系统,信道可以认为是理想的视距传输信道;对于移动通信系统,信道通常被认为是多径传输信道;对于任意信道,需要根据它的传输特性进行描述。当信道衰落很小时,可以利用解析法进行信道的描述,否则,需要进行信道的动态仿真。

(6) 接收机。可以建模为一个近似的匹配滤波器,通过制定的最大相移和定时偏差,以及均方差抖动,就可以很好地设定虚拟接收机的性能指标。

从上面的描述可以看到,以上各个参数指标仅限定了各设备和子系统与实际设备的偏差程度,这些指标本质上是简化了的,这样可以简化系统的响应模型,易于通过软件实现。不仅如此,这些参数指标还包含了它们对整体系统性能的影响。当然,如果一个真实系统可能与数字通信系统的标准形式不同,那么可以根据真实系统来进行调整。

2. 混合系统建模

从原则上讲,在仿真系统中可以利用实际的硬件设备来替代硬件模型,这一观点极大地延伸了仿真的定义,有时也将这种仿真方法定义为半实物仿真技术。这种仿真方法不仅对于很难模型化的子系统具有特殊的意义,而且,也是一种从仿真到实际系统过渡的桥梁。当然,混合仿真也存在一个潜在的难题,那就是仿真与硬件的接口问题。

(1) 模拟接口。这种接口是相当难实现的,因为在这时需要将仿真输出的数据通过 D/A 转换器转换成模拟信号,才有可能与模拟设备连接,而模拟设备输出的模拟信号经过 A/D 转换器,转换成数字信号才能输入到仿真系统。但仿真与硬件的接口问题不仅仅局限于 A/D 转换和 D/A 转换,其关键是需要考虑实时仿真速度与设备带宽相兼容的问题。

(2) 数字接口。如果硬件设备处理的是数字信号,仿真与硬件的接口问题就变得简单多了。例如,利用硬件设备处理通信系统的基带部分,实际上是利用数字信号处理器(DSP)来处理基带信号的。这种将实际 DSP 硬件作为混合仿真一部分的方法,在通信系统接收部分的设计和仿真中是很有价值的,特别在移动通信系统的设计和仿真过程中,这种混合仿真到了广泛的应用。因为,在移动通信系统中(例如 GSM),发送的信息具有标准的定义规范,基带可以利用 DSP 硬件实现,这样发送的信息和基带模型都可以采用标准的仿真模型形式,这就便于人为地引入一些有害信号,例如多径、衰落、噪声、干扰等,这些对于仿真实际移动通信系统性能十分有利。

随着 DSP 技术的发展,采用这种混合方式的仿真系统与真实系统的差别越来越小,因为,今天将利用 DSP 技术设计制作的加速卡插入 PC 当中，实现特殊功能的系统结构形式越来越多，因此，这种形式也越来越被人们所接受。

2.3　系统建模的误差分析

仿真系统运行准确性是指仿真结果与实际系统性能上的近似程度。而这个准确性受控于模型误差和处理误差，其中，模型误差包括系统模型误差、设备模型误差和随机过程误差；而处理误差由计算能力、计算手段以及方法论等决定。如图 2-4 所示，给出了不同误差源的各种误差表现形式，其中"近似"是指直接应用理论公式的近似表达所带来的误差，这种模型误差往往出现在后处理过程当中。这里将围绕图 2-4 虚框中的系统建模误差进行分析。

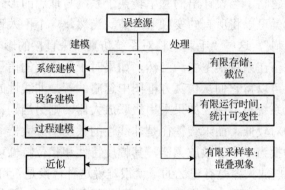

图 2-4　仿真中的各种误差源

2.3.1　系统建模误差

1. 产生原因

系统模型所表述框图，如果与实际系统的拓扑结构完全相同，那么系统模型就会与实际系统相吻合，但是在仿真时由于运算能力的限制，通常会降低复杂度，这时系统模型就不能准确无误地反映实际系统，仿真的结果自然不能准确地反映实际系统的性能，系统建模误差因此产生。例如，为了降低复杂度可以将一个实际系统的方框图简化成规范形式，也就是虚拟建模，这样虽然减小了运算量，但因此也产生了系统建模误差。

产生系统建模误差另一原因是由于忽略子系统（或者设备）产生的失真。以无线通信系统为例，仿真时通常不考虑天线，因为天线的带宽远远大于信号的带宽，所以认为天线不会引入失真。与此类似，在卫星通信系统中，忽略大气对系统失真的影响，认为大气的传输特性对信号而言通常是透明的，但是实际情况并非如此，因此，这一系列的忽略会造成系统建模误差。

2. 简化处理

但是并不是所有忽略都会造成系统建模误差，例如，可以将所有级联的线性设备简化为一个单个的元器件，采用这种方法得到的系统模型是无失真的。由于基本上与实际系统等效，因此，仿真将会得到准确的运行结果。当然，如果还要进一步降低仿真的复杂度，那么就会引入一定程度的系统误差了，因为这样就违背了遵循假设的合理性原则。

以载波调制通信系统为例，系统中除了本振以外，还包括混频器和滤波器，该系统中一个潜在的误差源与相位噪声有关。在接收端，假设已调信号为 $m(t)\cos(\omega_c t)$，如果仅考虑由本振产生的相位噪声，则输入混频器本振为 $\cos(\omega_c t + \varphi)$，这时解调后得到的信号是：

$$m'(t) = m(t)\cos\varphi \tag{2-2}$$

式中，φ——随机过程，表示相位噪声。

但在实际系统中，相位噪声 φ 出现在载波频率产生的地方，这种噪声随着载波的传播，通过各个不同的设备之后形成，最终被某种形式的载波跟踪环路"跟踪"（如克斯塔斯环）。降低系统模型复杂度的一种方法，就是忽略载波发生、频率转换和环路跟踪等子系统，建立一个等价的过程模型，在最后集中考虑相位噪声对系统模型的影响。

如果相位误差可以忽略，当设计出的频率转换子系统与理想的形式转换非常接近时，在设计仿真框图过程中，就可以将所有的变频器去掉。当然，一个不太理想的频率变换器可能会使信号谱线出现"毛刺"，这些"毛刺"将对系统仿真带来直接的影响。

放大器通常需要保留在系统模型中。当然，如果对于所研究的信号而言，放大器具有宽带和线性特性，那么就可以将它们从仿真方框图中忽略。若是非线性的，最好还是将它们作为独立的功能块保留在系统模型中。如果采用级联放大器，则另当别论，这是因为通常级联放大器的第一级输出相对较低，而末级往往是非线性的大功率放大器，在这种情况下，可以将这些级联的放大器替换为一个等效放大器，其幅度特性和相位特性可以通过端到端测量方法来度量。当然如果这些放大器是有记忆的，就很难说这种替换是否可行。

总之，出于仿真的目的，将一个实际系统模型降低复杂程度，简化为一个简单的系统模型，其结果可能会引起一些误差。但如果是按照前面所说的方法进行简化，最终产生的误差是非常小的。

2.3.2 设备建模误差

1. 产生原因

当设备模型不能完全反映实际设备本身时，就会产生设备建模误差。从根本上讲，不能期望模型与实物完全吻合，但是可以尽量逼近物理设备的数学模型。仿真的目标就是构建足够好的模型，也就是说，如果能够构建逼近物理设备的模型，仿真的最后结果将与实际设备的误差足够的小，而这种模型通常也是可以得到的。

2. 转换产生的误差

为说明上述观点，考虑一个滤波器建模过程，所要仿真的是一个具有 5 个极点的切比雪夫滤波器（5PC 滤波器）。理想的 5PC 滤波器的抽象数学模型在复频域上是一个关于 s 的已知有理函数 $H(s)$，这里 s 是复数，可以表示为：

$$s = \sigma + j\omega = \sigma + j2\pi f \tag{2-3}$$

虽然 5PC 滤波器已经存在一个精确的数学模型 $H(s)$，但这个模型不能在仿真中直接应用，因为 5PC 滤波器数学模型是连续时间结构，仿真时必须用离散时间仿真模型来近似它，这种近似必然会产生误差。具体近似过程如下：

$$模型 \rightarrow H(s) \rightarrow H(z) \rightarrow H(k) \tag{2-4}$$

如果所设计仿真模型能够在某种程度上逼近数学模型，也就是 $H(k)$ 逼近 $H(s)$，则构成的仿真系统能比较接近实际系统。

在标准滤波器设计过程中，通常利用 Q 值来表示仿真模型与数学模型的逼近程度，当 $Q=\infty$ 时，表示完全逼近，也就是理想的仿真情况。因此，如果已知 Q 值，就可以计算出相应的响应输出，于是就得到一个确切的数学模型 $H(s)$。由于实现的滤波器与纸面上的设计在性能上仍有差异，这时就可以通过测定理想 5PC 滤波器的传递函数，并将测量的特性值作为仿真模型的性能指标，来进一步模拟实际滤波器，这样就可以得到较为理想的仿真模型 $H(k)$。

3．测量产生的误差

当然通过测量真实滤波器和仿真滤波器 $H(k)$ 的输出，也可以看出它们之间存在的差异，而这种差异出现的原因在于：

（1）物理测量本身存在不完善性，使得测量特性与实际特性存在差异。

（2）真实滤波器特性不是一成不变的，而是一个随时间变化的时变系统，在这种情况下，即使测量本身是精确的，但不同时刻测得的特性仍可能不相同。这种时变特性是由于元器件的老化，以及不同环境下有不同的响应所造成的。为了避免上述情况，不妨假定只处理某一时间段上的特性，在这个时刻元器件是不变的，这种情况下，测量结果可以非常逼近实际系统。

4．截断产生的误差

仍然以滤波器设计为例，在所研究的带宽 B 范围以内，滤波器的幅频或相频特性都可以用多项式的形式表示，为便于讨论，这里假设使用三次多项式，则滤波器的幅频特性表示为：

$$H(s) = a_0 + a_1 s + a_2 s^2 + a_3 s^3 + r(s) \qquad (2\text{-}5)$$

式中，$r(s)$——残余项。

从物理含义上理解就是纹波，它也是系统特性的一部分，并用其峰-峰值来表征。而模型与实际滤波器间的误差与三次多项式的系数 $\{a_i\}$ 和残余项 $r(s)$ 有关。如果系数 $\{a_i\}$ 及脉动的峰-峰值与实际滤波器相同，只有纹波的细微波动引起性能上的差异，这时所产生的误差将是很小的。通常在实际仿真时要求多项式系数相差小于 10%，才能满足仿真建模的精度要求。

关于滤波器的讨论说明了设备建模的通用思想：不必为了构造一个好的模型而特别关注设备细节特征描述，只要在建模时，能够再现它的失真效应的主要特性即可。不难看出，对于无源设备和大多数有源设备来讲，情况确如此，对它们的设备建模关注的是失真效应的主要特性，但是对于有记忆的非线性设备来讲，情况就变得比较复杂，多数情况下对于有记忆的非线性设备建模更加重视的是对设备细节的描述。

2.3.3　过程建模误差

1．产生原因

过程模型不能完全准确地表示实际过程的特性，因此，产生了随机过程建模误差，这是另一个仿真误差来源。在通信系统中，信号和噪声都是随机过程，而随机过程的模拟通常是由随机信号发生器来完成的。从原理上讲，随机信号发生器产生的序列既可以用作信号也可以用作噪声。因此，对于模拟信号源，比如语音信号，随机信号发生器产生的信号就是模拟语音信号的采样。

2. 信号建模

通常结构简单的随机信号发生器只能模拟随机过程的两个主要统计特征，即信号的一阶概率密度函数和功率谱密度。对于许多应用来讲，这两个统计特征已经描述了一个随机过程最基本的特性，但是，仅描述随机过程的基本统计特性是远远不够的。为了确保输入序列的可信度，也可以通过对实验数据进行采样来形成仿真信号的输出文件。例如，在评估语音系统信号处理技术的性能时，主观测试就包括使用存储的短语或单词，而一组短语和单词构成的波形，就可以替代数字信号处理的实际输入信号，其中经常用于语音系统信号处理性能评估的短句是"Oak is strong"。然而，采用这种固定输入文件形式，还是存在很大的局限性。总之，采用随机信号发生器构建信息源模型与实际系统存在误差，而采用输入文件构建模型通常与实际系统比较，不存在误差，但存在局限性。

对于数字通信系统，其信号源模型是离散的数字序列。根据信号源模型产生的信号形式不同，可以将仿真系统分成两种不同驱动形式的系统：

（1）由测试信号驱动的系统；

（2）由实际序列驱动的系统。

对于测试信号驱动的系统，通常采用的测试序列是伪随机序列，它可以通过计算机精确产生。对于实际序列驱动的系统，如果真实的信号源不能独立地产生符号，而采用符号产生器表示信号源，这时就有可能引入误差，因为产生的符号之间是相互独立的，码间干扰的强度不是均匀分布的，因此，会产生误差，其大小取决于出现概率较高的那种码间干扰；如果已知信号之间的相关性，信号源根据此相关性构建的信号源模型，就可以基本反映信号源实际特性，这种相关信号源建模可以利用其他相关方法来实现。

3. 噪声建模

在通信系统中主要关注的是 3 种类型的噪声，它们是热噪声，相位噪声和脉冲噪声。如果能够掌握某种噪声的几个重要的特征和参数，就可以采用实验值和随机信号发生器来仿真这种噪声。

（1）热噪声。

在输入端通常可以用高斯白噪声进行描述，由于它的功率谱密度在仿真的全部带宽范围内为常数，则相关函数是一个冲击函数，再由于它的分布是高斯的，综合上述几个条件，可以证明：噪声源的采样是独立的，这样就带宽和功率而言，热噪声实际上可以被准确无误地模拟出来。

（2）相位噪声。

这种噪声是振荡器不稳定的一种直接表现，目前还没有明确的模型来描述振荡器的不稳定性。通常认为在接收端的相位噪声是热噪声、振荡器噪声及载波跟踪器的混合物。相位噪声的关键参数是其均方值和带宽，或者称为相关间隔。如果这些参数被适当设置，仿真的结果将接近实际情况。如果位定时时钟抖动是由于同样的原因产生的，类似的结论同样适用于位同步误差模型。

（3）脉冲噪声（或散弹噪声）。

这种噪声是通信系统中重要的噪声，它包括人为噪声及自然噪声等。如果给出脉冲噪声适当的特征和参数，就可以相当准确地拟合出脉冲噪声。

总之，如果可以准确地描述各类噪声的统计特性，就可以建立专门的随机信号发生器，构建出各种形式的噪声仿真器。

4．随机信号发生器的性能

随机信号发生器是用来模拟信号源和噪声的主要工具，衡量它性能的好坏是确定仿真系统性能的关键。通常是采用统计测量的方法，来确定随机信号发生器的输出是否与预期的情况一致。而这类测试只能处理较短的序列，当产生的随机序列很长时，采用这种方法运算量会急剧增加，有时甚至得不到准确的统计参数。不仅如此，有时即使随机信号发生器满足测试要求，也不能一定保证仿真性能接近真实系统。

基于上述分析，对于随机信号发生器较好的测试手段，就是通过实际的仿真运行来验证。以卫星通信系统为例，在不同的初始状态下对它进行多次仿真实验，其结果如图 2-5 所示，图中曲线表示误比特率（BER）和运行次数的对应关系，最上面两条曲线是 BER 最坏的情况，而最下面两条曲线是最好的情况。中间的曲线则对应在各种初始状态情况下，仿真实验 BER 结果的平均值。图中的虚线表示了以平均曲线为基础构成的 90% 置信区间，可以认为在此置信区间内得到的仿真实验 BER 结果接近真实值。

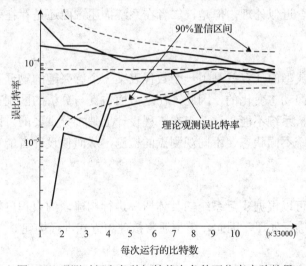

图 2-5　观测时间和各种初始状态条件下仿真实验结果

从图 2-5 中可以看到，仿真结果不能证明噪声发生器产生的序列能很好地模拟真实数据，但是可以发现只要延长观测时间，仿真结果会收敛于预期的 BER。实际上，随机信号发生器产生的是周期序列，为使其仿真结果有意义，通常观察时间必须远远小于这个周期。

2.4　系统仿真的实现方法

系统仿真是一项应用技术，它的发展离不开应用需求的推动。当前各应用领域对系统仿真提出了许多新的要求，其中主要包括：

（1）提高仿真的逼真性、可靠性和精确性；
（2）提高仿真的效率；
（3）改进仿真系统的体系结构。

为了满足这些要求，人们相继提出了一系列新的技术方案，同时也总结出了相应有效理论和方法。

2.4.1 仿真理论和方法

建立并运行系统仿真，需要解决很多方面的问题，归纳起来可以分为"艺术性"和"科学性"两类。系统仿真的科学性包含理论分析和定量分析等多方面的知识，而仿真的艺术性则是仿真过程各种技巧的综合，合理地使用这些技巧对于构建、运行仿真系统至关重要。总之，关于如何构建和怎样运行仿真系统的理论，就构成了系统仿真的方法论。

1. 仿真与分析

理想的仿真系统应该是一个实际系统的完美复制品，要实现这样的系统，由建模复杂程度和计算机运行时间所组成的仿真成本将会很高。如果只是为了构建理想的系统模型，同时还拥有无限的计算机资源，这时就不必考虑所谓仿真的艺术性。但是在实际设计过程中，需要在限定的条件下建造符合实时要求和近似度要求的模型，这正是系统仿真的艺术性所涉及的内容，在这方面，仿真和传统的分析方法是相同的，其中所有的近似都是为了使问题简化。虽然分析与仿真都包含近似处理，但是，二者在系统描述方面还是存在差异的，主要表现在以下几方面。

1) 动态特性

在分析过程中，典型的计算就是用一个数代表某一个感兴趣的物理量；而在仿真中，系统模型的输入是随时间动态变化的，因此，在这方面仿真与分析的区别在于：仿真系统可以提供动态特性，而分析系统不能，这一点在工程设计上是十分重要的，因为，仿真系统的动态特性可以实现对系统不同状态、不同观测点的检测，从而使设计者能够对系统开展更为深入和具体的研究。

2) 模型构建

在仿真中，模型可以根据实际系统的具体情况进行构建，约束程度较小；而在分析过程中，由于采用解析法进行处理，因此，模型通常按理想方式进行构建。

3) 灵活性

仿真的另一个优点就是它的灵活性，在不影响系统中其他部分性能的前提下，可以改变某一部分的特性；而在分析系统中，只要改变系统中的某一部分就必须对整个系统进行重新分析。仿真的灵活性使系统的设计者实现了对系统从始至终的跟踪，通过对系统中元器件的更新，以及性能指标的改善，系统模型也得到了相应的更新和改善。

当然，如果一个系统模型可以提供足够深刻和精确的研究，那么系统就可以得到分析性的描述。因此，为了解决一个具体实际问题，所采用的正确的方案都是仿真与分析相结合的处理方法。

2. 复杂问题的处理

实际的系统是非常复杂的，因此，很难完整、无偏差地实现仿真，这时只有在允许的近

似范围内,以较为简单的形式建立系统模型才能实现对系统仿真。归纳起来,实现系统仿真通常采用以下两种方案:

(1) 以某种方式降低模型描述的复杂程度。

(2) 将一个大问题分解为多个小问题。

利用多个小问题的解决方案,按照某种方式进行组合,这个组合系统对解决整个大(复杂)问题很有价值。为了说明上述两种理论思想,下面来分析一个时间离散系统进行说明。

设某时间离散系统的输出为 V_t,可表示为:

$$V_t = h(\Omega) \tag{2-6}$$

式中,h——系统的传输特性;

$\Omega = (Z_1, Z_2, \cdots, Z_k)$——离散的输入序列,仿真的目的就是要得到 $\{V_t\}$ 的一组序列输出。

按照第一种方案,可以简化系统模型,实现降低模型描述的复杂程度。这时简化了的系统可以表示为:

$$V_t = h'(\Omega) \tag{2-7}$$

式中,h'——降低了复杂程度的系统传输特性。

按照第二种方案,实际上是将一个大问题转化为简单形式,由一个或几个条件实验来完成。其条件实验产生的输出为:

$$V_t = h(\Omega'_l) \tag{2-8}$$

其中,用 $\Omega'_l = (Z_1 = \xi_1, Z_2 = \xi_2, \cdots, Z_l, Z_{l+1} = \xi_{l+1}, \cdots, Z_k = \xi_k)$ 表示 $\Omega = (Z_1, Z_2, \cdots, Z_k)$。

利用 Ω'_l 来替代 Ω,表明离散的输入序列为确定某种条件下的输入,因此,这个实验也称为条件实验。这种条件实验简单、省时,其结果容易理解。如果这类条件实验经过多次实验,并证明可以提供足够的信息量的情况下,就可以替代由式 (2-6) 所得到的实验结果。当然,也可以将第一、二种方案合理结合,构建出简化系统的条件实验方式,即:

$$V_t = h'(\Omega') \tag{2-9}$$

总之,系统模型的建立,需要综合考虑系统实际设计与实施情况。

2.4.2 通信系统仿真的实现方法

在通信系统分析和设计过程中,现在已经越来越多地采用计算机辅助技术。总体来看,利用计算机辅助技术对系统性能估计时,需要考虑估计精度与计算机运算量之间的折中,因此,对于通信系统的性能估计和"折中"问题,将成为通信系统仿真研究的重点。而基于公式计算的解析分析,以及基于模型的系统仿真,已经成为系统研究的主要手段。

1. 解析分析法

解析分析法是建立在简化系统模型基础上的,它利用确切的公式,计算出设计参数和系统性能之间的对应关系。例如,在计算通信系统性能(如误码率)时,通常假设信道中的噪声是加性高斯白噪声,这时 2PSK 信号采用同步检测的系统误码率为:

$$P_e = \frac{1}{2}\text{erfc}(\sqrt{r}) \tag{2-10}$$

式中，r——输入解调器的信噪比。

上面对信道特性和噪声特性的假设，实际上就是对系统模型的简化和理想化。从这个例子中可以看到，利用公式计算法很难准确评估复杂的通信系统性能，但是在系统设计的初期阶段，利用它可以给出通信系统性能的概括分析。

2．系统仿真法

当采用系统仿真的方法评估通信系统性能时，可以按要求建立各种形式、各种复杂程度的系统模型，与解析分析法相比，设计者的想象空间得以最好地利用和发挥，因为利用系统仿真法可以轻易地将数学的和经验的模型结合在一起，同时还把测量的器件和实际信号特性组合到一起，在此之后，进行深入细致的分析和设计；不仅如此，还可以利用仿真所产生的波形测试和验证硬件的功能。

但是，系统仿真法也有它的不足之处，主要表现在数学计算量过大，这需要强大的计算机仿真平台，不过这个缺陷可以通过合理地选择建模和仿真技术予以缓解，这也是本书研究的重要内容。

3．案例分析

通信系统的形式是多种多样的，为了说明通信系统仿真方法所涉及到问题，首先来考察一个数据通信系统的简化模型，如图 2-6 所示，这个模型只画出了一个典型数字通信系统的一小部分。

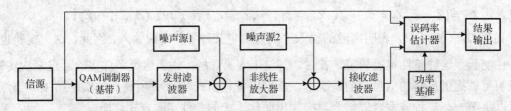

图 2-6 数字通信系统仿真模型

图 2-6 中数据通信系统性能估计，实际上就是确定系统误码率与滤波器参数、非线性放大器参数以及信噪比之间的函数关系。在图 2-6 中，由于存在发送滤波器和非线性放大器，使得利用解析分析法评估该系统的性能变得十分困难。不仅如此，带限滤波器所造成的码间串扰，以及噪声经过非线性放大器所导致的非高斯和非加性效应，这些都使得对系统的描述与分析变得不太可能。因此，只能通过系统仿真法对图 2-6 的系统模型进行研究，具体研究过程如下：

（1）产生输入过程（波形）的采样值，包括信源和两个高斯噪声；

（2）利用滤波器和非线性放大器模型处理输入的采样值，产生系统输出采样值；

（3）通过比较输入序列的仿真值和输出波形来估计误码率。

为了利用解析分析法对系统进行有效的描述与分析，在这里需要对某些功能模块进行必要的近似，具体近似内容包括：

（1）假设两个噪声源服从正态分布；

（2）忽略发送滤波器和非线性放大器对系统的影响，将两个噪声源合并，并将这两个噪声源的总效应当作加性高斯噪声源处理，具体情况如图 2-7 所示。

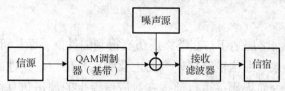

图 2-7 数字通信系统解析分析模型

上述这些简化将会影响性能分析的精度,但对于得到系统性能的初步的评估是非常有效的。当然,利用上述解析分析法对系统进行性能评估是非常不精确的。

无论对于图 2-6 所示的通信系统采用系统仿真法,还是对于图 2-7 所示的通信系统采用解析分析法,它们对通信系统设计和工程实现都能起到了各自不同的重要作用。

除了上述两种方法外,在系统设计的后期,经常会制造出系统中部分重要的子模块来确定通信系统的总体性能,这就是硬件样机测试研究方法。这是一种精确、可靠的系统性能测试研究方法,但是这种方法通常造价较高,研制周期较长,并且很不灵活,当设计的可选择对象较多时,这种方法显然是不可取的。

2.4.3 通信系统分层仿真观点

当确定了通信系统性能估计方法之后,下一步就需要考虑如何对通信系统进行描述。通常采用分层的形式来描述通信系统,使用这种方法可以将复杂的通信系统简单化。通常将通信系统顶层设置为通信网络层,中间层设置为通信链路层,低层设置为各个通过信模块单元。具体分层描述方式如图 2-8 所示,各层的仿真目标、方法和工具各不相同。

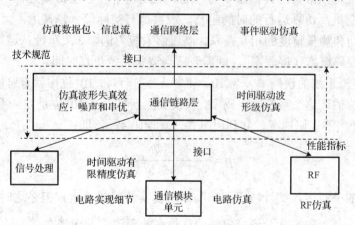

图 2-8 通信系统仿真分层描述形式

1. 通信网络层

从图 2-8 可以看到,在通信系统模型当中,通信网络层在最高层,它由通信节点(处理机)通过通信链路或传输系统相互连接所构成。在通信网络层上仿真时,网络上的数据包和信息流,以事件形式来驱动系统仿真。为了进行仿真,首先需要确定网络主要技术参数,这些参数包括:处理机速度、节点上缓存器的大小和链路容量等;然后再利用已知的网络参数测试网络的性能指标,这些性能指标包括:网络吞吐率、响应时间等;最后根据这些性能指标建立网络通信协议,确定链路数据规范。目前,常用的通信网络层仿真软件主要包括 NS-2、OPNET 等。

2. 通信链路层

通信链路层在通信网络层之下，在链路层仿真得到的性能参数，可以上传给通信网络层，用来验证网络的性能。数字通信链路层研究的主要对象是信道，其性能由误码率来表示，由于信道形式多种多样，因而误码率可以通过在对应信道上的波形仿真得到。目前，常用的仿真软件包括 MATLAB（Simulink）、SPW、COSSAP、SystemView 等。

3. 通信模块单元

通信链路层是建立在一些模块单元基础之上的，这些模块单元包括：调制器、编码器、滤波器、放大器、解码器和解调器等，这些模块单元可以是模拟电路、数字电路或者可编程的数字信号处理芯片（DSP）。这些模块单元根据其自身特点进行分析研究。目前，使用的软件工具包括：Spice、HDL、DSP、RF 仿真软件等。

2.4.4 系统仿真的性能评估

系统仿真研究通常关系到两方面的问题：其一就是系统模型的构建；其二就是系统性能评估。其中第一个问题已经在前面章节进行了讨论，本节将重点讨论系统仿真时如何评估仿真系统的性能。

1. 估计精度与仿真时间

在能够准确构建完美的系统模型条件下，如果对运行时间和计算机内存没有限制，那么利用系统仿真，就可以准确地评估系统的性能。这是由于在系统仿真过程中，需要测量的物理量是一个随机变量，仿真运行的时间越长，观察值与实际值就越接近，因此，仿真时需要综合考虑运行时间和测量精度的相互关系。以通信系统为例，如果单纯从运行时间上来考虑，为了估计系统的误码概率（误码率），则需要适当调整系统仿真时间。

例如，如果某一系统的误码率 p 为 10^{-5}，那么这意味着每 10^5 位中就有可能出现 1 次误码。为了用系统仿真法估计这个系统的误码率，仅仅观测到第一个 10^5 位是完全不够的，如果利用观测多个 10^5 位产生的误码情况，并利用下式计算误码率 p，即：

$$p = \frac{误码数}{测定的总位数} \quad (2-11)$$

当然，观测的位越多，估计出误码率与系统真实情况越接近，但是这时仿真运行的时间会越长。通过理论分析和实际验证得出结论：仿真的观测位数应当在 $\frac{10}{p} \sim \frac{100}{p}$ 之间。因此，对于误码率 $p = 10^{-5}$ 的通信系统，依据 $\frac{10}{p}$ 对观测位数的定义，需要观测至少 10^6 位数据。对于实际系统，当已知码元速率为 $R_B = 10\,000$ 波特、误码率 $p = 10^{-5}$ 时，在出现 10 个误码，其观测时间可以利用下式得到：

$$T = \frac{10}{R_B \times p} = \frac{10}{10\,000 \times 10^{-5}} = 100(s) \quad (2-12)$$

从式（2-12）可以看到，作为实际通信系统的参数误码率 p，它的确定并不需要太长的系统运行时间。而对于仿真系统情况就变得比较复杂了，运算量也变得很大，因为仿真时需要计算每一位码元通过仿真系统的情况。同样考虑上述误码率为 10^{-5} 的数字通信系统,仿真时假设每一位码元通过仿真系统的运行时间为 0.1s,要让 10^6 位测试数据经过系统,则需要 10^5 s 的运行时间。当系统的误码率更低时,仿真运行时间会急剧增长,这时选用正确的性能估计方法,对于估计系统的误码率显得更加重要。

2. 方法改进

简化系统和简化操作可以减小仿真的运行时间。例如,当系统为线性系统时,不仅可以采用参数估计法对系统的误码率进行估计,还可以利用解析分析法替代耗时的仿真处理。不仅如此,还可以根据高斯随机过程所具有的特性来简化系统,这是因为高斯随机过程通过线性系统后其分布仍然满足高斯分布,因此,在仿真时噪声经常假设满足高斯分布。

根据上述假设与分析,在整个系统仿真时,可以将解析分析法与无噪声仿真结合起来,以获得有效的误码率估计。这种将解析知识与仿真方法结合的技术,就是所谓的准解析技术(QA)。在后面章节中,我们建详细分析 QA 的工作原理。

除此之外,当一个系统性能由两个时间变化率不同的随机过程来决定时,也可以利用某种性能估计法对系统进行估计,这时可以将这两个随机过程分别称为"快"过程和"慢"过程。例如,在通信系统中快过程可能是热噪声,而慢过程可能是衰落等随机过程,如果后者变化得足够慢,那么,它可以认为是在信号传输过程中近似保持为一个稳定的状态。接收到的波形的变化可以看作在时间分段的序列,每个时间段内慢过程是不同的,但是固定的。那么这时就可以利用这些信号段中的某一段建立仿真系统,这样将得到一个条件仿真系统,可以利用慢过程的状态来限定这些条件,最终性能值由各个条件下性能值的平均值来确定。这种方法可以用于慢衰落信道中的高速传输系统仿真。

在许多性能评估方法中,还使用另一种简化方式,即假定系统具有有限记忆功能。所谓有限记忆功能的系统是指,对于任意时刻,只考虑输入数据的有限长度作用于系统,其他数据对此刻系统输出没有任何影响。根据这个假设条件,可以相应地修改仿真实验的模型。仿真时,不必采用连续的信号和噪声波形,而只要将一组数据送入仿真系统即可。这组数据的长度至少为系统所能记忆的长度,这种仿真方法被称为批仿真方法,而与这种方法对应的仿真被称为"流"仿真。以研究通信过程中的码间串扰为例,假设串扰仅影响后 3 个码元,这时系统则具有长度为 4 的有限记忆能力。根据 m 序列的特点,只需要 4 位移位寄存器,产生周期 $p=15$ 的 m 序列,就可以将所有可能的 4 位组合表示出来,$p=15$ 的 m 序列的输出:

$$\cdots 1\overbrace{000111101011001}^{p=15\text{个}}0\cdots$$

当然在这里不可能将影响性能评估各种因素都进行详尽的分析,从实际系统仿真进行考虑,存在各种影响性能评估因素,这里就不一一分析了。

2.5 系统仿真的验证

关于系统仿真误差的任何量度,都必须与已知或者假设正确的参考值进行比较,而研究系统仿真结果与正确结果接近程度的过程称为验证。但是接近的标准与应用的具体目的有关,同时还带有一定的主观性。实际上，在系统仿真时事先并不知道将要处理的系统的具体性能和特征，因此，所谓的系统仿真的验证可以在实际系统已经给出或说明后再进行。当然，还可以独立于特定系统对系统仿真中的单元进行验证，这些单元是构造系统模块的基本部分，例如对某一滤波器性能的验证。

系统仿真的验证过程可以采用多种方法来实现，并且还可以在不同难度层次上进行。对于系统仿真的验证，根据验证的对象不同，主要包含以下几方面内容：

（1）设备或子系统模型的验证；
（2）随机过程模型的验证；
（3）系统模型的验证。

如图 2-9 所示，说明了仿真各个组成部分之间进行验证的内在联系。"仿真环境"模块仅仅表示仿真所使用的软件，双向箭头表明验证过程是反复循环的，也就是说，如果某一仿真被证明无效，那么其产生的结果的某些方面必须改进，过程必须重复。

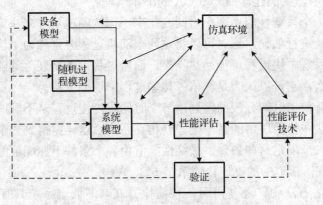

图 2-9　验证过程说明

2.5.1　设备模型的验证

在每一个仿真工具包都有一套具有不同功能的设备（器件）模型，这些设备模型的集合就构成了模型库。如果模型库中所有的模型都被验证是有效的，那么就可以肯定由设备模型组成的系统将有可能产生正确的结果，当然，这种"可能"是建立在组成的系统是一个好的系统模型基础之上。因此，验证仿真系统有效性的第一步，就是分别验证模型库中各个设备模型的有效性。下面就以一个理想的具有 5 个极点的切比雪夫滤波器（5PC）为例，说明设备模型的有效性验证。

在这里可以假设 5PC 滤波器是实际器件的准确描述，为了能够精确地描述这种滤波器，可以采用复频域内的多项式 $H(s)$ 表示，很显然，利用 $H(s)$ 模型化的滤波器可以达到仿真的目的。而 $H(s)$ 只是该滤波器的抽象仿真模型，所谓的抽象仿真模型是指一系列方程或算法，计算机是实现抽象模型的基础。但是计算机仿真是利用设备模型进行表述的，由于存在处理误差，计算机仿真模型不能够完美地再现抽象模型。

例如，即使 $H(s)$ 模型准确已知，对 $H(s)$ 离散化处理之后，才能进行计算机仿真，如果采用双线性 z 变换法时会出现 s 域到 z 域频率的非线性对应，采用脉冲响应不变法时存在频率混叠现象，同时对冲激响应的截断也会产生误差等。在这种情况下，为确保 5PC 滤波器输出误差不大于某一设定值，有效性的验证也就成为确定仿真操作的条件，这些条件包括设置采样间隔，确定截断时间的极限等。

对于存在的误差即可以表示成峰值误差，也可以表示为均方误差或某种其他有关准则测量值。为了确定这些误差值，就必须已知正确值，在一些情况下这是完全可能的，例如理想 5PC 滤波器其冲激响应或阶跃响应都可以通过计算得到。而在多数情况下，正确值是难以得到的。这时，一个有效的方法就是尽量地减小处理误差，例如缩短采样间隔，然后经过多次迭代使其输出结果稳定，这时就可以推测已经接近正确值了。

应该指出，仿真模型和抽象模型并不总是存在差异的，当需要处理的系统是离散或逻辑系统时，仿真模型就可以精确地再现相应的抽象模型。例如，计数器就可以无差错地实现，因为计算器可以准确无误做整数加法。这时的仿真模型绝对有效。

对于非理想设备的模型，在进行有效性验证时，需要考虑模型本身的一些性质。为了完成验证工作，模型本身必须有一些可以调整的特性或参数，这些特性或参数在某种程度上能够反映设备产生误差的缺陷类型，或者还可以在实际设备上直接测量这些特性或参数，甚至通过设备说明书上获得。获得这些特性或参数后，就可以在仿真模型上设置合适的值，并假设该模型可以很好地模拟实际的设备。

对设备模型进行进一步有效性验证，则需要对实际系统和仿真模型输出的一个或更多特性参量进行测量。这些特性参量也许是一个波形、一个平均值或一条性能曲线。如果是处理多个设备，且遇到的设备质量存在明显的变化时，这时就要重复多次。如果输入会影响输出特性，还要观察不同输入条件下的输出情况，根据某一拟合准则，比较仿真和测量结果差异，再确认仿真的模型。

需要指出，即使仿真模型是实际器件的精确再现，要获得完美一致的仿真结果肯定是不现实的，这是因为即使使用足够计算时间使处理误差为零，仍然存在物理测量的误差。

2.5.2 随机过程模型的验证

在验证过程中随机过程模型的验证比设备模型更加复杂。因为设备模型仅仅涉及输入与输出确定性的对应关系，而随机过程模型输出本身就是不确定的、随机的，给出的仅仅是在统计意义上描述，因此，即使在定义非常清晰的情况下，对于每一个所研究的随机过程也不能获得明确的输出形式或者波形。

对随机过程来说，其抽象模型通常只能给出随机过程的类型，如高斯过程、泊松过程等，以及它们的相关统计特征。因此，抽象模型一般可以准确定义，而作为抽象模型执行形式的仿真模型，只是实现一个随机数字发生器（RNG），其输出是待研究的随机过程采样序列。不能期望 RNG 能够确地代表它所仿真的随机过程，只希望在某种程度上能够按要求，合理地进行仿真，这时验证的标准通常是主观地选择。

例如，最简单的准则是一阶概率密度应当满足某种要求，或者对不相关的采样值，所测得的自相关函数小于某一门限，如满足式（2-13）给出的准则：

$$\hat{R}(\tau) \leq \delta, \quad \tau \neq 0 \tag{2-13}$$

这里 δ 取较小的值。当然，仿真时也希望 RNG 的性质尽可能满足更严格的测试。

上面提到的准则，仅仅是针对 RNG 本身特性提出的，由于 RNG 并不是完美的，所以可以采取间接测试,通过这种间接测试能够进一步推出 RNG 性能参数。

例如,由于很多基于高斯随机过程理论表达式是已知的(如 BER),如果 RNG 的测试表明其仿真结果(BER)与理论值仅有很小的误差,那么就可以断定 RNG 通过了测试。

2.5.3 系统模型的验证

如果模型库的设备都已经通过了有效性验证,则可以说明包含各类模型的仿真软件包是有效的,但是这不能肯定多个模块串在一起构成的系统就一定是有效的。这是因为,尽管对所用设备模块都经过了验证,但是由于这些设备类型和数目的不同,单个设备的误差可能会累加起来,进而使仿真的结果超过可接受的精度范围。因此,为验证仿真系统的有效性,可以将几个特性已知的系统连接起来,并将其性能与仿真结果比较,如果比较的结果满足规定的精度标准,就可断定仿真软件包对于一定复杂程度的系统集成是有效的,也就是进行这类复杂程度的系统集成是可行的。

在通常情况下,当系统建模满足以下 3 种情况时,就可以初步认为系统模型的建立是有效的。

(1) 对系统的复杂度进行了一定的简化。

对于一个给定的实际系统,在进行系统仿真时,首先就会遇到减小系统的复杂度问题,也就是将实际系统"映射"成一个合适仿真的简化框图,虽然这个仿真框图是由多个单元模块组成的,但是对于实际系统来讲,系统模型还是简单了许多,这种简化是必要的,但是有些关键模块不能够简化。

(2) 对实际系统进行了准确测量。

通过对实际系统的准确测量,可以得到与系统相关的参数值,这些值通常可以作为仿真的输入值。上述操作目的就是使仿真系统尽可能地接近实际系统,如有可能,还可以将实际系统和仿真系统置于相同的条件下运行,而这种条件应当能够更为准确地反映所希望的实际工作环境。

(3) 将仿真结果与物理测量结果在不同环境下进行比较。

在每一组环境条件下,把仿真结果与物理测量结果进行比较,并按适当的近似程度准则来确定仿真过程是否成功。通常可以比较物理量,包括波形、平均电平、谱线、BER 或者其他感兴趣的物理量等。上述过程不仅可以用来提高各个系统模型的有效性,同时也可以提高设备模型有效性。例如,在通信系统仿真过程中,可以将所有相位噪声源的影响都归结为接收端的一个等价随机过程,这种等效过程可以应用在系统建模技术当中。

即便如此,系统模型还是需要验证其有效性,这是因为与系统相关的测量结果本身还存在误差,这是因为:

(1) 输入系统模型的参数测量值在一定程度上存在误差。例如,测量的滤波器传输函数在每个振幅和相位点上都有一定误差,这些误差本身将导致仿真与测量性能的不一致。

(2) 由于测量设备存在误差,使得用来与仿真结果进行比较的测量结果包含误差,这个误差也会影响对系统模型的有效性验证。例如,如果要测量参数是 BER,但是测量的 BER 曲线的横坐标(E_b/N_0)与真实曲线的横坐标存在差异,就会使得测到的 BER 出现水平移位。

总之,在系统模型进行验证时,首先必须明确相关误差的来源,了解或者掌握系统误差先验知识,然后,才能在一定的误差范围内对仿真系统进行验证。

小　结

本章讨论了仿真与建模的有关基本概念，这些内容涉及如何高效、简捷和准确地进行建模仿真的问题。在建模与仿真方法论研究的内容当中，系统建模和设备建模是其中重要的组成部分，通常对于这两类建模，描述模型的方程表达得越详尽、越精确，其仿真的运算量就越大。因此，在仿真过程中，准确性、复杂性和计算资源之间需要根据实际情况进行权衡，例如当复杂性降低等级时，准确度也随之降低。

系统建模是对所需建模系统的不断抽象，并加以实现的过程，在这个过程中实施步骤和思维方法至关重要，它是开展系统建模研究的关键，而提高模型的精确性，也就是准确性，减小资源的使用，则是系统建模追求的目标，2.1 节和 2.2 节结合上述内容介绍了系统建模的基本概念和实现方法。

在一定程度上，模型不能完美地表达真实的系统，总会有一些误差，在 2.3 节中讨论了不同模型类型的误差，以及它们的特性。这些误差形式主要包括：系统建模误差、设备建模误差、过程建模误差等。

仿真系统是由一些单元模型集成的，通过运行仿真过程，可以推断出有关模型的一系列特性。不同的仿真方法，复杂度不同，因此得到的模型性能有时可能也不同，有必要对这些仿真方法和结果进行分析，2.4 节就介绍了系统仿真的实现方法。

误差总是与有效性的验证过程联系在一起，系统仿真的验证是仿真过程重要的组成部分，根据验证的对象不同可以分为：设备或子系统模型的验证、随机过程模型的验证、系统模型的验证。在这些不同的验证过程当中，误差的表现形式和作用各不相同，为了增强对误差与有效性关系的认识，有必要对 2.5 节讨论内容结合本章的相关内容进行归纳总结。

（1）仿真一个系统实际上就是将模型库中的一些模型合理地组合起来，设定相应的参数，然后执行仿真过程。模型的组合就构成了仿真模块框图。这时的有效性验证包含两方面的含义：其一是仿真模块框图映射成真实系统时，所达到的近似程度；其二是在仿真系统中某个特定模型反映它希望代表的真实器件或过程行为的真实程度。

当要构成仿真模型框图时，重要的是要验证模型库中提取的这些单元的有效性。通常在模型库有成百上千个模型，它们中的很多模型本身是由更基本的单元构成的小集合的组合体，这样不管是模型构建还是验证，采用分层结构逐步验证的思路是非常有效的。

（2）当系统模型确定以后，需要最大限度地检测该仿真系统运行的正确性，然后才开始运行计算机仿真程序，这样可使出错的调整时间缩短。

（3）为有助于实现（1）和（2），需要对所使用的仿真工具和理论知识进行全面的检验，这些知识包括理论公式、界限、近似表达式等。

（4）由于运行时间限制，就需要借助于各种各样的技术手段减小运行时间。尽管如此，为了校准仿真结果，至少要执行两次以上的仿真过程。

（5）尽量减少处理误差，但需要与运行时间效率折中考虑。通常处理误差与采样率及运行时间有关。一个典型的例子是在双倍采样率和双倍运行时间的情况下再运行一次。如果其结果充分接近原结果，则原采样率及样本数量的选择是正确的，而且处理误差也是可以接受的。当然，也可以在相反的方向上进行检测，以确定原先的选择的合理性。

思考与练习

2-1 简述近些年系统建模的主要方法。
2-2 结合典型通信系统和技术,说明建模遵循的原则。
2-3 对四条腿椅子放置问题进行建模,并分析。
2-4 简述实现通信系统仿真通常采用的两种方案,说明它们之间的差异与联系。
2-5 简述高层建模与低层建模之间的联系。
2-6 过程建模主要分为几种,它们各自的作用是什么?
2-7 通信仿真中的误差源主要有哪些?它们产生的原因是什么?
2-8 在系统描述方面,仿真与分析的相同点和差异主要表现在哪些方面?
2-9 通信系统分层仿真观点将一个通信系统分为哪几层?各层有什么特点?

仿 真 实 验

2-1 在误码率 $p=10^{-4}$ 时,以 2PSK 通信系统为例,通过仿真分析研究观测位数与误码率仿真精度之间的关系。
2-2 分析观测时间和各种初始状态条件下,在误码率 $p=10^{-4}$ 时,2PSK 通信系统仿真实验并说明仿真结果。
2-3 建立一个利用有记忆功能的仿真信号源来研究码间串扰。
2-4 利用不同周期的伪随机序列研究误码率估计的精度。
2-5 利用 BER 计算的理论值,对 RNG 进行测试。

实验案例:地面通信干扰源跟踪问题的系统建模

目标跟踪在军事、民用领域中有着广泛的应用。按照观测站数目的不同,目标跟踪可以分为单站纯方位跟踪、多站波达时间差跟踪等方法。其中,单站纯方位跟踪是指利用单个观测站来测量目标的角度信息,从而得到目标位置和速度的过程。单站纯方位跟踪具有灵活性好、隐蔽性强,不需要信息同步和交互等优点,在导航战、信息对抗、民航干扰源探测等军用、民用领域有着很大的优势。本案例就以通信对抗中对敌方地面干扰源跟踪为例,利用系统建模的思维方法,进行完整的系统建模。

1. 建模准备

如图 2.A-1 所示,在通信对抗中,敌方地面干扰源对我方的通信设备进行有意干扰,干扰源做匀速直线运动,为了将其摧毁,首先需要对其进行跟踪,以提供信息保障。我方侦察无人机可以测量干扰源的角度信息,问如何实现对干扰源目标的跟踪。

2. 系统认识

跟踪的目的是使我方知道敌方目标在每一时刻的状态,即位置和速度。通常来讲,目标的位置或者速度可以用三维坐标描述,但在这个场景中,干扰源是在地面,如果忽略地面的不平整，就可以把它**抽象**成为一个二维单站纯方位跟踪系统。如图 2.A-2 所示，这个系统有两个对象，目标和观测站。已知目标的运动形式（匀速直线运动），观测站的状态和每一时刻测量角度，需要求解目标每一时刻的位置和速度。

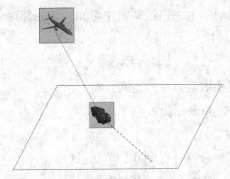

图 2.A-1　侦察无人机跟踪地面干扰源

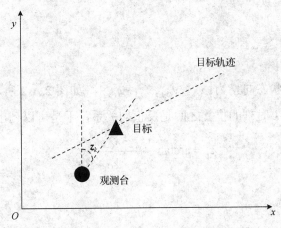

图 2.A-2　二维单站纯方位跟踪系统

最为理想的情况是测量角度完全准确，目标运动精确已知。这样只须进行两次角度测量就可以精确得到目标的状态。然而在实际中，这种理想状态是不存在的。测量角度会受到环境噪声、各类干扰的影响，而目标运动会受到气流、阻力等因素的扰动，因而都不是绝对精确的。

3. 系统建模

首先进行模型假设。假定观测站的状态完全已知，等间隔地测量目标的方位角，测量的方位角受到 0 均值高斯噪声的干扰。假定敌方目标做受微小扰动的匀速直线运动，扰动服从均值为 0 的高斯分布。

在假设的基础上，从系统的两个对象，也就是敌方目标和观测站两个角度分别进行建模。

（1）目标状态建模。

由于敌方目标是在平面内运动，因此可以分别用二维坐标来描述目标的位置和速度，于是定义目标在 k 时刻的状态向量为：

$$\boldsymbol{x}_k = [x_{T,k}, y_{T,k}, \dot{x}_{T,k}, \dot{y}_{T,k}]^\mathrm{T}$$

式中，$[x_{T,k}, y_{T,k}]^T$——位置向量；

$[\dot{x}_{T,k}, \dot{y}_{T,k}]^T$——速度向量；

$k = 1, 2, \cdots, n$（n 为测量次数）。

由于目标做匀速直线运动，由牛顿运动定律可知，其相邻时刻的状态之间是线性关系，于是可以列出一个线性方程：

$$\boldsymbol{x}_k = \boldsymbol{F}\boldsymbol{x}_{k-1} + \boldsymbol{v}_{k-1} \tag{2.A-1}$$

式中，$\boldsymbol{v}_k$——过程噪声，服从均值为 0 的高斯分布；

$\boldsymbol{F}$——状态转移矩阵，可表示为：

$$\boldsymbol{F} = \begin{bmatrix} 1 & 0 & \Delta & 0 \\ 0 & 1 & 0 & \Delta \\ 0 & 0 & 1 & 0 \\ 0 & 0 & 0 & 1 \end{bmatrix}$$

式中，Δ——测量间隔。

式（2.A-1）称为状态方程。

（2）观测站建模。

设观测站 k 时刻的状态向量为 $[x_{O,k}, y_{O,k}, \dot{x}_{O,k}, \dot{y}_{O,k}]^T$，如图 2.A-2 所示，根据几何关系可知，观测站的方位角与目标 k 时刻的位置之间是反正切关系，于是可以列出方程：

$$z_k = \arctan \frac{x_{T,k} - x_{O,k}}{y_{T,k} - y_{O,k}} + e_k \tag{2.A-2}$$

式中，z_k——测量角度；

e_k——高斯的测量噪声。

式（2.A-2）称为测量方程。

于是，得到目标跟踪系统的数学模型为：

$$\begin{cases} \boldsymbol{x}_k = \boldsymbol{F}\boldsymbol{x}_{k-1} + \boldsymbol{v}_{k-1} \\ z_k = \arctan \dfrac{x_{T,k} - x_{O,k}}{y_{T,k} - y_{O,k}} + e_k \end{cases} \tag{2.A-3}$$

目标跟踪问题就转化为对这一数学模型的求解。

4. 模型求解

状态方程描述了系统相邻时刻状态之间的关系，也就是目标状态关于时间的函数；测量方程描述了观测量和目标状态之间的关系，但是它们都受到了高斯噪声的干扰。所以，目标跟踪的实质就是利用状态信息和测量信息来克服噪声的干扰，从而得到目标的状态。

我们想到，滤波器能够滤除不感兴趣的信号，比如低通滤波器允许低频信号通过，而阻止高频信号通过。也就是说，滤波器可以排除噪声的干扰，得到有用信息。于是，通过类比滤波器的功能，我们发现对目标跟踪就是滤除过程噪声和测量噪声来得到目标状态的滤波过程。具体来看，当得到目标 $k-1$ 时刻的状态时，可以利用状态方程预测 k 时刻的状态。由于

过程噪声 v_{k-1} 的干扰，这时得到的 k 时刻状态是不准确的。此时，再利用测得的方位角信息来修正这个结果，从而得到更准确的状态。这一方法就称为贝叶斯递推滤波。于是，通过类比滤波器的功能，把滤波思想引入到了目标跟踪系统中。

贝叶斯递推滤波通常分为两步：预测和更新。当系统为高斯线性系统时，卡尔曼滤波是最优贝叶斯滤波。但目标跟踪系统的测量方程是非线性的，不符合卡尔曼滤波的应用条件。为了利用已有知识，可以将非线性的测量方程进行一阶泰勒展开，于是就得到了高斯线性的数学模型：

$$\begin{cases} \boldsymbol{x}_k = \boldsymbol{F}\boldsymbol{x}_{k-1} + \boldsymbol{v}_{k-1} \\ \boldsymbol{z}_k \approx \boldsymbol{H}\boldsymbol{x}_k + e_k \end{cases} \quad (2.\text{A-4})$$

于是，就可以直接利用卡尔曼滤波进行求解，这一方法称为扩展卡尔曼滤波。这样，就以卡尔曼滤波为思维起点，经过演绎推理，实现了对目标跟踪数学模型的求解。

5. 模型分析与检验

利用扩展卡尔曼滤波求解模型并进行 100 次仿真实验，得到误差曲线如图 2.A-3 所示。

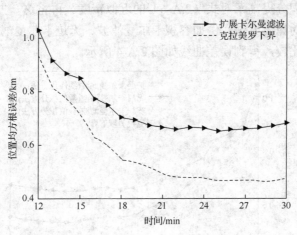

图 2.A-3 扩展卡尔曼滤波误差曲线

从图中可以看出，随着测量次数的增加，扩展卡尔曼滤波得到的结果误差越来越小，说明了方法的有效性。克拉美罗下界反映了滤波精度所能达到的理论下界，但从图中看出，扩展卡尔曼滤波曲线离克拉美罗下界还存在较大的差距。

6. 模型改进与拓展

1）模型改进

在建模过程中，为了满足卡尔曼滤波的应用条件，对非线性的测量方程进行了泰勒展开，于是产生了较大的线性化误差。为了实现对模型的改进，再次考察滤波框架，发现滤波实质上是要求解状态的预测密度、预测协方差、后验密度、后验协方差。将上述表达式（2.A-1）至式（2.A-4）进行抽象、归纳，发现计算这 4 个公式的本质是计算一类多维高斯积分，其形式为：

$$\int_{\mathbb{R}^{n_x}} f(\boldsymbol{x})\mathcal{N}(\boldsymbol{x};\hat{\boldsymbol{x}},\boldsymbol{P})\,\mathrm{d}\boldsymbol{x} \quad (2.\text{A-5})$$

对非线性系统来讲,被积函数的形式为非线性函数乘以高斯密度。于是就可以利用积分知识来对滤波框架进行求解。扩展卡尔曼滤波直接将非线性函数线性化来求解积分,相当于对函数进行了截断,因此带来了较大的线性化误差,结果并不准确。为了提高积分计算精度,可以采用数值积分方法,也就是利用一系列采样点,通过加权求和的方式求解上述积分,即:

$$\int_{\mathbb{R}^{n_x}} f(\boldsymbol{x}) \mathcal{N}(\boldsymbol{x}; \hat{\boldsymbol{x}}, \boldsymbol{P}) \, \mathrm{d}\boldsymbol{x} \approx \sum_j w_j f(\boldsymbol{\xi}_j) \qquad (2.\mathrm{A}\text{-}6)$$

与线性化方法相比,数值积分方法有两个优点:一是无须对非线性函数进行泰勒展开;二是能够避免线性化带来的误差。根据采样点选取的不同,可以得到不同的数值积分方法。例如,容积公式的采样点和权值分别为:

$$\boldsymbol{\xi}_j = \sqrt{n_x} [\boldsymbol{I}_{n_x} \quad -\boldsymbol{I}_{n_x}]_j, \quad w_j = \frac{1}{2n_x}$$

式中,$\boldsymbol{I}_{n_x}$——n_x 维单位矩阵;

$[\cdot]_j$——矩阵 $[\cdot]$ 的第 j 列,$j = 1, 2, \cdots, 2n_x$。

于是就利用数值积分提高了对式(2.A-6)的近似精度。再将这一方法移植到非线性滤波框架中,就得到了新的滤波方法,例如容积卡尔曼滤波、无迹卡尔曼滤波等。

将上述方法进行比较,得到误差曲线如图 2.A-4 所示。

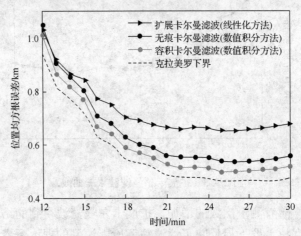

图 2.A-4 不同滤波方法的误差曲线

从图 2.A-4 中可以看出,无迹卡尔曼滤波和容积卡尔曼滤波结果明显优于扩展卡尔曼滤波结果,更加接近虚线所示的理论下界。这样,就利用数值积分方法实现了对模型的改进。

2)模型拓展

事实上,不止目标跟踪系统,许多动态系统都可以描述成为如式(2.A-4)所示的数学模型,将其进行**抽象**、**归纳**,就得到了一般动态离散系统的数学模型:

$$\begin{cases} \boldsymbol{x}_k = f(\boldsymbol{x}_{k-1}) + \boldsymbol{v}_{k-1} \\ \boldsymbol{z}_k = h(\boldsymbol{x}_{k-1}) + \boldsymbol{e}_k \end{cases} \qquad (2.\mathrm{A}\text{-}7)$$

式(2.A-7)也称为动态离散系统的状态-空间模型。根据函数形式和噪声形式的不同,可以采用不同的方法进行求解。

第 3 章 系统建模方法

系统建模是对系统内在状态关系的抽象。对于状态变化连续平滑的连续系统，通常可以采用微分方程进行描述，而对于离散事件系统，由于其状态仅在离散的时间点上发生变化，则需要根据应用需求，选择适当的方法进行系统建模。在自然界里，许多系统不管是机械的、电气的、液压的、气动的，还是热力的系统，都可以通过微分方程来描述。随着信息处理技术、计算机技术和人工智能技术等的发展，在通信、制造、交通管理、军事指挥等领域出现了大量离散事件系统，因此，围绕这些应用领域开展离散事件系统建模越来越受到人们的关注。

本章在分析不同系统描述的基础上，研究多种连续系统的建模方法，给出离散事件系统的基本要素，以及仿真模型的部件结构，探讨几种典型的离散事件系统建模方法。

3.1 系统的描述

表述系统内在联系的数学描述方法很多，主要包括：时域描述模型、传递函数模型和状态空间模型等。

3.1.1 时域描述模型

1. 连续系统

连续系统的主要特征可以通过常微分方程或者偏微分方程等来描述。常微分方程描述的系统通常称为集中参数系统，它的数学模型常常是一组常微分方程，这类系统一般包括各种电路、动力学等系统；偏微分方程描述的系统通常称为分布参数系统，它的数学模型常常是一组偏微分方程，这类系统包括工程领域内的对流扩散系统、物理领域内的流体系统等。

如果系统的数学模型中只存在单个输入和单个输出信号，则被称为单输入单输出系统模型，如果系统的数学模型中包含多个输入和多个输出信号，就称为多输入多输出系统模型。对于单输入单输出系统，设系统时间为 t，系统输入为 $u(t)$，系统输出为 $y(t)$，则线性时不变（LTI）系统输入与输出之间满足的微分方程为：

$$a_n y^{(n)}(t) + a_{n-1} y^{(n-1)}(t) + \cdots + a_1 y'(t) + a_0 y(t) = b_m u^{(m)}(t) + \cdots + b_1 u'(t) + b_0 u(t) \quad (3\text{-}1a)$$

$$\sum_{i=0}^{n} a_{n-i} y^{(i)}(t) = \sum_{j=0}^{m} b_{m-j} u^{(j)}(t) \quad (3\text{-}1b)$$

式中，$a_i(i=0,1,\cdots,n-1)$，$b_i(i=0,1,\cdots,m-1)$ ——常系数。

引入微分算子 $\varphi = \dfrac{\mathrm{d}}{\mathrm{d}t}$，则有：

$$\sum_{i=0}^{n} a_i \varphi^i y(t) = \sum_{j=0}^{m} b_j \varphi^j u(t) \quad (3\text{-}2)$$

其中，$a_i = 1$。

定义：$N(\varphi) = \sum_{i=0}^{n} a_i \varphi^i$，$M(\varphi) = \sum_{j=0}^{m} b_j \varphi^j$ 则可以得到：

$$\frac{y(t)}{u(t)} = \frac{M(\varphi)}{N(\varphi)} \tag{3-3}$$

当系统输入为多变量且满足多个微分方程时，则可以利用微分方程组描述系统模型。

2. 离散系统

与连续时间信号的微分及积分运算相对应，离散时间信号则包含差分及序列求和运算。对于单输入单输出的 LTI 系统，如果系统输入为 $u(k)$，系统输出为 $y(k)$，那么，描述该系统输入与输出之间关系的数学模型，可以使用 n 阶常系数线性差分方程来表示，类似于式（3-1b），即：

$$\sum_{i=0}^{n} a_{n-i} y(k-i) = \sum_{j=0}^{m} b_{m-j} u(k-j) \tag{3-4}$$

3.1.2 传递函数模型

1. 连续系统

设输入信号 $u(t)$ 是在 $t=0$ 时刻加入的因果信号，即当 $t<0$ 时，$u(t)=0$ 且系统为零状态系统，则有：

$$u(0_-) = u^{(1)}(0_-) = u^{(2)}(0_-) = \cdots = 0$$
$$y(0_-) = y^{(1)}(0_-) = y^{(2)}(0_-) = \cdots = y^{(n-1)}(0_-) = 0$$

对式（3-1）两边进行拉普拉斯变换，可以得到：

$$(a_n s^n + a_{n-1} s^{n-1} + \cdots + a_1 s + a_0) Y(s) = (b_m s^m + \cdots + b_1 s + b_0) U(s) \tag{3-5}$$

将式（3-5）进行简单的变换，可得：

$$H(s) = \frac{Y(s)}{U(s)} = \frac{b_m s^m + b_{m-1} s^{m-1} + \cdots + b_1 s + b_0}{a_n s^n + a_{n-1} s^{n-1} + \cdots + a_1 s + a_0} = \frac{B(s)}{A(s)} \tag{3-6}$$

其中，$B(s) = b_m s^m + b_{m-1} s^{m-1} + \cdots + b_1 s + b_0$，$A(s) = a_n s^n + a_{n-1} s^{n-1} + \cdots + a_1 s + a_0$。

函数 $H(s)$ 就是所谓的系统函数，可以表示为系统零状态响应象函数 $Y(s)$ 与输入信号象函数 $U(s)$ 之比，如式（3-6）所示。比较式（3-1）和式（3-6）可以看到，系统函数 $H(s)$ 仅与系统本身 $A(s)$ 和 $B(s)$ 有关，而与系统的输入和输出的形式无关，也就是说系统确定好以后，输入信号可以是任意形式，同时与该输入信号对应存在一个相应的输出信号。

2. 离散系统

如前所述，在时域上，n 阶 LTI 系统可以用差分方程描述，如式（3-3）所示。假设输入是因果信号，即当 $n<0$ 时，$u(n)=0$；在零状态条件下，即 $y(-1) = y(-2) = \cdots = y(-N) = 0$，对式（3-3）进行 z 变换，可以得到系统函数，用 $H(z)$ 的表达式，即：

$$H(z) = \frac{Y(z)}{U(z)} = \frac{B(z)}{A(z)} = \frac{\sum_{i=0}^{M} b_i z^{-i}}{\sum_{i=0}^{N} a_i z^{-i}} \qquad (3-7)$$

3.1.3 状态空间模型

随着科学技术的发展，系统的组成也日益复杂。在许多情况下，人们不仅关心系统输出的变化情况，而且还要研究与系统内部一些变量有关的问题，比如系统的可观测性和可控制性、系统的最优控制与设计等问题。为适应这一变化，引入了状态空间建模的概念。以连续系统为例，式（3-1）与式（3-6）仅仅描述了它们的外部特性，只是确定了系统输入为 $u(t)$ 和系统输出为 $y(t)$ 变量之间的关系，故称为系统外部模型。为了更进一步描述系统内部特性，人们又引入了白箱和灰箱的概念。

1. 黑箱、白箱和灰箱

对于一个可观测到其输入和输出值，但不知其内部结构的系统，可以视为一个黑箱，黑箱方法认为系统的输入及输出值中包含了系统的结构信息，因此可以通过研究其外部特性去研究它的内部结构和关系。对于那些已知其内部结构的系统，则可视为白箱。而介于白箱与黑箱之间的，是灰箱系统。

复杂系统仿真方法主要研究的是黑箱和灰箱的问题。著名仿真学者卡普勒斯（Karpeles）曾经提出了一个从白箱问题到黑箱问题的模型色谱，他把航空、航天、电力、化工等问题放在色谱带中白箱的一端，把社会、经济、生物放在色谱带的另一端，即黑箱的一端。而在黑箱色带与白箱色带之间渐变的灰箱色带，则包含了生态、环境等问题。对于通信系统分析，一般情况下使用黑箱法进行研究，但为了了解系统的内部结构和关系有时也可以用白箱法或灰箱法。

2. 模型建立方法

状态空间模型是以白箱法研究系统内部结构和关系典型方法，为此引入了系统内部变量，即状态变量。一个系统的状态是指能够完全描述该系统行为的最小的一组变量，这里用向量 X 表示。状态空间表达式可以用状态方程与输出方程表示，即：

$$\begin{cases} \dot{X} = AX + Bu \\ y = CX + Du \end{cases} \qquad (3-8)$$

式中，$X = \begin{bmatrix} x_1 & x_2 & \cdots & x_n \end{bmatrix}^T$ —— n 维状态变量；

u——输入向量；

y——输出向量；

A——系统矩阵；

B——输入矩阵；

C——输出矩阵；

D——直传矩阵。

式（3-8）为连续系统的状态空间方程。与之对应的离散系统的状态空间方程可以相应地表示为：

$$\begin{cases} X(k+1) = AX(k) + Bu(k) \\ y(k) = CX(k) + Du(k) \end{cases} \quad (3\text{-}9)$$

综合式（3-8）和合式（3-9），可以构建出系统状态空间模型实现框图，如图 3-1 所示。

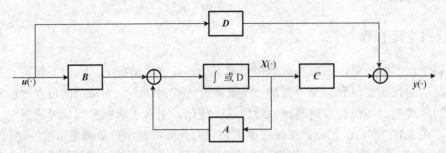

图 3-1　系统状态空间模型实现框图

从图 3-1 可以看到，连续系统和离散系统矩阵框图的形式相同，只是最中间的模块，连续系统用积分器，积分器输出端的信号为状态矢量，输入端信号为其一阶导数；离散系统用迟延单元 D，迟延单元的输出信号为状态矢量 $X(k)$，输入端信号为 $X(k+1)$。同时根据图 3-1 可以构建出系统所对应的外部模型。

$$H(s) = C(sI - A)^{-1}B + D，\text{对于连续情况} \quad (3\text{-}10)$$

$$H(z) = Cz^{-1}(zI - A)^{-1}B + D，\text{对于离散情况} \quad (3\text{-}11)$$

从上述分析可以看出，对于时域描述模型，其 n 阶动态系统（连续的或离散的），可以利用状态空间模型，使用 n 个状态变量的一阶微分（或差分）方程组来表述。因此，与前面两种函数模型相比，状态空间模型的优势主要体现在：

（1）利用描述系统内部特性的状态变量替代了仅能描述系统外部特性，能更加完整地揭示系统的内部特性，便于实现控制系统的分析和设计；

（2）便于处理多输入多输出系统；

（3）由于采用一阶微分（或差分）方程组，因此便于计算机数值计算；

（4）容易推广到时变系统和非线性系统。

当然这种描述系统的方法过于复杂和烦琐。

3.2　连续系统的建模

连续系统指的是系统的状态变量随时间连续变化的系统，本节将从微分方程建模、频域建模和分布参数建模 3 种方法，来讨论连续系统中的建模。

3.2.1　微分方程建模方法

微分方程建模方法是研究函数变化规律的有力工具，在科技、工程、经济管理、生态、环境、人口、交通等各个领域中有着广泛的应用。

微分方程模型的建立常常有如下步骤。

（1）翻译或转化。在实际问题中，有许多表示导数的常用词，如速率、增长（在生物学以及人口问题研究中），以及衰变（在放射性问题中）等。

（2）建立瞬时表达式。根据自变量有微小改变 Δt 时，因变量的增量 ΔW，建立起在 Δt 时段上的增量表达式，令 $\Delta t \to 0$，即得到 $\dfrac{\mathrm{d}W}{\mathrm{d}t}$ 的表达式。

（3）配备物理单位。在建模中应注意每一项采用同样的物理单位。

（4）确定条件。这些条件是关于系统在某一特定时期或边界上的信息，它们独立于微分方程而成立，用以确定有关的常数。为了完整充分地给出问题的数学陈述，应将这些给定的条件和微分方程一起给出。

上面是利用微元法建立微分方程模型的基本步骤。建立微分方程模型较常用的有下列两种方法。

（1）按变化规律直接列方程。利用人们熟悉的力学、数学、物理、化学等学科中的规律，如牛顿第二定律，放射性物质的放射规律等，对某些实际问题直接列出微分方程。

（2）模拟近似法。在生物、经济等学科中，许多现象所满足的规律并不很清楚，而且现象也相当复杂，因而需要根据实际资料或大量的实验数据，提出各种假设，在一定的假设下，给出实际现象所满足的规律，然后利用适当的数学方法得出微分方程。

建立微分方程模型只是解决问题的第一步，通常需要求出方程的解，来说明实际现象，并加以检验。如果能得到解析形式的解，固然是便于分析和应用的，但大多数微分方程是求不出其解析解的，因此，研究其稳定性和数值解法也是十分重要的手段。

例 3-1 如图 3-2 所示为 RLC 串联电路。如将电压源 $u_s(t)$ 看作是激励（输入），选电容两端电压 $u_C(t)$ 为响应（输出），建立系统模型。

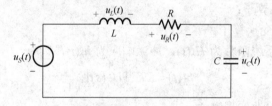

图 3-2 RLC 串联系统

解 由基尔霍夫电压定律（KVL）可知：

$$u_L(t) + u_C(t) + u_R(t) = u_S(t) \tag{3-12}$$

根据各元件端电压与电流的关系，得：

$$i = Cu'_C(t)$$

$$u_R(t) = Ri(t) = RCu'_C(t)$$

$$u_L(t) = Li'(t) = LCu''_C(t)$$

将它们代入式（3-12）并稍加整理，得：

$$u''_C(t) + \frac{R}{L}u'_C(t) + \frac{1}{LC}u_C(t) = \frac{1}{LC}u_S(t)$$

至此，得到基于微分方程的系统模型。

3.2.2 频域建模方法

频域建模方法就是从 s 域的系统函数 $H(s)$，根据相似原理得到与它匹配的 z 域系统函数 $H(z)$，从而导出其差分模型。为了保证转换后 $H(z)$ 稳定且满足动态性能，对于转换关系提出了以下两个要求。

（1）因果稳定的 $H(s)$ 转换成 $H(z)$ 后仍应当是因果稳定的。当连续系统因果稳定时，它的系统函数 $H(s)$ 的极点全部位于 S 平面的左半平面；当离散系统因果稳定时，则要求它的系统函数 $H(z)$ 的极点全部在单位圆内。因此，转换关系应是将 S 平面的左半平面映射到 Z 平面的单位圆内。

（2）系统函数 $H(z)$ 的频率响应当能够匹配连续系统的频响，也就是使得 S 平面的虚轴映射到 Z 平面的单位圆上，相应的频率之间为线性关系。

将 $H(s)$ 转换成 $H(z)$ 的方法很多，这里将重点介绍脉冲响应不变法和双线性变换法。

1．脉冲响应不变法

脉冲响应不变法就是使离散系统的单位序列响应 $h(n)$ 等于连续系统的冲激响应 $h_a(t)$ 的采样值，也就是说，脉冲响应不变法是一种时域上的转换方法，它使得 $h(n)$ 在采样点上等于 $h_a(t)$，即：

$$h(n) = h_a(t)|_{t=nT} = h_a(nT) \tag{3-13}$$

如果从频域来分析，描述离散系统特性的系统函数 $H(z)$ 变为：

$$H(z) = ZT[h(n)] = ZT[h_a(t)|_{t=nT}] = ZT[h_a(nT)] \tag{3-14}$$

式中，$ZT[\cdot]$——z 变换算子；

$ZT^{-1}[\cdot]$——z 逆变换算子。

设已知连续系统的系统函数为 $H_a(s)$，冲激响应为 $h_a(t)$，则有：

$$h_a(t) = LT^{-1}[H_a(s)] \tag{3-15}$$

式中，$LT[\cdot]$——拉普拉斯变换算子；

$LT^{-1}[\cdot]$——拉普拉斯逆变换算子。

将式（3-15）代入式（3-14），就可以得到连续系统函数 $H_a(s)$ 和离散系统函数 $H(z)$ 之间的关系，可以表示为：

$$H(z) = ZT[h(n)] = ZT\left[h_a(t)|_{t=nT}\right] = ZT\left\{LT^{-1}[H_a(s)]|_{t=nT}\right\} \tag{3-16}$$

至此，式（3-13）和式（3-16）分别从时域和频域角度对脉冲响应不变法进行了描述，这样看来，脉冲响应不变法的核心思想就是实现了 S 平面到 Z 平面映射关系。经过推导，这种映射关系可以描述为：

$$z = e^{sT} \tag{3-17}$$

这里为了连续系统和离散系统所表述的频率差异，用 Ω 表示模拟频率，单位是 rad/s；ω 表示数字频率，单位是 rad。根据 S 平面和 Z 平面的定义，有：

$$s = \sigma + j\Omega, \quad z = re^{j\omega} \tag{3-18}$$

进一步可得：

$$\begin{cases} r = e^{\sigma T} \\ \omega = \Omega T \end{cases} \tag{3-19}$$

还需要注意 $z = e^{sT}$ 是 Ω 的周期函数，因为式（3-17）可以写成：

$$z = e^{sT} = e^{\sigma T} e^{j\Omega T} = e^{\sigma T} \cdot e^{j\left(\Omega + \frac{2\pi}{T}M\right)T} \tag{3-20}$$

因此，S 平面和 Z 平面的映射关系如图 3-3 所示。

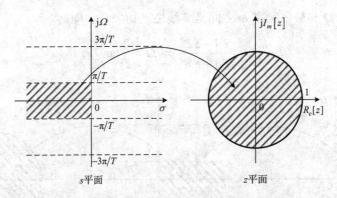

图 3-3 S 平面与 Z 平面之间的映射关系

从图 3-3 可以看到，连续频率 Ω 变化 $2\pi/T$ 的整数倍时，映射的值不变。其结果是将 S 平面沿着 $j\Omega$ 轴分割成一条条宽度为 $2\pi/T$ 的水平带，每条水平带都按照式（3-17）映射到整个 Z 平面，其中 $j\Omega$ 轴左半条状区域，将映射到单位圆内，如图 3-3 所示；右半条状区域，将映射到单位圆外；$j\Omega$ 轴上 $(-\pi/T,\pi/T)$ 映射到单位圆上。

当模拟频率 Ω 在 $(-\pi/T, \pi/T)$ 内变化时，对应于数字频率的变化范围是 $(-\pi, \pi)$，且按照式（3-18）进行映射，$\omega = \Omega T$，即 ω 和 Ω 之间成线性关系，因此，这个映射是一一对应的，不会产生误差。

可以证明，如果 $h_a(t)$ 的频带宽度在 π/T 范围之内，就不会发生频率混叠。如果 $h_a(t)$ 的频带宽度比 π/T 大，则会在 $\pm\pi/T$ 的奇数倍附近产生频率混叠，映射到 Z 平面，表现为在 $\omega = (2k+1)\pi$ 位置发生频率混叠。这就是脉冲响应不变法存在的问题，即频率混叠现象。

2. 双线性变换法

频率混叠现象是脉冲响应不变法的致命缺点，它将直接增大系统建模误差。有两方面原因造成了频率混叠现象的产生：首先，所变换的连续系统的最高截止频率超过了 π/T；其次，如图 3-3 所示，从 S 平面到 Z 平面的变换式 $z = e^{sT}$ 是多值对应映射关系。

为了克服频率混叠现象，提出了双线性 z 变换法，其处理过程分为以下两步。

第一步，将整个连续频率范围从 $(-\infty, \infty)$ 压缩到 $(-\pi/T, \pi/T)$ 之间，这一步也被称为非线性频率压缩。

第二步，利用 $z = e^{sT}$ 实现从 S 平面到 Z 平面的映射。这样就可以彻底消除频率混叠现象，这种方法实现的 S 平面和 Z 平面的映射关系，如图 3-4 所示。

从图 3-4 可以看到，由于从 S 平面到 S_1 平面的映射，具有非线性频率压缩的功能，另外，从 S_1 平面映射 Z 平面仍然采用转换关系 $z = e^{s_1 T}$，S_1 平面（$-\pi/T, \pi/T$）之间水平带的左半部分映

射到 Z 平面的单位圆内,虚轴映射成单位圆,因此不可能产生频率混叠现象。如果 $H_a(s)$ 因果稳定,转换成的 $H(z)$ 也是因果稳定。从 S 平面到 Z 平面的变换式为:

$$s = \frac{2}{T} \frac{1-z^{-1}}{1+z^{-1}} \tag{3-21a}$$

$$z = \frac{2/T + s}{2/T - s} \tag{3-21b}$$

可以证明连续频率 Ω 和数字频率 ω 之间是非线性正切关系,即:

$$j\Omega = \frac{2}{T} \frac{1-e^{-j\omega}}{1+e^{-j\omega}} \Leftrightarrow \Omega = \frac{2}{T} \tan \frac{1}{2}\omega \tag{3-22}$$

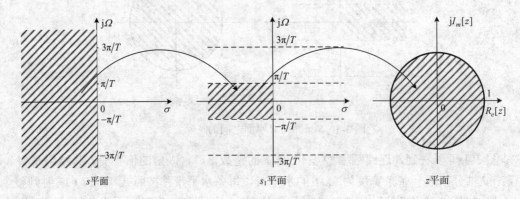

图 3-4 双线性变换法的映射关系

这样看来,双线性变换法克服了脉冲响应不变法的多值对应而产生的混叠现象。然而为此付出的代价是频率映射发生了非线性畸变,这将直接影响离散系统的频率响应和连续系统的频率响应的相似程度,造成离散系统描述的失真。

采用不同的离散描述方法,不仅会影响离散波形的表达形式,而且还会产生不同的误差形式。当采用脉冲响应不变法时,离散采样会引入混叠误差。当采用双线性变换法时,虽然不存在混叠误差,但却存在频率响应的非线性失真,这种的失真与采样间隔成正比。同样混叠误差是可以计算出来,也可以被限定范围的。

当采用脉冲响应不变法时,需要截取有限长度的滤波器的冲激响应,这种截取必然会引入误差。为减小这种误差,可以增长截取的长度,但是这样会降低计算的有效性。因此,仿真就需要同时考虑截取滤波器的冲激响应长度,与运算有效性之间的关系。

除此之外,根匹配法也是一种常用的频域建模方法,其核心就是将 S 平面的零极点映射到 Z 平面上,然后再进行调整,具体映射和调整方法请参阅相关文献。

3.2.3 分布参数系统建模方法

所谓分布参数系统是指系统的状态变量、控制变量和被控变量不仅是时间的函数,而且是空间坐标的函数。因此,系统的模型可表示为偏微分方程、积分方程,或是偏微分-积分方程,因此分布参数系统通常是用偏微分方程来描述的。

1. 研究的必要性

从根本上说，一方面，所有物理系统本来是带分布性质的，不过在许多物理现象以及它们的运动过程中，系统的空间能量和质量分布在形式上是充分集中和稳定不变的，使得可以采用集中参数描述来近似。另一方面，在许多实际系统中，空间能量和质量的分布是广泛地和连续地散开着，所以保持某一些在空间上分布的物理量的精确描述和精确控制是必要的和有益的，因此从集中参数系统的研究发展到分布参数系统的研究是十分自然的。

在早期的分布参数控制系统的研究工作中，其基本探讨都立足于先由一个在空间上被离散化的模型来近似这个分布模型，然后根据集中参数系统已建立的理论来设计一个控制系统。从实用的观点来看，这样处理在某些场合下是简单可行的，同时也是有效的。不过，这里至少存在两个方面的问题。

（1）系统的某些重要特性可能由于离散近似而被遮盖或被忽略。

（2）关于系统的实际结构和近似（离散化）程度之间的关系，特别是逼近的正确性与精度等，也无从了解。

因此，系统的分布参数模型的研究就显得尤为必要了。通常可用分布参数模型描述的领域包括：

（1）电磁学部分——表示天线、波导、发射线和空间波的理论；

（2）结构分析和设计问题——其中振动和动态性能是关键问题；

（3）声学；

（4）热和能量的传递——例如化学和原子反应堆、热交换等；

（5）地球物理系统（如地震）分析；

（6）环境研究——地下水、石油勘探、天气预报等；

（7）煤气和液体流系统；

（8）人口统计和农业模型。

一般情况下，若系统响应沿空间方向呈现出显著的瞬时差异，则最好采用分布参数描述。

2. 分布参数系统模型的特点

由于分布参数系统的分布特性，使其较集中参数系统复杂得多。从动力学特性看，集中参数系统的解算子形成一个群，而分布参数系统的解算子一般仅具有半群的性质，从系统结构来看，集中参数系统只有集中控制和集中测量，而分布参数系统可有分布控制和分布测量、点控制和点测量、边界控制和边界测量。由于这些特点，使得分布参数控制系统的理论必然比集中参数系统复杂。

有关分布参数系统建模方法更进一步的知识，请参阅相关文献。

3.3 离散事件系统建模基础

与连续事件系统不同，离散事件系统是指系统的状态仅在离散的时间点上发生变化的系统，而且这些离散时间点一般是不确定的。这类系统中引起状态变化的原因是事件，通常状态变化与事件的发生是一一对应的。事件的发生没有持续性，可以看作在一个时间点上瞬间完成，事件发生的时间点是离散的，因而这类系统称为离散事件系统。

3.3.1 离散事件系统的基本要素

离散事件系统的类型虽然多种多样,但它们的主要组成元素基本上还是相同的。这些基本要素包括实体、属性、状态、事件、活动、进程、仿真时钟和观测 8 个方面。

1. 实体(Entity)

构成系统的各种成分称为实体,用系统论的术语,它是系统边界内的对象。实体可分为临时实体和永久实体两大类。只在系统中存在一段时间的实体称为临时实体,这类实体在系统仿真过程中的某一时刻出现,在仿真结束前从系统中消失,实体的生命不会贯彻整个仿真过程。永久驻留在系统中的实体称为永久实体,只要系统处于活动状态,这些实体就存在。临时实体常具有主动性,又称为主动成分,而永久实体往往是被动的,又称为被动成分。例如,在超市服务系统中,顾客是临时实体(主动成分),服务员是永久实体(被动成分)。临时实体按一定规律出现在仿真系统中,引起永久实体状态的变化,又在永久实体作用下离开系统,如此整个系统呈现出动态变化的过程。

2. 属性(Attribute)

实体的状态由它的属性的集合来描述,属性用来反映实体的某些性质。例如,在超市服务系统中,顾客是一个实体,性别、身高、年龄、到达时间、服务时间、离开时间等是他的属性。对一个客观实体,其属性很多,在仿真建模中,只需要使用与研究目的相关的一部分就可以了,顾客的性别、身高和年龄与超市服务关系不大,则在超市服务系统中不必作为顾客的一个属性,而到达时间、服务时间和离开时间是研究超市服务效率的重要依据,是超市服务系统仿真中顾客的属性。

3. 状态(State)

在某一确定时刻,系统的状态是系统中所有实体的属性的集合。

4. 事件(Event)

事件是引起系统状态发生变化的行为,它是在某一时间点上的瞬间行为,离散事件系统可以看作是由事件驱动的。在上面的例子中,可以定义顾客到达付款台为一类事件。因为顾客的到达,使系统状态中服务员的状态可能由闲变忙,或者队列状态(即排队的顾客人数)发生变化。顾客接受服务完毕后离开超市系统的行为也可以定义为一类事件,此事件可能使服务员的状态由忙变闲,同时超市现有顾客人数减 1。

5. 活动(Activity)

实体在两个事件之间保持某一状态的持续过程称为活动,活动的开始与结束都是由事件引起的。在上例中,顾客开始接受服务到该顾客接受服务完毕后离开超市可视为一个活动,在此过程中服务员处于忙状态。

6. 进程(Process)

进程由某类实体相关的事件及若干活动组成,一个进程描述了它所包括的事件及活动之间的相互逻辑关系和时序关系。在上例中,一位顾客到达系统→排队→服务员为之服务→服务完毕后离去的过程,可视为一个进程。这里进程的概念有别于程序设计里的进程概念,但是多进程程序设计也是实现离散事件系统仿真的一种手段。

7. 仿真时钟（Simulation clock）

仿真时钟用于表示仿真时间的变化,作为仿真过程的时序控制。它是系统运行时间在仿真过程中的表示,而不是计算机执行仿真过程的时间长度。在连续仿真中,将连续模型离散化后,仿真事件的变化由仿真步长确定,可以是定步长,也可以是变步长。而离散事件系统的状态本来就是在离散时间点上发生变化。仿真时钟的推进方式（Time Advance Mechanism）基本上有两种：固定步长时间推进机制（Fixed-increment Time Advance Mechanism）和下次事件时间推进机制（Next Event Time Advance Mechanism）。

8. 规则（Rule）

描述实体之间、实体与仿真时钟之间相互影响的规则。例如,在超市服务系统中,顾客这类实体与服务员这类实体之间,顾客是主动实体,服务员是被动实体,服务员的状态受顾客的影响（作用）,作用的规则是：如果服务员状态为闲,顾客到达收款台则改变其当前状态,使其由闲转为忙,如果服务员忙,则不对服务员起作用,而作用到自身,即顾客进入排队状态。实际上,主动实体与被动实体之间产生作用,而主动实体与主动实体、被动实体与被动实体之间也可能产生作用。

3.3.2 离散事件仿真模型的部件与结构

虽然实际的系统千差万别,但离散事件仿真模型都有许多通用的部件,并用一种逻辑结构将这些部件组织起来,以便于编码、调试。在实际研究中,使用了事件时间推进法的大多数离散事件仿真模型,都具有下列部件。

(1) 系统状态。它由一组系统状态变量构成,用它来描述系统在不同时刻的状态。

(2) 仿真时钟。用来提供仿真时间的当前时刻的变量,它描述了系统内部的时间变化。

(3) 事件表。在仿真过程中按时间顺序所发生的事件类型和时间对应关系的一张表。

(4) 统计计数器。用于控制与储存关于仿真过程中结果的统计信息,在计算机仿真中经常设计一些工作单元来进行统计中的计数,这些工作单元就称为统计计数器。

(5) 定时子程序。该程序根据时间表来确定下一事件,并将仿真时钟推移到下一事件的发生时间。

(6) 初始化子程序。在仿真开始时对系统进行初始化工作。

(7) 事件子程序。一个事件子程序对应于一种类型的事件,它在相应的事件发生时,就转入该事件的处理子程序,并更新系统状态。

(8) 仿真报告子程序。在仿真结束后,用来计算和打印仿真结果。

(9) 主程序。调用定时子程序,控制整个系统的仿真过程并确定下一事件,传递控制给各事件子程序以更新系统状态。

离散事件系统仿真模型结构如图 3-5 所示。

仿真在 0 时间开始,采用主程序调用初始化子程序的方法。此时仿真时钟设置成 0,系统状态、统计计数器和事件表也进行初始化。控制返回到主程序后,主程序调用定时子程序以确定哪一个事件最先发生。如果下一事件是第 i 个事件,则仿真时钟推进到第 i 事件将要发生

的时间,而控制返回到主程序,而后主程序调用事件程序 i。在这个过程中会有3类典型活动发生:

(1) 修改系统状态,以记下第 i 类事件已经发生过这一事实;

(2) 修改统计计数器,以收集系统性能的信息;

(3) 生成将来事件发生的时间,并将该信息加到事件表中。

在这些过程完成以后,进行检查工作,以便确定现在是否应该终止仿真。如果到了仿真终止时间,主程序调用报告生成程序,计算各种系统要求的数据并打印报告。如果没有到终止时间,控制返回主程序,从而进行"主程序→计时程序→主程序→事件程序→终止检查"的不断循环,直到最后满足停止条件。

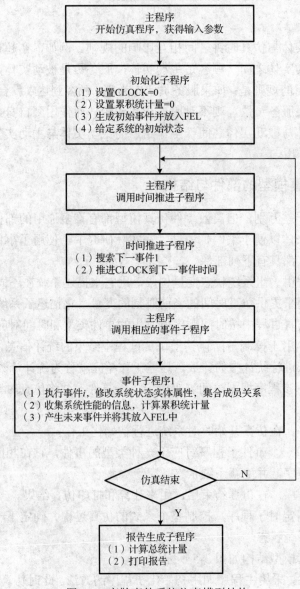

图3-5 离散事件系统仿真模型结构

3.4 离散事件系统典型建模方法

根据应用需求不同，离散事件系统建模方法很多，本节将介绍 Petri 网、活动循环图和实体流图等离散事件系统建模方法。

3.4.1 Petri 网建模方法

Petri 网是由德国学者 Carl A. Petri 于 1962 年在其博士论文中提出的一种用于描述事件和条件关系的网络。Petri 网是一种用简单图形表示的组合模型，具有直观、易懂和易用的优点，它能够较好地描述系统的结构，表示系统中的并行、同步、冲突和因果依赖等关系，并以网图的形式，简捷、直观地模拟离散事件系统，分析系统的动态性质。

Petri 网有严格而准确定义的数学对象，可以借助数学工具，得到 Petri 网的分析方法和技术，并可以对 Petri 网系统进行静态的结构分析，以及动态的行为分析。目前，Petri 网已成功地应用于有限状态机、数据流计算、通信协议、同步控制、生产系统、形式语言和多处理器系统的建模中，成为离散事件系统的主要建模工具。

1. 基本术语

在利用 Petri 网进行建模时，常用的术语包括：

（1）资源。资源指的是与系统状态发生变化有关的因素，例如原料、零部件、产品、工具、设备、数据和信息等。

（2）状态元素。资源按照在系统中的作用分类，每一类放在一起，则这一类抽象为一个相应的状态元素。

（3）库所。状态元素就称为库所。它表示一个场所，而且在该场所存放了一定的资源。

（4）变迁。变迁指的是资源的消耗和使用，以及对应状态元素的变化。

（5）条件。如果一个库所只有两种状态，即有标记和无标记，则该库所称为条件。

（6）事件。涉及条件的变迁称为事件。

（7）容量。库所能够存储资源的最大数量称为库所的容量。

2. Petri 网的描述

Petri 网是由节点和有向弧组成的一种有向图。用圆圈"○"表示库所，用短竖线"│"或矩形框"□"表示变迁，用有向弧表示从库所到变迁的序偶(p, t)，或从变迁到库所的序偶(t, p)，当然还可以对各弧线赋权，即 $w(t, p)$。如图 3-6 所示，展示了一个包括 5 个库所和 3 个变迁的 Petri 网，其中 $w(p_1,t_1) = w(p_4,t_2) = 2$，$w(p_3,t_3) = 3$。

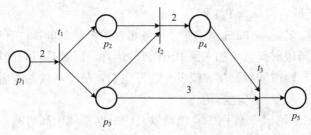

图 3-6 一个简单的 Petri 网

3. 建模方法

下面通过一个例子来说明 Petri 网的建模方法。

设有一个工业生产线,它要完成两项工业操作,这两个操作分别用变迁 t_1 和变迁 t_2 来表示。

(1) 第一个变迁 t_1 将传入生产线的半成品 s_1 和部件 s_2 用两个螺丝钉 s_3 固定在一起,变成半成品 s_4;

(2) 第二个变迁 t_2 再将 s_4 和部件 s_5 用三个螺丝钉 s_3 固定在一起,变成半成品 s_6;

(3) 完成操作 t_1 和 t_2 都要用到工具 s_7。

假定由于存放空间的限制,部件 s_2 和 s_5 最多不能超过 100 件,停放在生产线上的半成品 s_4 最多不能超过 5 件,螺丝钉 s_3 存放的件数不能超过 1000 件。

该生产线的生产过程可以用图 3-7 所示的 Petri 网模型表示,弧上标出的正整数表示某一变迁对资源的消耗量或产品的生产量(未标明的地方假定为 1),也就是弧上的权值。K 表示为库所的容量值,表示某一库所中允许存放资源的最大数量(未标明的库所容量为无穷大)。库所中的黑点数就是标识,它表示了库所当前的实际资源/产品数。

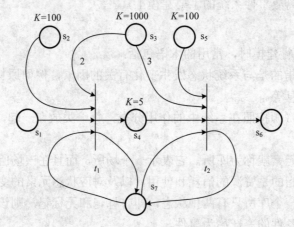

图 3-7 生产线 Petri 网模型

4. Petri 网的类型

(1) 基本 Petri 网。在最简单的 Petri 网系统中,规定网中每一个库所的容量为 1。其库所也可以称为条件,变迁称为事件,所以基本的 Petri 网又称为条件/事件系统,简称为 C/E 系统。

(2) 低级 Petri 网。如果网中每一个库所的容量和权重为大于等于 1 的任意整数,这样的 Petri 网称为库所/变迁网,简称为 P/T 网。

(3) 定时 Petri 网。在这种 Petri 网络中,将各事件的持续时间标注在库所旁边,于是库所中新产生的标记经过一段时间后才加入到 Petri 网的运行,或者是将时间标注在变迁上,于是经过授权的变迁延迟一段时间后发生,或者变迁发生后,马上从输入库所中移去相应的标记,但在输出库所中延迟一段时间产生标记。

(4) 高级 Petri 网。谓词/事件网、着色网以及随机网都属于高级网,高级 Petri 网可以简化复杂的网络模型,表达更多的信息。

5. Petri 网的特点

（1）能够很好地描述和表达离散事件动态系统建模中经常遇到的并行、同步、冲突和因果依赖等关系。

（2）为形式化分析提供了良好的条件，因为 Petri 网有良好的数学基础和语义清晰的语法。

（3）使用图形来描述系统，使系统形象化，易于理解，降低了建模的难度，提高了模型的可读性。

（4）对于柔性制造系统（FMS）那样的分布式递阶结构，可以分层次建立 Petri 图。

（5）与系统结构关系密切，对系统内部的数据流和物流都可以描述，容易在控制模型的基础上直接实现控制系统。

3.4.2 活动循环图建模方法

活动循环图（Activity Cycle Diagram，ACD）建模方法以直观的方式显示了系统的状态变化，利于理解和分析，因而广泛地应用于 FMS 等离散事件系统的建模仿真工作中。ACD 建模方法中使用两类节点来分别表示系统中实体的静态和动态情况，而各个实体的动态、静态的交替转换，则反映了系统的运行特性。ACD 建模方法可以根据不同的问题，对所分析的系统建立不同层次的模型，并且高层次的模型可进一步分解为低层次的模型。在 ACD 建模方法中，系统的状态变化是以全部个体状态变化的集合方式来显示的，因此，个体的活动在 ACD 建模方法中占有重要的地位。另外，可以通过 ACD 建模方法描述的模型，十分方便地将其转换为 ECSL 仿真语言的仿真程序，这也是 ACD 建模方法的另一个十分重要的特点。

但是，ACD 建模方法也存在一些缺点。首先，当系统过于庞大、复杂时，系统的 ACD 建模方法十分繁杂，不利于人们的理解；其次，ACD 建模方法只描述了系统的稳态，而没有研究系统的瞬态，即一个动作的开始和结束；最后，ACD 建模方法没有相应的状态转换方程来支持模型的分析研究。

1. ACD 建模方法的原理

在 ACD 建模方法对系统描述过程中，系统的每一种实体都按各自的方式循环地发生变化，在这一循环中只有两种状态，即静止状态和活动状态，这两种状态在循环中交替地出现。静止状态（或称队列）用圆圈"○"代表，而活动状态用矩形框"□"来代表，它们之间的转换用有向弧（箭头）来表示。由于在一个系统中一般有多种实体，因而有向弧就要使用不同的颜色或线型，以便于区分不同的实体。

ACD 建模方法认为只有满足如下条件，一个活动才会发生，即所有前置队列中都具有按照排队规则挑选的、足够数量的令牌（tokens）存在。一个活动可以同时发生多起（例如 FMS 中几台机床同时处于切削过程中），活动的延续时间可以是常数或随机数，也可以是按照某种规律变化的数。

2. 基本术语

在绘制 ACD 建模方法时，必须将系统中的实体按某种行为特征加以分类。例如，根据实体在给定时间点的状态，可将机床分为加工与空闲，工人分为工作与等待；按实体的行为分类，机床可分为全自动与半自动，工人可分为操作工和调整工等。下面对 ACD 建模方法中几个常用术语进行简要介绍。

（1）实体。实体指的是组成系统的各种要素，也就是 ACD 建模方法中产生活动的主体。例如，在 FMS 中的机床、工件、托盘、小车、装卸站、机器人等。在 ACD 建模方法中，实体可以使用文字加以注明或通过不同线型加以表示，实体的数量则可在名称后用圆弧号加数字说明。

（2）活动。如果实体正在参加某种活动过程，则称实体处于活动状态，简称活动。活动用矩形框表示，活动的持续时间（也称活动周期）标注于该活动的矩形下方，活动名称标注于矩形中。

（3）队列。如果实体处于静态或等待状态，则称为实体的队列，简称队列。队列使用圆圈来表示，圆圈中注明队列的性质。

（4）实体的行为模式。在 ACD 建模方法中，规定实体的行为模式遵循"……→活动→队列→活动→……"的交替变化规则。

（5）直联活动和虚拟队列。如果在任何情况下，某一活动完成后，其后续活动就立即开始，则称后续活动为直联活动。为了使直联活动与前面活动之间的变化仍符合实体的行为模式约定，则规定这两个活动之间有一等待时间为零的队列，这样的队列称为虚拟队列。

（6）合作活动。如果一个活动要求多于一个（或一类）实体参加才能开始，则称其为合作活动。

3．建模方法

下面通过一个例子来说明 ACD 的绘制方法。

假设有一个系统，它有两类实体，即机床和工人。机床是半自动的，需要一个工人去安装工件。然后机床可以自动地对工件进行加工，直到加工完毕，机床停止。此时若有一个工人可用来安装工件，就可以开始一次新的循环。因此，半自动机床这一类实体就有安装（SETUP）和加工（RUN）两种活动，空闲（IDLE）和就绪（READY）两个等待状态（队列），其 ACD 如图 3-8 所示。现在对另一类实体，即对工人进行分析，假设工人只担负一项任务，也就是安装工件，即工人就有一个安装（SETUP）活动和一个等待（WAIT）状态，其 ACD 如图 3-9 所示。

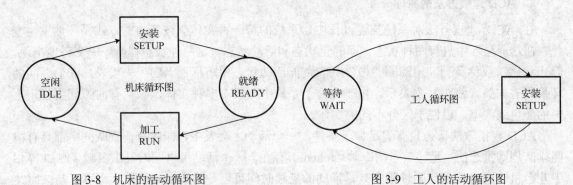

图 3-8　机床的活动循环图　　　　　　图 3-9　工人的活动循环图

在完成了各类实体的活动循环图的分析和绘制之后，就应当将它们综合成一个系统的 ACD，如图 3-10 所示。在此图中，→表示机床的活动循环，—○—表示工人的活动循环。

对于合作活动，只有当参与合作活动的实体都在该活动的前置队列中存在时，此活动才能开始。在图 3-10 中，如果合作活动安装（SETUP）要开始，则必须有一个工人在队列等待（WAIT）中，且有一台机床在队列空闲（IDLE）中才行。如果其中一个不在而另一个在，则合作活动将被迫在队列中等待。这种被迫等待，通常会使系统的性能严重下降。

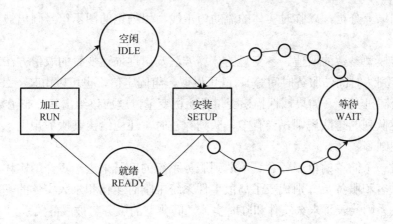

图 3-10 系统的活动循环图

3.4.3 实体流图建模方法

在离散事件中,实体可以分为两大类,即临时实体和永久实体。临时实体按一定规律由系统外部到达系统,在系统中接受永久实体的作用,并按照一定的流程通过系统,最后离开系统。因此,临时实体只是在系统中存在一段时间即自行消失。这里所谓的消失,既可以是指实体在物理意义上退出了系统的边界或自身不存在了,也可以是一种逻辑意义上的取消,意味着不必再给予考虑。

进入商店购物的顾客就是一个临时实体,他们按一定的统计分布规律到达商店,经过售货员的服务后离开商店。另外,交通路口的车辆、生产线上的电视机等都可看作是临时实体。那些永久驻留在系统中的实体称为永久实体,它们是系统产生功能的必要条件。系统通过永久实体的活动对临时实体产生作用,临时实体和永久实体协同完成某项活动,永久实体作为活动的资源而被占用。理发店中的理发员,以及生产线上的加工、装配机械等,都可看成是永久实体。

实体流图建模方法采用与计算机程序流程图相类似的图示符号和原理,建立表示临时实体产生,在系统中流动,接受永久实体服务,以及消失等过程的流程图。借助实体流图,可以表示事件、状态变化,以及实体间相互作用的逻辑关系。由于实体流图编制方法简单,对离散事件系统的描述比较全面,因而实体流图法得到了广泛的应用。

为了准确地建立实际系统的实体流图模型,一是要对实际系统的工作过程有深刻的理解和认识,二是要将事件、状态变化、活动和队列等概念贯穿于建模过程中。常用的图示符号有菱形框(表示判断)、矩形框(表示事件、状态、活动等中间过程)、圆角矩形框(表示开始和结束)、箭头线(表示逻辑关系)等。建模的一般步骤如下所述。

(1) 明确组成系统的各个实体及其属性。队列可以当成一种特殊的实体来考虑。

(2) 分析各种实体的状态和活动,及其相互间的影响。队列实体的状态是指队列的长度。

(3) 考察那些导致了活动的开始或结束的事情,或者是可以作为活动开始或结束的标志,以确定引起实体状态变化的事件,并将条件事件合并。

(4) 分析各种事件发生时实体状态是如何变化的。

(5) 在一定的服务流程下,分析与队列实体有关系的特殊操作(如换队等)。

（6）根据以上分析，以临时实体的流动为主线，用约定的图示符号画出被仿真系统的实体流图。

（7）确定模型参数的取值、参变量的计算方法及属性描述变量的取值方法。属性描述变量（例如顾客到达时间、服务时间等），既可以取一组固定值，也可以由某一公式计算得到，还可以是一个随机变量。如果属性描述变量是随机变量，就应该给出其分布函数。

（8）确定队列的排队规则。当有多个队列存在时，还应给出其服务规则，例如队列的优先权、换队规则等。

下面通过一个简单的单服务台、单队列服务系统的例子来进一步介绍实体流图的建模方法。例子中顾客和服务员分别代表了离散事件系统中临时实体和永久实体的基本行为特性，它们之间的关系则代表了永久实体和临时实体之间典型的服务与被服务关系。

一个小理发店就是一个单服务台、单队列服务系统，在这个小理发店中只有一个理发员。顾客来到理发店后，如果有人正在理发就坐在一旁等候。理发员按先来先服务的原则为每一位顾客服务，而且只要有顾客就不停歇。建模的目的是在假定顾客到达间隔和理发花费的时间服从一定的概率分布时，考察理发员的忙闲情况。

上述服务系统由三类实体组成：理发员、顾客及顾客队列。理发员是永久实体，其活动为理发，有忙和闲两种状态。顾客是临时实体，它与理发员协同完成理发活动，有等待服务、接受服务等状态。顾客队列是一类特殊实体，其状态以队列长度来标识。三类实体的活动及状态之间存在逻辑上的联系：

（1）某一顾客到达时，如果理发员处于忙状态，则该顾客进入等待服务状态；否则，进入接受服务状态。

（2）理发员完成对某一顾客的服务时，如果队列处于非零状态，则立即开始服务活动；否则进入闲状态。

顾客到达或顾客结束排队可以导致服务活动的开始，而顾客理完发离去可以导致服务活动的结束，因此这三件事情都作为事件看待。但由于顾客结束排队是以理发员状态是闲为条件的，因此它是条件事件；而队列状态为非零时理发员状态为闲是由事件顾客理完发离去导致的，因此将顾客结束排队事件并入顾客理完发离去事件，不予单独考虑。顾客到达将使理发员由闲变为忙，或使队列长度加 1。顾客理完发离去将使理发员由忙变为闲。顾客结束排队将使队列长度减 1，并使理发员由闲变为忙。本问题中只有一个队列，而且假设顾客不会因排队人数太多而离去，因此队列规则很简单，没有特殊的队列操作。

通过以上分析，给出理发店服务系统的实体流图，如图 3-11 所示。同时还需要给出的模型属性变量有顾客的到达时间（随机变量）、理发员为一个顾客理发所需的服务时间（随机变量）等，它们的值可分别从不同的分布函数中抽取。

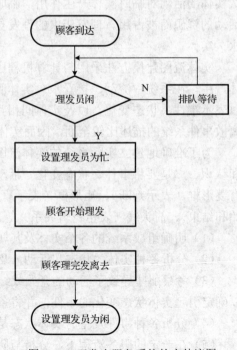

图 3-11 理发店服务系统的实体流图

队列的排队规则是先到先服务（FIFO），即每到一名顾客就排在队尾，服务员先为排在队首的顾客服务。但是实体流图是为描述实体流动和相互间逻辑关系而绘制的，它和计算机程序框图不同，因此与计算机编程实现的要求还有较大距离。

小　　结

系统建模是仿真的基础，是对系统输入、输出状态变量，以及它们间的函数关系进行抽象，在抽象过程中，必须联系真实系统与建模目标。而抽象的方法和手段，与系统特征密切相关。本章重点讨论了两类系统的建模，这两类系统分别是连续系统建模，以及离散事件系统建模，为了将上述系统的建模方法描述得较为体系化，分别从系统描述、连续系统建模、离散事件系统建模及其方法进行了论述，具体内容包括：

（1）系统是指由若干相互关联、互相作用的事物，按一定规律组合而成的，具有特定功能的整体，其中整体性和相关性是系统的基本特征。而整体性和相关性的描述方法很多，手段各异，这里重点从时域、传递函数和状态空间等方面进行了具体描述。在时域描述方面，对于连续时间信号利用微分及积分运算构成的微分方程进行描述，对于离散时间信号采用差分及序列求和运算构成的差分方程进行描述。在传递函数描述系统时，分别从 S 域和 Z 域等方面描述了不同的系统。在利用状态空间模型描述系统时，分别给出了连续情况和离散情况的状态方程表达式。

（2）连续系统指的是系统的状态变量随时间连续变化的系统，其建模方法很多，这里仅介绍了 3 种典型的方法，即微分方程建模、频域建模和分布参数建模法。其中，微分方程建模方法是研究函数变化规律的有力的工具，通常利用微元法基于相关理论知识或者模拟近似方法建立微分方程模型；频域建模方法则是实现从 S 域向 Z 域的映射，从而导出其差分模型，这种映射方法通常包括脉冲响应不变法和双线性变换法等，两者优缺点明显；而真正的系统具有明显的分布参数特征，这样的系统状态变量、控制变量和被控变量不仅是时间的函数，而且是空间坐标的函数，与前两种方法相比准确度高，但结构复杂，本章并没有深入讲解。

（3）离散事件系统是指系统的状态仅在离散的时间点上发生变化的系统，而且这些离散时间点一般是不确定的。针对这类系统本章首先描述了离散事件系统的 8 个基本要素，即实体、属性、状态、事件、活动、进程、仿真时钟和规则；给出了事件时间推进法主要部件，即系统状态、仿真时钟、事件表、统计计数器、定时子程序、初始化子程序、事件子程序、仿真报告子程序和主程序等，并在此基础上，绘制了离散事件系统仿真模型的总体结构图。

（4）离散事件系统的称谓出现在 20 世纪 80 年代，用于描述通信、制造、交通管理、军事指挥等领域，区别于以前广泛研究的连续变量动态系统。根据应用需求不同，离散事件系统建模方法很多，本节主要介绍了 Petri 网、活动循环图和实体流图等系统建模方法。给出了这些建模方法的基本概念、建模方法和典型应用等内容。

思考与练习

3-1　讨论说明一下黑箱、白箱和灰箱之间的关系，它们描述系统的方法。
3-2　简述状态空间模型的优缺点。

3-3 推导式（3-10）与式（3-6）之间的关系，并讨论。

3-4 脉冲响应不变法和双线性变换法各自特点。

3-5 已知模拟滤波器的系统函数 $H_a(s)$ 为：

（1）$H_a(s) = \dfrac{1}{s^2 + s + 1}$；

（2）$H_a(s) = \dfrac{b}{2s^2 + 3s + 1^2}$。

设采样周期 T=2s。试采用脉冲响应不变法和双线性 z 变换法，分别将它们转换成数字滤波器，并写出数字滤波器的系统函数 $H(z)$。

3-6 试说明离散事件系统仿真与连续系统仿真的区别。

3-7 简述离散事件系统的基本要素。

3-8 在使用了事件时间推进法建立离散事件仿真模型时，简述其主要部件。

3-9 简述 ACD 建模方法的原理。

3-10 简述实体流图建模方法的基本步骤。

仿 真 实 验

3-1 设计一个案例，说明微分方程模型步骤。

3-2 采样频率为 1Hz，设计一个数字低通滤波器，要求其通带临界频率 $f_p = 0.2\text{Hz}$，通带内衰减小于 1dB($a_p = 1$)，阻带临界频率 $f_s = 0.3\text{Hz}$，阻带衰减大于 25dB($a_s = 25$)。请分别用脉冲响应不变法和双线性变换法，设计它的 Butterworth 数字滤波器，观察所设计数字滤波器的幅频特性曲线，记录滤波器带宽和衰减量，谈谈两种设计方法的特点。

3-3 设计一个案例，分布参数系统建模方法和过程。

3-4 设计一个案例，建立一个 Petri 网模型，并进行说明。

第 4 章　系统仿真方法

系统仿真是一项应用技术，它的发展是与控制工程、系统工程及计算机等技术的发展密切相关，并离不开应用需求的推动。当前各应用领域对系统仿真提出了许多新的要求，例如提高仿真的逼真性、可靠性和精确性，提高建模与仿真的效率，改进仿真系统的体系结构等。为了满足这些要求，人们相继提出了一系列新的技术方案，同时也总结出了相应有效理论和方法。

本章将重点介绍连续系统数值仿真方法，分析离散事件系统仿真基本策略，研究蒙特卡洛仿真的基本原理，结合数字通信系统的特点，给出二进制通信系统的 QA 方法。

4.1　连续系统数值仿真方法

连续系统是工程实践中最常见的系统，其仿真方法是系统仿真技术中最基本、最常用和最成熟的。仿真的基础是建立数学模型，并将此模型转换成计算机可接受的、与原模型等价的仿真模型，然后编制仿真程序，使模型在计算机上运转。而如何将连续系统的数学模型转换成计算机可接受的等价仿真模型，采用何种方法在计算机上求解此模型，就是连续系统数字仿真算法要解决的问题。通常连续系统数字仿真主要包括数值积分法和分布参数系统仿真算法，本节将重点介绍数值积分法。

4.1.1　数学原理

连续系统的数学模型，通常用微分方程的形式来表示，因此连续系统仿真算法可归结为用计算机求解微分方程的问题。数值积分法（或称数值解法），就是对常微分方程建立离散形式的数学模型，即差分方程，并求出其数值解。为了在计算机上进行仿真，通常要对描述某系统的高阶微分方程进行模型变换，将其变换为一阶微分方程组或状态方程的形式，然后用数值积分法进行计算。

已知某系统的一阶向量微分方程及其初值为：

$$\begin{cases} \dot{y} = f(t,y) \\ y(t_0) = y_0 \end{cases} \tag{4-1}$$

其中，$y(t)$ 既可以是标量，也可以是矢量。

设方程（4-1）在 $t = t_0, t_1, \cdots, t_n, \cdots$ 处形式上的连续解为：

$$y(t_{n+1}) = y(t_0) + \int_{t_0}^{t_{n+1}} f(t,y)\mathrm{d}t = y(t_n) + \int_{t_n}^{t_{n+1}} f(t,y)\mathrm{d}t \tag{4-2}$$

令 $Q_n \approx \int_{t_n}^{t_{n+1}} f(t,y)\mathrm{d}t$，则式（4-2）就可以用一个公式来近似，即：

$$y_{n+1} \approx y_n + Q_n \tag{4-3}$$

式中，y_n——准确解 $y(t_n)$ 的近似解；
　　　Q_n——准确积分值的近似值。

从式（4-3）中可以看到，数值积分是解决在已知初值的情况下，对 $f(t,y)$ 进行近似积分。而对 $y(t)$ 进行数值求解的方法，数学上称为微分方程初值问题的数值解法。

所谓数值解法，就是寻求初值问题的解在一系列离散点 $t = t_0, t_1, \cdots, t_n, \cdots$ 处的近似解 $y = y_0, y_1, \cdots, y_n, \cdots$，即数值解。相邻两个离散点的间距为 $h = t_n - t_{n-1}$，被称为计算步长或步距。根据已知的初始条件 y_0，可逐步递推计算以后各时刻的数值 y_i，采用不同的递推算法，就出现了各种各样的数值积分方法。常用的基本方法有 3 种，即单步法、多步法和预估-校正法。根据不同的递推关系又可分为显式公式和隐式公式。不同的计算方法，对系统求解的精度、速度和数值稳定性等均有不同的影响。下面给出几个与微分方程数值解法有关的概念。

1．单步法与多步法

只由前一时刻的数值 y_n 就可求得后一时刻的数值 y_{n+1}，这种方法被称为单步法，它是一种能自动启动的算法。反之，计算 y_{n+1} 需要用到过去 $t_n, t_{n-1}, t_{n-2}, \cdots$ 时刻 y 的数值，则称为多步法。由于多步法计算 y，需要 $t_n, t_{n-1}, t_{n-2}, \cdots$ 时刻 y 的数值，启动时必须使用其他方法计算获得这些值，所以它不属于自启动的算法。

2．显式公式与隐式公式

计算 y_{n+1} 时所用数值均已算出来，或者说，在递推公式中只用到 t_n 及其之前的若干时刻的值，而不用 t_{n+1} 以及其后时刻的数值，则称为显式公式。反之，如果计算 y_{n+1} 的递推公式用含有未知量 y_{n+1} 的递推公式，则称为隐式公式。使用隐式公式时，需借助于一个显式公式估计初值，然后再用隐式公式进行迭代运算，这就是预估-校正法。显然这种方法也不是自启动的算法。由此可见，单步法和显式公式在实现上比多步法和隐式公式方便许多，但是出于精度的要求，特别是出于稳定性要求，则应当采用隐式公式。

3．截断误差

分析数值积分的精度，常用泰勒级数作为工具。假定前一步得到的结果 y_n 是准确值，则用泰勒级数求得 t_{n+1} 处的精确解可以表示为：

$$y(t_n + h) = y(t_n) + h\dot{y}(t_n) + \frac{1}{2!}h^2\ddot{y}(t_n) + \cdots + \frac{1}{r!}h^r y^{(r)}(t_n) + o(h^{r+1}) \tag{4-4}$$

若只从以上精确解中取前 r 项之和来近似计算 y_{n+1}，由这种方法单独引进的附加误差通常被称为局部截断误差，它是该方法给出的值与微分方程的解之间的差，故又被称为局部离散误差，局部截断误差大小为 $o(h^{r+1})$，则称它有 r 阶精度，即该方法是 r 阶的，所以算法的阶数可以作为衡量方法准确度的一个重要标志。

4．舍入误差

由于计算机的字长有限，数字不能表示得完全精确，在计算过程中不可避免地会产生舍入误差。舍入误差与步长 h 成反比，若计算步长小，计算次数就多，则舍入误差就大。产生舍入误差的因素较多，除与计算机字长相关外，还与计算机所使用的数字系统、运算次序，以及计算 $f(t,y)$ 所用的子程序的精确度等因素有关。

4.1.2 实现方法

数值解法就是计算在一系列离散点的近似解，其具体实现方法有很多，下面仅介绍以下常用的4种方法。

1. 欧拉法

欧拉法是最简单的一种数值积分法。虽然它的计算精度较低，实际工程中很少采用，但其推导简单，能够清晰说明构造数值解法一般计算公式的基本思想，其具体实现过程如下。首先，对式（4-1）两端由 t_0 到 t_1 进行积分，可得：

$$y(t_1) = y(t_0) + \int_{t_0}^{t_1} f(t,y) dt \tag{4-5}$$

式（4-5）中，积分项是曲线 $f(t,y)$ 及 t_0 到 t_1 包围的面积，当步长 $h = t_n - t_{n-1}$ 足够小时，就可以多个矩形的面积来近似 $y(t_1)$，即：

$$y(t_1) = y(t_0) + f(t,y) \cdot (t_1 - t_0) \tag{4-6}$$

令 $y(t_1)$ 的近似值为 y_1，则有：

$$y_1 = y_0 + f(t_0, y_0) \cdot h \tag{4-7}$$

进一步把 t_1 作为初始点，y_1 作为初始值重复上述做法，就可以得到递推公式：

$$y_{n+1} = y_n + h \cdot f(t_n, y_n) \tag{4-8}$$

式（4-8）就被称为欧拉公式，或称为矩形法。欧拉公式表明若已知初值，就可以经过式（4-8）的迭代计算，最终求得微分方程的近似解。

2. 梯形法

基于欧拉公式的近似思想，可以用梯形的面积来替代前面的矩形面积，为此得到梯形法的表达式：

$$y_{n+1} = y_n + \frac{h}{2} \cdot [f(t_n, y_n) + f(t_{n+1}, y_{n+1})] \tag{4-9}$$

根据隐式公式的定义，显然，式（4-9）是隐式公式，故梯形法不能自启动。通常可以使用欧拉法启动求出初值，算出 $y(t_{n+1})$ 的近似值 y_{n+1}^p，然后将其代回原微分方程中。其中计算 f_{n+1} 的近似值，可以用 $f_{n+1}^p = (t_{n+1}, y_{n+1}^p)$，然后再利用梯形公式求修正后的 y_{n+1}。为了提高精度可以利用梯形公式反复迭代。

考虑到近似值 y_{n+1}^p 的计算，可以得到改进的欧拉公式：

$$\left. \begin{aligned} y_{n+1}^p &= y_n + h \cdot f(t_n, y_n) \\ y_{n+1} &= y_n + \frac{h}{2} \cdot [f(t_n, y_n) + f^p(t_{n+1}, y_{n+1}^p)] \end{aligned} \right\} \tag{4-10}$$

式（4-10）的第一式称为预估公式，第二式称为校正公式，这类方法被称为预估-校正法，也称为改进的欧拉法。

3. 龙格-库塔法

从式（4-4）可以看到，将泰勒展开式多取几项后截断，能提高截断误差的阶次，即可提高精度。但直接采用泰勒展开方法计算函数 $y(t)$ 的高阶导数，运用起来很不方便，且运算量大。

德国数学家 Runge（龙格）和 Kutta（库塔）两人先后提出了间接利用泰勒展开式的方法，即用几个点上函数 $y(t)$ 的一阶导函数值的线性组合来近似替代 $y(t)$ 在某点的各阶导数，然后再用泰勒级数展开式确定线性组合中的各加权系数。这样既可避免计算高阶导数，又可提高数值积分的精度，这就是龙格-库塔法（以下简称 RK 法）的基本思想。后经改进和发展，形成了现在的多种形式的 RK 法。目前，RK 法主要包含有显式、隐式或半隐式等方法，下面主要介绍显式 RK 法。

设一阶微分方程如式（4-1）所示，将 $y(t)$ 展成泰勒级数，如式（4-4）所示，即：

$$y(t+h) = y(t) + h\dot{y}(t) + \frac{1}{2!}h^2\ddot{y}(t) + \cdots + \frac{1}{r!}h^r y^{(r)}(t) + o(h^{r+1}) \tag{4-11}$$

其中：

$$\ddot{y}(t) = \frac{\mathrm{d}}{\mathrm{d}t}[f(t,y)] = \frac{\partial f}{\partial t} + \frac{\partial f}{\partial y} \cdot \frac{\partial y}{\partial t} = \frac{\partial f}{\partial t} + \frac{\partial f}{\partial y} f(t,y)$$

注意，式（4-11）已经将 $y(t)$ 的二阶导数转化为两个一阶偏导的组合，则式（4-11）可以表示为：

$$y(t+h) = y(t) + h \cdot f(t,y) + \frac{h^2}{2!}\left[\frac{\partial f}{\partial t} + \frac{\partial f}{\partial y} \cdot f(t,y)\right] + \cdots \tag{4-12}$$

为了避免简化描述，可将式（4-12）进一步写成：

$$y(t+h) = y(t) + h\sum_{i=1}^{r} b_i k_i \tag{4-13}$$

式中，r——阶数；

b_i——待定系数；

k_i——经推导可由下式决定：

$$k_i = f\left(t + c_i h, y(t) + h\sum_{j=1}^{i-1} a_j k_j\right) \quad i = 1,2,3,\cdots,r \tag{4-14}$$

且定义 $a_1 = c_1 = 0$。

下面针对 r 的取值进行讨论。

（1）$r = 1$，此时 $a_1 = c_1 = 0$，$k_1 = f(t,y)$，式（4-14）就变成：

$$y(t+h) = y(t) + h b_1 k_1 \tag{4-15}$$

取 $b_1 = 1$ 即得一阶 RK 公式，它就是欧拉公式，如式（4-8）所示。因此，可以说欧拉公式是 RK 公式的特例。

（2）$r = 2$，表示描述到二阶，由式（4-14）可知：

$$\begin{cases} k_1 = f(t,y) \\ k_2 = f(t + c_2 h, y + a_1 k_1 h) \end{cases} \tag{4-16}$$

将 $k_2 = f(t+c_2h, y+a_1k_1h)$ 在点 (t,y) 展成一阶泰勒级数，得：

$$\begin{aligned} k_2 &= f(t+c_2h, y+a_1k_1h) \\ &\approx f(t,y) + c_2h\frac{\partial}{\partial t}f(t,y) + a_1k_1h\frac{\partial}{\partial y}f(t,y)\frac{\partial y}{\partial t} \end{aligned} \quad (4\text{-}17)$$

将式（4-16）和式（4-17）代入式（4-13），经整理可以得到：

$$\begin{aligned} y(t+h) &= y(t) + h\sum_{i=1}^{2}b_ik_i \\ &= y(t) + (b_1+b_2)hf(t,y) + b_2c_2h^2\frac{\partial f}{\partial t} + a_1b_2h^2\frac{\partial f}{\partial y}\frac{\partial y}{\partial t} \end{aligned} \quad (4\text{-}18)$$

逐项比较式（4-18）和式（4-12），按照对应项系数相等原则，可以得到

$$\begin{cases} b_1+b_2 = 1 \\ b_2c_2 = 1/2 \\ a_1b_2 = 1/2 \end{cases} \quad (4\text{-}19)$$

式（4-19）是一个不定方程，它有无穷多个解。

如果取 $a_1=1/2$，$b_1=0$，$b_2=1$，$c_2=1/2$，则：

$$y_{n+1} = y_n + hk_2$$

其中：

$$\begin{cases} k_1 = f(t_n, y_n) \\ k_2 = f\left(t_n+\dfrac{h}{2}, y+\dfrac{h}{2}k_1\right) \end{cases} \quad (4\text{-}20)$$

如果取 $a_1=1$，$b_1=1/2$，$b_2=1/2$，$c_2=1$，则：

$$y_{n+1} = y_n + \frac{h}{2}(k_1+k_2)$$

其中：

$$\begin{cases} k_1 = f(t_n, y_n) \\ k_2 = f(t_n+h, y+hk_1) \end{cases} \quad (4\text{-}21)$$

显然式（4-21）正好是前面介绍的式（4-10），即改进的欧拉公式。

与上述分析方法类似，经过推导可以进一步得到 $r=3$ 的三阶 RK 公式，以及 $r=4$ 的四阶 RK 公式。

4．线性多步法

前面讨论的单步法，在计算 $(n+1)$ 时刻的值时，只要利用前一步的 y_n 和 f_n 的值，就可以自动进行计算。在逐步推进计算中，计算 y_{n+1} 之前，已求出了一系列的近似值 $y_0, y_1, \cdots, y_n$，以及 $f_0, f_1, \cdots, f_n$ 等。如果能够充分利用前面多步的信息来计算 y_{n+1}，则可以既加快仿真速度，又获得较高的精度，这就是构造多步法的基本思想。在线性多步法中，使用最为普遍、最具代表性的方法是亚当姆斯（Adams）法，所谓亚当姆斯法是利用一个插值多项式来近似代替

$f(t,y)$。除此之外,连续系统数值仿真计算方法还有变步长法等多种方法,这里就不一一赘述了,感兴趣的同学可以阅读相关文献资料。

4.1.3 稳定性分析

对一个本来是稳定的系统,利用数值积分法进行仿真的时候常常会得出不稳定的结论。造成这种现象的原因往往是计算的字长选取得太大,当步长 h 选取得太大的时候,数值积分法会使得各种误差传递出去,从而引起计算不稳定。而误差的来源主要是以下几个方面:

(1) 初始误差,这是由于在实际计算过程中给出的初值 y_0 通常不太准确;

(2) 由于计算机字长限制,造成的舍入误差;

(3) 在某一步长 h 下产生的截断误差。

而上述这些误差都可能在计算中向下传播。数值解的稳定性是指在扰动(初始误差、舍入误差、截断误差等)影响下,其计算过程中的累积误差不会随计算步数的增加而无限增长。不同的数值解法对应着不同的差分递推公式,一个数值法是否稳定取决于该差分方程的特征根是否满足稳定性要求。

下面以一阶显式欧拉法来讨论数值积分法的稳定性分析方法。

假定系统的微分方程为:

$$\frac{dy(t)}{dt} = \lambda y(t), \quad \lambda = \alpha + j\beta, \quad \alpha < 0 \tag{4-22}$$

利用欧拉公式,即式(4-8)可以得到其递推公式为:

$$y_{n+1} = y_n + h \cdot \lambda \cdot y_n \tag{4-23}$$

假定 $y_k(k=0,1,2,\cdots)$ 为它的仿真解,另外设 $(y_k + \varepsilon_k)$ 为其准确解,则有:

$$y_{n+1} + \varepsilon_{n+1} = (y_n + \varepsilon_n) + h \cdot \lambda \cdot (y_n + \varepsilon_n) \tag{4-24}$$

式(4-24)减去式(4-23),可得:

$$\varepsilon_{n+1} = \varepsilon_n + h \cdot \lambda \cdot \varepsilon_n \tag{4-25a}$$

整理后得:

$$\varepsilon_{n+1} - \varepsilon_n(1 + h \cdot \lambda) = 0 \tag{4-25b}$$

式(4-25b)的特征方程可以表示为:

$$z - (1 + h \cdot \lambda) = 0 \tag{4-26}$$

为了使误差序列 ε_k 不随 k 的增加而增加,必须要求其特征根 $z = 1 + h \cdot \lambda$ 在单位圆内,即 $|1 + h \cdot \lambda| \leq 1$,它所对应的区域就是一阶显式欧拉法的稳定域。

因此,如果系统方程 $\lambda = \alpha$,$\alpha < 0$,运用一阶显式欧拉法时,则只有当 $h \leq 2\left|\frac{1}{\alpha}\right|$ 时才能保证计算是稳定的。计算结果说明,当步长 h 选取得太大,即超过某一数值($2\left|\frac{1}{\alpha}\right|$)的时候,数值积分法会使得各种误差传递出去,从而引起计算不稳定。

4.2 离散事件系统仿真基本策略

与连续系统不同,事件、活动、进程是离散事件系统建模重要的基本要素,而离散事件系统的状态变化与这三者紧密关联。这 3 个概念分别对应 3 种离散事件系统仿真策略,它们是事件调度法、活动扫描法、进程交互法,这 3 种方法也是最早出现、最基础的离散事件系统仿真策略。仿真时钟是仿真系统中事件发生时间的记录,仿真时钟的推进机制与仿真精度和仿真效率密切相关。

4.2.1 事件调度法

事件调度(Event Scheduling)最早出现在 1963 年兰德公司 SIMSCRIPT 语言的早期版本当中,由 Markowitz 等人推出。第 3 章已经提到,离散事件系统的一个基本要素是事件,事件的发生会引起系统状态的变化。事件调度这种方法是以事件为分析系统的基本单元,通过定义事件及每个事件发生对系统状态的变化,按时间顺序确定并执行每个事件发生时有关的逻辑关系,并策划新的事件来驱动模型的运行,这就是事件调度法的基本思想。

按事件调度法作为仿真策略建立仿真模型时,所有事件均放在事件表中。模型中设有一个时间控制模块,该模块从事件表中选择具有最早发生时间的事件,并将仿真时钟置为该事件发生的时间,再调用与该事件对应的事件处理模块,更新系统状态,策划未来将要发生的事件,该事件处理完后返回时间控制模块。这样,事件的选择与处理不断地进行,直到仿真终止的条件产生为止。根据上面的描述,事件调度法的仿真过程可以表述如下。

(1) 初始化。
① 设置仿真的开始时间 t_0 和结束时间 t_f。
② 设置各实体的初始状态。
③ 初始化事件表。
(2) 设置仿真时钟,TIME= t_0。
(3) 如果 TIME > t_f 转至(4),否则,在操作事件表中取出发生时间最早的事件 E;将仿真事件推进到此事件的发生时间,即置 TIME= t_E;更新系统状态,策划新的事件,修改事件表;重复执行第(3)步。
(4) 仿真结束。

事件调度法第(3)步体现出仿真时钟的推进机制,即将仿真时钟推进到下一最早事件的发生时刻,就是在前面提到的下次事件时间推进机制。在算法中,还应规定具有相同发生时间的事件的先后处理顺序。

确定了仿真策略之后,仅仅是明确了仿真模型的算法。在进行仿真程序设计之前还需完成对仿真模型的详细设计,这是在仿真策略的指导之下进行的。进行仿真模型设计时,需要考虑计算机实现的可行性和可移植性。为了便于实施离散事件系统仿真,仿真模型通常都分为三个层次进行设计,层次描述如下。

(1) 第一层——总控程序。
仿真模型的总控程序(或称执行机制)负责安排下一事件的发生时间,并确保在下一事件发生的时候完成正确的操作。也就是说第一层需要实现对第二层实施控制。在采用某些仿真平台编程实现仿真模型时,总控程序已隐含在仿真语言的执行机制中,但是如果仿真程序设计语言采用 C/C++等计算机通用语言,用户就要自己编写一段仿真模型的总控程序。

(2) 第二层——基本模型单元的处理程序。

基本模型单元描述了事件与实体状态之间的影响关系,以及实体间的相互作用关系,这些都是建模者所关心的主要内容。采用不同的仿真策略时,仿真模型的第二层具有不同的构造,也就是说组成仿真模型的基本单元各不相同。在事件调度法中,仿真模型的基本模型单元是事件处理例程,因此第二层由一系列事件处理例程组成。进行仿真程序设计时,事件处理例程被设计成相对独立的程序段,它们的执行受总控程序控制,并且这些程序段之间的交互也是由总控程序控制的。

(3) 第三层——公共子程序(如随机数发生器)。

仿真模型的第三层是一组供第一层和第二层使用的公共子程序,其作用是完成生成随机变量、产生仿真结果报告、收集统计数据等功能。

根据事件调度法建立的仿真模型属于面向事件的仿真模型,因此,对于面向事件的仿真模型,总控制程序必须完成以下 3 项工作。

(1) 时间扫描——确定下一事件发生时间,并将仿真时钟推进到该时刻。

(2) 事件辨识——正确地辨识当前要发生的事件。

(3) 事件执行——正确地执行当前发生的事件。

面向事件仿真模型的总控程序使用事件表(Event List)来完成上述任务。事件表可以想象为一个记录将来事件的"笔记",在仿真运行中,事件的记录不断被列入或移出事件表。例如,在单服务台排队服务系统中,顾客的到达可能会导致一个服务开始事件的记录被列入事件表。每一事件记录至少应由两部分组成,第一部分是事件的发生时间,第二部分是事件的辨识(Event Identifier),有时事件记录中还会有参与事件的实体名称等信息。结合上述描述,面向事件仿真模型总控程序的算法结构如下所述。

(1) 时间扫描。

① 扫描事件表,确定下一事件发生时间。

② 推进仿真时钟至下一事件发生时间。

③ 从事件表中产生当前事件表(Current Event List,CEL),CEL 中包含了所有当前发生事件的事件记录。

(2) 事件执行。

按照次序安排 CEL 中的各个事件的发生,进而调用相应的事件例程。某一事件一旦发生,将其事件记录从当前事件表中移出。

"时间扫描"和"事件执行"这两个步骤反复进行,直到仿真结束。显然,如果仿真模型很复杂,那么事件表中可能会存放很多事件,因此,总控程序的设计人员需要使用表处理技术来减少事件表扫描和操作所占用的时间,具体来讲就是检索、存取等操作时间。常用的事件表处理技术有顺序分配法和链表分配法。

需要注意的是,面向事件仿真模型的第二层由事件例程组成,所谓事件例程是描述事件发生后所要完成的一组操作的处理程序,其中包括对将来事件的安排。如果某一事件例程中安排了将来事件,就要将该事件的记录添加到事件表中。

4.2.2 活动扫描法

由于事件调度法仿真时钟的推进仅仅依据"下一个最早发生的事件",因此事件发生的其他条件的测试,必须在该事件处理程序内部去处理。如果条件满足,该事件发生,而如果条件不满足的话,则推迟或取消该事件发生。这样看来,事件调度法是一种预定事件发生时间的策略,其仿真模型中必须预定系统中最先发生的事件,以便启动仿真进程。在每一类事件处理子程序中,除了要修改系统的有关状态外,还要预定本类事件的下一事件将要发生的时间,这种策略对于活动持续时间的确定性较强的系统是比较方便的。但是,当事件的发生不仅与时间有关,而且还与其他条件有关,即事件只有满足某些条件时才会发生的情况下,采用事件调度法策略将会显示出弱点,原因在于这类系统的活动持续时间是不确定的,因而无法预定活动的开始或终止时间。为此,人们提出了离散事件系统仿真的活动扫描法(Activity Scanning)。

1. 基本方法

活动扫描法最早出现在 1962 年 Buxton 和 Laski 发布的 CSL 语言中,它与活动周期图模型有较好的对应关系。活动扫描法以活动为分析系统的基本单元,认为仿真系统在运行的每一个时刻都由若干活动构成,每一个活动都对应一个活动处理模块,用于处理与活动相关的事件。活动与实体有关,主动实体可以主动产生活动,如排队服务系统中的顾客,它的到达产生排队活动或服务活动;被动实体本身不能产生活动,只有在主动实体的作用下才产生状态变化,如排队服务系统中的服务员。

活动的激发与终止都是由事件引起的,活动周期图中的任意活动都可以由开始和结束两个事件表示,每一个事件都有相应的活动处理。处理中的操作能否进行,取决于一定的测试条件,该条件一般与时间和系统的状态有关,而且时间条件需要优先考虑。可以事先确定事件的发生时间,因此,其活动处理的测试条件只与时间有关;条件事件的处理测试条件与系统状态有关。一个实体可以有几个活动处理,协同活动的活动处理只归属于参与的一个实体。在活动扫描法中,除了设计系统仿真全局时钟外,每一个实体都带有标志自身时钟值的时间元(TIME=cell),时间元的取值由所属实体的下一确定时间来刷新。

每一个进入系统的主动实体都处于某种活动的状态,活动扫描法在每个事件发生时扫描系统,检验哪些活动可以激发,哪些活动继续保持,哪些活动可以终止。活动的激发与终止都会策划新的事件,活动的发生必须满足一定的条件,其中活动发生的时间是优先级最高的条件,即首先应判断该活动的发生时间是否满足,然后再判断其他条件。

活动扫描法的基本思想:用各实体时间元的最小值推进仿真时钟;将仿真时钟推进到一个新的时刻点,优先执行可激活实体的活动处理,使测试通过的事件得以发生,并改变系统的状态以安排相关确定事件的发生时间。因此,这与事件调度法中的事件处理模块相当,活动处理是活动扫描法的基本处理单元。根据上面的描述,活动扫描法的仿真过程如下所述。

(1) 初始化。

① 设置仿真的开始时间 t_0 和结束时间 t_f。

② 设置各实体的初始状态。

③ 设置各个实体时间元的初值。

(2)设置仿真时钟 TIME=t_0。
(3)如果 TIME>t_f转至(4),否则,执行活动处理扫描;推进仿真时钟;重复执行第(3)步。
(4)仿真结束。

从上面的仿真算法可知,活动扫描法要求在某一仿真时刻点上,对所有当前可能发生的和过去应该发生的事件反复进行扫描,直到确认已没有可能发生的事件时,才推进仿真时钟。根据活动扫描法建立的仿真模型特点,可以认为它是面向活动的仿真模型。在面向活动的仿真模型中,处于仿真模型第二层的每个活动处理例程都由两部分构成:

(1)探测头——测试是否执行活动例程中操作的判断条件;
(2)动作序列——活动例程所要完成的具体操作,只有通过测试条件后才被执行。

活动扫描法仿真的总控程序,其主要任务是进行时间扫描,以确定仿真时钟的下一时刻。根据活动扫描仿真策略,下一时刻是由下一最早发生的确定事件决定的。在面向事件的仿真模型中,时间扫描是通过事件表完成的。而在面向活动的仿真模型中,时间扫描是通过时间元完成的。所谓时间元就是各个实体的局部时钟,而系统仿真时钟是全局时钟。时间元的取值方法有两种:

(1)绝对时间法——将时间元的时钟值设定为相应实体的确定事件发生时刻;
(2)相对时间法——将时间元的时钟值设定为相应实体确定事件发生的时间间隔。

与面向事件仿真模型不同,面向活动仿真模型在进行时间扫描时,虽然也可采用列表的方法,但表处理的结果仅仅是求出最小的时间值,而不需要确定当前要发生的事件。因此,时间元表中只要存放时间值即可,与事件表相比,其结构及处理过程要简单很多。

面向活动仿真模型总控程序的算法结构包括:
(1)时间扫描;
(2)活动例程扫描。

考虑到事件对状态的影响,活动例程扫描要反复进行,虽然对于简单系统这种不断跳出循环从头搜索的过程是多余的,但这是处理条件事件的需要。时间元中最新时间值的计算在活动例程中完成。

2. 改进方法

由于活动扫描法将确定事件和条件事件的活动同等对待,都要通过反复扫描来执行,因此效率较低。1963 年,Tocher 借鉴事件调度法的某些思想,对活动扫描法进行了改进,提出了三段扫描法(Three Phase,TP)。三段扫描法兼有活动扫描法简单和事件调度法高效的优点,因此被广泛采用,并逐步取代了最初的活动扫描法。

类似活动扫描法,三段扫描法的基本模型单元也是活动处理,但是在三段扫描法中,活动被分为两类。

(1)B 类活动——描述确定事件的活动处理,在某一排定时刻必然会被执行,也称确定活动处理。"B"源于英文 Bound,表示可明确预知活动的起始时间,该活动将在界定时间范围内发生。

(2)C 类活动——描述条件事件的活动处理,在协同活动开始(满足状态条件)或满足其他特定条件时被执行,也称条件活动处理或合作活动处理。"C"源于英文 Condition,表示该类活动的发生和结束是有条件的,其发生时间是不可预知的。

显然，B类活动处理像事件调度法中的事件处理一样，可以在排定时刻直接执行，只有C类活动处理才需扫描执行。在这种仿真策略下，仿真过程不断地执行一三个阶段的循环，以实现活动的平行性，同时防止死锁，这种仿真过程的三个阶段描述如下：

（1）A阶段——找到下一最早发生的事件，并把时钟推进到该事件预期发生的事件；

（2）B阶段——执行所有的预期在此时刻发生的B类活动处理（确定发生的活动）；

（3）C阶段——尝试执行所有的C类活动（这类活动的发生与否取决于资源和实体的状态，而这些状态可能在B阶段已发生改变）。

这三个阶段不断循环直至仿真结束。

实现上述算法的一个简单办法是，给每个实体都分配一个含有三项内容的记录，第一项是实体的时间元，标明实体发生状态变化的确切时间；第二项是该时间所要执行的一个B类活动例程或等待测试的一个C类活动例程的标号，C类例程带有特殊标志；第三项给出实体上次所完成的活动例程标志，同样，C类例程也带有特殊标志。

时间扫描时，总控程序检查实体记录格式中的第二项内容是否为B类，若是则比较其时间元的值，从中找到一个最小值作为仿真时钟的未来值。然后，产生一个时间元值等于仿真时钟未来值的实体名表，表中的实体在下一事件发生时必定要改变状态。在将仿真时钟推进到未来值时，总控程序将实体名表与实体记录相匹配，调用当前时刻执行的B类活动例程。B阶段调用完成后，再对C类活动例程进行扫描。

4.2.3 进程交互法

事件调度法和活动扫描法的基本模型单元分别是事件处理和活动处理，这些处理都是针对事件而建立的；而且在事件调度法和活动扫描法策略中，各个处理都是独立存在的。

与上述策略不同，进程交互法（Process Interaction）的基本模型单元是进程，进程与处理的概念有着本质的区别，它是针对某类实体的生命周期而建立的，因此，一个进程中要处理实体流动中发生的所有事件（包括确定事件和条件事件）。为了说明进程交互法的基本思想，这里以单服务台排队系统为例进行描述。其中顾客的生命中期可用下述进程来描述："顾客到达；排队等待，直到位于队首；进入服务通道；停留于服务通道之中，直到接受服务完毕离去。"

进程交互法的设计特点是为每一个实体建立一个进程，该进程反映某一个动态实体从产生开始到结束为止的全部活动。这里为其建立进程的实体一般是指临时实体（如顾客），当然为其建立的进程中，还要包含与这个临时实体有交互的其他实体（如服务员，但是服务员的实体不会仅包含在一个进程中，它为多个进程所共享）。进程交互法中，实体的进程需要不断推进，直到某些延迟发生后才会暂时锁住。一般需要考虑两种延迟的作用。

（1）无条件延迟。在无条件延迟期，实体停留在进程中的某一点上不再向前移动，直到预先确定的延迟期满。例如，顾客停留在服务过程中直到服务完成。

（2）条件延迟。条件延迟期的长短与系统的状态有关，事先无法确定。条件延迟发生后，实体停留在进程中的某一点，直到某些条件得以满足后才能继续向前移动。例如，队列中的顾客一直在排队，等到服务员空闲而且自己处于队首时方能离开队列接受服务。

进程中的复活点表示延迟结束后实体所到达的位置，即进程继续推进的起点。在单服务台排队系统中，顾客进程的复活点与事件存在对应关系。

在使用进程交互仿真策略时，不一定对所有各类实体都进行进程描述。例如，单服务台排队系统的例子中，只需给出顾客（临时实体）的进程就可以描述所有事件的处理流程。这体现了进程交互法的一种建模观点，即将系统的演进过程归结为临时实体产生、等待和被永久实体处理的过程。

进程交互法的基本思想是，通过所有进程中时间值最小的无条件延迟复活点来推进仿真时钟；当时钟推进到一个新的时刻点后，如果某一实体在进程中解锁，就将该实体从当前复活点一直推进到下一次延迟发生为止。根据上面的描述，进程交互法仿真策略的过程如下所述。

（1）初始化。
① 设置仿真的开始时间 t_0 和结束时间 t_f。
② 设置各进程中每一实体的初始复活点及相应的时间值。
（2）推进仿真时钟。
（3）如果 TIME $> t_f$ 转至（4），否则，调整复活点及相应的时间值；重复执行第（2）步。
（4）仿真结束。

进程交互法兼有事件调度法和活动扫描法的特点，但其算法比两者更为复杂。根据进程交互法建立的仿真模型称为面向进程的仿真模型，面向进程仿真模型总控程序设计的最简单方法是采用两个事件表：未来事件表（Future Event List，FEL）和当前事件表（Current Event List，CEL）。其中，FEL 中的实体需要满足以下两个条件：

（1）实体的进程被锁住；
（2）被锁实体的复活时间是已知的。

为了方便，FEL 中除存放实体名外，还存放实体的复活时间及复活点位置，而 CEL 则包含以下两类实体的记录：

（1）进程被锁而复活时间等于当前仿真时钟值的实体；
（2）进程被锁且只有当某些条件满足时方能解锁的实体。

从另一方面理解，FEL 存放的是处于无条件延迟的实体记录；CEL 存放的或者是当前可以解锁的无条件延迟的实体记录，或者是处于条件延迟的实体记录。基于上述分析，面向进程仿真模型的总控程序包含 3 个步骤。

（1）将来事件表扫描。从 FEL 的实体记录中检出复活时间最小的实体，并将仿真时钟推进到该实体的复活时间。
（2）移动记录。将 FEL 中当前时间复活的实体记录移至 CEL 中。
（3）当前事件表扫描。如果可能的话，将 CEL 中的实体进程从其复活点开始尽量向前推进，直到进程被锁住。如果锁住进程的是一个无条件延迟，则在 FEL 中为对应的实体建立一个新的记录，记录中应含有复活点及其时间值；否则，在 CEL 中为该实体建立一个含复活点的新记录。如果某一时刻实体已完成其全部进程，则将其记录全部删除。对 CEL 的扫描要重复进行，直到任意实体的进程均无法推进为止。

与上述事件调度法、活动扫描法还是进程交互法 3 种传统的仿真策略相比，消息驱动机制是近年来随着面向对象仿真的发展而出现的一种仿真策略，它使得复杂离散事件系统的仿真更易于实现。而对于既包含离散的状态变量，又包含连续的状态变量的复杂系统，则需要使用混合模式进行仿真。关于消息驱动机制的仿真策略和混合模式仿真，请阅读相关文献，这里就不专门进行介绍了。

对于前面描述的 3 种传统的仿真策略，不论是事件调度法、活动扫描法还是进程交互法，系统状态发生变化的时间都是事件发生的时间。事件调度法中要搜索下一最早发生的事件的时间；活动扫描法中实体的时间元也指向该实体下一事件发生的时间；进程交互法的复活点也对应于事件发生的时间。因此，搞清楚在仿真系统中事件与仿真时钟的关系，以及仿真时钟的推进机制对事件产生的影响非常重要。

4.2.4 时间推进机制

对任何动态系统进行仿真时，都需要知道仿真过程中仿真时间的当前值。因此，必须要有一种随着仿真的进程将仿真时间从一个时刻推进到另一个时刻的机制，即时间推进机制（Time Advance Mechanism）。对某一系统进行仿真时所采用的时间推进机制的种类，以及仿真时间单位所代表的实际时间量的长短，不仅直接影响到计算机仿真的效率，甚至影响到仿真结果的有效性。

离散事件仿真有两种基本的时间推进机制：固定步长时间推进制（Fixed-increment Time Advance Mechanism）和下次事件时间推进机制（Next Event Advance Mechanism）。

1. 固定步长时间推进机制

固定步长时间推进机制就是在仿真过程中，仿真时钟每次递增一个固定的步长。这个步长在仿真开始之前，根据模型特点确定，在整个仿真过程中维持不变。每次推进都需要扫描所有的活动，以检查在此时间区间内是否有事件发生，若有事件发生则记录此事件区间，从而可以得到有关事件的时间参数。这种推进方式要求每次推进都要扫描所有正在执行的活动。

固定步长时间推进机制在实施过程中需要注意，当步长确定后，不论在某段时间内是否有发生事件，仿真时钟都只能一个步长一个步长地推进，并同时要计算检查在刚推进的步长里有没有发生事件。因而很多计算和判断是多余的，占用了计算机运行时间，影响仿真效率。步长取得越小，这种情况就越严重；步长取得越大，则仿真效率越高。不仅如此，在同一步长内的事件都看作是发生在该步长的末尾，并且把这些事件看作是同时事件，这势必产生误差，影响仿真的精度。步长取得越大，则产生的误差越大，一旦误差超出某个范围，仿真结果将失去意义。

基于上述分析，为了提高仿真的精度，希望将步长取得越小越好，而要提高仿真效率又要求步长取得越大越好，效率和精度是一对难以调和的矛盾。实际应用表明，只有对事件发生的平均时间间隔短，事件发生的概率在时间轴上呈均匀分布的系统进行仿真时，采用固定步长时间推进机制才能在保证一定精度的同时，获得较高的效率。然而必须注意，采用固定步长时间推进机制时，仿真效率可以通过改变步长来调节。与此同时，这也反方向调节了仿真的精度。

2. 下次事件时间推进机制

下次事件时间推进机制的仿真时钟不是连续地推进的，而是按照下一个事件预计将要发生的时刻，以不等距的时间间隔向前推进的，即仿真时钟每次都跳跃性地推进到下一事件发生的时刻上去。因此，仿真时钟的增量可长可短，完全取决于被仿真的系统。为此，必须将各事件按发生时间的先后次序进行排列，时钟时间则按事件顺序发生的时刻推进。每当某一事件发生时，需要立即计算出下一事件发生的时刻，以便推进仿真时钟，这个过程不断地重复直到仿真运行满足规定的终止条件时为止。通过这种时钟推进方式，可对有关事件的发生时间进行计算和统计。

下次事件时间推进机制能在事件发生的时刻捕捉到发生的事件，也不会导致虚假的同时事件,因而能达到最高的精度。同时,下次事件时间推进机制还能跳过大段没有事件发生的时间,这样也就消除了不必要的计算和判断,有利于提高仿真的效率。但是需要注意的是,采用下次事件时间推进机制时,仿真的效率完全取决于发生的事件数,也即完全取决于被仿真的系统,用户无法控制调整。事件数越多,事件发生得越频繁、越密集,仿真效率就越低。当在一定的仿真时间内发生大量的事件时,采用下次事件时间推进机制的仿真效率甚至比固定步长时间推进机制的仿真效率还要低。只有对在很长的时间里发生少量事件的系统进行仿真时,采用下次事件时间推进机制才能获得高效率。

综上所述,固定步长时间推进机制和下次事件时间推进机制各有其优缺点。固定步长时间推进机制能通过调整步长来调整仿真的效率和精确度,但存在着影响效率的多余计算和影响仿真精确度的因素,在离散/连续混合系统仿真中,一般都采用固定步长的时间推进机制。下次事件时间推进机制不存在多余的计算,具有最高的仿真精确度,但却没有调整仿真效率和仿真精确度的手段。两种时间推进机制适宜的仿真对象也不同,固定步长时间推进机制适宜于对事件的发生在时间轴上呈均匀分布的系统在短时间里的行为进行仿真,而下次事件时间推进机制则适宜于对事件发生数少的系统进行仿真。

3. 混合时间推进机制

为了兼具上述两种时间推进机制的优点,有些专家学者又提出了一种新的时间推进机制:混合时间推进机制(Mixed Time Advance Mechanism),这种推进机制是固定步长时间推进机制和下次事件时间推进机制的糅合。在混合时间推进机制中,仿真时钟每次推进一个固定时间步长的整数倍。步长可以在仿真前确定,并能逐步调整以获得必要的仿真精度和仿真效率。而仿真时钟每次究竟增加几个步长,则取决于系统中下次事件的发生时间,也即取决于仿真系统或者所建立的仿真模型。这样,混合时间推进机制也能像下次事件时间推进机制那样,跳过大段没有事件发生的时间,避免多余的计算和判断。

总而言之,仿真的效率是指对同一系统在同样一段时间的行为进行一次仿真时,所耗费计算机机时的多少。费时少则效率高,费时多则效率低。而仿真精度则是指仿真结果与实际系统行为结果的接近程度。仿真结果与实际结果越接近,仿真精度越高。显然,仿真效率和仿真精度都越高越好。对同一系统进行仿真时,仿真效率除了取决于仿真算法的复杂度外,一个重要因素就是所采用的时间推进机制。仿真的精度也跟所采用的时间推进机制和所建立的仿真模型的合理性、精确性有直接关系。通常不要求也不可能使仿真达到百分之百的精度,而只是要求达到一个可以接受的精度,低于这个要求的精度则仿真结果无效。采用上述 3 种时间推进机制进行仿真时,若仿真模型一样,所要仿真的时间长度一样,则显然采用下次事件时间推进机制的精度最高。因为它能准确地捕捉到事件发生的时刻,没有虚假的同时事件,并以此为基础改变系统模型的状态。

4.3 蒙特卡洛仿真原理

蒙特卡洛(Monte Carlo)方法也称为随机仿真(Random Simulation)方法,有时也称作随机抽样(Random Sampling)技术或统计实验(Statistical Testing)方法。在工程实践中有着广泛的应用,其各种变形也很多,值得人们广泛关注。

4.3.1 蒙特卡洛仿真的定义

蒙特卡洛方法是一种与一般数值计算方法有本质区别的计算方法，属于实验数学的一个分支，起源于早期的用几率近似概率的数学思想。蒙特卡洛仿真方法，有时也称为计算机随机模拟方法，简称 MC 法。MC 法在美国研制原子弹的"曼哈顿计划"中起到了重要的作用，因此该计划的主持人之一，数学家冯·诺伊曼用驰名世界的赌城摩纳哥 Monte Carlo 来命名这种方法，为它蒙上了一层神秘色彩。

MC 法的基本思想可以这样描述：当所求问题的解是某个事件的概率，或者是某个随机变量的数学期望，或者是与概率、数学期望有关的函数时，通过某种实验的方法，可以得出该事件发生的频率，或者该随机变量若干个具体观察值的算术平均值，通过它们就可以得到问题的解。

实际上，MC 法的基本思想很早以前就被人们所发现和利用。早在 17 世纪，人们就知道用事件发生的"频率"来决定事件的"概率"；19 世纪人们用投针实验的方法来确定圆周率 π；近几十年来，由于科学技术的发展和电子计算机的发明，这种方法作为一种独立的方法被提出来，特别是近年来高速电子计算机的出现，使得用数学方法在计算机上大量、快速地模拟这样的实验成为可能。

虽然 MC 法能够有效求解数学、物理、工程技术以及生产管理等方面的问题，但总的来说，视其是否涉及随机过程的性态和结果，这些问题可分为两类：第一类是确定性的数学问题，如计算多重积分、解线性代数方程组等；第二类是随机性问题，如原子核物理问题、运筹学中的库存问题、随机服务系统中的排队问题、通信系统的误码率问题等。为了进一步了解 MC 法的基本思想请看例题，虽然这个例题在第二章已经出现过，这里不妨我们再进行一遍演示。

例 4-1 利用 MC 法估计圆周率 π。

解 估计的方法之一是用一个具有单位面积的正方形包围一个扇形区域，即单位圆的第一象限，具体情况如图 4-1 所示。

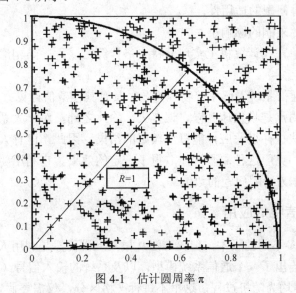

图 4-1 估计圆周率 π

均匀地在正方形中撒 N 粒豆子（或铁钉），参见图 4-1。其中，有 N_1 粒落入扇形区域，则落入扇形区域的比例为：

$$P = \frac{N_1}{N}$$

如果均匀撒无穷多粒豆子，那么这一比例将等于扇形区域面积与正方形的面积之比，即：

$$P = \lim_{N \to \infty} \frac{N_1}{N} = \frac{S_{\text{扇形}}}{S_{\text{正方形}}} = \frac{1 \times 1 \times \pi/4}{1 \times 1} = \frac{\pi}{4}$$

因此，只要确定 N_1 和 N 的数值，就可以近似的确定圆周率 π。在 N 为有限值时，$\pi \approx 4P$。至此，完成了利用 MC 法估计圆周率 π。

进一步思考平面上的一个边长为 1 的正方形，及其内部的一个形状不规则的图形，如何求出这个图形的面积呢？利用 MC 法，可以向该正方形随机地投掷 N 个点，如果 M 个点落于图形内，则该图形的面积近似为 M/N。对于上述两个问题，在利用 MC 法解决的过程中需要注意以下几方面的内容：

（1）对问题建立简单而又便于实现的概率统计模型，使要求的解恰好是所建模型的概率分布或数学期望；

（2）根据概率统计模型的特点和实际计算的需要，改进模型，以便减小模拟结果的方差，降低费用，提高效率；

（3）建立随机变量的抽样方法，其中包括产生伪随机数及各种分布随机变量抽样序列的方法；

（4）给出问题解的统计估计值及其方差或标准差。

与其他的数值计算方法相比，蒙特卡洛方法有这样几个优点：

（1）收敛速度与问题维数无关，换句话说，要达到同一精度，用蒙特卡洛方法选取的点数与维数无关，计算时间仅与维数成比例。但一般数值方法，比如在计算多重积分时，达到同样的误差，点数与维数的幂次成比例，即计算量要随维数的幂次方而增加。这一特性，决定了蒙特卡洛法对多维问题的适用性。

（2）受问题的条件限制的影响小。

（3）程序结构简单，在计算机上实现蒙特卡洛计算时，程序结构清晰简单，便于编制和调试。

（4）对于仿真像通信系统误码率等物理问题时具有其他数值计算方法不能替代的作用。

蒙特卡洛方法的弱点是收敛速度慢、误差大。除此之外，对于大系统蒙特卡洛法通常不适用，但其他数值方法往往很适应，能算出较好的结果。因此，已有人将数值方法与蒙特卡洛方法联合起来使用，克服这种局限性，取得了一定的效果。它利用随机数进行统计实验，以求得的统计特征值作为待解问题的数值解。

4.3.2 MC 法在通信中的应用

尽管 MC 法有诸多不同的版本，但该方法从根本上讲仍然是利用人为方法进行的随机实验。如图 4-2 所示，给出了一个通信系统模型，以及系统的输入信号（或噪声）$U(t)$、$V(t)$ 和 $W(t)$，由于信号和噪声均为随机过程，这里不进行严格区分，仅需要假定它们均为随机过程。

仿真的目的是确定输出 $Y(t)$ 的统计概率,或者相应某个函数 $g[Y(t)]$ 的数学期望。

如果利用系统中所有可能的波形形式来估计系统性能,这实际就是在进行完整的 MC 仿真。当然在这个过程中,输入信号和噪声 $U(t)$、$V(t)$ 和 $W(t)$

图 4-2 MC 仿真的定义

均为随机过程的采样值,这些采样值通过通信系统模型中的功能模块处理,最后得到观察波形,进而实现对系统的评估。

在模型假设和各种近似均达到极限的情况下,就可以构成理想的 MC 仿真系统,这时的 MC 仿真系统与现实系统是一一对应的。上述情况可以利用例 4-1 来说明,例如当 N 取无穷大,计算精度不受限制且均匀地撒落豆子时,即可以准确估计出 π 值。因此,在通常情况下,MC 仿真的期望值 $E\{g[Y(t)]\}$ 可以利用式(4-27)进行估计:

$$E\{g[\tilde{Y}(t)]\} = \frac{1}{N}\sum_{i=1}^{N}g[Y(i)] \tag{4-27}$$

式中,$\tilde{Y}(t)$ —— $Y(t)$ 的估计值;

N —— 仿真采样数据的长度。

如图 4-3 所示,给出了一个具体的通信系统仿真模型,利用该仿真模型可以估计数字通信系统的比特误码率。

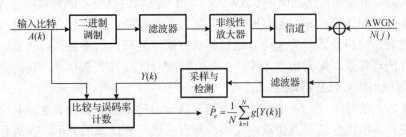

图 4-3 通信系统仿真模型

其具体 MC 仿真过程应当包含以下三步:

(1)生成输入比特序列采样值 $\{A(k)\}$,其中 $k=1,2,\cdots,N$,以及噪声采样值 $\{N(j)\}$,其中 $j=1,2,\cdots,mN$(采样率为每比特 m 个采样值),它们均为随机序列;

(2)通过功能模块处理上述采样数据,并且产生输出序列 $\{Y(k)\}$;

(3)估计 $E\{g[Y(k)]\}$,其中:

$$\hat{P}_e = \frac{1}{N}\sum_{k=1}^{N}g[Y(k)] \tag{4-28}$$

其中:

$$g[Y(k)] = \begin{cases} 1, & Y(k) \neq A(k) \\ 0, & Y(k) = A(k) \end{cases} \tag{4-29}$$

结合图 4-3 可以看到,式(4-29)中 $Y(k) \neq A(k)$ 表示出现了误码;$Y(k) = A(k)$ 表示信息传输正确,因此第三步等价于计算数字通信系统的误码率。

观察图 4-3 和上述分析可以发现,由 MC 仿真所获得的误码率估计值,其准确性取决于估计程序、采样值长度 N,以及模型的假设和近似情况。通常,估计值的准确度与 $1/\sqrt{N}$ 成比例,这就是说,为了通过 MC 仿真获得精确的估计值,必须仿真足够多的采样值。当然,随着 MC 仿真技术在系统仿真中的大量使用,对采样值的数量要求将更加庞大,因此,采样长度经常成为 MC 仿真的约束因素。在不考虑计算机字长限制的前提下,采样值长度 N 越长,MC 仿真获得的估计值精确越高,但与此同时仿真效率就越低,因此,就需要在仿真效率和精度上进行折中。

4.4 准解析 MC 仿真

并不是所有的通信系统仿真都是完整的 MC 仿真,或者纯 MC 仿真,所谓纯 MC 仿真是指所有的输入过程都被仿真。但是,在许多应用仿真的领域中,对系统的所有随机过程都进行仿真是完全不必要的。

4.4.1 问题提出

以图 4-3 所示的通信系统仿真模型为例,估计误码率的计算取决于两方面的因素:其一是噪声;其二是由非线性放大器、滤波器等引起的累积失真。对于输入信号来说,为了简化仿真,可以认为噪声是加性高斯噪声(AWGN)。根据高斯随机过程的特性,这种噪声经过接收滤波器(线性)到达采样和检测器时,还是具有加性高斯分布特性。如果接收端没有非线性失真,加性高斯噪声的影响完全可以通过解析方法来处理,而不必通过仿真,这样就可以减小系统仿真的运算量,提高仿真效率。当然,即使有非线性失真存在,在给定一个失真值后,AWGN 效应仍然可以解析地进行表征。

然而对于输入信号来说,由非线性放大器、滤波器等引起的累积失真,其分布就很难用解析法进行表征,但很容易通过仿真来实现。综合上述两种情况的分析,在进行通信系统仿真时,需要仿真所有功能模块对二进制输入序列的影响,而没有必要直接仿真噪声的波形。

只有一部分系统输入随机过程被直接仿真,而其他过程的影响利用解析方法进行处理,这种 MC 仿真被称为局部 MC 仿真或准解析(QA)仿真。QA 仿真的主要优点是它比纯 MC 仿真需要更少的采样值,但能够产生同样精确的估计。在线性系统仿真时 QA 仿真优势显得更加明显。

从广义上讲,QA 仿真是仿真处理与数学分析的综合,具体综合的形式取决于待处理的实际问题。在这种定义下,任何仿真程序只要不是真实系统的 MC 仿真,都是 QA 仿真的某种形式。在 QA 仿真中,解析部分将包含对某些系统或信号的先验知识或假设的掌握,接着利用这些先验信息构建抽象模型,进而降低整个系统仿真的运行时间。相反缺少先验信息就意味着必须运行 MC 仿真,而 MC 仿真通常是最费时的处理过程。

4.4.2 基本原理

QA 仿真与标准统计估计不同,它是仿真的变种,因此,QA 仿真的估计器不能简单地解释成具有某种分布函数的估计器,而最好将它看作是一种计算方法。

1. 模型的简化

在通信仿真系统中，QA 仿真的应用情况之一，通常采用如图 4-4 所示的实现方案。

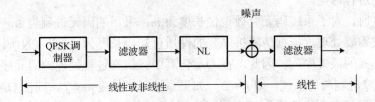

图 4-4　QA 仿真的系统配置特例

对于 QA 仿真实现方案，需要假设从噪声加入点到判决器输入端之间都是线性的；而在噪声加入点之前的系统可以是线性的也可以是非线性的。图中 NL 模块表示非线性模块。上述假设具有双重意义：

（1）后半部分的线性特性，保证了高斯噪声通过传输到达判决器输入端时，仍然保持高斯分布，这表明在仿真时不需要产生噪声过程，只要在采样判决时刻考虑等效噪声的影响，利用解析法进行分析即可；

（2）从噪声输入点开始就是线性的，所以在线性部分这一段可以利用叠加特性，即将信号和噪声分别处理，在终端将相应的结果相加即可。因此，QA 仿真实现方案可以分成两部分：一部分是处理无噪声的信号，这部分通过仿真实现；另一部分是对仿真估计值根据噪声分布特性进行处理，这部分是解析部分。

结合由图 4-4 所示的实现方案，仿真实现和解析处理构成了 QA 仿真，其整个系统仿真结构如图 4-5 所示。

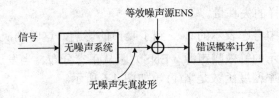

图 4-5　采用 QA 仿真的一般仿真结构

根据图 4-5 的描述，这种 QA 仿真的通用实现方案可以总结如下：

（1）所有的噪声效应在判决器的输入端都可以看作可加性的，不论有多少噪声源，也不管噪声源在什么地方，都用一个等效噪声源 ENS 来表示。

（2）ENS 的概率密度函数是用户指定的，它具有已知的表示形式。

（3）通过关闭所有的噪声源，利用产生的信号序列进行仿真处理。

2. 信号的简化

从上面的分析可以看到，QA 仿真中的噪声不必明确的产生，它对仿真结果也就是 BER 的影响可以利用解析方法进行处理，仿真过程处理的仅是无噪声码元序列。在多数情况下，码元序列的长度与 BER 相互独立，因此，可以分别分析和研究。所以在进行无噪声码元序列仿真时，仅需要重点分析 ISI 和失真等因素影响，此时，表示信号的随机过程就可以进行必要的约束,以实现减小仿真运算量的目标。例如,ISI 和失真等因素影响的序列长度有限,在这种情况下通过分析可以发现,通常 QA 仿真比 MC 仿真中所需要的信号序列长度要小得多,下面就这一问题进行讨论。

假设在仿真时,对于系统码元有效记忆长度为 m,采用的码元进制为 L,那么共有 L^m 种可能的信号模式需要处理。根据伪随机序列的性质可知,长度为 L^m 的 PN 码是可以表示 L^m 种可能的信号模式的最短序列,因此,在 QA 仿真中,仿真过程处理的码元序列是长度为 L^m 的 PN 码。对于二进制通信系统,即 $L=2$,如果系统记忆长度 $m=7$,则在 QA 仿真中,相应仿真过程处理的码元序列的长度为 $L^m=2^7=128$;假设系统 BER 是 10^{-5},对于 MC 仿真至少要运行码元序列的长度为 10^6,比较 QA 仿真和 MC 仿真,前者与后者比运行时间降低了 $10^6/128 \approx 8000$ 倍。

但是情况并不总像上面描述的那样,对于相同的 BER,多进制($L=16$)通信系统,如果 $m=7$,在 QA 仿真中,相应处理的码元序列的长度为 $L^m=16^7 \approx 2.7 \times 10^8$,显然 QA 仿真运行时间比 MC 仿真要长得多,因此,对于记忆长度较大的多进制系统不适合采用 QA 仿真进行仿真。

4.4.3 二进制通信系统的 QA 仿真

对于二进制通信系统,信息传输时码元"1"和"0"分别用正电平和负电平来表示,当不考虑噪声、ISI 和失真等因素影响时,在判决器输入端将接收到代表"1"或"0"的+A 或 –A 电平,这是所希望得到的理想系统。当然,系统不可能是理想的,当发送码元"1",考虑到只有 ISI 和失真因素影响时,k 时刻接收的样本为:

$$v_k = (1-\varepsilon_k)A \tag{4-30}$$

式中,ε_k ——k 时刻采样的失真量。

如果在式(4-30)中考虑表示的 v_k 受到了噪声的影响,这时判决器输入端就是一个随机过程,假设在图 4-5 表示的等效噪声源(ENS)服从正态分布,当发送码元为"1"时,码元和噪声混合后波形的概率密度函数是 $f_1(v)$,如图 4-6 所示。

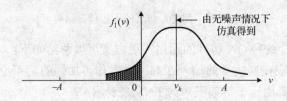

图 4-6 发送码元为"1"时的概率密度函数

在图 4-6 中,判决门限设为 0 电平,判决规则是:高于 0 电平表示接收到"1",低于 0 电平表示接收到"0"。因此,阴影部分表示发送"1"时,被判断成"0"的概率,即误码率,具体表示为:

$$p_k = \int_{-\infty}^{0} f_1(v)\,\mathrm{d}v = \frac{1}{2}\mathrm{erfc}\left(\frac{v_k}{\sqrt{2}\sigma}\right) \tag{4-31}$$

式中,$v_k = (1-\varepsilon_k)A$;

σ^2 ——噪声的功率。

与式（4-31）相对应，当发送"0"时，被判断成"1"的概率，即误码率，可表示为：

$$p_k = \int_0^\infty f_0(v) dv = \frac{1}{2}\mathrm{erfc}\left(\frac{v_k}{\sqrt{2}\sigma}\right) \quad (4\text{-}32)$$

式中，$v_k = -(1-\varepsilon_k)A$；

σ^2 ——噪声的功率；

$f_0(v)$ ——发送码元为"0"时，码元和噪声混合后波形的概率密度函数。

如果 N 个码元的序列被发射，则平均 BER 可以表示为：

$$p = \frac{1}{N}\sum_{k=1}^N p_k \quad (4\text{-}33)$$

从式（4-31）和式（4-32）得到的结论可以看到，BER 估计取决于 u_k 和 σ。在数字调制系统当中 u_k 的取值大小与位同步和载波同步有关。参数 σ 与噪声功率和 v 有关，在 $v=2$，即高斯分布情况下噪声功率为 σ^2。如图 4-7 所示，给出了 QA 仿真的实现流图。

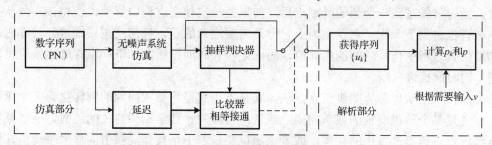

图 4-7 QA 仿真的实现流图

从图 4-7 可以看到，在每比特上都要计算伽马函数估计或者 erfc 函数估计，这些计算替代了 MC 仿真中的随机数的产生和计算，提高了仿真效率。除此之外，QA 仿真还可以扩展，以较小的运算代价获得较多的额外信息，例如将 BER 看成位同步（τ）和载波同步（θ）的函数，利用 BER 来计算 τ 和 θ。另外，还可以改变广义指数分布的指数 v，给出在不同噪声统计特性下 BER 的估计，等等。

当然，上面仅介绍了将 QA 仿真应用于二进制通信系统当中的分析方法，实际上 QA 仿真可以在通信系统中进行多种形式的实际应用，例如用于一维多阶幅度调制的 QA 仿真，用于 QAM 调制的 QA 仿真，用于 PSK 调制的 QA 仿真，用于硬判决编解码系统的 QA 技术，以及用于软判决解码的卷积编码系统的 QA 仿真等，鉴于篇幅有限这里就不一一进行介绍了，感兴趣的读者可以参阅相关文献。

小　结

系统仿真是通过研究模型来揭示实际系统的形态特征和本质，从而达到认识实际系统的目的。现代仿真技术通常是在计算机支持下进行的，因此，系统仿真与控制工程、系统工程及计算机等技术的发展密切相关。由于实际系统的多样性，使得所构建的模型形式多样，这些模型既可以按形式和类型划分，也可以按研究方法划分，这样就使得仿真出现了多种策略，具体来讲就是针对连续系统的数值仿真方法，针对离散事件系统建模基本要素的多种仿真策略，以及计算机随机模拟仿真方法，即蒙特卡洛法。具体来讲包括以下几个方面。

（1）连续系统的数学模型，通常用微分方程的形式来表示，数值积分法是求解微分方程的重要方法，也是针对连续系统仿真的一种有效办法。其基本实现方法包括单步法、多步法和预估-校正法等3种，而不同的计算方法，对系统求解的精度、速度和数值稳定性等均有不同的影响。欧拉法、梯形法、龙格-库塔法和线性多步法等是连续系统数值仿真最常用的算法，而初始值、计算机字长限制，以及步长 h 的选取，则与数值积分法误差有关，同时也是决定系统是否稳定的重要因素。

（2）与事件、活动、进程密切相关的是3种离散事件系统仿真策略，它们是事件调度法、活动扫描法、进程交互法。事件调度法是以事件为分析的基本单元，通过定义事件及每个事件发生对系统状态的变化，按时间顺序确定并执行每个事件发生时有关的逻辑关系，并策划新的事件来驱动模型的运行。活动扫描法以活动为分析的基本单元，认为仿真系统在运行的每一个时刻都由若干活动构成，每一个活动都对应一个活动处理模块，用于处理与活动相关的事件。进程交互法的基本思想是通过所有进程中时间值最小的无条件延迟复活点来推进仿真时钟，当时钟推进到一个新的时刻点后，如果某一实体在进程中解锁，就将该实体从当前复活点一直推进到下一次延迟发生为止。但是需要注意的是，任何动态系统进行仿真时，都需要知道仿真过程中仿真时间的当前值，而固定步长时间推进制和下次事件时间推进机制是两种基本的时间推进机制。

（3）蒙特卡洛法也称为随机仿真方法，其基本思想是将要求问题的解转化为某个事件的概率，或者是某个随机变量的数学期望，或者是与概率、数学期望有关的函数，通过某种实验的方法，得出该事件发生的频率，或者该随机变量若干个具体观察值的算术平均值，通过它们就可以得到待求问题的解。MC方法在工程实践中有着广泛的应用，其各种变形很多，值得人们广泛关注。

（4）为了解决蒙特卡洛方法的收敛速度慢、误差大等弱点，通过条件假设，能够将MC直接仿真与解析分析进行组合，产生了局部MC仿真，或称为准解析（QA）仿真。QA仿真的主要优点是它比纯MC仿真需要更少的采样值，但能够产生同样精确的估计。在线性系统仿真时QA仿真优势显得更加明显。

思考与练习

4-1 对于式（4-4），推导 $r=2$ 时，显式RK法各参数项的取值。
4-2 简述数值积分法误差的主要来源。
4-3 简述事件调度法的基本原理。
4-4 简述活动扫描法的基本原理。
4-5 简述三段扫描法原理和特点。
4-6 简述进程交互法原理，说明其特点。
4-7 简述在面向事件和面向活动的仿真模型中，时间扫描有何差异，为什么？
4-8 什么是时间元，说明其取值方法。
4-9 说明FEL比较CEL存放实体记录的差异。

4-10 分析并比较离散事件仿真中两种基本的时间推进机制。
4-11 简述混合时间推进机制。
4-12 请总结 MC 仿真的特点。
4-13 从随机过程的理论分析，在 MC 仿真过程中，某些随机序列作为模型的输入，通常它们需要至少满足哪些条件，为什么？
4-14 QA 仿真的核心思想是什么？

仿 真 实 验

4-1 利用 MC 方法估计圆周率 π，并进行精度分析。
4-2 参照图 4-3，建立一个通信系统仿真模型，将仿真结果与理论分析结果加以比较和分析。
4-3 从性能方面考虑，通过计算分析考虑 ISI 等因素影响的随机序列如何产生。
4-4 设计一个验证 QA 仿真正确性的实例，并进行仿真分析。

实验案例：关于蒙特卡洛仿真法计算圆周率的进一步讨论

圆周率自从公元前 3 世纪被欧几里得在《几何原本》中提出之后，历经几千年发展经久不衰，而且作为重要的常量被越来越多的应用到各个学科领域。高效、准确计算圆周率，不仅可以解释许多令人着迷的数学难题，促进数学自身的发展，而且还能带动其他科学领域取得实质性、长足性进步和发展。目前，圆周率估计方法主要包括割圆法和公式法。割圆法因为速度慢、计算量大已经淡出历史舞台；而公式法是近代数学中提出的一种具有较高效率和精确度并且适合计算机实现的一种方法。常用的公式法有：Machin 公式法、Ramanujan 公式法、Gauss-legendre 公式法等。随着计算机的出现以及后来超级计算机的应用，圆周率计算有了突飞猛进的发展，现在 π 值的计算已经精确到小数点后 25769.8037 亿位。π 值的计算不仅依赖于计算机，而且反过来成为了衡量计算机性能的一种有效手段。

本章 4.3 节利用蒙特卡洛仿真方法对圆周率进行了计算，本案例在此基础上进行进一步的讨论。首先进行蒙特卡洛方法的误差分析和时间复杂度分析，然后给出两种改进实验模型，从而降低实验的时间复杂度。

1. 理论分析

蒙特卡洛方法作为一种计算方法，通常所需的实验次数较多，其误差和算法复杂度分析是我们关心的重要问题。

（1）误差分析。

蒙特卡洛方法是由随机变量 X 的简单子样 $X_1, X_2, \cdots, X_N$ 的算术平均值：

$$\bar{X}_N = \frac{1}{N}\sum_{i=1}^{N} X_i \tag{4.A-1}$$

作为所求解的近似值。由大数定律可知，假设 $X_1, X_2, \cdots, X_N$ 独立同分布，且具有有限期望值，即 $E(X) < \infty$，则：

$$P(\lim_{N\to\infty} \overline{X}_N = E(X)) = 1 \qquad (4.A\text{-}2)$$

即随机变量 X 的简单子样的算术平均值 $\overline{X}_N$，当子样数 N 充分大时，以概率 1 收敛于它的期望值 $E(X)$。针对蒙特卡洛方法的近似值与真值的误差问题，中心极限定理指出，如果随机变量序列 $X_1, X_2, \cdots, X_N$ 独立同分布，且具有有限非零的方差 σ_2，即：

$$0 \ne \sigma^2 = \int (x - E(X))^2 f(x) \mathrm{d}x < \infty \qquad (4.A\text{-}3)$$

式中，$f(X)$——X 的分布密度函数。

则有：

$$\lim_{N\to\infty} P\left(\frac{\sqrt{N}}{\sigma} \left| \overline{X}_N - E(X) \right| < x \right) = \frac{1}{\sqrt{2\pi}} \int_{-x}^{x} \mathrm{e}^{-t^2/2} \mathrm{d}t \qquad (4.A\text{-}4)$$

当 N 充分大时，有：

$$P\left(\left| \overline{X}_N - E(X) \right| < \frac{z_{\alpha/2}\sigma}{\sqrt{N}} \right) \approx \frac{1}{\sqrt{2\pi}} \int_{-z_{\alpha/2}}^{z_{\alpha/2}} \mathrm{e}^{-t^2/2} \mathrm{d}t = 1 - \alpha \qquad (4.A\text{-}5)$$

式中，α——置信度；

$1-\alpha$——置信水平。这表明，不等式（4.A-6）近似地以概率 $1-\alpha$ 成立，且误差收敛速度的阶为 $O(N^{-1/2})$。

$$\left| \overline{X}_N - E(X) \right| < \frac{z_{\alpha/2}\sigma}{\sqrt{N}} \qquad (4.A\text{-}6)$$

在通常情况下，蒙特卡洛方法的误差 ε 定义为：

$$\varepsilon = \frac{z_{\alpha/2}\sigma}{\sqrt{N}} \qquad (4.A\text{-}7)$$

在式（4.A-7）中，$Z_{\alpha/2}$ 与置信度 α 是一一对应的。根据问题的要求确定出置信水平后，查标准正态分布表，就可以确定出 $Z_{\alpha/2}$。误差 ε 中的均方差 σ 是未知的，必须使用其估计值 $\hat{\sigma}$ 来代替，即：

$$\hat{\sigma} = \sqrt{\frac{1}{N}\sum_{i=1}^{N} X_i^2 - \left(\frac{1}{N}\sum_{i=1}^{N} X_i\right)^2} \qquad (4.A\text{-}8)$$

在计算所求量的同时，可计算出 $\hat{\sigma}$。

（2）算法复杂度。

算法复杂度包括时间复杂度和空间复杂度。时间复杂度是指算法执行过程中每条语句的执行时间与执行次数的乘积；空间复杂度是指算法运行所需要的内存空间以及产生的数据存储所需要的空间总和。本案例研究蒙特卡洛法估算圆周率是在计算机具有足够的内存空间的条件下进行的，即对算法进行时间复杂度分析。通过分析蒙特卡洛法建模仿真的整个过程以及算法中所涉及的所有运算，其计算过程最为复杂耗时最多的是随机点坐标的生成函数 rand( )，大约占用一次循环时间的 80%～90%。MATLAB 软件中 rand( )函数有 3 种工作状态，其随机数生成周期分别如下：

（1）'seed' 随机数生成周期为 $2^{31}-2\approx10^{10}$；
（2）'state' 随机数生成周期为 $2^{1492}\approx10^{450}$；
（3）'twister' 随机数生成周期为 $2^{19937}-1\approx10^{6001}$。

由不同工作模式下的随机数生成周期可知，twister 工作模式下的 rand( )函数具有最好的工作性能。通过分析可知，算法中使用的主要的运算为二进制整数的移位、模二加、大数除法，因此算法整个复杂度即为大数除法复杂度 $T(w)=O(w^2)$，w 为整数的二进制长度。

2．仿真分析

将 4.3 节所介绍的方法利用 MATLAB 进行仿真估算，如图 4.A-1 所示，随着 N 的阶数增加，实验模型下的 π 值越来越接近真值，其误差处于置信度 $\alpha=0.05$ 的误差区间之内。

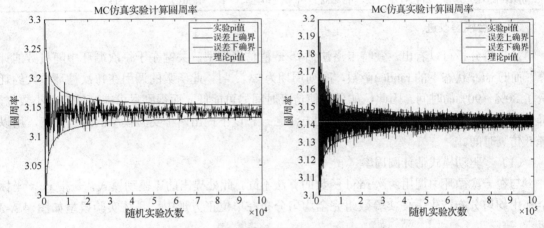

图 4.A-1　蒙特卡洛计算圆周率仿真结果图

对于 π 值仿真估算，最为关心的就是仿真结果的有效小数位。分析实验结果可知，随着仿真实验次数的阶数增加，仿真的 π 值小数位与理论推导一致，其实验结果如图 4.A-2 所示。

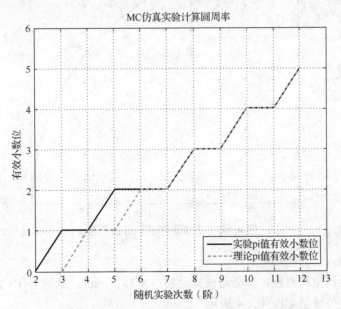

图 4.A-2　蒙特卡洛法计算圆周率的有效小数位

仿真时间的统计是衡量算法复杂度的重要标志之一。如表 4.A-1 所示,随着实验次数 N 的阶数增加,仿真时间基本呈现 10 倍递增的趋势,有效小数位随着仿真时间的增加,基本按照理论推导的方式增加,即 $O(N^{-\frac{1}{2}})$。

表 4.A-1 仿真时间统计

N(阶)	2	3	4	5	6	7
有效小数位	0	1	1	2	2	2
仿真时间(s)	0.00006	0.00030	0.00310	0.03254	0.22207	1.44971
N(阶)	8	9	10	11	12	—
有效小数位	3	3	4	4	5	—
仿真时间(s)	15.7117	157.258	2104.34	16203.2	150812	—

3. 实验模型改进

从理论分析可以看出,蒙特卡洛法估算 π 值仿真模型,关键在于每次循环中随机数的计算。而'twister'状态下的 rand( )函数,序列周期为 $2^{19937}-1$,此函数的调用在每次循环中大约耗费了 80%~90%的时间。因此,如果要使仿真时间尽可能低,而得到尽可能高的有效小数位,降低 rand 函数的调用次数是最为直接的方法之一。以下提出两种实验模型的改进方案,用以降低仿真时间。

(1)零驱动模式估计圆周率。

与在一次循环中调用两次 rand 函数的算法不同,此处提出的零驱动模式,是指 x、y 坐标全都由均匀分布产生,使实验数组完全均匀分布在单位正方形中,具体实验模型如图 4.A-3 所示。

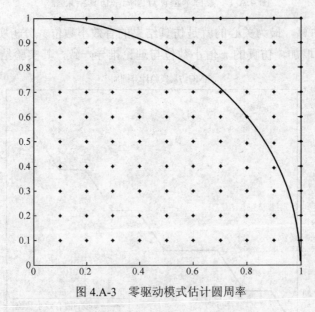

图 4.A-3 零驱动模式估计圆周率

(2)单驱动模式估计圆周率。

与前两种实验模型相对应,单驱动模式是将 y 坐标由 rand( )函数产生,x 的坐标则为均匀分布产生,具体实验模型如图 4.A-4 所示。

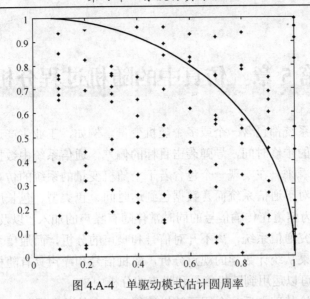

图 4.A-4 单驱动模式估计圆周率

三种实验模型仿真结果对比如下，仿真时间和圆周率实验值的有效小数位分别参见表 4.A-2 和表 4.A-3。

表 4.A-2 三种实验模型仿真时间（s）对比

N（阶）	2	3	4	5	6	7
零驱动模式	0.00005	0.00012	0.00049	0.00264	0.03738	0.09723
单驱动模式	0.00006	0.00022	0.00192	0.02031	0.17326	0.84479
双驱动模式	0.00006	0.00030	0.00310	0.03254	0.22207	1.44971
N（阶）	8	9	10	11	12	—
零驱动模式	1.71441	18.449	164.44	1945.48	16784.7	—
单驱动模式	10.7782	90.347	1346.22	10170.8	91482.9	—
双驱动模式	15.7117	157.258	2104.34	16203.2	150812	—

表 4.A-3 三种实验模型仿真结果有效小数位对比

N（阶）	2	3	4	5	6	7
零驱动模式	0	0	1	1	1	2
单驱动模式	0	0	1	1	1	2
双驱动模式	0	1	1	2	2	2
N（阶）	8	9	10	11	12	—
零驱动模式	2	3	4	4	5	—
单驱动模式	3	3	4	4	5	—
双驱动模式	3	3	4	4	5	—

从表 4.A-2 和表 4.A-3 中数据可知，零驱动模式、单驱动模式和双驱动模式在相同实验次数下，仿真时间比大致为 1∶3∶5，与理论推导一致。对于圆周率实验值的有效小数位，在实验次数较少的情况下，双驱动模式优于零驱动模式和单驱动模式，而单驱动模式优于零驱动模式，但是在高阶 N 的情况下，有效小数位基本相同。因此，两种改进实验模型能够有效提高仿真效率。

第 5 章 仿真中的随机过程分析

几乎所有的现实系统都包含一个或多个随机变量。例如，工业生产过程中的设备正常工作时间，出现故障后的维修时间，导弹袭击目标的偏差，通信系统中数据包到达时间、包类型、包长度等。这样看来，在实现一个包含若干个随机变量的系统的仿真过程中，必须先确定它们的概率分布。对于通信系统而言数据包到达时间、包类型、包长度等参数通常与信号和信道特征有关，因为信道在传输信号的同时常伴随有噪声的加入，以及信号的非线性畸变，由此看来，分析与研究通信系统，离不开对信号和噪声的分析，而通信系统中遇到的信号总带有某种随机性。如果从统计数学的观点分析，随机信号和噪声具有随机过程的特征，因此有关随机过程的理论可以运用到随机信号和噪声的分析中来。

本章在介绍概率论基础之后，介绍了随机过程理论中的部分重要内容，而这部分内容是分析通信系统仿真过程所必需的，即随机信号与噪声的特性表述，以及它们通过线性系统后的基本性能分析。

5.1 概率论基础

概率论是研究随机现象统计规律的一门数学学科，是构成随机数学模型的基础理论，也是学习随机过程的必要准备。因此，本节将简要地介绍概率论的基本理论知识，为后面学习随机过程打好基础。

5.1.1 随机事件与概率

1. 随机事件与概率的定义

在概率论中，把某次实验中可能发生和可能不发生的事件称为随机事件（简称事件）。例如，对一电压进行测量所得到的值，正弦振荡器每次开机起振的初始相位，二元数字序列的某一位的取值，等等，均为随机事件。对随机现象进行的这种实验，称为随机实验。

假定做一实验，可能出现 A、B、C 三种结果，把实验重复 N 次，并记录每一事件发生的次数，分别用 n_A、n_B、n_C 表示，则每个事件发生的相对频率为 n_A/N、n_B/N、n_C/N，在 $N \to \infty$ 的情形下，这些频率就趋于事件发生的概率，用 $P(\cdot)$ 表示，即有：

$$\begin{cases} \lim_{N \to \infty} \dfrac{n_A}{N} = P(A) \\ \lim_{N \to \infty} \dfrac{n_B}{N} = P(B) \\ \lim_{N \to \infty} \dfrac{n_C}{N} = P(C) \end{cases} \qquad (5-1)$$

显然，概率 $P(\cdot)$ 是在 0 到 1 之间，并包括 0 和 1 在内的一个数，以 A 事件为例，对于 $P(A)=0$ 的事件称为 A 的不可能事件，$P(A)=1$ 的事件称为 A 的必然事件。

2. 复杂事件

复杂事件是指由两个或两个以上简单事件构成的事件，且事件有一定相互关系，其基本关系大致有如下几种。

（1）事件相等：若事件 A 发生必然导致事件 B 的发生，而事件 B 的发生也必然导致事件 A 的发生，则称事件 A 和 B 相等，记作 A=B。

（2）事件和：事件 A 与 B 至少发生其中之一而构成的事件，称为 A 与 B 的和，记作 A+B。

（3）事件积：事件 A 与 B 同时发生而构成的事件，记作 A·B(或 AB)。

（4）互不相容事件：事件 A 与 B 不能同时出现，即事件 A·B 是一个不可能事件，则称 A 与 B 是互不相容事件。

（5）对立事件：若 A+B 是必然事件，而 A·B 却是不可能事件，则称 A 与 B 为对立事件。例如，在某时刻观察二元数字序列取值时，"出现 0" 与 '出现 1" 就是对立事件，事件 A 的对立事件常记录为 $\bar{B}$，也称为逆事件。

（6）事件的完备群：如果实验的结果，必然要在某些事件中发生，则称这些事件构成了一个完备的事件群。

3. 条件概率与统计独立

在事件 A 发生的条件下，事件 B 发生的概率用 $P(B/A)$ 表示。按定义，则有：

$$P(B/A) = \frac{P(AB)}{P(A)} \tag{5-2}$$

式（5-2）只适用于 $P(A) \neq 0$ 的情形。

在一般情形下，$P(B/A) \neq P(B)$，这说明事件 A 的发生对事件 B 出现的概率有影响，只有在 $P(B/A) = P(B)$ 时，才可以认为这种影响不存在，这时就可以认为事件 A 和 B 是统计独立的。

由式（5-2）可知，如果：

$$P(AB) = P(A) \cdot P(B) \tag{5-3}$$

这就是两事件统计独立的条件。

4. 有关概率的基本定理

（1）事件之和的概率为：

$$P(A+B) = P(A) + P(B) - P(AB) \tag{5-4}$$

当事件 A 与事件 B 互不相容时，有：

$$P(A+B) = P(A) + P(B) \tag{5-5}$$

（2）事件之积的概率为：

$$P(AB) = P(A) \cdot P(B/A) = P(B) \cdot P(A/B) \tag{5-6}$$

（3）全概率公式。

如果事件 B 能且只能与 n 个互不相容事件 $A_1, A_2, \cdots, A_n$ 之一同时发生，则：

$$P(B) = \sum_{i=1}^{n} P(A_i) \cdot P(B/A_i) \tag{5-7}$$

(4) 贝叶斯（Bayes）公式。

在全概率公式的命题中，如果知道事件 A 已发生，那么各个互不相容事件之一 B_i 发生的概率为：

$$P(B_i/A) = \frac{P(B_i) \cdot P(A/B_i)}{\sum_{j=1}^{n} P(B_j) \cdot P(A/B_j)} \quad (5-8)$$

5.1.2 随机变量与概率分布

1. 随机变量的定义

一个随机实验通常都有许多种可能的结果，因此可以规定一些数值来对应表示各个可能的结果。例如，掷一硬币出现正面或者反面的随机实验，可以规定数值 1 表示出现反面，数值 0 表示出现正面，这样就相当于引入一变量 X，它将随机地取某些数值，而对应每一可能取的数值，有一个概率相对应，这时就将变量 X 就称为随机变量。

当随机变量 X 的取值个数是有限可数时，则称它为离散随机变量，否则就称为连续随机变量，即可能的取值充满某一有限或无限区间。

2. 概率分布函数和概率密度函数

假设随机变量 X 可以取 x_1、x_2、x_3、x_4 四个值，且有 $x_4 > x_3 > x_2 > x_1$，相应的概率为 $P(x_i)$ 或者 $P(X=x_i)$，则有 $P(X \leq x_2) = P(x_1) + P(x_2)$。

对于自变量为 x 的函数 $P(X \leq x)$，可以定义为随机变量 x 的概率分布函数，也可以简称为分布函数，记作 $F(x)$，即：

$$F(x) = P(X \leq x) \quad (5-9)$$

在这个定义中，x 可以是离散的也可以是连续的，根据分布函数的定义，显然有：

$$F(-\infty) = P(X \leq -\infty) = 0$$
$$F(\infty) = P(X \leq \infty) = 1$$

以及 $x_1 \leq x_2$，则 $F(x_1) \leq F(x_2)$，即 $F(x)$ 是单调不减函数。

考虑一个连续的随机变量 x，设其分布函数 $F(x)$ 对于一个非负函数 $f(x)$ 有下式成立：

$$F(x) = \int_{-\infty}^{x} f(u) du \quad (5-10)$$

则称 $f(x)$ 为 X 的概率密度函数（简称概率密度），进而式（5-10）可写成：

$$f(x) = \frac{d}{dx} F(x) \quad (5-11)$$

因此，概率密度是分布函数的导数。经过分析，概率密度有如下的性质：

$$f(x) \geq 0 \quad (5-12)$$

$$\int_{-\infty}^{\infty} f(x) dx = 1 \quad (5-13)$$

$$\int_{a}^{b} f(x) dx = \int_{-\infty}^{b} f(x) dx - \int_{-\infty}^{a} f(x) dx = F(b) - F(a) \quad (5-14)$$

3. 多维随机变量和多维概率分布

上面讨论了单个随机变量及其概率分布，实际上，许多随机实验的结果只用一个随机变量来描述是不够的，而必须同时用两个或更多个随机变量来描述，通常把这种由多个随机变量所组成的一个随机变量总体称为多维随机变量。应当注意的是，多维随机变量不是多个随机变量的简单组合，它既取决于组成它的每个随机变量的性质，而且还取决于这些随机变量两两之间，甚至多个随机变量之间的统计关系。

在通信系统中处理的随机变量，通常不会超过二维，因此就以二维随机变量为例，讨论它们的分布情况。

设有两个随机变量 X 和 Y，把两个事件 $(X \leq x)$ 和 $(Y \leq y)$ 同时出现的概率定义为二维随机变量 (X, Y) 的二维分布函数，记作 $F(x, y)$，可以表示为：

$$F(x,y) = F(X \leq x, Y \leq y) \tag{5-15}$$

如果 $F(x,y)$ 表示成为：

$$F(x,y) = \int_{-\infty}^{x} \int_{-\infty}^{y} f(x,y) \mathrm{d}x \mathrm{d}y \tag{5-16}$$

则称 $f(x, y)$ 为二维概率密度，式（5-16）也意味着下式成立：

$$f(x,y) = \frac{\partial^2}{\partial x \partial y} F(x,y) \tag{5-17}$$

二维联合概率分布有如下的性质：

$$f(x,y) \geq 0 \tag{5-18}$$

$$\int_{-\infty}^{\infty} \int_{-\infty}^{\infty} f(x,y) \, \mathrm{d}x \mathrm{d}y = 1 \tag{5-19}$$

$$F(-\infty, y) = F(x, -\infty) = 0 \tag{5-20}$$

$$\begin{cases} F(\infty, y) = F_Y(y), \text{ 随机变量}Y\text{的分布函数} \\ F(x, \infty) = F_X(x), \text{ 随机变量}X\text{的分布函数} \end{cases} \tag{5-21}$$

$$\begin{cases} f(x) = \int_{-\infty}^{\infty} f(x,y) \mathrm{d}y \\ f(y) = \int_{-\infty}^{\infty} f(x,y) \mathrm{d}x \end{cases} \tag{5-22}$$

式（5-21）和式（5-22）被分别称为二维边际分布函数和二维边际概率密度，这说明已知二维概率分布，就可以求得一维概率分布。当然，当随机变量 X 和 Y 统计独立时，它们的概率密度可以表述为：

$$f(x,y) = f(x) \cdot f(y) \tag{5-23}$$

并且当式（5-23）成立时，随机变量 X 和 Y 为统计独立。因此，式（5-23）确定随机变量 X 和 Y 为统计独立的充要条件。

由式（5-23）可见，当随机变量 X 和 Y 统计独立时，可以由一维概率分布确定二维联合分布。但在一般情况下，知道一维的概率分布，并不一定能求出二维的联合分布，这时需要引进条件概率分布的概念。

在给定随机变量 X 以后，变量 Y 的条件概率密度可以定义为：

$$f(y/x) = \frac{f(x,y)}{f(x)}, \text{其中} f(x) \neq 0 \tag{5-24}$$

由此可得：

$$f(x,y) = f(y/x) \cdot f(x) = f(x/y) \cdot f(y) \tag{5-25}$$

即二维联合概率密度等于一个随机变量的概率密度与另一个随机变量的条件概率密度之积。

分析式（5-23）和式（5-25），如果能够得出：

$$f(y/x) = f(y) \quad \text{或} \quad f(x/y) = f(x) \tag{5-26}$$

则式（5-26）是 X 和 Y 统计独立的充要条件。

当然，以上的概念和得到的结论可以推广到 n 维随机变量中去。

5.1.3 单随机变量模型

在仿真通信系统时，经常会考虑单随机变量和多随机变量的分布情况，单随机变量分布通常与单独的参数相联系，而多随机变量分布用于描述多个参数联合分布。由于多随机变量分布研究的内容较为复杂，在多数情况下，通常将多随机变量分布进行某种约束，进而化简成为多个单随机变量分布某种组合形式，因此在本节将仅研究单随机变量分布模型。

对于通信仿真系统，如果要建模和仿真信息比特流，或者要研究系统传输误码率等性质，这时需要构建离散随机变量模型；如果要表示诸如信息到达的时间间隔、噪声的瞬时值以及通信信道的衰落等情况时，则需要构建连续随机变量模型。

1. 离散单随机变量分布模型

离散随机变量的概率分布（密度）函数可以用表格或者用具体的解析公式来表示。表格形式通常是从实验数据导出，而解析公式通常是从基本的随机变量实验和随机变量的定义导出。而解析表达式在仿真和分析中非常有用，下面给出的模型是根据有关基础随机实验的假设和随机变量定义得到的，在这里略去了烦琐的推导，仅给出每种模型有关的假设条件及应用场合。

（1）均匀分布。

假设条件：随机变量所有的值都是等概率出现。

概率函数：

$$P(X=k) = \frac{1}{n}, \quad k=1,2,\cdots,n \tag{5-27a}$$

均值和方差：

$$m_X = \frac{n+1}{2} \tag{5-27b}$$

$$\sigma_X^2 = \frac{n^2-1}{12} \tag{5-27c}$$

(2)二项分布。

假设条件:随机变量 X 为 n 次独立实验中某事件发生的次数,而每次实验中此事件发生的概率为 p。

概率函数:

$$P(X=k) = \binom{n}{k} p^k (1-p)^{n-k}, \quad k=1,2,\cdots,n \tag{5-28a}$$

其中:

$$\binom{n}{k} = \frac{n!}{k!(n-k)!}$$

均值和方差:

$$m_X = np \tag{5-28b}$$

$$\sigma_X^2 = np(1-p) \tag{5-28c}$$

应用:确定 n 个二进数字信息中出现 k 个 1 的概率;在噪声干扰的通信信道中,传输 n 个数字信号发生 k 个随机错误的概率。

(3)负二项分布。

假设条件:随机变量 X 为随机实验中直到某事件第 r 次发生时的总的实验次数,每次实验中此事件发生的概率为 p。

概率函数:

$$P(X=k) = \binom{k-1}{r-1} p^k (1-p)^{k-r}, \quad k=r, r+1, r+2, \cdots \tag{5-29a}$$

均值和方差:

$$m_X = r/p \tag{5-29b}$$

$$\sigma_X^2 = r(1-p)/p^2 \tag{5-29c}$$

应用:在接通以前不断重复的电话呼叫尝试次数的模型;在包含噪声信道上传输信息,传输成功所要传输的数目的模型。

(4)泊松分布。

如果随机变量 X 的可能取值为 $0,1,2,\cdots$,取各参数值的概率为:

$$P(X=k) = \frac{(\lambda)^k}{k!} e^{-\lambda} \quad k=0,1,2,\cdots \tag{5-30a}$$

均值和方差:

$$m_X = \lambda \tag{5-30b}$$

$$\sigma_X^2 = \lambda \tag{5-30c}$$

应用:通信系统中信息流模型,例如可以用来建立电话交换台在一段时间内收到的呼叫次数模型。

2. 正态（高斯）分布

正态（高斯）分布属于连续随机变量分布模型，之所以将正态分布从连续随机变量分布模型分离出来进行单独描述，主要是因为正态分布在通信系统中被广泛地应用，不仅如此，由于正态分布的表述形式简单，使之成为在随机现象研究和分析的主要工具。

假设条件：根据中心极限定律可知，由大量相互独立的随机事件所确定的随机变量，其概率密度函数趋于正态分布。

概率密度函数：

$$f(x) = \frac{1}{\sqrt{2\pi}\sigma} \exp\left[-\frac{(x-a)^2}{2\sigma^2}\right] \tag{5-31}$$

式中，a——噪声的数学期望值，也就是均值；

σ^2——噪声的方差。

通常正态分布可以表示为 $N(a, \sigma^2)$，其概率密度函数可以用图 5-1 来表示。

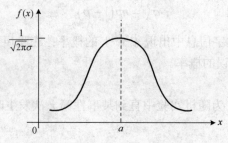

图 5-1 正态分布的密度函数

从图 5-1 可以看到：

（1）$f(x)$ 对称于 $x=a$ 直线，即有 $f(a+x) = f(a-x)$；

（2）$f(x)$ 在 $(-\infty, a)$ 内单调上升，在 (a, ∞) 内单调下降，且在点 a 处达到极大值 $\frac{1}{\sqrt{2\pi}\sigma}$，当 $x \to \infty$ 或者 $x \to -\infty$ 时，$f(x) \to 0$；

（3）$\int_{-\infty}^{\infty} f(x)dx = 1$ 且有 $\int_{-\infty}^{a} f(x)dx = \int_{a}^{\infty} f(x)dx = \frac{1}{2}$；

（4）a 表示分布中心，σ 表示集中的程度。对不同的 a，表现为 $f(x)$ 的图形左右平移；对不同的 σ，$f(x)$ 的图形将随 σ 的减小而变高和变窄。

按照定义，概率分布函数是概率密度函数的积分，即：

$$F(x) = \int_{-\infty}^{x} f(z)dz \tag{5-32}$$

将式（5-32）正态概率密度函数代入，得正态概率分布函数 $F(x)$ 为：

$$F(x) = \int_{-\infty}^{x} p(z)dz = \int_{-\infty}^{x} \frac{1}{\sqrt{2\pi}\sigma} \exp\left[-\frac{(z-a)^2}{2\sigma^2}\right]dz \tag{5-33}$$

式（5-33）中的积分不易计算，常引入**误差函数**来表述。

所谓误差函数，它的定义式为：

$$\mathrm{erf}(x) = \frac{2}{\sqrt{\pi}} \int_0^x \mathrm{e}^{-z^2} \mathrm{d}z \tag{5-34}$$

并称 $1-\mathrm{erf}(x)$ 为互补误差函数，记为 $\mathrm{erfc}(x)$，即：

$$\mathrm{erfc}(x) = 1 - \mathrm{erf}(x) = \frac{2}{\sqrt{\pi}} \int_x^\infty \mathrm{e}^{-z^2} \mathrm{d}z \tag{5-35}$$

可以证明，利用误差函数的概念，正态分布函数可表示为：

$$F(x) = \begin{cases} \dfrac{1}{2} + \dfrac{1}{2}\mathrm{erf}\left(\dfrac{x-a}{\sqrt{2}\sigma}\right), & x \geqslant a \\ 1 - \dfrac{1}{2}\mathrm{erfc}\left(\dfrac{x-a}{\sqrt{2}\sigma}\right), & x \leqslant a \end{cases} \tag{5-36}$$

用误差函数表示 $F(x)$ 的好处是，可以借助于一般数学手册所提供的误差函数表，方便地查出不同 x 值时误差函数的近似值，避免了式（5-33）的复杂积分运算。此外，误差函数的简明特性有助于通信系统的抗噪性能分析。为了方便以后分析，在此给出误差函数和互补误差函数的主要性质。

（1）误差函数是递增函数，它具有如下性质：$\mathrm{erf}(-x) = -\mathrm{erf}(x)$，$\mathrm{erf}(\infty) = 1$。

（2）互补误差函数是递减函数，它具有如下性质：$\mathrm{erfc}(-x) = 1 - \mathrm{erfc}(x)$，$\mathrm{erfc}(\infty) = 0$。

（3）$\mathrm{erfc}(x) \approx \dfrac{1}{\sqrt{\pi}x} \mathrm{e}^{-x^2}$，$x \gg 1$。

3. 连续单随机变量分布模型

下面几种连续随机变量的模型在仿真通信系统时经常被使用，这里给出了它们的概率密度函数和概率分布函数。

（1）均匀分布。

假设条件：随机变量在给定区间内的发生概率与其所在区间长度成正比。

密度函数：

$$f(x) = \begin{cases} 1/(b-a), & a < x < b \\ 0, & \text{其他} \end{cases} \tag{5-37a}$$

分布函数：

$$F(x) = \begin{cases} 0, & x < a \\ \dfrac{x-a}{b-a}, & a \leqslant x < b \\ 1, & x \geqslant b \end{cases} \tag{5-37b}$$

均值和方差：

$$m_X = \frac{b+a}{2} \tag{5-37c}$$

$$\sigma_X^2 = \frac{(b-a)^2}{12} \tag{5-37d}$$

应用：在仿真时，经常利用均匀分布的采样值来产生其他概率分布的样值。

(2) 指数分布。

密度函数：

$$f(x) = \begin{cases} \lambda e^{-\lambda x}, & x > 0 \\ 0, & \text{其他} \end{cases} \quad (5\text{-}38a)$$

分布函数：

$$F(x) = \begin{cases} 1 - e^{-\lambda x}, & x > 0 \\ 0, & x \leqslant 0 \end{cases} \quad (5\text{-}38b)$$

均值和方差：

$$m_X = \frac{1}{\lambda} \quad (5\text{-}38c)$$

$$\sigma_X^2 = \frac{1}{\lambda^2} \quad (5\text{-}38d)$$

应用：数据通信系统中信息长度和时间间隔的分布；可靠性模型（失效时间）。

(3) 伽马分布（Γ 分布）。

密度函数：

$$f(x) = \begin{cases} \dfrac{1}{\Gamma(\alpha)\beta^\alpha} x^{\alpha-1} e^{-x/\beta}, & x > 0 \\ 0, & \text{其他} \end{cases} \quad (5\text{-}39a)$$

其中，伽玛函数 $\Gamma(\cdot)$ 具有如下性质：

$$\Gamma(\alpha) = (\alpha - 1)\Gamma(\alpha - 1) \quad (5\text{-}39b)$$

当 α 是整数时：

$$\Gamma(\alpha) = (\alpha - 1)!$$

均值和方差：

$$m_X = \alpha \cdot \beta \quad (5\text{-}39c)$$

$$\sigma_X^2 = \alpha \cdot \beta^2 \quad (5\text{-}39d)$$

应用：等待时间的一般模型。

(4) 瑞利分布。

假设 $X = (X_1^2 + X_2^2)^{1/2}$，其中 X_1 和 X_2 是独立的高斯随机变量，它们的均值为零而方差是 σ^2，则 X 的概率密度函数为：

$$f(x) = \begin{cases} \dfrac{x}{\sigma^2} \exp\left[-\dfrac{x^2}{2\sigma^2}\right], & x > 0 \\ 0, & \text{其他} \end{cases} \quad (5\text{-}40a)$$

分布函数：

$$F(x) = 1 - \exp\left[-\frac{x^2}{2\sigma^2}\right] \quad x \geqslant 0 \quad (5\text{-}40b)$$

均值和方差：

$$m_X = \sqrt{(\pi/2)} \cdot \sigma \quad (5\text{-}40c)$$

$$\sigma_X^2 = (2-\pi/2)\cdot\sigma^2 \tag{5-40d}$$

应用：信道衰落；窄带高斯过程的包络。

（5）χ^2 分布。

假设 $X = \sum_{i=1}^{n} X_i^2$，其中 X_i 是均值为零，方差为 1 的独立高斯随机变量，则 X 服从 χ^2 分布，概率密度函数为：

$$f(x) = \begin{cases} \dfrac{1}{2^{m/2}\Gamma(m/2)} x^{\frac{m}{2}-1} e^{-x/2}, & x>0 \\ 0, & \text{其他} \end{cases} \tag{5-41a}$$

均值和方差：

$$m_X = m \tag{5-41b}$$
$$\sigma_X^2 = 2m \tag{5-41c}$$

应用：用于分析功率检测器方差等。

说明：χ^2 分布是 Γ 分布的特殊形式，也就是说，$\Gamma\left(\dfrac{m}{2}, 2\right)$ 就是 χ^2 分布。

（6）t 分布。

假设 $X = \dfrac{Z}{(Y_m/m)^{1/2}}$，其中 Z 是均值为零，方差 1 的高斯随机变量，Y_m 是 m 维自由度的独立统计分布，则 X 是 t 分布，其概率密度函数为：

$$f(x) = \dfrac{\Gamma\left(\dfrac{m+1}{2}\right)}{(\pi m)^{1/2}\Gamma(m/2)\left(1+\dfrac{x^2}{m}\right)^{(m+1)/2}} \tag{5-42}$$

应用：用于在未知方差情况下，设置估计器均值的置信区间。

（7）F 分布。

假设 U 和 V 是自由度分别是 m_1 和 m_2 的，相互独立的统计 χ^2 分布，且有：

$$X = \dfrac{U/m_1}{V/m_2} \tag{5-43a}$$

则 X 服从 F 分布，其概率密度函数为：

$$f(x) = \begin{cases} \dfrac{\left(\dfrac{m_1}{m_2}\right)\cdot\left(\dfrac{m_1 x}{m_2}\right)^{(m_1+m_2)/2}\cdot\Gamma\left(\dfrac{m_1+m_2}{2}\right)}{\Gamma(m_1/2)\Gamma(m_2/2)\left(1+\dfrac{m_1 x}{m_2}\right)^{(m_1+m_2)/2}}, & x>0 \\ 0, & \text{其他} \end{cases} \tag{5-43b}$$

应用：用于分析估计器的方差特性、功率电平和信噪比。

5.2 随机过程的基本概念

在概率论中主要研究一个或有限个随机变量,即一维随机变量或 n 维随机变量。而在实际应用当中,往往需要连续不断地观察或研究随机现象的变化过程。随机过程正是在这种需求情况下,于 21 世纪初发展起来的一门数学分支,它是研究随机现象变化过程的概率规律的理论。目前随机过程已经广泛应用于物理学、生物学、管理科学等众多现代科学技术领域,特别在通信和控制领域的应用尤为成功。

5.2.1 随机过程的一般表述

自然界中事物的变化过程可以分为两类。其中一类的变化过程具有确定的形式,或者说具有必然的变化规律,其变化过程基本特征可以用一个或几个时间 t 的确定函数来描述,这类过程称为确定性过程。例如,电容器通过电阻放电时,电容两端的电压随时间的变化就是一个确定性函数。

但另一类事物的变化过程就复杂多了。它没有确定的变化形式,也就是说,每次对它的测量结果没有一个确定的变化规律,用数学语言来说,这类事物变化的过程不可能用一个或几个时间 t 的确定函数来描述,这类过程称为随机过程。

例如,有 n 台性能完全相同的通信机,它们的工作条件也都相同。现用 n 部记录仪同时记录各部通信机的输出噪声波形。测试结果表明,得到的 n 个记录并不因为有相同的条件而输出相同的波形。恰恰相反,即使 n 足够大,也找不到两个完全相同的波形,具体情况如图 5-2 所示。可以发现,通信机输出的噪声电压随时间的变化是不可预知的,因而它是一个随机过程。这里的一次记录(图 5-2 中的一个波形)就是一个实现,无数个记录构成的总体是一个样本空间。

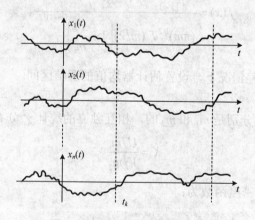

图 5-2 n 部通信机的噪声输出记录

为此,可以把对通信机输出噪声波形的观测看作是进行一次随机实验,每次随机实验的结果都是得到一条时间波形,记作 $x_i(t)$,由此而得到的时间波形的全体 $\{x_1(t), x_2(t), \cdots\}$ 就构成一个随机过程,通常把这个随机过程记作 $X(t)$。随机过程 $X(t)$ 基本特征主要体现在两个方面:其一它是时间的函数,其二它具有随机特性。而某次实验的结果 $x_i(t)$ 则被称作随机过程 $X(t)$ 的一个样本函数或实现。

5.2.2 随机过程的统计特性

应当注意的是,仅观察图 5-2 所给出的样本函数,很难定量地描述这个随机过程的变化规律。因此,需要从统计的意义上来研究样本波形,将它们具有的共性,即相同的统计特性提纯出来,这也就是随机过程的统计特性描述,而这种描述的具体实现是通过随机过程 $X(t)$ 的概率分布或数字特征加以表述的。

1. 随机过程 $X(t)$ 的概率分布

在某一固定的时刻 t_1,随机过程 $X(t)$ 的取值就是一个一维随机变量 $X(t_1)$,根据概率论的知识,它的一维概率分布函数为:

$$F_1(x_1,t_1) = P(X(t_1) \leqslant x_1) \tag{5-44}$$

设式(5-44)对 x_1 的偏导数存在,这时一维概率密度函数可以定义为:

$$f_1(x_1,t_1) = \frac{\partial F_1(x_1,t_1)}{\partial x_1} \tag{5-45}$$

式(5-44)和式(5-45)描述了随机过程 $X(t)$ 在特定时刻 t_1 的统计分布情况,但它们只是一维概率分布函数和概率密度函数,仅描述了随机过程在某个时刻上的统计分布特性,并没有反映出随机过程在不同时刻取值间的关联程度。因此,有必要再研究随机过程 $X(t)$ 的二维分布。

设随机过程 $X(t)$ 在 $t=t_1$ 时,$X(t_1) \leqslant x_1$,与此同时在 $t=t_2$ 时,$X(t_2) \leqslant x_2$,则称为随机过程 $X(t)$ 的二维概率分布函数通常表示为:

$$F_2(x_1,x_2;t_1,t_2) = P(X(t_1) \leqslant x_1, X(t_2) \leqslant x_2) \tag{5-46}$$

设式(5-46)对 x_1 和 x_2 的二阶偏导数存在,这时二维概率密度函数可以定义为:

$$f_n(x_1,x_2;t_1,t_2) = \frac{\partial^2 F_n(x_1,x_2;t_1,t_2)}{\partial x_1 \partial x_2} \tag{5-47}$$

为了更加充分地描述随机过程 $X(t)$,就需要考虑随机过程在更多时刻上的多维联合分布函数,这时随机过程 $X(t)$ 的 n 维概率分布函数为:

$$F_n(x_1,\cdots,x_n;t_1,\cdots,t_n) = P(X(t_1) \leqslant x_1,\cdots,X(t_n) \leqslant x_n) \tag{5-48}$$

设上式对 $x_1,\cdots,x_n$ 的偏导数存在,这时 n 维概率密度函数可以定义为:

$$f_n(x_1,\cdots,x_n;t_1,\cdots,t_n) = \frac{\partial^n F_n(x_1,\cdots,x_n;t_1,\cdots,t_n)}{\partial x_1 \cdots \partial x_n} \tag{5-49}$$

显然,随着 n 的增大,对随机过程 $X(t)$ 的统计特性的描述也越充分,但问题的复杂性也随之增加。实际上在通信系统分析过程中,掌握二维分布函数就已经足够了。

2. 随机过程 $X(t)$ 的数值特征

随机过程的统计特性描述,除了可以用概率分布函数来描述外,还可以利用随机过程的数字特征进行描述,因为这些数字特征可以较容易地用实验方法来确定,从而更简捷地解决实际工程问题。

随机过程的数字特征包括数学期望、方差和相关函数,它们是由概率论中随机变量的数字特征的概念推广而来的,但是这些数字特征此时已经不再是确定的数值,而成为确定的时间函数了,下面分别予以讨论。

(1) 讨论随机过程的数学期望。对某个固定的时刻 t,随机过程 $X(t)$ 的一维随机变量的数学期望可以表示为:

$$m(t) = E\{X(t)\} = \int_{-\infty}^{\infty} x f_1(x;t) \mathrm{d}x \tag{5-50}$$

显然数学期望 $m(t)$ 是一个依赖于时间 t 变化的函数。随机过程 $X(t)$ 的数学期望 $m(t)$ 是一个平均函数,表明随机过程 $X(t)$ 的所有样本都围绕着 $m(t)$ 变化。有时数学期望又被称为统计平均值或均值。

在通信系统中,假定传送的是一确定的时间信号 $s(t)$,传输过程中受到噪声 $n(t)$ 的影响,通常噪声 $n(t)$ 是数学期望为零的随机过程,那么接收信号 $x(t)=s(t)+n(t)$ 为一随机过程,它的数学期望就是信号 $s(t)$。

(2) 为了描述随机过程 $X(t)$ 的各个样本对数学期望的偏离程度,可以引入随机过程的方差这个数字特征量。具体定义为:

$$\sigma^2(t) = E\{[X(t) - m(t)]^2\} = \int_{-\infty}^{\infty} [x(t) - m(t)]^2 f_1(x;t) \mathrm{d}x \tag{5-51}$$

由式(5-50)和式(5-51)可见,随机过程的数学期望和方差都只与随机过程的一维概率密度函数有关。因此,它们只是描述了随机过程在各时间点的统计性质,而不能反映随机过程在任意两个时刻之间的内在联系。为了定量地描述随机过程这种内在联系的特征,即随机过程在任意两个不同时刻上取值之间的相关程度,可以引入自相关函数的概念,具体定义如下:

$$R_X(t_1, t_2) = E\{X(t_1)X(t_2)\} = \int_{-\infty}^{\infty}\int_{-\infty}^{\infty} x_1 \cdot x_2 \cdot f_2(x_1, x_2; t_1, t_2) \mathrm{d}x_1 \mathrm{d}x_2 \tag{5-52}$$

式中,t_1、t_2——任意两个时刻。

(3) 也可以用自协方差函数来描述随机过程内在联系特征,它定义为:

$$\begin{aligned} C_X(t_1, t_2) &= E\{[X(t_1) - m(t_1)][X(t_2) - m(t_2)]\} \\ &= \int_{-\infty}^{\infty}\int_{-\infty}^{\infty} [x_1 - m(t_1)] \cdot [x_2 - m(t_2)] \cdot f_2(x_1, x_2; t_1, t_2) \mathrm{d}x_1 \mathrm{d}x_2 \end{aligned} \tag{5-53}$$

显然,自相关函数和自协方差函数有如下关系:

$$C_X(t_1, t_2) = R_X(t_1, t_2) - m(t_1) \cdot m(t_2) \tag{5-54}$$

相关函数的概念也可以引入到两个随机过程中,用来描述它们之间的关联程度,这种关联程度被称为互相关函数。设有随机过程 $X(t)$ 和 $Y(t)$,那么它们的互相关函数为:

$$R_{XY}(t_1, t_2) = E\{X(t_1)Y(t_2)\} = \int_{-\infty}^{\infty}\int_{-\infty}^{\infty} x \cdot y \cdot f_2(x, y; t_1, t_2) \mathrm{d}x \mathrm{d}y \tag{5-55}$$

式中,$f_2(x, y; t_1, t_2)$——过程 $X(t)$ 和 $Y(t)$ 的二维联合概率密度函数。

5.3 平稳随机过程及其特性分析

随机过程的种类很多,但在通信系统中广泛应用的是一种特殊类型的随机过程,即平稳随机过程。在本节中,首先给出平稳随机过程的概念,然后讨论并且分析平稳随机过程的数学特征。

5.3.1 平稳随机过程及其各态历经性

1. 平稳随机过程的定义

所谓平稳随机过程,是指它的任何 n 维分布函数或概率密度函数与时间起点无关。也就是说,如果对于任意的正整数 n 和任意实数 $t_1, t_2, \cdots, t_n$ 和 τ,随机过程 $X(t)$ 的 n 维概率密度函数满足:

$$f_n(x_1, \cdots, x_n; t_1, \cdots, t_n) = f_n(x_1, \cdots, x_n; t_1 + \tau, \cdots, t_n + \tau) \tag{5-56}$$

则称 $X(t)$ 是平稳随机过程。

特别对一维分布有:

$$f_1(x, t) = f_1(x, t + \tau) = f_1(x) \tag{5-57}$$

对二维分布有:

$$f_2(x_1, x_2; t_1, t_2) = f_2(x_1, x_2; t_1 + \Delta t, t_2 + \Delta t) = f_2(x_1, x_2; \tau) \tag{5-58}$$

其中,$\tau = t_2 - t_1$。表明平稳随机过程的二维分布仅与所取的两个时间点的间隔 τ 有关。或者说,平稳随机过程具有相同间隔的任意两个时间点之间的联合分布保持不变。根据平稳随机过程的定义,可以求得平稳过程 $X(t)$ 的数学期望、方差和自相关函数:

$$E\{X(t)\} = \int_{-\infty}^{\infty} x f_1(x) \mathrm{d}x = m \tag{5-59a}$$

$$E\{[X(t) - m(t)]^2\} = \int_{-\infty}^{\infty} [x - m]^2 f_1(x) \mathrm{d}x = \sigma^2 \tag{5-59b}$$

$$R_X(t, t + \tau) = \int_{-\infty}^{\infty} \int_{-\infty}^{\infty} x_1 \cdot x_2 \cdot f_2(x_1, x_2; \tau) \mathrm{d}x_1 \mathrm{d}x_2 = R_X(\tau) \tag{5-59c}$$

可见,平稳过程的数字特征变得简单了,数学期望和方差是与时间无关的常数,自相关函数只是时间间隔 τ 的函数。这样可以进一步引出另外一个非常有用的概念:若一个随机过程的数学期望与时间无关,而其相关函数仅与 τ 有关,则称这个随机过程是广义平稳的;相应地,由式(5-56)定义的过程被称为严格平稳或狭义平稳随机过程。

在通信系统中所遇到的信号及噪声,大多数均可视为平稳的随机过程。因此,研究平稳随机过程有很有意义。

2. 平稳随机过程的各态历经性

上述数字特征的计算,实际上是对随机过程的全体样本函数按概率密度函数加权积分求得,所以它们都是统计平均量。这样的求法在原则上是可行的,但实际系统中实现却是极为困难的，因为在通常情况下，无法确切知道随机过程 $X(t)$ 的一维和二维概率密度函数。

为了解决上述问题，在此引入平稳随机过程的样本函数的时间平均量的概念。假设对平稳随机过程 $X(t)$ 进行一次观测，从而记录下来一条样本波形 $x(t)$。既然是观测的结果，那么 $x(t)$ 就是一个确定的时间函数，因此，就可以求得它们的时间的平均值

$$\langle x(t) \rangle = \overline{m} = \lim_{T \to \infty} \frac{1}{2T} \int_{-T}^{T} x(t) dt \tag{5-60}$$

其中，积分限 $(-T, T)$ 表示观测时间。与时间的平均值类似时间相关函数为：

$$\langle x(t)x(t+\tau) \rangle = \overline{R_X(\tau)} = \lim_{T \to \infty} \frac{1}{2T} \int_{-T}^{T} x(t)x(t+\tau) dt \tag{5-61}$$

样本 $x(t)$ 与 $\langle x(t) \rangle$ 之差平方的时间平均值为：

$$\langle [x(t) - \langle x(t) \rangle]^2 \rangle = \overline{\sigma^2} = \lim_{T \to \infty} \frac{1}{2T} \int_{-T}^{T} [x(t) - \langle x(t) \rangle]^2 dt \tag{5-62}$$

这些时间平均量描述了样本 $x(t)$ 的时间特征。

对于平稳随机过程 $X(t)$，如果它的数字特征与某一样本 $x(t)$ 的相对应的时间平均值之间有下列关系：

$$m = E\{X(t)\} = \langle x(t) \rangle = \overline{m} \tag{5-63a}$$

$$\sigma^2 = E\{[X(t) - m(t)]^2\} = \langle [x(t) - \langle x(t) \rangle]^2 \rangle = \overline{\sigma^2} \tag{5-63b}$$

$$R_X(\tau) = \langle x(t)x(t+\tau) \rangle = \overline{R_X(\tau)} \tag{5-63c}$$

那么，平稳随机过程 $X(t)$ 就具有各态历经性。实际上经过对多个随机过程观察发现，只有部分平稳随机过程的数字特征，完全可以通过随机过程中的任意实现的数字特征来决定：随机过程的数学期望（统计平均值），可以由任意实现的时间平均值来代替；随机过程的自相关函数，也可以由"时间平均"来代替"统计平均"。

因此，平稳随机过程的各态历经性可以理解为平稳过程的各个样本都同样地经历了随机过程的各种可能状态。由于任意样本都蕴涵着平稳过程的全部统计特性的信息，因而任意样本的时间特征就可以充分地代表整个平稳随机过程的统计特性。

如果一个平稳随机过程是具有各态历经性的，那么就可以利用随机过程的一个样本求得平稳过程的各数字特征，这是一个很有实际意义的结论。如果按电信号分析，从式（5-63）可以看到，实际上 $X(t)$ 的数学期望就是其时间均值，也就是信号的直流分量；$R_X(0)$ 表示信号总平均功率；σ^2 则是交流平均功率。

需要注意的是，具有各态历经性的随机过程一定是平稳随机过程，但平稳随机过程却并不都具有各态历经性。在实际工作中为了简化分析过程，经常把各态历经性作为一种假设，有兴趣的读者可参阅有关书籍。

5.3.2 平稳随机过程的特性分析

自相关函数 $R(\tau)$ 是在时域上描述平稳随机过程的主要方式。对于平稳随机过程而言，相关函数是一个重要的函数，这是因为：一方面平稳随机过程的统计特性，可通过相关函数来

描述；另一方面，相关函数还揭示了随机过程的频谱特性。为此，有必要了解平稳随机过程自相关函数的一些性质。

1. 平稳随机过程自相关函数性质

（1）$R(\tau)$是偶函数，即：

$$R(\tau)=R(-\tau) \tag{5-64}$$

证明 根据定义：

$$R(\tau) = E\{X(t)X(t+\tau)\}$$

令$t'=t+\tau$，则$t=t'-\tau$，代入上式有：

$$R(\tau) = E\{X(t)X(t+\tau)\} = E\{X(t'-\tau)X(t')\} = R(-\tau)$$

证毕。

（2）$|R(\tau)| \leq R(0)$。

证明 显然有$E\{[X(t) \pm X(t+\tau)]^2\} \geq 0$，展开后可以得到：

$$E\{[X(t) \pm X(t+\tau)]^2\} = E\{X^2(t)\} \pm 2E\{X(t)X(t+\tau)\} + E\{[X(t+\tau)]^2\}$$
$$= 2[R(0) \pm R(\tau)] \geq 0$$

则有$|R(\tau)| \leq R(0)$，证毕。

（3）$R(\tau)$与协方差函数、数学期望、方差的关系：

$$C(\tau) = E\{[X(t)-m] \cdot [X(t+\tau)-m]\} = R(\tau) - m^2 \tag{5-65}$$

从物理意义来讲随机过程在相距非常远的两个时间点上的取值是毫无关联性可言。因此$C(\infty)=0$，这时利用式（5-65）就可以得到：

$$\lim_{\tau \to \infty} R(\tau) = m^2 \tag{5-66}$$

进一步可以得到：

$$C(0) = \sigma^2 = R(0) - m^2 = R(0) - R(\infty) \tag{5-67}$$

为了加深对上述结论物理概念的理解，用图 5-3 表示自相关函数 $R(\tau)$ 与其他数字特征之间的关系。

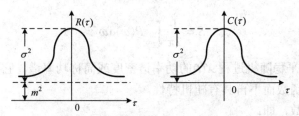

图 5-3 $R(\tau)$与其他数字特征之间的关系

2. 平稳随机过程的功率谱密度

大家知道，对于确知信号可以从时域和频域两方面进行分析，随机信号也同样存在时域和频域两种分析手段。利用自相关函数 $R(\tau)$ 在时域上可以对平稳随机过程进行描述，而对于平稳随机过程可以利用功率谱密度进行频域分析。

设平稳随机过程 $X(t)$ 的一个样本为 $x(t)$，该样本在整个定义域内有意义，对其截取 $2T$ 长的一段，记为 $x_T(t)$，则有：

$$x_T(t) = \begin{cases} x(t), & |t| \leq T \\ 0, & 其他 \end{cases} \tag{5-68}$$

显然，$x_T(t)$ 的傅里叶变换存在，它的频谱函数为：

$$X_T(\omega) = \int_{-\infty}^{\infty} x_T(t) e^{-j\omega t} dt = \int_{-T}^{T} x_T(t) e^{-j\omega t} dt \tag{5-69}$$

根据帕塞瓦尔定理有：

$$E = \int_{-\infty}^{\infty} [x_T(t)]^2 dt = \frac{1}{2\pi} \int_{-\infty}^{\infty} |X_T(\omega)|^2 d\omega \tag{5-70}$$

截取其中 $2T$ 长的一段计算功率，其中 $T \to \infty$，这时式（5-70）的能量信号就可以表示为功率信号：

$$\lim_{T \to \infty} \frac{1}{2T} \int_{-T}^{T} [x_T(t)]^2 dt = \frac{1}{2\pi} \int_{-\infty}^{\infty} \lim_{T \to \infty} \frac{|X_T(\omega)|^2}{2T} d\omega \tag{5-71}$$

需要强调指出，式（5-71）仅仅给出平稳随机过程 $X(t)$ 的一个样本 $x(t)$ 的平均功率，还不能表达一个随机过程的平均功率。因为样本 $x(t)$ 只是对平稳随机过程 $X(t)$ 进行一次观测的结果，所以样本 $x(t)$ 的平均功率是一个随机变量，而平稳随机过程 $X(t)$ 的平均功率 S 只要对所有样本的平均功率进行统计平均即可，于是有：

$$S = E\left\{\lim_{T \to \infty} \frac{1}{2T} \int_{-T}^{T} X^2(t) dt\right\} = \frac{1}{2\pi} \int_{-\infty}^{\infty} \lim_{T \to \infty} \frac{E\{|X(\omega)|^2\}}{2T} d\omega \tag{5-72}$$

令：

$$P(\omega) = \lim_{T \to \infty} \frac{E\{|X(\omega)|^2\}}{2T} \tag{5-73}$$

则有：

$$S = \frac{1}{2\pi} \int_{-\infty}^{\infty} P(\omega) d\omega \tag{5-74}$$

这里将 $P(\omega)$ 称为平稳随机过程 $X(t)$ 的功率谱密度或简称功率谱。它具有如下的性质：

（1）$P(\omega)$ 是确定函数而不再具有随机特性。

（2）$P(\omega)$ 是偶函数，即：

$$P(\omega) = P(-\omega) \tag{5-75}$$

（3）$P(\omega)$ 是非负函数。

（4）可以证明，$P(\omega)$ 和 $R(\tau)$ 为傅里叶变换对，即：

$$R(\tau) = \frac{1}{2\pi} \int_{-\infty}^{\infty} P(\omega) e^{j\omega\tau} d\omega \quad (5-76)$$

$$P(\omega) = \int_{-\infty}^{\infty} R(\tau) e^{-j\omega\tau} d\tau \quad (5-77)$$

3. 信号带宽 B

研究能量谱或功率谱 $P(\omega)$ 的目的,主要为研究信号功率在频域内的分布规律,以便合理地选择信号的通频带,对传输电路提出恰当的频带要求,可以尽量使信号在传输过程中不失真或少失真,进而提高信噪功率比。因此,对与信号带宽的定义非常重要,常用的定义有以下 3 种。

(1) 以集中一定百分比的功率来定义:

$$\frac{2\int_0^B P(f) df}{S} = \gamma \quad (5-78)$$

式中,S——信号的总功率。

利用式 (5-78) 计算带宽 B,这个百分比 γ 可取 90%、95% 或 99% 等。

(2) 以功率谱下降 3dB 内的频率间隔作为带宽。

(3) 等效矩形带宽。用一个矩形的频谱代替信号的频谱,矩形具有的功率与信号的功率相等,矩形频谱信号的幅度为信号频谱 $f=0$ 时的幅度,即带宽 B 可由下式确定:

$$2B \cdot P(0) = \int_{-\infty}^{\infty} P(f) df \quad (5-79)$$

5.4 信 道 分 析

信道是通信系统重要的组成部分,它是连接发送端和接收端的通信设备,其功能是将信号从发送端传送到接收端,信道既给信号提供了传输的通路,也会对信号产生各种干扰和噪声。因此,在进行信道分析时,首先需要分析信道中存在的噪声,通常认为它是一种有源干扰;其次需要考虑信道本身的传输特性对信号的影响,它可以看作是一种无源干扰。本节将重点介绍信道传输特性和噪声的特性,及其对于信号传输的影响。

5.4.1 信道模型

信道如果按照它所包含的功能划分,可以分为调制信道和编码信道。调制信道是指调制器输出端到解调器输入端的部分。编码信道是指编码器输出端到译码器输入端的部分。

1. 调制信道

在频带传输系统中,调制器输出的已调信号即被送入调制信道。对于研究调制与解调性能而言,可以不管调制信道究竟包括了什么样的变换器,也不管选用了什么样的传输媒质,以及发生了怎样的传输过程,通常只需关心已调信号通过调制信道后的最终结果,即只需关心调制信道输入信号与输出信号之间的关系。

通过对调制信道进行大量的分析研究,发现它们有如下共性:
(1) 有一对(或多对)输入端和一对(或多对)输出端;
(2) 绝大部分信道都是线性的,即满足叠加原理;
(3) 信号通过信道具有一定的迟延时间;
(4) 信道对信号有损耗(固定损耗或时变损耗);
(5) 即使没有信号输入,在信道的输出端仍可能有一定的功率输出(噪声)。

根据上述共性,可用一个二对端(或多对端)的时变线性网络来表示调制信道。这个网络就称作调制信道模型,如图5-4所示。图5-4(a)表示二对端时变线性网络,图5-4(b)表示多对端时变线性网络。

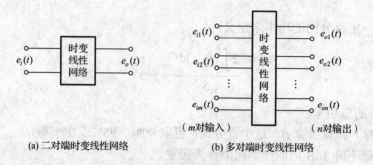

图 5-4 调制信道模型

对于二对端的信道模型而言,其输出与输入之间的关系式可表示成:

$$e_0(t) = f[e_i(t)] + n(t) \tag{5-80}$$

式中,$e_i(t)$——输入的已调信号;

$e_0(t)$——调制信道总输出波形;

$n(t)$——信道噪声(或称信道干扰),与$e_i(t)$无依赖关系,或者说,$n(t)$独立于$e_i(t)$,常称$n(t)$为加性干扰(噪声);

$f[e_i(t)]$——已调信号通过网络所发生的时变线性变换。

为了进一步理解信道对信号的影响,无妨假定$f[e_i(t)]$可简写成$k(t) \cdot e_i(t)$。其中,$k(t)$依赖于网络的特性,$k(t) \cdot e_i(t)$反映网络特性对$e_i(t)$的"时变线性"作用。$k(t)$的存在,对$e_i(t)$来说是一种干扰,常称为乘性干扰。

于是,式(5-80)可写成:

$$e_0(t) = k(t) \cdot e_i(t) + n(t) \tag{5-81}$$

由以上分析可见,信道对信号的影响可归纳为两点:一是乘性干扰$k(t)$,二是加性干扰$n(t)$。如果了解了$k(t)$和$n(t)$的特性,则信道对信号的具体影响就能确定。不同特性的信道,仅反映信道模型有不同的$k(t)$及$n(t)$。

通常所期望的信道(理想信道)应是$k(t)=$常数,$n(t)=0$的情况,即:

$$e_0(t) = k \cdot e_i(t) \tag{5-82}$$

在实际中,乘性干扰$k(t)$一般是一个复杂函数,它可能包括各种线性畸变和非线性畸变。同时由于信道的迟延特性和损耗特性随时间作随机变化,故$k(t)$往往只能用随机过程加以表述。不过,经大量观察表明,有些信道的 $k(t)$ 基本不随时间变化,也就是说,信道对信号的影响是固定的或变化极为缓慢的;而有的信道却不然,它们的 $k(t)$ 是随机快变化的。因此,在分析研究乘性干扰 $k(t)$ 时,可以把调制信道粗略地分为两大类:一类称为恒参信道(恒定参数信道),即它们的 $k(t)$ 可看成不随时间变化或变化极为缓慢;另一类则称为变参信道(随机参数信道,或称变参信道),它是非恒参信道的统称,其 $k(t)$ 是随时间随机变化的。

2. 编码信道

由于编码信道的输入和输出信号是数字序列,例如在二进制信道中是"0"和"1"的序列,故编码信道对信号的影响是使传输的数字序列发生变化,即序列中的数字发生错误。所以可以用错误概率(Error Probability)来描述编码信道的特性。这种错误概率通常称为转移概率。在二进制系统中,就是"0"转移为"1"的概率和"1"转移为"0"的概率。按照这种原理可以画出一个二进制编码信道的简单模型,如图 5-5(a)所示,图 5-5(b)四进制编码信道。

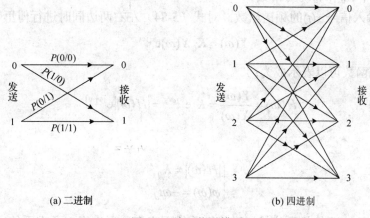

(a) 二进制　　　　　　　　　　　　(b) 四进制

图 5-5　编码信道模型

图 5-5(a)中 P(0/0)和 P(1/1)是正确转移概率。P(1/0)是发送"0"而接收"1"的概率;P(0/1)是发送"1"而接收"0"的概率。后面这两个概率为错误传输概率。实际编码信道转移概率的数值需要由大量的实验统计数据分析得出。在二进制系统中,由于只有"0"和"1"这两种符号,所以由概率论的原理可知:

$$\begin{cases} P(0/0) + P(1/0) = 1 \\ P(1/1) + P(0/1) = 1 \end{cases} \quad (5\text{-}83)$$

转移概率完全由编码信道的特性所决定,一个特定的编码信道就会有相应确定的转移概率。应该指出,编码信道的转移概率一般需要对实际编码信道做大量的统计分析才能得到,编码信道可进一步分为无记忆编码信道和有记忆编码信道。

由于编码信道包含调制信道,且它的特性也紧密地依赖于调制信道,故在建立了编码信道和调制信道的一般概念之后,有必要对调制信道做进一步的讨论。如前所述,调制信道分为恒参信道和随参信道,故分别加以讨论。

5.4.2　恒参信道

由于恒参信道对信号传输的影响是固定不变或者是变化极为缓慢的,因而可以等效为一个非时变的线性网络,因此,只要得到这个网络的传输特性,则利用信号通过线性系统的分析方法,就可求得已调信号通过恒参信道后的变化规律。

1. 信号通过线性系统的不失真条件

所谓不失真传输,是指信号经过线性系统后,输出信号 $x(t)$ 与输入信号 $y(t)$ 相比较只有衰减、放大和时延,而没有波形的失真,用数学式表示为:

$$y(t) = K_0 x(t - t_d) \tag{5-84}$$

式中,K_0——衰减(或放大)系数;
$\quad t_d$——时延常数;
$\quad t_d > 0$——时间滞后;
$\quad t_d < 0$——时间超前,实际电路中都是时间滞后($t_d > 0$)。

式(5-84)中 K_0 和 t_d 均为常数。

设 $X(\omega)$ 是输入信号 $x(t)$ 的频谱函数,对式(5-84)左右两边同时进行傅里叶变换,可得:

$$Y(\omega) = K_0 X(\omega) e^{-j\omega t_d} \tag{5-85}$$

这样,系统函数可以表示成为:

$$H(\omega) = \frac{Y(\omega)}{X(\omega)} = K_0 e^{-j\omega t_d} = |H(\omega)| e^{j\varphi(\omega)} \tag{5-86}$$

因此:

$$\begin{cases} |H(\omega)| = K_0 \\ \varphi(\omega) = -\omega t_d \end{cases} \tag{5-87}$$

至此得到结论,要使任意信号通过线性系统不产生波形失真,要求系统应具备以下两个条件:

(1)系统的幅频特性应该是一个不随频率变化的常数,如图 5-6(a)所示;
(2)系统的相频特性应与频率成直线关系,通过原点的负斜率直线 5-6(b)所示。

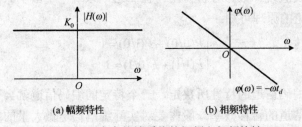

图 5-6 不失真传输系统的幅频和相频特性

2. 幅度-频率畸变

所谓幅度-频率畸变,是指信道的幅度-频率特性偏离图 5-6(a)所示关系所引起的畸变,这种畸变又称为频率失真。在通常的有线电话信道中可能存在各种滤波器,因此电话信道的幅频特性总是不理想的。如图 5-7 所示,给出了典型音频电话信道的总衰耗-频率特性。

十分明显,有线电话信道的此种不均匀衰耗必然使传输信号的幅频发生畸变,引起信号波形的失真。此时若要传输数字信号，还会引起相邻数字信号波形之间在时间上的相互重叠，即造成码间串扰（码元之间相互串扰）。

3. 相位-频率畸变（群迟延畸变）

所谓相位-频率畸变，是指信道的相频特性或群迟延-频率特性偏离 5-6(b) 所示关系而引起的畸变。电话信道的相频率畸变主要来源于信道中的各种滤波器及可能有的加感线圈，尤其在信道频带的边缘，相频畸变就更严重。如图 5-8 所示出，给的是一个典型的电话信道的群迟延-频率特性。不难看出，当非单一频率的信号通过该电话信道时，信号频谱中的不同频率分量将有不同的迟延，即它们到达的时间先后不一，从而引起信号的畸变。

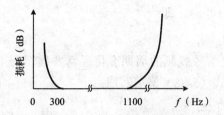
图 5-7 典型音频电话信道的总衰耗-频率特性

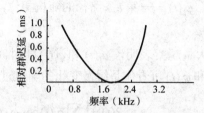
图 5-8 典型电话信道群迟延-频率特性

相频畸变对模拟电话语音通道影响并不显著，这是因为人耳对相频畸变不太灵敏。但是对数字信号传输却不然，尤其当传输速率比较高时，相频畸变将会引起严重的码间串扰，给通信带来很大损害。所以，在模拟通信系统内往往只注意幅度失真和非线性失真，而将相移失真放在忽略的地位。但是，在数字通信系统内一定要重视相移失真对信号传输可能带来的影响。

4. 减小畸变的措施

为了减小幅频畸变，在设计总的电话信道传输特性时，一般都要求把幅频畸变控制在一个允许的范围内。这就要求改善电话信道中的滤波性能，或者再通过一个线性补偿网络，使衰耗特性曲线变得平坦，接近于图 5-6(a)。这后一措施通常称为"均衡"。

相频畸变（群迟延畸变）如同幅频畸变一样，也是一种线性畸变。因此，也可采取相位均衡技术补偿群迟延畸变。即为了减小相移失真，在调制信道内采取相位均衡措施，使得信道的相频特性尽量接近图 5-6(b) 所示线性。或者严格限制已调信号的频谱，使它保持在信道的线性相移范围内传输。

5.4.3 变参信道

变参信道产生的根本原因在于，该信道包含了一个复杂的传输媒质，使得信道相关参数不停地发生着变化。属于变参的传输媒质主要以电离层反射、对流层散射等为代表。

1. 变参信道传输媒质的特点

变参信道传输媒质形式多样，概括起来其通常具有以下特点：
（1）对信号的衰耗随时间随机变化；
（2）信号传输的时延随时间随机变化；
（3）多径传播。

由于变参信道的上述特点，它对信号传输的影响要比恒参信道严重得多。

2. 多径衰落与频率弥散

信号经变参信道传播后，接收信号将是衰减和时延随时间变化的多路径信号的合成。

设发射信号为 $A\cos\omega_c t$，则经过 n 条路径传播后的接收信号 $R(t)$ 可以表述为：

$$R(t) = \sum_{i=1}^{n} a_i(t)\cos\omega_c[t - t_{di}(t)] = \sum_{i=1}^{n} a_i(t)\cos[\omega_c t + \varphi_i(t)] \tag{5-88}$$

式中，$a_i(t)$——第 i 条路径的接收信号振幅，随时间不同而随机变化；

$t_{di}(t)$——第 i 条路径的传输时延，随时间不同而随机变化；

$\varphi_i(t)$——第 i 条路径的随机相位，其与 $t_{di}(t)$ 相应，即：

$$\varphi_i(t) = -\omega_c t_{di}(t)$$

大量观察表明，$a_i(t)$ 和 $\varphi_i(t)$ 随时间的变化比信号载频的周期变化通常要缓慢得多，即 $a_i(t)$ 和 $\varphi_i(t)$ 可看作是缓慢变化的随机过程。因此式（5-88）又可写成：

$$R(t) = \left[\sum_{i=1}^{n} a_i(t)\cos\varphi_i(t)\right]\cos\omega_c t - \left[\sum_{i=1}^{n} a_i(t)\sin\varphi_i(t)\right]\sin\omega_c t \tag{5-89}$$

令：

$$a_c(t) = \sum_{i=1}^{n} a_i(t)\cos\varphi_i(t) \tag{5-90}$$

$$a_s(t) = \sum_{i=1}^{n} a_i(t)\sin\varphi_i(t) \tag{5-91}$$

代入式（5-89）后，可得：

$$R(t) = a_c(t)\cos\omega_c t - a_s(t)\sin\omega_c t = a(t)\cos[\omega_c t + \varphi(t)] \tag{5-92}$$

式中，$a(t)$——多径信号合成后的包络，即：

$$a(t) = \sqrt{a_c^2(t) + a_s^2(t)} \tag{5-93}$$

$\varphi(t)$——多径信号合成后的相位，即：

$$\varphi(t) = \text{arctg}\frac{a_s(t)}{a_c(t)} \tag{5-94}$$

由于 $a_i(t)$ 和 $\varphi_i(t)$ 是缓慢变化的随机过程，因而 $a_c(t)$、$a_s(t)$ 及包络 $a(t)$、相位 $\varphi(t)$ 也都是缓慢变化的随机过程。于是，$R(t)$ 可视为一个窄带随机过程，其波形与频谱如图 5-9 所示。

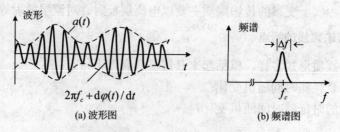

图 5-9　衰落信号的波形与频谱示意图

由式（5-92）和图 5-9 可以看出：

（1）从波形上看，多径传播的结果使确定的载频信号 $A\cos\omega_c t$ 变成了包络和相位都随机变化的窄带信号，这种信号称为衰落信号；

（2）从频谱上看，多径传播引起了频率弥散（色散），即由单个频率变成了一个窄带频谱。

通常将由于电离层浓度变化等因素所引起的信号衰落称为慢衰落；而把由于多径效应引起的信号衰落称为快衰落。

3. 频率选择性衰落与相关带宽

当发送的信号是具有一定频带宽度的信号时，多径传播会产生频率选择性衰落。下面通过一个例子来建立这个概念。

为分析简单起见，假定多径传播的路径只有两路，且到达接收点的两路信号的强度相同，只是在到达时间上差一个时延 τ。

设发送信号为 $f(t)$，它的频谱密度函数为 $F(\omega)$，即：

$$f(t) \leftrightarrow F(\omega) \tag{5-95}$$

则到达接收点的两路信号可分别表示为 $Kf(t-t_0)$ 及 $Kf(t-t_0-\tau)$。这里，假定两路径的衰减皆为 K，第一条路径的时延为 t_0。显然，有如下关系存在：

$$\begin{cases} Kf(t-t_o) \leftrightarrow KF(\omega)e^{-j\omega t_o} \\ Kf(t-t_o-\tau) \leftrightarrow KF(\omega)e^{-j\omega(t_o+\tau)} \end{cases} \tag{5-96}$$

当这两条传输路径的信号合成后，可得：

$$R(t) = Kf(t-t_o) + Kf(t-t_o-\tau) \tag{5-97}$$

相应于它的傅里叶变换对为：

$$R(t) \leftrightarrow R(\omega) = KF(\omega)e^{-j\omega t_o}\left[1+e^{-j\omega\tau}\right] \tag{5-98}$$

因此，信道的传递函数为：

$$H(\omega) = \frac{R(\omega)}{F(\omega)} = Ke^{-j\omega t_o}\left[1+e^{-j\omega\tau}\right] \tag{5-99}$$

其幅频特性为：

$$|H(\omega)| = \left|Ke^{-j\omega t_o}(1+e^{-j\omega\tau})\right| = K\left|(1+e^{-j\omega\tau})\right| = 2K\left|\cos\frac{\omega\tau}{2}\right| \tag{5-100}$$

$|H(\omega)| \sim \omega$ 的特性曲线如图 5-10 所示（在此，设 $K=1$）。

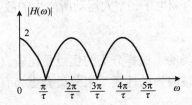

图 5-10　两条路径传播时选择性衰落特性

由图 5-10 可知，两条路径传输时，对于不同的频率，信道的衰减不同。

例如，当 $\omega=2n\pi/\tau$（n 为整数）时，出现传播极点；当 $\omega=(2n+1)\pi/\tau$（n 为整数）时，出现传输零点。另外，相对时延差 τ 一般是随时间变化的，故传输特性出现的零极点在频率轴上的位置也是随时间而变的。显然，当一个传输信号的频谱宽于 $1/\tau(t)$ 时，传输信号的频谱将受到畸变，致使某些分量被衰落，这种现象称为频率选择性衰落，简称选择性衰落。

上述概念可推广到一般的多径传播中去。虽然这时信道的传输特性要复杂得多，但出现频率选择性衰落的基本规律将是同样的，即频率选择性将同样依赖于相对时延差。多径传播时的相对时延差通常用最大多径时延差来表征，并用它来估算传输零极点在频率轴上的位置。设信道的最大时延差为 τ_m，则相邻两个零点之间的频率间隔为：

$$B_c = \frac{1}{\tau_m} \tag{5-101}$$

这个频率间隔通常称为多径传播信道的相关带宽。如果传输信号的频谱比相关带宽宽，则将产生明显的选择性衰落。由此看出，为了减小选择性衰落，传输信号的频带必须小于多径传输信道的相关带宽。在工程设计中，通常选择信号带宽为相关带宽的 1/5～1/3。

5.5 噪 声

在通信过程中不可避免地存在着各类噪声，它们对通信质量的好坏有着极大的影响。因此，在进行抗噪声性能仿真之前，有必要对各类噪声的特性有一个初步的认识。由于数字通信系统的广泛应用，因此在本节的最后部分，将对模拟信号数字化产生的量化噪声进行讨论。

5.5.1 噪声的分类

前面已经指出，调制信道对信号的影响除了乘性干扰外，还有加性干扰（即加性噪声）。加性噪声虽然独立于有用信号，但它却始终存在，干扰有用信号，因而不可避免地对通信造成危害。在本节中仅研究有关加性噪声的内容。

1. 根据噪声的来源分类

如果根据加性噪声的来源对它进行分类，噪声大致分为 3 类。

（1）自然噪声：例如打雷放电而产生的天电噪声，雨点、砂尘和下雪等产生的噪声，宇宙中的太阳和其他星体发出的噪声电波等。

（2）人为噪声：例如各种电气设备，汽车的火花塞所产生的火花放电，高压输电线路的电晕放电，以及邻近电台信号的干扰等。

（3）电路噪声：例子器件内部电子、空穴运动所产生的散弹噪声，电阻内部的热噪声等。

2. 根据噪声的性质分类

以上是从噪声的来源来分类的，这样分类的优点是比较直观。但是，从防止或减小噪声对信号传输影响的角度考虑，按噪声的性质上来分类会更为有利，这时可将随机噪声分为以下 3 类。

（1）单频噪声：这是一种连续波的干扰（如外台信号），它可视为一个已调正弦波，但其幅度、频率或相位是事先不能预知的。这种噪声的主要特点是占有极窄的频带，但在频率轴上的位置可以实测。因此，单频噪声并不是在所有通信系统中都存在。

（2）脉冲噪声：在时间上无规则突发的短促噪声，例如工业上的点火辐射、闪电及偶然的碰撞和电气开关通断等产生的噪声。这种噪声的主要特点是其突发的脉冲幅度大，但持续时间短，且相邻突发脉冲之间往往有较长的安静时段。从频谱上看，脉冲噪声通常有较宽的频谱（从甚低频到高频），但频率越高，其频谱强度就越小。

（3）起伏噪声：以热噪声、散弹噪声及宇宙噪声为代表的噪声，无论在时域内还是在频域内它们总是普遍存在和不可避免的。

由以上分析可见，单频噪声不是在所有的通信系统中都存在，而且也比较容易防止；脉冲噪声由于具有较长的安静期，故对模拟话音信号的影响不大；但起伏噪声既不能避免，且始终存在，因此，一般来说，它是影响通信质量的主要因素之一。在研究噪声对通信系统的影响时，应以起伏噪声为重点。

同时还应当指出，脉冲噪声虽然对模拟话音信号的影响不大，但是在数字通信中，它的影响是不容忽视的。一旦出现突发脉冲，由于它的幅度大，将会导致一连串的误码，对通信造成严重的危害，不过，在数字通信中，通常可以通过纠错编码技术来减轻这种危害。因此，这里仅就起伏噪声进行讨论。

5.5.2 起伏噪声

有许多噪声都满足起伏噪声的特性，其中比较有代表性的包括热噪声、散弹噪声及宇宙噪声等。

1. 热噪声

热噪声是在电阻一类导体中，自由电子的布朗运动引起的噪声。具体的讲就是对于电阻一类导体（如天线）的两端，即使没有外加电压，也会或多或少地出现变化的微小电压，这是由于电阻中自由电子经常做不规则的热运动所产生的噪声起伏而形成的。每个自由电子因其热能而不断运动，由于和其他离子的碰撞，使它的运动途径具有随机特性。结果就产生一个随机的微小电流，电阻内部所有电子运动的总结果形成一个起伏电流，其大小和方向都是随机变化的，平均电流为零，这个起伏的电流就称之为热噪声。

2. 散弹噪声

散弹噪声是由真空电子管和半导体器件中电子发射的不均匀性引起的。散弹噪声的物理性质可由平行板二极管的热阴极电子发射来说明。在给定的温度条件下，二极管热阴极每秒发射的电子平均数目是常数，不过电子发射的实际数目随时间是变化的，同时也是不能预测的，这就是说，如果将时间轴分为许多等间隔的小区间，则每一小区间内电子发射的数目不是常数，而是随机变量。因此，发射电子所形成的电流并不是固定不变的，而是在一个平均值上起伏变化的。

3. 宇宙噪声

宇宙噪声是指天体辐射波对接收机形成的噪声。它在整个空间的分布是不均匀的，最强的来自银河系的中部，其强度与季节、频率等因素有关。实测表明，在 20～300MHz 的频率范围内，它的强度与频率的三次方成反比。因而，当工作频率低于 300MHz 时就要考虑到它的影响。

4．起伏噪声的统计特性

下面就以散弹噪声为例，介绍起伏噪声的统计特性。在给定的温度条件下，二极管热阴极发射的电子形成了电流脉冲，电子随机发射的时刻用 τ_k 来表示，电子运动的平均速率为 λ，这时产生的电流脉冲波形可以用下列形式的随机过程来表示：

$$X(t) = \sum_{k=-\infty}^{\infty} h(t - \tau_k) \tag{5-102}$$

其中，$h(t)$ 为单个电子在 $t=0$ 时产生的电流脉冲，如图 5-11(a)所示。图 5-11(b)表示起伏噪声过程的某个样本。

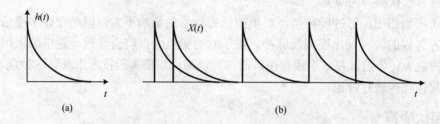

图 5-11　起伏噪声过程

可以证明，到达电子的数目 $X(t)$ 是一个随机过程，在任意长时间 τ 区间内，到达电子数目服从参数为 $\lambda\tau$ 的泊松过程，即

$$P(X(t+\tau) - X(t)) = \frac{(\lambda t)^k}{k!} e^{-\lambda t} \quad k = 0,1,2,\cdots \tag{5-103}$$

式中，λ——电子运动的平均速率。

由于 λ 为常数，而且没有明确的时间起点，所以 $X(t)$ 过程是平稳的。如果考虑到衰减等因素，则接收到的电流脉冲波形为：

$$Y(t) = \sum_{k=-\infty}^{\infty} A_k h(t - \tau_k) \tag{5-104}$$

其中，当 $j \neq k$ 时，幅度 A_k 是独立于 A_j 和 τ_k 的随机过程，其概率密度函数为 $f_A(a)$。

通过分析已知，式（5-102）和式（5-104）中的随机过程 $X(t)$ 和 $Y(t)$ 均为平稳随机过程，同时假设它们都满足各态历经性，则有：

$$E\{X(t)\} = m_X = \lambda \int_{-\infty}^{\infty} h(u) \mathrm{d}u \tag{5-105a}$$

$$R_{XX}(\tau) = \lambda \int_{-\infty}^{\infty} h(u) h(\tau + u) \mathrm{d}u + m_X^2 \tag{5-105b}$$

$$E\{Y(t)\} = m_Y = \lambda \cdot E\{A\} \cdot \int_{-\infty}^{\infty} h(u) \mathrm{d}u \tag{5-106a}$$

$$R_{YY}(\tau) = \lambda \cdot E\{A^2\} \cdot \int_{-\infty}^{\infty} h(u) h(\tau + u) \mathrm{d}u + m_Y^2 \tag{5-106b}$$

当然，如果要导出随机过程 $X(t)$ 和 $Y(t)$ 的概率密度函数是比较困难的，有兴趣的读者请参考有关文献。

5.5.3 白噪声和带限白噪声模型

在起伏噪声当中，如果噪声的功率谱密度函数在整个频率域服从均匀分布，就把这种噪声称为白噪声。因为它的功率谱密度函数类似于光学中白光的特性，因此引用了"白"的概念，凡是不符合上述条件的噪声就称为有色噪声。但是，实际上完全理想的白噪声是不存在的，通常只要噪声功率谱密度函数均匀分布的频率范围超过通信系统工作频率范围很多时，就可近似认为是白噪声。例如，热噪声的频率可以高达 10^{13}Hz，且功率谱密度函数在 $0\sim10^{13}$Hz 内基本均匀分布，因此，可以将它看作白噪声。而理想的白噪声功率谱密度通常被定义为：

$$P_n(f) = \frac{n_0}{2}, \quad -\infty < f < \infty \tag{5-107}$$

式中，n_0——常数，单位是 W/Hz。

根据式（5-107）可以求得白噪声的自相关函数为：

$$R(\tau) = \frac{1}{2\pi} \int_{-\infty}^{\infty} \frac{n_0}{2} e^{j\omega\tau} d\omega = \frac{n_0}{2} \delta(\tau) \tag{5-108}$$

可见，白噪声的自相关函数仅在 $\tau = 0$ 时才不为零；而对于其他任意 τ，自相关函数都为零。这说明，白噪声只有在 $\tau = 0$ 时才相关，而它在任意两个时刻上的随机变量都是不相关的。白噪声的自相关函数及其功率谱密度，如图 5-12 所示。

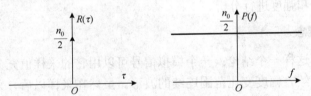

图 5-12 白噪声的自相关函数及其功率谱密度

当某些文献采用单边频谱表示，白噪声的功率谱密度函数又可以写为：

$$P_n(f) = n_0, \quad 0 < f < \infty \tag{5-109}$$

实际上，式（5-107）中的谱密度是物理上不可实现的，因为如果式（5-107）成立，就意味着平均功率取无限值，即：

$$\int_{-\infty}^{\infty} P_n(f) df \to \infty \tag{5-110}$$

同理式（5-109）表述的单边谱密度也是物理不可实现的。因此，在实际系统当中带宽总是有限的，对于任意有限带宽 B，则有：

$$\int_{-B}^{B} P_n(f) df = n_0, \quad B < \infty \tag{5-111}$$

对于有限带宽的白噪声，其功率谱密度函数为：

$$P_{nc}(f) = \begin{cases} n_0/2, & |f| \leq B \\ 0, & 其他 \end{cases} \tag{5-112}$$

对功率谱密度进行傅里叶反变换，就可以得到有限带宽的白噪声的相关函数为：

$$R(\tau) = \int_{-B}^{B} \frac{n_0}{2} e^{j2\pi f\tau} df = Bn_0 \frac{\sin \omega_0 \tau}{\omega_0 \tau} = Bn_0 Sa(\omega_0 \tau) \quad (5-113)$$

其中，$\omega_0 = 2\pi B$。

由此看到，带限白噪声只有在 $\tau = k/2B$（$k = 1,2,3,\cdots$）上得到的随机变量才不相关。因此，如果对带限白噪声按 $1/2B$ 等间隔采样的话，则各采样值是互不相关的随机变量。带限白噪声的自相关函数与功率谱密度如图 5-13 所示。

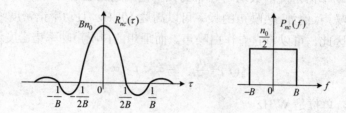

图 5-13 带限白噪声的自相关函数与功率谱密度

5.5.4 量化噪声

上面介绍的各类噪声都是由外部或者系统内部自身产生的噪声，除此之外，还有一种噪声，它是由模拟信号向数字信号转化时产生的噪声，这种噪声就是量化噪声。在本小节中就对量化噪声产生机理和强度进行分析。

1. 量化的基本概念

采样定理说明了这样一个结论：一个模拟信号可以用它的采样值充分地代表。例如，语言信号是一个时间连续，幅度变化范围连续的波形。虽然在采样以后，采样值在时间上变为离散了，但可以证明时间离散的波形中将包含原始语音信号的所有信息。

但是，这种时间离散的信号在幅度上仍然是连续的，它仍属模拟信号。当这种采样后的信号经过一个有噪声干扰的信道时，信道中的噪声会叠加在采样值上面，使得接收端不可能精确地判别采样值的大小，并且噪声叠加在采样值上的影响是不能消除的，特别是当信号在整个传输系统中采用很多个接力站进行多次中继接力时，噪声将会累积，接力站越多，累积的噪声越大。

为了消除这种噪声的累积，可以在发送端用有限个预先规定好的电平来表示采样值，再把这些有限个预先规定的电平编为二进制代码组，然后通过信道传输。如果接收端能够准确地判定发送来的二进制代码，这样就可以把信道的噪声影响彻底消除了。利用这种传输方式进行多次中继接力时，噪声是不会累积的。

用有限个电平来表示模拟信号采样值被称为量化。采样是把时间连续的模拟信号变成了时间上离散的模拟信号，量化则进一步把时间上离散但幅度上仍然连续的信号变成了时间上和幅度上都离散了的信号，显然这种信号就是数字信号了。但这个数字信号不是一般的二进制数字信号，而是多进制数字信号，在多数情况下，真正在信道中传输的信号是经过编码变换后的二进制（或四进制等）数字信号。如图 5-14 所示，给出了一个量化过程的例子。

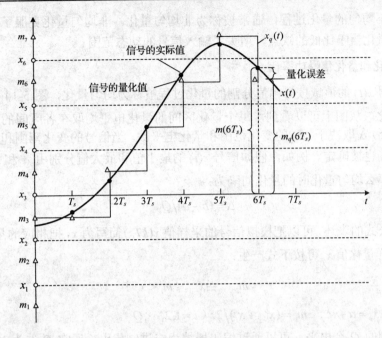

图 5-14 量化过程示意图

图中模拟信号 $x(t)$ 按照适当采样间隔 T_S 进行均匀采样,在各采样时刻上的采样值用 "●"表示,第 k 个采样值为 $x(kT_S)$,量化值在图上用符号 Δ 表示。采样值在量化时转换为 Q 个规定电平 $m_1, m_2, \cdots, m_Q$ 中的一个。

为作图简便起见,图 5-14 中假设只有 $m_1, m_2, \cdots, m_7$ 等 7 个电平,也就是有 7 个量化级。按照预先规定,量化电平可以表示为:

$$x_q(kT_S) = m_i, \quad \text{如果} \; x_{i-1} \leqslant x(kT_S) < x_i \tag{5-114}$$

因此,量化器的输出是阶梯形波,这样 $x_q(t)$ 可以表示为:

$$x_q(t) = x_q(kT_S), \quad \text{当} \; kT_S \leqslant t < (k+1)T_S \; \text{时} \tag{5-115}$$

结合图 5-14 以及上面的分析可知,量化后的信号 $x_q(t)$ 是对原来信号 $x(t)$ 的近似。当采样速率一定时,随着量化级数目增加,可以使 $x_q(t)$ 与 $x(t)$ 近似程度提高。

由于量化后的信号 $x_q(t)$ 是对原来信号 $x(t)$ 的近似,因此 $x_q(kT_S)$ 和 $x(kT_S)$ 存在误差,这种误差被称为量化误差。量化误差一旦形成,在接收端是无法去掉的,这个量化误差像噪声一样影响通信质量,因此也称为量化噪声。由量化误差产生的功率称为量化噪声功率。通常用符号 N_q 表示,而由 $x_q(kT_S)$ 产生的功率称为量化信号功率,用 S_q 表示。而量化信号功率 S_q 与量化噪声功率 N_q 之比,被称为量化信噪功率比,它是衡量量化性能好坏的最常用的指标。通常它被定义为:

$$\frac{S_q}{N_q} = \frac{E\left[x_q^2(kT_S)\right]}{E\left[x(kT_S) - x_q(kT_S)\right]^2} \tag{5-116}$$

在图 5-14 中表示的是量化,其量化间隔是均匀的,这种量化过程被称为均匀量化。还有一种量化间隔不均匀的量化过程，通常被称为非均匀量化。非均匀量化克服了在均匀量化过程中，小信号量化信噪比低的缺点，增大了输入信号的动态范围。

2. 均匀量化和量化信噪功率比

把原来信号 $x(t)$ 的值域按等幅值分割的量化过程被称为均匀量化，图 5-14 所示的量化过程就是均匀量化。从图上可以看到，每个量化区间的量化电平均取在各区间的中点。其量化间隔（量化台阶）Δ 取决于 $x(t)$ 的变化范围和量化电平数。当信号的变化范围和量化电平数确定后，量化间隔也被确定。例如，假如信号 $x(t)$ 的最小值和最大值分别用 a 和 b 表示，量化电平数为 Q，那么均匀量化时的量化间隔为：

$$\Delta = (b-a)/Q \tag{5-117}$$

为了简化公式的表述，可以把模拟信号的采样值 $x(kT_S)$ 简写为 x，把相应的量化值 $x_q(kT_S)$ 简写为 x_q，这样量化值 x_q 可按下式产生：

$$x_q = m_i, \quad 当 x_{i-1} \leq m_i < x_i 时 \tag{5-118}$$

其中，$x_0 = a$，$x_i = a + i\Delta$，$m_i = (x_{i-1} + x_i)/2$（$i = 1, 2, \cdots, Q$）。

量化后得到的 Q 个电平，可以通过编码器编为二进制代码，通常 Q 选为 2^k，这样 Q 个电平可以编为 k 位二进制代码。下面来分析均匀量化时的量化信噪比。

设 x 在某一个范围内变化时，量化值 x_q 取各段中的中点值，其对应关系如图 5-15(a)所示，相应的量化误差与 x 的关系如图 5-5(b)所示。

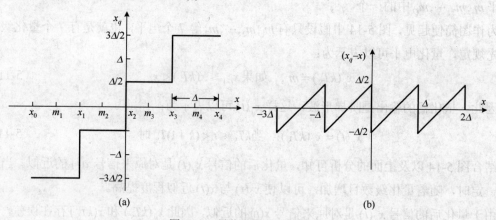

图 5-15 量化和量化误差曲线

可以证明当信号 $x(t)$ 的幅值在 $(-a, a)$ 范围内均匀分布，概率密度函数为 $f_x(x) = 1/(2a)$ 时，量化信噪比为：

$$\frac{S_q}{N_q} = \frac{\dfrac{(Q^2-1)\Delta^2}{12}}{\dfrac{\Delta^2}{12}} = Q^2 - 1 \tag{5-119}$$

通常 $Q = 2^k \gg 1$，这时 $\dfrac{S_q}{N_q} \approx Q^2 = 2^{2k}$，如果用分贝表示，则：

$$\left(\frac{S_q}{N_q}\right)\text{dB} \approx 10\lg Q^2 = 20\lg Q = 20\lg 2^k = 20k\lg 2 \approx 6k(\text{dB}) \tag{5-120}$$

k 是表示量化阶的二进制码元个数，从式（5-120）可以看到，量化阶的 Q 值越大，用以表述的二进制码组越长，所得到的量化信噪比越大，信号的逼真度就越好。

当仿真是在用字长大于 32 比特的通用计算机进行时，模拟（实数值）变量的数字表示仅引入很小误差，这时可以忽略量化误差。然而，在实际的硬件模型中，量化误差（舍入误差）就有可能直接影响系统的性能了。

3. 非均匀量化

均匀量化过程简单，但是也存在明显的缺陷。例如，无论采样值大小如何，量化噪声的均方根值都固定不变。因此，当信号 $x(t)$ 较小时，则信号的量化信噪比也就很小，这样，对于弱信号时的量化信噪比就难以达到给定的要求。通常，把满足信噪比要求的输入信号取值范围定义为信号的动态范围。可见，均匀量化时的信号动态范围将受到较大的限制。为了克服这个缺点，实际中往往采用非均匀量化。

非均匀量化是根据信号的不同区间来确定量化间隔的。对于信号取值小的区间，其量化间隔也小，反之量化间隔就大。这样可以提高小信号时的量化信噪比，适当减小大信号时的信噪功率比。它与均匀量化相比，有两个突出的优点：

（1）当输入量化器的信号具有非均匀分布的概率密度（例如语音）时，非均匀量化器的输出端可以得到较高的平均信号量化信噪比；

（2）非均匀量化时，量化噪声功率的均方根值基本上与信号采样值成比例。因此，量化噪声对大、小信号的影响大致相同，即改善了小信号时的量化信噪比。

在实际应用中，非均匀量化的实现方法通常是将采样值通过压缩之后，再进行均匀量化。所谓压缩就是实际上是对大信号进行压缩，而对小信号进行放大的过程。信号经过这种非线性压缩电路处理后，改变了大信号和小信号之间的比例关系，使大信号的比例基本不变或变得较小，而小信号相应地按比例增大，即"压大补小"。在接收端将收到的相应信号进行扩张，以恢复原始信号对应关系。扩张特性与压缩特性相反。

目前，在数字通信系统中采用两种压扩特性，它们分别是美国和日本采用 μ 压缩律，以及我国和欧洲各国采用 A 压缩律。下面分别讨论 μ 压缩律和 A 压缩律的原理，这里只讨论 $x \geq 0$ 的范围，而 $x \leq 0$ 的关系曲线和 $x \geq 0$ 的关系曲线是以原点奇对称关系。

所谓 μ 压缩律，就是压缩器的压缩特性具有如下关系的压缩律，即：

$$y = \frac{\ln(1+\mu x)}{\ln(1+\mu)}, \quad 0 \leq x \leq 1 \tag{5-121}$$

式中，y——归一化的压缩器输出电压；

x——归一化的压缩器输入电压；

μ——压扩参数，表示压缩的程度。

下面就来说明 μ 压缩律特性对小信号量化信噪比的改善程度，这里假设 $\mu=100$。对于小信号的情况 $(x \to 0)$ 有：

$$\left(\frac{dy}{dx}\right)_{x \to 0} = \frac{\mu}{(1+\mu x)\ln(1+\mu)}\bigg|_{x \to 0} = \frac{\mu}{\ln(1+\mu)} = 21.6$$

在大信号时，也就是 $x=1$，那么：

$$\left(\frac{dy}{dx}\right)_{x\to 1} = \frac{\mu}{(1+\mu x)\ln(1+\mu)}\bigg|_{x\to 1} = \frac{100}{(1+100)\ln(1+100)} = 0.214$$

与 $\mu=0$ 时无压缩特性进行比较可以看到，当 $\mu=100$ 时，对于小信号的情况，例如 $(x\to 0)$ 时，量化间隔比均匀量化时减小了 21.6 倍，因此，量化误差大大降低；而对于大信号的情况，例如 $(x\to 1)$，量化间隔比均匀量化时增大了 $1/0.214 = 4.67$ 倍，量化误差增大了。这样实际上就实现了"压大补小"的效果。

为了说明压扩特性的效果，如图 5-16 所示给出了有无压扩时（$\mu=0$）的比较曲线。

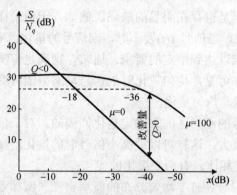

图 5-16 有无压扩时的比较曲线

由图可见，无压扩时，量化信噪比随输入信号的减小迅速下降，而有压扩时，量化信噪比随输入信号的下降却比较缓慢。若要求量化器输出信噪比大于 26dB（数字电话要求的量化信噪比指标），那么无压扩时，输入信号必须大于 −18dB；而对于 $\mu=100$ 时，输入信号只要大于 −36dB 即可。可见，采用压扩提高了小信号的量化信噪比，从而相当于扩大了输入信号的动态范围。

所谓 A 压缩律就是压缩器具有如下特性的压缩律：

$$y = \begin{cases} \dfrac{Ax}{1+\ln A}, & 0 < x \leqslant \dfrac{1}{A} \\ \dfrac{1+\ln Ax}{1+\ln A}, & \dfrac{1}{A} < x \leqslant 1 \end{cases} \tag{5-122}$$

式中，y ——归一化的压缩器输出电压；

x ——归一化的压缩器输入电压；

A ——压扩参数，表示压缩的程度。

作为常数的压扩参数 A，一般为一个较大的数，例如 $A=87.6$。在这种情况下，可以得到 x 的放大量：

$$\frac{dy}{dx} = \begin{cases} \dfrac{A}{1+\ln A} = 16, & 0 < x \leqslant \dfrac{1}{A} \\ \dfrac{A}{(1+\ln A)Ax} = \dfrac{0.1827}{x}, & \dfrac{1}{A} < x \leqslant 1 \end{cases}$$

上面只讨论了 $x>0$ 的范围，实际上 x 和 y 均在 $(-1,+1)$ 之间变化，因此，x 和 y 的对应关系曲线是在第一象限与第三象限奇对称。为了简便，$x<0$ 的关系表达式未进行描述，因为这种情况，对式（5-122）进行简单的修改就能得到。

4．数字压扩技术

按式（5-122）得到的 A 律压扩特性是连续曲线，A 的取值不同其压扩特性也不相同，而在电路上实现这样的函数规律是相当复杂的。为此，人们提出了数字压扩技术，其基本思想是这样的：利用数字电路形成若干根折线，并用这些折线来近似对数的压扩特性，从而达到压扩的目的。

用折线实现压扩特性，它既不同于均匀量化的直线，又不同于对数压扩特性的光滑曲线。虽然总的来说用折线作压扩特性是非均匀量化，但它既有非均匀（不同折线有不同斜率）量化，又有均匀量化（在同一折线的小范围内）。有两种常用的数字压扩技术，一种是 13 折线 A 律压扩，它的特性近似 $A=87.6$ 的 A 律压扩特性。另一种是 15 折线 μ 律压扩，其特性近似 $\mu=255$ 的 μ 律压扩特性。下面将主要介绍 13 折线 A 律压扩技术，简称 13 折线法。关于 15 折线 μ 律压扩请读者阅读有关文献。如图 5-17 所示，展示了这种 13 折线 A 律压扩特性。

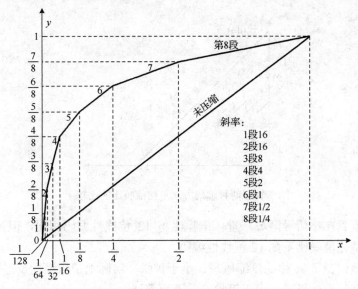

图 5-17　13 折线 A 律压扩特性

从图 5-17 中可以看到，先把 x 轴的 0—1 分为 8 段不均匀段，其分法是：将 0—1 之间一分为二，其中点为 1/2，取 1/2—1 之间作为第八段；剩余的 0—1/2 再一分为二，中点为 1/4，取 1/4—1/2 之间作为第七段，再把剩余的 0—1/4 一分为二，中点为 1/8，取 1/8—1/4 之间作为第六段，以此分下去，直至剩余的最小一段为 0—1/128 作为第一段。

而 y 轴的 0—1 均匀地分为 8 段，它们与 x 轴的 8 段一一对应。从第一段到第八段分别为 0—1/8，1/8—2/8，…，7/8—1。这样，便可以作出由八段直线构成的一条折线。该折线与式（5-122）表示的压缩特性近似。

由图 5-17 中曲折线可以看出，除一、二段外，其他各段折线的斜率都不相同，它们的斜率参见表 5-1。至于当 x 在 –1—0 及 y 在 –1—0 的第三象限中，压缩特性的形状与以上讨论的第一象限压缩特性的形状相同，且它们以原点奇对称，所以负方向也有 8 段直线，合起来共有 16 段线段。由于正向一、二两段和负向一、二两段的斜率相同，这 4 段实际上为一条直线，因此，正、负双向的折线总共由 13 段直线段构成，故称其为 13 折线。

表 5-1　各段落的斜率

折线段落	1	2	3	4	5	6	7	8
斜　率	16	16	8	4	2	1	1/2	1/4

13 折线压扩特性的包含 16 段折线段，在输入端，如果将每段折线段再均匀地划分 16 个量化等级，也就是在每段折线内进行均匀量化的，这样第一段和第二段的最小量化隔相同，为：

$$\Delta_{1,2} = \frac{1}{128} \cdot \frac{1}{16} = \frac{1}{2048} \quad (5\text{-}123)$$

输出端由于是均匀划分的，各段间隔均为 1/8，每段再 16 等分，因此每个量化级间隔为 $1/(8 \times 16) = 1/128$。

用 13 折线法进行压扩和量化后，可以作出量化信噪比与输入信号间的关系曲线如图 5-18 所示。

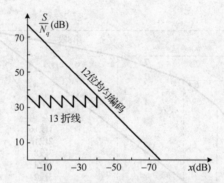

图 5-18　两种编码方法量化信噪比的比较

从图中可以看到在小信号区域，量化信噪比与 12 位线性编码相同，但在大信号区域 13 折线法 8 位码的量化信噪比不如 12 位线性编码。

以上较详细地讨论了 A 律的压缩原理。至于扩张，实际上是压缩的反过程，只要掌握了压缩原理就不难理解扩张原理。限于篇幅，故不再赘述。

5.6　随机过程的模型

在确知信号分析过程中，由于引入了冲激函数和阶跃函数这两类奇异函数的数学模型，使得信号与系统的分析研究变得灵活、简捷；同时引入的复指数信号的数学模型，使得信号的表述和运算变得简单。同样在随机过程的仿真建模过程中，也存在几种典型随机过程的数学模型，这些数学模型是构建通信仿真系统的基础，下面就分别讨论这些随机过程的模型，以及它们的性质及应用。

5.6.1　随机序列

对于随机过程，当时间参数 t 用离散值表示，也就是说，当随机过程的参数集为离散集时，连续变化的随机过程就成为随机序列。根据这些序列的统计特性和应用背景的不同，可以将它们分为以下几类。

1. 独立序列

对于平稳随机序列$\{X(n)\}$，当$j \neq 0$时，如果$X(k)$和$X(k+j)$是相互独立的，则称平稳随机序列$\{X(n)\}$是独立序列。这种独立的平稳随机序列经常用于仿真通信系统中的信号源及噪声的采样值。如果用数学进行描述，独立序列有下列特性：

$$E\{X(n)\} = \mu_X \tag{5-124a}$$

$$E\{X(n)X(n+j)\} = \begin{cases} \sigma_X^2, & j = 0 \\ 0, & j \neq 0 \end{cases} \tag{5-124b}$$

与式（5-124b）相对应的功率谱密度为：

$$P_{XX}(f) = \sigma_X^2 \tag{5-124c}$$

从式（5-124c）可以看到，如果平稳随机序列$\{X(n)\}$是独立序列，则该序列的功率谱密度为常数，因此，有时也可以将该序列$\{X(n)\}$称为白噪声序列。

2. 马尔可夫序列

马尔可夫（Markov）过程是一类重要的随机过程，在20世纪初，由前苏联学者马尔可夫在研究随机过程中得到的。马尔可夫过程可以根据参数空间（通常为时间）与状态空间（通常为取值）的离散与连续类型，将它分为以下4种类型：

（1）离散参数集、离散状态集的马尔可夫过程；
（2）离散参数集、连续状态集的马尔可夫过程；
（3）连续参数集、离散状态集的马尔可夫过程；
（4）连续参数集、连续状态集的马尔可夫过程。

当马尔可夫随机过程属于类型（1）和类型（2）时，马尔可夫随机过程就变成马尔可夫序列。如果从数学的观点进行描述，这种序列有如下特性：

$$P[X(n)|X(n-1),X(n-2)\cdots,X(n-k)] = P[X(n)|X(n-1)] \tag{5-125}$$

从式（5-125）可以看出，马尔可夫序列下一时刻的采样值仅与现在的值有关。根据这一特性，马尔可夫序列可以用来模拟信息源的输出，而且该信息源产生的符号存在相关性，例如语音、视频信号的采样值等。另外，在英语报文中的字母序列也可以利用这种信源来产生。

当马尔可夫序列属于类型（1）的情况时，$X(n)$可以取N个可能值，如$a_1, a_2, \cdots a_N$。这时可以定义：

$$\begin{cases} p_i(n) = P(X(n) = a_i), \\ p_{ij}(s,n) = P(X(n) = a_j | X(s) = a_i), \end{cases} n > s \tag{5-126}$$

式中，$p_i(n)$——马尔可夫序列在时刻n所处状态为a_i的概率；

$p_{ij}(s,n)$——马尔可夫序列在时刻s所处状态a_i，转移到n时所处状态a_j的转移概率，

当$n=s+1$时，该转移概率又被称为一步转移概率。

根据式（5-126）的定义，则有

$$p_i(n) = \sum_{i=1}^{N} p_i(s) p_{ij}(s,n) \tag{5-127}$$

如果 $p_{ij}(s,n) = p_{ij}(n-s)$，$n=s+1$，则表明 $p_{ij}(s,n)$ 只和时间间隔有关，它的一步转移概率与马尔可夫序列出现时刻无关，这时就认为马尔可夫序列具有齐次特性，故将此序列称为齐次马尔可夫序列。这样的序列完全可以由初始概率 $p_i(1)$ 和一步转移概率 $p_{ij}(1)$ 表征。

如果将齐次马尔可夫序列的所有一步转移概率用矩阵表示，则有：

$$\boldsymbol{\Phi} = \begin{bmatrix} p_{11} & p_{12} & \cdots & p_{1N} \\ p_{21} & p_{22} & \cdots & p_{2N} \\ \vdots & \vdots & \vdots & \vdots \\ p_{N1} & & & p_{NN} \end{bmatrix} \tag{5-128}$$

其中，$p_{ij} = \{P(X(k)=a_j | X(k-1)=a_i), \ i=1,\cdots,N, \ j=1,\cdots,N\}$，这时就将 $\boldsymbol{\Phi}$ 称为马尔可夫序列的一步转移概率矩阵。因此，有：

$$P(k+1) = \boldsymbol{\Phi}^T P(k) \quad \text{或} \quad P(k+1) = (\boldsymbol{\Phi}^T)^k P(1) \tag{5-129}$$

马尔可夫序列除了可以利用式（5-128）表示的矩阵形式描述外，还可以用图 5-19 表示状态转移。

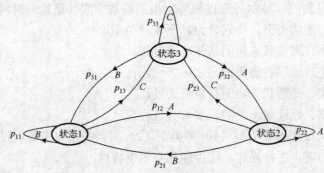

图 5-19 状态转移图

在图中各节点表示不同的状态，节点间的有向线段表示转移，转移概率 p_{ij} 标注在相应的有向线段旁边。当然如果用图 5-19 中所示的 3 个状态分别表示{A、B、C}三个字母时，图 5-19 就成为发送{A、B、C}符号的信息源模型。

不仅如此，马尔可夫模型还可以用来表征数字通信系统中的信道模型。所谓马尔可夫信道是有多种状态形式的信道模型，在模型中信道状态是根据一定的规则进行转移的。例如，当汽车行驶在城区的公路上，利用超短波车载电台进行通信时，由于汽车所处的环境随时在变化，这时通信信道状态也在不停的发生变化，信道状态间的变化用转移概率 p_{ij} 进行描述，假设有 3 种信道状态，因此，就可以利用图 5-20 来构造超短波车载电台通信信道的模型。

从图 5-20 可以看到，超短波车载电台有 3 种通信信道状态：

（1）状态 1——信道传输误码率为 $P_{e1}=10^{-6}$，信道状况理想，误码随机发生；

（2）状态 2——信道传输误码率为 $P_{e2}=10^{-2}$，信道状况较差，误码突发发生；

(3) 状态 3——信道传输误码率为 $P_{e2}=0.5$，信道无法传输信息。

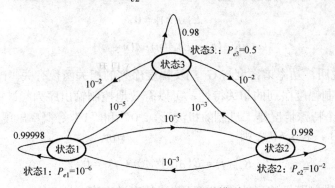

图 5-20　马尔可夫信道模型

一般来讲，如果能够构造出状态数为 3～4 个的马尔可夫信道模型，就基本上能够接近实际信道模型了。在信道仿真时，经常采用上述思路。

1. M 进制数字波形

数字通信系统中载有信息的波形可表示为：

$$X(t) = \sum_{n=-\infty}^{\infty} A_n g(t-nT-t_0) \tag{5-130}$$

式中，A_n——第 n 个信息符号所对应的电平值，即 $A_n=A(n)$，电平值可以取 Q 个可能的数字值之一；
　　　$g(t)$——脉冲波形；
　　　T——该序列的码元周期；
　　　t_0——波形延迟。

$X(t)$ 的一个样本函数如图 5-21 所示，这是一个四进制数字波形。

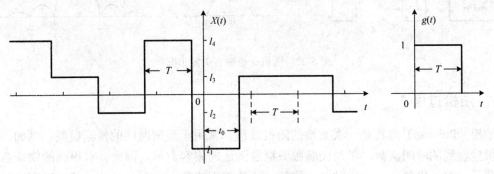

图 5-21　随机四进制数字波形

$X(t)$ 是脉冲幅度调制（PAM）的波形，假设序列 $\{A_n\}$ 是平稳的，可以证明其自相关函数和功率谱密度函数分别分别为：

$$R_{XX}(\tau) = \frac{1}{T}\left[\sum_{k=-\infty}^{\infty} R_{AA}(k)\delta(\tau-kT)\right]*g(\tau)*g(-\tau) \tag{5-131}$$

$$P_{XX}(f) = \frac{|G(f)|^2}{T}\left[R_{AA}(0) + 2\sum_{k=1}^{\infty} R_{AA}(k)\cos(2\pi kfT)\right] \tag{5-132}$$

式中，$G(f)$——$g(t)$的傅里叶变换，且：

$$E\{A(n)\} = 0$$

$$R_{AA}(k) = E\{A(n) \cdot A(n+k)\}$$

式（5-132）说明，功率谱密度与 $G(f)$ 及幅度序列的相关函数有关。改变 $G(f)$ 形状，即脉冲成形，或者控制幅度序列的相关特性，可以有效地控制输出序列频谱密度的形状。

如果 $X(t)$ 的一个特殊情况是二进制随机波形，"0"和"1"等概率出现，数字波形为双极性信号，幅度为 $\pm A$。若 $j \neq 0$，则：

$$R_{AA}(j) = E\{A(n) \cdot A(n+j)\} = 0$$

可以证明，二进制随机波形的自相关函数和功率谱密度分别为：

$$R_{XX}(\tau) = \begin{cases} A^2\left[1 - \dfrac{|\tau|}{T}\right], & |\tau| < T \\ 0, & |\tau| \geq T \end{cases} \tag{5-133}$$

$$P_{XX}(f) = A^2 T \left(\frac{\sin \pi f T}{\pi f T}\right)^2 = A^2 T Sa^2(\pi f T) \tag{5-134}$$

其中，$Sa(x) \stackrel{\text{def}}{=} \dfrac{\sin x}{x}$。

如图 5-22 所示给出了随机二进制波形，以及它的相关函数和功率谱密度。

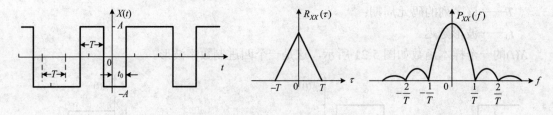

图 5-22 随机二进制有关波形图

5.6.2 泊松过程

泊松（Poisson）过程是一类重要的随机过程，常用于通信网络的传输模型。例如，电话交换机接收到的呼叫次数，以及民航服务柜台到达的旅客数等，因此具有很强的物理意义和应用背景。对于物理学、地质学、生物学、通信工程等方面的有关问题，都可以利用泊松过程来描述。

1. 泊松过程的概念

在实际生活中常常会遇到这样一类随机现象，它们发生的地点、时间以及相联系的某种属性，常归结为某一随机发生或随机到达情况。例如，某电话交换台在一天内收到用户的呼叫情况，若令 $T(n)$ 为第 n 次呼叫发生的时间，则 $T(n)$ 是一随机变量，这时 $T(n) = x \in [0,24)$ 它表示一个随机点，而 $\{T(n), n=1,2,\cdots\}$ 构成一个随机过程，这样的随机过程被称为随机点过程。

对于随机点过程,单位时间内平均出现的点的个数被定义为随机流的强度,记作 λ,这时就称此随机点过程是强度为 λ 的随机流。

对于随机点过程 $\{T(n),\ n=1,2,\cdots\}$,令 $X(t)$ 表示在时间段 $[0,t]$ 内随机点出现的个数,则 $X(t)$ 也是一个随机过程,通常称之为伴随随机点过程的计数过程。显然,计数过程 $X(t)$ 具有如下特性:

(1) $X(t)$ 取非负整数值;
(2) 对于任意两个时刻,如果 $t_1 \leq t_2$,则 $X(t_1) \leq X(t_2)$;
(3) 对于任意两个时刻,如果 $t_1 \leq t_2$,则 $X(t_1,t_2) = X(t_2) - X(t_1)$。

特性(3)表明,$X(t_1,t_2)$ 表示在时间间隔 $[t_1,t_2]$ 内,随机点(事件)出现(或到达)的个数,称为增量。关于这个增量过程的独立性和平稳性说明如下。

(1) 独立性:若在不相交时间区间内发生的事件个数是独立的,即时刻 t 已发生的事件个数 $X(t)$ 独立于时刻 t 与 $t+s$ 之间所发生的事件个数 $X(t,s)$,则称此计数过程具有独立增量特性。

(2) 平稳性:若在任意时间区间内发生事件个数的分布只依赖于时间区间的长度,则称此计数过程具有平稳增量特性。在这种情况下,对一切 $t_1 \leq t_2$,且 $s>0$,在区间 (t_1+s, t_2+s) 内发生事件的个数 $X(t_1+s, t_2+s)$ 与在区间 (t_1, t_2) 内发生事件的个数 $X(t_1, t_2)$ 具有相同的分布。

泊松过程是一种特殊的计数过程,其定义如下。

定义:设 $\{X(t),\ t \geq 0\}$ 为一计数过程,若满足下列条件:

(1) $X(0)=0$,即零初值性;
(2) 对任意的 $s \geq t \geq 0$,$\Delta t \geq 0$,增量 $X(s+\Delta t) - X(t+\Delta t)$ 与 $X(s) - X(t)$ 具有相同的分布函数,即增量平稳性或齐次性;
(3) 对任意的正整数 n,以及任意的非负实数 $0 \leq t_0 \leq t_1 \cdots \leq t_n$,增量 $X(t_1) - X(t_0)$,$X(t_2) - X(t_1),\cdots, X(t_n) - X(t_{n-1})$ 相互独立,即增量独立性;
(4) 对于足够小的时间 Δt,有:

$$P(X(\Delta t) = 1) = \lambda \Delta t + O(\Delta t) \tag{5-135a}$$

$$P(X(\Delta t) = 0) = 1 - \lambda \Delta t + O(\Delta t) \tag{5-135b}$$

$$P(X(\Delta t) \geq 2) = O(\Delta t) \tag{5-135c}$$

则称 $\{X(t),\ t \geq 0\}$ 是强度为 λ 的泊松过程。

从泊松过程定义可以看到,若 $\{X(t),\ t \geq 0\}$ 为泊松过程,则 $X(t)$ 表示在 $[0, t]$ 时段内出现的事件数,则泊松过程定义中,条件(1)表明,在初始时刻无事件出现,实际上从概率计算意义来说,只需满足 $P[X(0)=0]=1$ 条件即可;条件(2)表明,在 $[t+\Delta t, s+\Delta t]$ 时段出现的事件数的分布只与时间间隔 $s-t$ 有关,而与时间起点无关;条件(3)表明,任意多个不相重叠的时间间隔内出现的事件数相互独立;条件(4)表明,在足够小的时间内出现一个事件的概率与时间成正比,而在很短的时间内出现的事件数不少于两个的概率,是关于时间的高阶无穷小,这与实际情况是相吻合的,即在足够短的时间内同时出现两个以上事件应视为小概率情况。

可以证明满足上述 4 个条件的计数过程 $X(t)$,即被称为强度为 λ 的泊松过程,$X(t)=k$ 的概率可以表示为:

$$P(X(t)=k) = \frac{(\lambda t)^k}{k!} e^{-\lambda t}, \quad k=0,1,2,\cdots \tag{5-136}$$

为了加深对泊松过程的理解，特别是为了认识泊松过程在通信系统中的应用，请看下面的例题。

例 5-1 设 $X(t)$ 为 $[0,t]$ 时段内某电话交换台收到的呼叫次数，$X(t)$ 的状态空间为 $\{0,1,2,\cdots\}$，且具有如下性质：

（1）$X(0)=0$，即初始时刻未收到任何呼叫；

（2）在 $[t,s]$ 这段时间内收到的呼叫次数只与时间间隔 $s-t$ 有关，而与起点时间 t 无关；

（3）在任意多个不相重叠的时间间隔内收到的呼叫次数相互独立；

（4）在足够小的时间间隔内：

$$P(\Delta t\text{时间间隔内无呼叫}) = P(X(\Delta t) = 0) = 1 - \lambda\Delta t + O(\Delta t)$$

$$P(\Delta t\text{时间间隔内有一次呼叫}) = P(X(\Delta t) = 1) = \lambda\Delta t + O(\Delta t)$$

$$P(\Delta t\text{时间间隔内有两次以上呼叫}) = P(X(\Delta t) \geq 2) = O(\Delta t)$$

由此可见，电话交换台收到的呼叫次数 $X(t)$ 是一个计数过程，经过分析证明它是强度为 λ 的泊松过程。

例 5-2 在数字通信中，误码率是一个重要的性能指标。所谓误码率是指在任意时刻 t 发生误码的概率。从形式上讲，当平均收到 m 个码元发生一个误码时，则误码概率为 $\lambda = \dfrac{1}{m}$。设 $X(t)$ 表示在时间段 $[0,t]$ 内发生误码的个数，则 $\{X(t),\ t\geq 0\}$ 为一计数过程，且满足条件：

（1）最初 $t=0$ 时不出现误码的事件为必然事件，即 $P(X(0)=0) = 1$；

（2）在相同的区间长度内出现 k 个误码的概率应相同，这时 $k=0,1,2,\cdots$；

（3）在互不相交的区间 $[0,t_1)$，$[t_1,t_2)$，$\cdots$，$[t_{n-1},t_n)$，$0<t_1<t_2\cdots<t_n$ 内，出现的误码数互不影响，所以 $X(t)$ 具有独立增量特性，是一个独立增量过程；

（4）在 Δt 时间内，出现一个误码的概率为 $\lambda\Delta t + O(\Delta t)$，即出现一个误码与时间长度 Δt 成正比，一般来说，这是合乎实际的。在很短的时间 Δt 内，出现两个以上误码的概率应是 Δt 的高阶无穷小，即 $O(\Delta t)$。

经以上分析说明可知，在 $[0,t]$ 内出现误码的个数 $X(t)$ 是一个强度为 λ 的泊松过程。

2．泊松过程的数字特征与特征函数

设 $\{X(t),\ t\geq 0\}$ 是一个强度为 λ 的泊松过程，则对于任意 t，$X(t)$ 的分布如式（5-136），经过运算它的数字特征可以表示为如下情形。

（1）泊松过程的均值函数：

$$m(t) = E\{X(t)\} = \lambda t \tag{5-137}$$

由式（5-13）可见，$E\{X(t)\}$ 表示在 $[0,t)$ 时段内平均到达的事件个数，因此，$\lambda = \dfrac{E\{X(t)\}}{t}$ 则表示单位时间内平均到达的事件个数。

（2）泊松过程的方差函数：

$$\sigma^2(t) = E\{[X(t) - m(t)]^2\} = \lambda t \tag{5-138}$$

（3）泊松过程的均方值函数：

$$E\{X^2(t)\} = \sigma^2(t) + m^2(t) = \lambda t + (\lambda t)^2 \tag{5-139}$$

（4）泊松过程的自相关函数：

$$R_X(t_1, t_2) = E\{X(t_1)X(t_2)\} = \lambda^2 t_1 t_2 + \lambda \min(t_1, t_2) \tag{5-140}$$

3. 泊松过程的到达时间和时间间隔的分布

在研究强度为 λ 的泊松过程时，不仅要研究在 $[0,t)$ 时段内事件出现（或到达）个数的概率分布，还要研究每个事件到达时间的分布特性，以及它们之间时间间隔的分布特性，因为，后者的研究对于构建泊松过程模型十分有用。

（1）随机事件的到达时间（等待时间）的分布。

设 $\{X(t), t \geq 0\}$ 为一个强度为 λ 的泊松过程，$X(t)$ 表示在 $[0,t)$ 时段内随机事件出现个数，τ_n 表示第 n 个事件到达的时间，其中 $n=1,2,\cdots$，应用概率论知识，经分析处理，τ_n 的分布函数可以表示成：

$$F(t) = \begin{cases} 1 - \sum_{k=0}^{n-1} \frac{(\lambda t)^k}{k!} e^{-\lambda t}, & t > 0 \\ 0, & t \leq 0 \end{cases} \tag{5-141}$$

对分布函数进行求导，就可以得到 τ_n 的概率密度函数：

$$f(t) = \begin{cases} \frac{\lambda(\lambda t)^{n-1}}{(n-1)!} e^{-\lambda t}, & t > 0 \\ 0, & t \leq 0 \end{cases} \tag{5-142}$$

因此，到达时间（等待时间）的分布通常称为参数为 n 和 λ 的 Γ 分布，即 $\Gamma(n,\lambda)$。

根据 τ_n 的概率密度函数，很容易求得随机事件到达时间的期望与方差：

$$E\{\tau_n\} = \frac{n}{\lambda} \tag{5-143a}$$

$$E\{\tau_n^2\} = \frac{n(n+1)}{\lambda^2} \tag{5-143b}$$

$$D\{\tau_n\} = E(\tau_n^2) - [E(\tau_n)]^2 = \frac{n}{\lambda^2} \tag{5-143c}$$

可见，若已知事件到达过程是强度为 λ 的泊松过程时，则随机事件到达的平均等待时间为 n/λ，相应的波动值为 $\sqrt{n/\lambda^2}$，因此，等待的事件越多，波动值也越大。

（2）到达时间间隔的分布。

定理：计数过程为泊松过程的充要条件，是其事件到达时间间隔相互独立，且服从相同的指数分布。

若：

$$P(X(t) = k) = \frac{(\lambda t)^k}{k!} e^{-\lambda t}, \quad k = 0, 1, 2, \cdots$$

则每两个事件到达的时间间隔：

$$t_1 = \tau_1, \quad t_2 = \tau_2 - \tau_1, \quad \cdots, \quad t_n = \tau_n - \tau_n, \cdots$$

它们相互独立,且均服从参数为 λ 的指数分布,其概率密度函数为:

$$f(t) = \begin{cases} \lambda e^{-\lambda t}, & t > 0 \\ 0, & t \leq 0 \end{cases} \tag{5-144}$$

因此,在通信系统仿真过程中,为了仿真泊松过程,可以根据上述定理,利用独立的且服从指数分布的随机过程采样来仿真事件到达间隔时间,而这个事件计数过程就是泊松过程。

5.6.3 高斯随机过程

高斯随机过程广泛地用作构建通信仿真系统中信号、噪声和干扰的模型,这是因为很多物理问题中的随机现象都可用高斯随机过程进行满意地近似,例如利用中心极限定理,散弹噪声过程就可以用高斯过程近似;更有甚者,若线性系统的输出是由输入随机过程大量独立样本的加权和构成时,输出随机过程也趋于高斯过程。因此,高斯过程在随机现象的理论和分析方面起着核心作用,这不仅是因为它对很多随机过程都可以很好的近似,更重要的多变量高斯分布的分析也比较简单。

高斯过程最重要的用途之一就是模拟和分析通信系统中热噪声的影响,当热噪声强度足够大时,就可以掩盖弱信号,并使得系统对这些信号识别变得极其困难,因此正确的构建热噪声的模型,对于减小热噪声对信号检测的影响至关重要。

1. 高斯过程的定义

高斯随机过程简称为高斯过程(正态过程),它在通信理论中应用得最为广泛。所谓高斯过程是指它的任意 n 维($n=1,2,\cdots$)概率密度函数,可以表示为:

$$f_n(x_1,\cdots,x_n;t_1,\cdots,t_n) = \frac{1}{(2\pi)^{\frac{n}{2}}\sigma_1\cdots\sigma_n|\rho|^{\frac{1}{2}}} \exp\left[\frac{-1}{2|\rho|}\sum_{j=1}^{n}\sum_{k=1}^{n}|\rho|_{jk}\left(\frac{x_j-m_j}{\sigma_j}\right)\left(\frac{x_k-m_k}{\sigma_k}\right)\right] \tag{5-145}$$

式中,$m_k = E\{x(t_k)\}$;

$\sigma_k^2 = E\left\{[X(t_k) - m_k]^2\right\}$;

$|\rho|$——相关系数矩阵的行列式,具体可以写为:

$$|\rho| = \begin{bmatrix} 1 & \rho_{12} & \cdots & \rho_{1n} \\ \rho_{21} & 1 & \cdots & \rho_{2n} \\ \vdots & \vdots & \vdots & \vdots \\ \rho_{n1} & \rho_{n2} & \cdots & 1 \end{bmatrix}$$

$$\rho_{jk} = \frac{E\{[X(t_j) - m_j] \cdot [X(t_k) - m_k]\}}{\sigma_j \sigma_k}$$

式中,$|\rho|_{jk}$——行列式中元素 ρ_{jk} 所对应的代数余因子。

通常,通信信道中噪声的均值 $a=0$。由此,可得到一个重要的结论:在噪声均值为零时,噪声的平均功率等于噪声的方差。证明如下。

因为噪声的方差为：

$$\sigma^2 = D[n(t)] = E\{[n(t) - E(n(t))]^2\}$$
$$= E\{n^2(t)\} - [E(n(t))]^2 = R(0) - a^2 = R(0)$$

所以，有：

$$P_n = R(0) = D[n(t)] = \sigma^2 \tag{5-146}$$

上述结论非常有用，在通信系统的性能分析中，常常通过求自相关函数或方差的方法来计算噪声的功率。

2. 高斯过程的重要性质

结合式（5-145）分析，可以进一步发现高斯过程具有下面几个重要性质。

（1）高斯过程的 n 维分布完全由各个随机变量的数学期望、方差及两两之间的相关函数所决定。因此，对高斯过程来说，只要研究它的数字特征就可以了。

（2）如果高斯过程是广义平稳的，即数学期望、方差与时间无关，相关函数仅取决于时间间隔，而与时间起点无关。那么，高斯过程的 n 维分布也与时间起点无关。所以，广义平稳的高斯过程也是严格平稳的。

（3）如果高斯过程在不同时刻的取值是不相关的，即有 $\rho_{jk} = 0$，$j \neq k$，而 $\rho_{jk} = 1$，$j = k$，那么，式（5-145）就变为：

$$f_n(x_1, \cdots, x_n; t_1, \cdots, t_n) = \frac{1}{(2\pi)^{\frac{n}{2}} \prod_{j=1}^{n} \sigma_j} \exp\left[-\sum_{j=1}^{n} \frac{(x_j - m_j)^2}{2\sigma_j^2}\right] \tag{5-147}$$

$$= \prod_{j=1}^{n} \frac{1}{\sqrt{2\pi}\sigma_j} \exp\left[-\frac{(x_j - m_j)^2}{2\sigma_j^2}\right] = f(x_1, t_1) \cdot f(x_2, t_2) \cdots f(x_n, t_n)$$

这就是说，如果高斯过程中的随机变量之间互不相关，则它们也是统计独立的。

（4）如果一个线性系统的输入随机过程是高斯的，那么线性系统的输出过程仍然是高斯的。

当噪声 $n(t)$ 瞬时幅度值的概率分布函数如式（5-145）所示时，这个噪声就被称为高斯噪声，与此同时，当噪声的功率谱密度函数在整个频率域内服从均匀分布时，这个噪声就被称为高斯白噪声。

在通信系统理论分析中，特别在分析、计算系统抗噪声性能时，经常假定系统信道中噪声为高斯型白噪声。这主要是鉴于以下两个原因：第一高斯型白噪声可用具体数学表达式表述，因此便于推导分析和运算；第二高斯型白噪声确实也反映了具体信道中的噪声情况，比较真实地代表了信道噪声的特性。

5.7 随机过程通过线性系统

在通信仿真系统当中，研究信号和噪声经过系统之后的特性，可以对通信系统进行准确可靠的评估。为此，在本节当中，首先将运用确定信号通过线性系统的分析方法，讨论平稳随机过程加到某个线性系统的输入端时,该系统的输出情况,然后对随机过程通过窄带系统,以及信号和噪声混合以后经过窄带系统的情况进行了研究。

5.7.1 基本概念

随机过程是以某一概率出现的样本函数的全体,因此,把随机过程加到线性系统的输入端,实际上应当理解为是随机过程的某一可能的样本函数出现在线性系统的输入端。既然如此,就完全可以应用确知信号通过线性系统的分析方法求得相应的系统输出,如果加到线性系统输入端的是随机过程 $X(t)$ 的某一样本 $x(t)$,系统相应的输出为:

$$y(t) = x(t) * h(t) = \int_{-\infty}^{\infty} x(t-\tau)h(\tau)d\tau \tag{5-148}$$

式中,$h(t)$——线性系统的冲激响应函数,且有:

$$H(\omega) = \int_{-\infty}^{\infty} h(t)e^{-j\omega t}dt \tag{5-149}$$

假设输入端输入的是随机过程 $X(t)$,则在线性系统的输出端,将得到一组时间函数 $y(t)$,它们构成一个新的随机过程,记作 $Y(t)$,称为线性系统的输出随机过程,于是式(5-148)可以表示为:

$$Y(t) = \int_{-\infty}^{\infty} X(t-\tau)h(\tau)d\tau = \int_{-\infty}^{\infty} X(\tau)h(t-\tau)d\tau \tag{5-150}$$

因此,就可以利用式(5-150)研究输出端随机过程 $Y(t)$ 的统计特性,主要包括 $Y(t)$ 的数学期望、自相关函数、功率谱以及概率密度函数。下面就简要地讨论一下这些问题。

首先假定线性系统的输入过程 $X(t)$ 是平稳的,它的数学期望 m_x、相关函数 $R_x(\tau)$ 和功率谱 $P_x(\omega)$ 均已知。

1. 输出过程 $Y(t)$ 的数学期望

对式(5-150)两边取统计平均,得:

$$\begin{aligned} E\{Y(t)\} &= E\left\{\int_{-\infty}^{\infty} X(t-\tau)h(\tau)d\tau\right\} \\ &= \int_{-\infty}^{\infty} E\{X(t-\tau)\}h(\tau)d\tau = m_x \cdot \int_{-\infty}^{\infty} h(\tau)d\tau = m_x \cdot H(0) \end{aligned} \tag{5-151}$$

2. 输出过程 $Y(t)$ 的自相关函数

通过简单推导可以证明,当输入随机过程是平稳的时候,线性系统的输出随机过程至少是广义平稳的。

3. 输出随机过程 $Y(t)$ 的功率谱

利用 $Y(t)$ 的相关函数与功率谱的关系可以证明:线性系统输出平稳过程 $Y(t)$ 的功率谱是输入平稳过程的功率谱与系统传输函数模的平方乘积,即

$$P_Y(\omega) = H^*(\omega) \cdot H(\omega) \cdot P_X(\omega) = |H(\omega)|^2 \cdot P_X(\omega) \tag{5-152}$$

这是今后经常用到的一个重要公式,同时也给出了利用计算 $R_Y(\tau)$ 的新思路,就是首先利

用式（5-152）计算功率谱 $P_Y(\omega)$，然后，对 $P_Y(\omega)$ 进行傅里叶逆变换，就可以得到 $R_Y(\tau)$。这种算法比直接利用 $Y(t)$ 计算 $R_Y(\tau)$ 要容易得多。

例 5-3 试求功率谱密度为 $P_n(\omega)=n_0/2$ 的白噪声通过理想低通滤波器后的功率谱密度、自相关函数及噪声功率 N。

解 因为理想低通传输特性可表示为：

$$H(\omega) = \begin{cases} K_0 e^{-j\omega t_d}, & |\omega| \leq \omega_H \\ 0, & \text{其他} \end{cases}$$

可见，$|H(\omega)|^2 = K_0^2, |\omega| \leq \omega_H$。

根据式（5-152）计算输出功率谱密度为：

$$P_Y(\omega) = |H(\omega)|^2 P_n(\omega) = \frac{K_0^2 n_0}{2}, \quad |\omega| \leq \omega_H$$

而自相关函数 $R_Y(\tau)$ 为：

$$R_Y(\tau) = \frac{1}{2\pi}\int_{-\infty}^{\infty} P_Y(\omega)e^{j\omega\tau}d\omega = \frac{K_0^2 n_0}{4\pi}\int_{-\omega_H}^{\omega_H} e^{j\omega\tau}d\omega = K_0^2 n_0 f_H \cdot \frac{\sin\omega_H\tau}{\omega_H\tau}, \quad f_H = \frac{\omega_H}{2\pi}$$

于是，输出噪声功率 N 为 $R_Y(0)$，即：

$$N = R_Y(0) = K_0^2 n_0 f_H$$

可见，输出的噪声功率与 K_0^2、n_0 及 f_H 成正比。

4. 输出过程的概率分布

原则上，可以通过线性系统输入随机过程的概率分布和式（5-150）来确定输出随机过程的概率分布，但是这个计算过程相当复杂。只有在输入过程是高斯分布时才是个例外。因为，在 5.3 节中已经讲解了高斯随机过程的 4 个特性，其中最后一个特性指出：如果一个线性系统的输入随机过程是高斯的，那么线性系统的输出过程仍然是高斯的。因此，应用这个性质，只要确定了 $Y(t)$ 的数学期望、方差和自相关函数后，就可以完全确定这个输出随机过程的概率分布。

5.7.2 窄带随机过程

在通信系统中，许多实际的信号和噪声都满足"窄带"的假设，且其频谱均被限制在"载波"或某中心频率附近一个窄的频带上，而这个中心频率离开零频率又相当远。例如，无线广播系统中的中频信号及噪声就是如此。如果这时的信号或噪声是一个随机过程，则称它们为窄带随机过程。

对于窄带随机过程，无论它是窄带信号还是窄带噪声，其频谱都局限在 f_c 附近很窄的频率范围内，如图 5-23 所示。

观察图 5-23 可以看到，其包络和相位都在作缓慢随机变化。

这样，窄带随机过程就可以表示成：

$$n(t) = \rho(t)\cos[\omega_c t + \varphi(t)], \quad \rho(t) \geq 0 \tag{5-153}$$

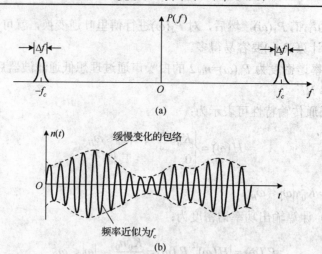

图 5-23 窄带噪声的功率谱和时间波形

进一步将式（5-153）展开可以得到：

$$n(t) = \rho(t)\cos\varphi(t)\cos\omega_c t - \rho(t)\sin\varphi(t)\sin\omega_c t$$
$$= n_c(t)\cos\omega_c t - n_s(t)\sin\omega_c t \qquad (5\text{-}154)$$

式中，$n_c(t)$——窄带随机过程的同相分量，即：

$$n_c(t) = \rho(t)\cos\varphi(t) \qquad (5\text{-}155)$$

$n_s(t)$——窄带随机过程的正交分量，即：

$$n_s(t) = \rho(t)\sin\varphi(t) \qquad (5\text{-}156)$$

而窄带随机过程的随机包络函数为：

$$\rho(t) = \sqrt{n_c^2(t) + n_s^2(t)} \qquad (5\text{-}157)$$

窄带随机过程的随机相位函数为：

$$\varphi(t) = \arctan\frac{n_s(t)}{n_c(t)} \qquad (5\text{-}158)$$

从式（5-154）~式（5-158）可以看到，窄带随机过程 $n(t)$ 的统计特性将表现在 $n_c(t)$、$n_s(t)$、$\rho(t)$ 和 $\varphi(t)$ 中，当窄带随机过程 $n(t)$ 的统计特性确定之后，就可以一步确定 $n_c(t)$、$n_s(t)$、$\rho(t)$ 和 $\varphi(t)$ 的统计特性。对于某些特定的窄带随机过程 $n(t)$，可以较为方便的求出 $n_c(t)$ 和 $n_s(t)$ 的统计特性；结合概率论的知识，利用式（5-157）和式（5-158）就可以求出 $\rho(t)$ 和 $\varphi(t)$ 的统计特性。

作为一个今后特别有用的例子，这里假设 $n(t)$ 是平稳高斯窄带过程，其均值为 0，方差为 σ_n^2，可以证明随机过程 $n_c(t)$ 和 $n_s(t)$ 有如下特性：

（1）$n_c(t)$ 和 $n_s(t)$ 都是平稳的高斯过程；

（2）它们的均值为 0，即 $E\{n_c(t)\}=E\{n_s(t)\}=0$；方差均为 σ_n^2，也就是 $\sigma_{n_c}^2 = \sigma_{n_s}^2 = \sigma_n^2$；

（3）$n_c(t)$ 和 $n_s(t)$ 在同一时刻的取值是线性不相关的随机变量。因为它们是高斯的，所以也是统计独立的。

根据高斯过程的特点，当已知其均值方差和相关函数后，可以立即得到它的分布函数。根据 $n_c(t)$ 和 $n_s(t)$ 的特性，可以得到它们的联合概率密度函数：

$$f(n_c, n_s) = f(n_c) \cdot f(n_s) = \frac{1}{2\pi\sigma_n^2} \exp\left[-\frac{n_c^2 + n_s^2}{2\sigma_n^2}\right] \tag{5-159}$$

根据概率论知识，利用式（5-159）可以计算 $\rho(t)$ 和 $\varphi(t)$ 的联合概率密度函数为：

$$f(\rho, \varphi) = f(n_c, n_s) \cdot \left|\frac{\partial(n_c, n_s)}{\partial(\rho, \varphi)}\right| \tag{5-160}$$

利用式（5-159）和式（5-160）的关系，可得：

$$\left|\frac{\partial(n_c, n_s)}{\partial(\rho, \varphi)}\right| = \begin{vmatrix} \partial n_c/\partial\rho & \partial n_s/\partial\rho \\ \partial n_c/\partial\varphi & \partial n_s/\partial\varphi \end{vmatrix} = \begin{vmatrix} \cos\varphi & \sin\varphi \\ -\rho\sin\varphi & \rho\cos\varphi \end{vmatrix} = \rho$$

所以，可得：

$$f(\rho, \varphi) = \rho \cdot f(n_c, n_s) = \frac{\rho}{2\pi\sigma_n^2} \exp\left[-\frac{n_c^2 + n_s^2}{2\sigma_n^2}\right] = \frac{\rho}{2\pi\sigma_n^2} \exp\left[-\frac{\rho^2}{2\sigma_n^2}\right] \tag{5-161}$$

在式（5-16）中，$\rho \geq 0$，φ 在 $(0, 2\pi)$ 内取值，这样利用概率论中边际分布知识，可分别求得 $f(\rho)$ 和 $f(\varphi)$ 分别为：

$$f(\rho) = \int_{-\infty}^{\infty} f(\rho, \varphi) \mathrm{d}\varphi = \int_0^{2\pi} \frac{\rho}{2\pi\sigma_n^2} \exp\left[-\frac{\rho^2}{2\sigma_n^2}\right] \mathrm{d}\varphi$$
$$= \frac{\rho}{\sigma_n^2} \exp\left[-\frac{\rho^2}{2\sigma_n^2}\right], \quad \rho \geq 0 \tag{5-162}$$

$$f(\varphi) = \int_{-\infty}^{\infty} f(\rho, \varphi) \mathrm{d}\rho = \int_0^{\infty} \frac{\rho}{2\pi\sigma_n^2} \exp\left[-\frac{\rho^2}{2\sigma_n^2}\right] \mathrm{d}\rho = \frac{1}{2\pi}, \quad 0 \leq \varphi \leq 2\pi \tag{5-163}$$

可见，包络服从瑞利分布，相位服从均匀分布，且有：

$$f(\rho, \varphi) = f(\rho) \cdot f(\varphi) \tag{5-164}$$

这样可以得到结论：一个均值为 0，方差为 σ_n^2 的平稳高斯窄带过程，其包络服从瑞利分布，相位服从均匀分布，并且就一维分布而言，随机包络和随机相位是统计独立的。

5.7.3 正弦波加窄带高斯噪声

信号经过信道传输后总会受到噪声的干扰，为了减少噪声的影响，通常在接收机前端设置一个带通滤波器，以滤除信号频带以外的噪声。因此，带通滤波器的输出是信号与窄带噪声的混合波形。最常见的是正弦波加窄带高斯噪声的合成波，这是通信系统中常会遇到的一种情况，所以有必要了解混合信号的包络和相位的统计特性。

设混合信号的输出为：

$$\begin{aligned} r(t) &= s(t) + n(t) = A\cos(\omega_c t + \theta) + n_c(t)\cos\omega_c t - n_s(t)\sin\omega_c t \\ &= [A\cos\theta + n_c(t)]\cos\omega_c t - [A\sin\theta + n_s(t)]\sin\omega_c t \\ &= z_c(t)\cos\omega_c t - z_s(t)\sin\omega_c t \\ &= z\cos(\omega_c t + \varphi) \end{aligned} \tag{5-165}$$

则信号 $r(t)$ 的包络和相位分别为：

$$z(t) = \sqrt{z_c^2(t) + z_s^2(t)} \tag{5-166}$$

$$\varphi(t) = \arctan\frac{z_s(t)}{z_c(t)} \tag{5-167}$$

以及：

$$z_c(t) = z(t)\cos\varphi(t) = A\cos\theta(t) + n_c(t) \tag{5-168}$$

$$z_s(t) = z(t)\sin\varphi(t) = A\sin\theta(t) + n_s(t) \tag{5-169}$$

如果 θ 值已给定，则 z_c 及 z_s 都是相互独立的高斯随机变量，其数字特征为：

$$E\{z_c(t)\} = A\cos\theta$$

$$E\{z_s(t)\} = A\sin\theta$$

$$\sigma_{z_c}^2 = \sigma_{z_s}^2 = \sigma_n^2$$

所以，在给定相位 θ 为条件的 z_c 及 z_s 的联合密度函数为：

$$f(z_c, z_s/\theta) = \frac{1}{2\pi\sigma_n^2}\exp\left[-\frac{(z_c - A\cos\theta)^2 + (z_s - A\sin\theta)^2}{2\sigma_n^2}\right] \tag{5-170}$$

利用式（5-168）和式（5-169）的关系，可得包络和相位联合概率密度：

$$f(z, \varphi/\theta) = f(z_c, z_s/\theta)\left|\frac{\partial(z_c, z_s)}{\partial(z, \varphi)}\right|$$

$$= \frac{z}{2\pi\sigma_n^2}\exp\left[-\frac{z^2 + A^2 - 2Az\cos(\theta - \varphi)}{2\sigma_n^2}\right] \tag{5-171}$$

求条件边际分布，经推导有：

$$f(z/\theta) = \frac{z}{\sigma_n^2}\exp\left[-\frac{z^2 + A^2}{2\sigma_n^2}\right]I_0\left(\frac{Az}{\sigma_n^2}\right) \tag{5-172}$$

这个概率密度函数称为广义瑞利分布，也称莱斯（Rice）密度函数。其中，$I_0(x)$ 为零阶修正贝塞尔函数，当 $x \geq 0$ 时，$I_0(x)$ 是单调上升函数，且有 $I_0(0)=1$。因此，式（5-172）存在两种极限情况：

（1）当信号很小时，也就是 $A \to 0$，即信号功率与噪声功率之比 $A^2/2\sigma_n^2 = r \to 0$ 时，有 $I_0(x)=1$，这时混合信号中只存在窄带高斯噪声，式（5-172）近似为式（5-162），即由莱斯分布退化为瑞利分布。

（2）当信噪比 r 很大，也就是 $z \approx A$ 时，$f(z)$ 近似于高斯分布，即：

$$f(z) \approx \frac{1}{\sqrt{2\pi}\sigma_n}\exp\left[-\frac{(z-A)^2}{2\sigma_n^2}\right] \tag{5-173}$$

需要指出的是，信号加噪声后的随机相位分布也与信噪比有关。小信噪比时，$f(\varphi/\theta)$ 接近于均匀分布，它反映这时窄带高斯噪声为主的情况；大信噪比时，$f(\varphi/\theta)$ 主要集中在有用信号相位附近。如图 5-24 所示，给出了不同的 r 值时 $f(z)$ 和 $f(\varphi/\theta)$ 的曲线。

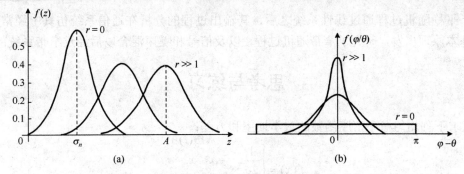

图 5-24　正弦波加高斯窄带噪声的包络和相位分布

小　结

复杂系统的复杂性在于其系统中存在比一般系统更多的随机因素，为复杂系统建立仿真模型时，是否准确、全面地考虑到复杂系统的随机因素，直接影响到这个模型的可信性。在通信仿真系统当中，随机变量和随机过程不仅可以用于构建信号与噪声的模型，而且还可以对通信信道和其他相关器件的随机时变特性进行建模。为了建立仿真模型以及实现通信系统的性能评估，有必要掌握一些相关随机变量和随机过程基本概念和理论。

本章讨论了随机变量和随机过程的基本概念、性质，研究了将它们用于通信系统仿真和建模时会遇到的问题，其内容主要包含以下几部分。

（1）简要地介绍了概率论的基本理论知识，结合通信仿真系统的特点，介绍了离散单随机变量模型和连续单随机随机变量模型。除此之外，由于正态分布在通信系统中被广泛地应用，还专门介绍了正态分布的随机变量模型，相应引出了误差函数等通信领域常用的几种函数形式。

（2）从通信仿真系统中传输的信号和噪声都具有随机过程的特性，对于随机过程的描述可分为样本描述、分布函数描述和数字特征描述，其中对于数字特征的描述在工程实践中得到广泛应用，这些数字特征包括均值、方差和相关函数。

（3）平稳随机过程是随机过程当中一种特殊类型的过程，它又可以进一步分为广义平稳和严格平稳两类随机过程，有些平稳随机过程具有各态历经性，这使得计算数字特征时不仅可以采取统计平均，也可以采用时间平均的办法。

（4）分析了调制信道，建立了相应的数学模型，对乘性噪声和加性噪声的相关特性进行了分析。对于恒参信道，它对信号传输的影响是固定不变或者是变化极为缓慢的，因而可以等效为一个非时变的线性网络。对于变参信道，由于信道相关参数不停地发生着变化，则存在多径衰落、频率弥散、频率选择性衰落等现象。

（5）噪声在通信过程中是不可避免的，研究它的来源和特点非常必要，在研究各种形态噪声的基础上，对白噪声和带限白噪声模型进行了分析；之后对于模拟信号数字化所产生的量化噪声，进行了深入的研究和分析。

（6）在随机过程的仿真建模过程中，存在几种典型随机过程的数学模型，这些数学模型包括，属于随机序列范畴的独立序列、马尔可夫序列、M 进制数字波形等；以及两种在通信仿真系统中常用的泊松过程和高斯随机过程。

（7）平稳随机过程通过线性系统之后，其输出过程的分析在通信系统仿真中经常用到，本章从基本原理出发，研究了窄带随机过程，以及信号和噪声混合以后经过窄带系统的情况。

思考与练习

5-1 试求下列均匀概率密度函数的数学期望和方差：

$$f(x) = \begin{cases} \dfrac{1}{2a}, & -a \leq x \leq a \\ 0, & \text{其他} \end{cases}$$

5-2 试求下列瑞利概率密度函数的数学期望和方差：

$$f(x) = \begin{cases} \dfrac{2x}{b}\exp\left[-\dfrac{x^2}{b}\right], & x > 0 \\ 0, & \text{其他} \end{cases}$$

5-3 随机变量平均值的估计具有如下形式：

$$Y = \frac{1}{N}\sum_{k=1}^{N} X_k$$

式中，X_k——N 个独立样本，各个样本均满足均值为 0，方差为 1 的正态分布。
计算：估计值 Y 的均值和方差。

5-4 两个高斯随机变量 X 和 Y，设它们的均值都是 0，方差都是 σ^2。它们的联合概率密度函数为：

$$f(x,y) = \frac{1}{2\pi\sigma^2\sqrt{1-\rho^2}}\exp\left[-\frac{x^2 - 2\rho xy + y^2}{2\sigma^2(1-\rho^2)}\right]$$

（1）证明：ρ 是 X 和 Y 之间的相关系数。
（2）证明：当 $\rho=0$ 时，X 和 Y 是统计独立的。

5-5 随机变量的变换用于产生随机数字。试求出下列变换的概率密度函数。
（1）$Y = -\lg(X)$，其中 X 在 $[0,1]$ 上为均匀分布。
（2）$Y = X^2$，其中 X 是均值为 0，方差为 1 的正态分布。
（3）$Y = \sqrt{X_1^2 + X_2^2}$，其中 X_1 和 X_2 是相互对立的正态分布，其均值为 0，方差为 1。

5-6 考虑随机过程 $Z(t) = X\cos\omega_0 t - Y\sin\omega_0 t$，其中 X 和 Y 是独立的高斯随机变量，均值为 0，方差是 σ^2。试证 $Z(t)$ 也是高斯的，值为 0，方差为 σ^2，自关函数为 $R_Z(\tau) = \sigma^2\cos\omega_0\tau$。

5-7 考虑随机过程 $Z(t) = X(t)\cos\omega_0 t - Y(t)\sin\omega_0 t$，其中 $X(t)$ 和 $Y(t)$ 高斯的，均值为 0，独立的随机过程，且有 $R_X(\tau) = R_Y(\tau)$。
（1）试证：$R_Z(\tau) = R_X(\tau)\cos\omega_0\tau$。并将这个结论与题 5-4 进行比较。
（2）设 $R_X(\tau) = \sigma^2 e^{-\alpha|\tau|}$（$\alpha > 0$），试求功率谱 $P_Z(\omega)$ 并作图。

5-8 一个均值为零的随机信号 $S(t)$，具有如图 5-25 所示的三角形功率谱。试求：
（1）信号的平均功率为多少？

(2) 计算其自相关函数。

5-9 频带有限的白噪声 $n(t)$，具有功率谱 $P_n(f)=10^{-6}\text{V}^2/\text{Hz}$，其频率范围为 $-100\sim100\text{kHz}$。

(1) 试证：噪声的均方根值约为 0.45V。

(2) 试求：$R_n(\tau)$，$n(t)$ 和 $n(t+\tau)$ 在什么间距上不相关？

(3) 设 $n(t)$ 是服从高斯分布的，试求：在任意时刻 t，$n(t)$ 超过 0.45V 的概率是多少？

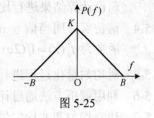

图 5-25

5-10 已知噪声 $n(t)$ 的自相关函数为 $R(\tau)=\dfrac{a}{2}\text{e}^{-a|\tau|}$，$a$ 为常数。

(1) 计算功率谱密度。

(2) 绘制自相关函数及谱密度的图形。

5-11 将一个均值为 0、功率谱密度为 $n_0/2$ 的高斯白噪声加到一个中心角频率带宽为 ω_c 的理想带通滤波器上，如图 5-26 所示。

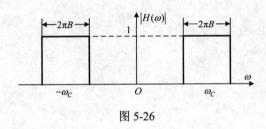

图 5-26

(1) 试求滤波器输出噪声的自相关函数。

(2) 写出输出噪声的一维概率密度函数。

5-12 某无记忆非线性系统的输入 $X(t)$ 为高斯随机过程，其双边功率谱密度在 $|f|\leq B$ 范围内为常数 $n_0/2$，其余处均为 0。在以下情况计算系统的输出 $Y(t)$ 的均值、方差和功率谱密度。

(1) $Y(t)=\begin{cases}1,& X(t)>0\\-1,& X(t)\leq 0\end{cases}$。

(2) $Y(t)=\begin{cases}X(t),& |X(t)|<0\\-1,& |X(t)|\geq 0\end{cases}$。

(3) $Y(t)=X^2(t)$。

5-13 设 $X(t)$ 是平稳随机过程，自相关函数为 $P_x(\omega)$，试求：它通过如图 5-27 所示系统后的功率谱密度。

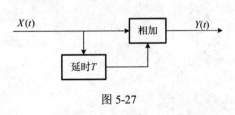

图 5-27

仿真实验

5-1 仿真研究频率选择性衰落特性（以两径为例）。

5-2 根据式（5-102）表述的模型产生噪声，根据书上假设条件，验证该随机过程的数字特征满足式（5-105）。同理利用式（5-104）产生噪声，其数字特征满足式（5-106）。

5-3 产生白噪声，利用仿真方法计算白噪声经过不同带宽的低通滤波器后的数字特征，并与理论计算结果进行比较，用图像进行说明。

5-4 请仿真证明当信号 $x(t)$ 的幅值在 $(-a, a)$ 范围内均匀分布，设量化电平数为 Q，概率密度函数为 $f_x(x) = 1/(2a)$ 时，则量化信噪比为 $S_q/N_q = Q^2 - 1$。

5-5 对均匀量化过程进行建模，通过仿真绘制量化曲线和量化误差曲线。

5-6 利用解析方法通过计算绘制图 5-16 和图 5-17。

5-7 建立均匀和非均匀量化过程建模，通过仿真研究两种编码方法的量化信噪比与输入信号间的关系，具体性能曲线参见图 5-18。

5-8 利用 MATLAB 软件，计算正态、瑞利、莱斯分布的概率密度函数与分布函数，并绘制曲线。

5-9 仿真验证"如果一个线性系统的输入随机过程是高斯的，那么线性系统的输出过程仍然是高斯的。"

第 6 章 随机变量的实现

任何系统仿真过程都必须具备比较完善的、能够产生多种分布类型的随机变量的生成模块，这是仿真系统中不可缺少的组成部分。实际上在仿真时，随机数序列是通过某些算法产生的，而系统仿真结果的准确性，往往依赖于所产生的随机数序列是否能够准确地再现仿真随机过程的统计特性。

由于[0,1]均匀分布随机数在仿真系统中的重要性，本章首先研究均匀分布随机数的产生方法，讨论了其他类型分布随机变量的具体转换方法，在研究高斯白噪声序列和二进制伪随机序列产生的基础上，讨论了多进制和相关随机序列的产生方法，最后对于所产生的输入波形，即随机序列质量进行评估。

6.1 要求与特点

在仿真过程中需要重复地处理大量的随机因素，无论是随机事件的发生时刻，还是产生临时实体的到达流与临时实体在仿真系统中的逗留时间等，都是不同概率分布的随机变量，每次仿真运行都要从这些概率分布中进行随机抽样，以便获得该次仿真运行的实际参数。当进入系统的临时实体数量很多，每个临时实体流经的环节也较多时，仿真过程中就需要成千上万次地进行随机抽样，使每个流动实体在每个环节上触发产生的事件都能得到规定随机分布类型的抽样时间，从而使原系统在运行中的随机因素和相互关系得以复现，并得到理想的随机结果。因此，随机变量的生成模块，是仿真系统中不可缺少的组成部分。

当用户在程序中赋予某一事件或实体在某一环节上的随机变量以确定参数的分布类型时，仿真系统即可自动调用和生成相应的随机变量，以保证系统的随机特征在仿真运行中的复现。因此，在仿真过程中，需要在仿真系统中自动生成随机变量序列，用来模拟调度随机事件的发生、运行和终止，或者用来模拟仿真系统中具有随机性特征的数值。在通信系统中，信道在传输信号的同时常伴随有噪声的加入，由此看来，产生满足某种统计特性的随机信号和噪声，以及信道的不确定传输特征（例如信道的多径特性），这些都是开展通信系统仿真的关键。

但是严格地说，仿真中采用的随机数不是在概率论意义下真正的随机数，而只能称为伪随机数。由于[0,1]均匀分布随机数在仿真系统中的重要性，生成这种类型随机数的应用有一个专门的名字——随机数发生器（Random-Number Generator）。仿真系统在随机数发生器的基础上进行扩展，即可生成各种分布类型的随机变量了。

随机数发生器应具备以下特点。

1. 随机性（Randomness）

首先也是最重要的，伪随机数序列应当具有独立性、均匀性，并且具有与真实随机数相同的数字特征，如期望、方差等。

2. 长周期（Large Period）

由于随机数发生器都是基于准确无异的、决定性的公式而设计的，所以产生的随机数序列最终不可避免地回到它的起点，并且重复以前出现过的序列，其中无重复随机数序列的长度称为周期（period）。因此，希望随机数发生器生成随机数序列应有较长的周期，从实用的角度来看，不能在短期内出现重复，即在仿真系统运行期间尽量不出现随机序列重复的现象。这一点对仿真系统的可靠性、有效性非常重要，因为所仿真的实际系统出现重复的随机过程的几率非常小。

3. 可再现性（Reproducibility）

当调试一个仿真系统时，要求随机数发生器能准确地多次再现同样的随机数序列，这样做一种情况是为了调试、校正仿真系统的个别参数，有时是为了分析随机因素可控的情况下，改变其他输入量时系统的输出。另一种情况下，却要求随机数发生器产生不同以往的随机数序列。因此根据分析人员的需要，随机数发生器既要能再次生成同样的随机序列，又要能生成不同以往的随机序列。

4. 计算效率要高（Computational Efficiency）

由于有时仿真系统在短时间内需要大量的随机数，所以随机数发生器要求生成每个随机数所花费时间尽量少。而且随机数发生器不会占用过多的计算机内存，特别是可视化仿真系统运行时，有限的内存是非常宝贵的。

大多数常用的发生器运行很快。需要的内存很少并能很方便地复制制定的随机数序列，但是，并不是所有的随机数发生器都能满足独立性和随机性准则，这就需要进行随机数发生器的性能检验。

计算机一直是具有完全确定性的机器，所以，特别在行为随机性方面表现不尽如人意。因此当仿真系统中需要一个或一组真正的随机数时，必须通过各种方式近似地生成随机数。而实际上，这些数值并非真正的"随机"，因为它们都是根据某种固定不变的方式生成的。然而它们又能表现出某种程度的"随机性"，满足仿真系统对随机变量统计特性的要求，所以在实际应用中通常假定这些数值确实是随机数，并且给它们起个名字叫伪随机数（Pseudorandom Number）。

6.2 随机数产生

在对某随机过程进行建模和仿真时，通常假设该随机过程是各态历经的。在第 5 章已经讲过，所谓各态历经性可以理解为平稳过程的各个样本都同样地经历了随机过程的各种可能状态；同时各态历经性还意味着随机过程的统计特性仅由一阶和二阶特性即可确定，并且这些特性是时不变的。上述假设不仅简化随机过程的模型，而且使得产生随机数的算法易于构建，同时可以准确地获得这些随机数的一阶分布、均值、方差、相关函数和功率谱密度等随机过程的主要特征。

从仿真的观点来看，所有随机过程必须由随机变量序列来表示。因此，根据分布函数和任意的相关函数（功率谱密度）形式，就应当能够确定获得产生随机数的方法。而各类形式随机数产生的基础首先是产生具有独立均匀分布的随机数序列,然后让该序列经过无记忆非线性变换,就能够得到一个具有任意一阶分布的独立序列。同样,通过利用有记忆功能的线性或非线性变换,也能将一个独立序列变换成具有任意相关性和功率谱密度的序列。因此,在本节中将首先介绍均匀分布随机数的产生。

6.2.1 均匀分布随机数的产生

均匀分布随机数的产生由迭代算法实现,该算法的计算效率很高,其中一种比较有代表性的方法被称为同余算法或幂剩余算法,使用的迭代公式如下:

$$X(k) = [aX(k-1) + c] \bmod M \tag{6-1}$$

式中,a——在 1 与 M 间根据某种规则选择的整数;

M——一个很大的素数,或者是一个素数的整数幂。

利用初始种子值 $X(0)$ 启动随机数的产生,这里有 $0 < X(0) < M$。

式(6-1)将产生均匀分布于 1 和 M 间的整数,将 $X(k)$ 除以 M,即:

$$U(k) = \text{Float}\left[\frac{X(k)}{M}\right] \tag{6-2}$$

式中,$U(k)$——在[0,1]区间内均匀分布的随机数序列。

式(6-1)的输出结果属于 $[0, M-1]$ 的一个整数集,最多有 M 个状态,因此输出序列的最大周期是 M。随机数生成器输出结果的统计特性和周期取决于式(6-1)中 a、c、M 的选择,有时甚至会受到初始种子值 $X(0)$ 的影响。但是一个好的随机数生成器是通过精心选择 a、c、M 这些参数来设计的,其统计特性不受初始种子值 $X(0)$ 的影响,$X(0)$ 仅仅指定了周期性输出序列的初始值。

评价随机数生成器的输出结果,需要关注的两个重要属性:

(1)代数(时间的)特性,例如输出序列的结构和周期;

(2)统计特性,例如输出序列的分布情况。

若 a、c、M 这些参数选择恰当,那么就可以得到代数特性和统计特性均优良的输出结果,同时还可以提高计算效率,并且兼容各种形式的运算结构。

如果从输出序列的结构性能方面考虑,则要求随机数生成器的输出序列是互不相关的,并且应当具有最大的重复周期。输出序列的重复周期在仿真中起着至关重要的作用,仿真时输出序列的周期必须比仿真长度要长,否则部分仿真输出将会出现重复,这时,仿真精度并不取决于仿真长度,而是取决于输出序列的周期。

前面已经说明式(6-1)输出序列的最大周期为 M,只有精心选择 a、c、M 这些参数才能保证具有最大周期为 M 的输出序列。除了要求输出序列应当具有最大周期外,还要求输出序列尽可能地互不相关,可以证明,在仿真时基于相关采样值的估计与基于不相关采样值的估计相比,将会出现更大的方差。式(6-1)产生的序列的特性和结构已被广泛研究,但只有几个发生器被认为具有较好的特性和结构。

为了在字长为 32 位的计算机上产生随机数,假设其最高位表示符号,剩下的 31 位表示数值,在这种情况下,最通用的均匀分布随机数产生器的迭代公式如下:

$$X(k) = [16807 \cdot X(k-1)] \bmod (2^{31} - 1) \tag{6-3}$$

应用式（6-3）产生的序列，其周期为 $2^{31}-2$。

如果要在上述相同计算机上产生 32 位无符号均匀分布随机数，其产生器的迭代公式如下：

$$X(k) = [69069 \cdot X(k-1) + 1] \bmod (2^{32}) \tag{6-4}$$

应用式（6-4）产生的序列，其周期为 2^{32}。

将式（6-3）或式（6-4）产生的随机数，利用式（6-2）进行处理，就能够产生在[0,1]区间内均匀分布的随机数序列。

如果要产生更长周期的随机数序列，可以利用同余算法的线性组合来构建随机数生成器。具体表达式如下：

$$X(k) = [a_1 X(k-1) + \cdots + a_m X(k-m)] \bmod p \tag{6-5}$$

式中，$(a_1, a_2, \cdots, a_m)$——GF(p)上的本原多项式的系数，即：

$$f(x) = x^m - a_1 x^{m-1} - \cdots - a_m \tag{6-6}$$

式（6-5）确定的随机数生成器产生的序列周期为 p^m-1。

比较式（6-1）和式（6-5）可以看到，每输出一个采样值，后者都要进行更多的运算，但同时将产生周期更长的序列。

目前，计算机上运行的多种应用程序，例如 MATLAB 或 C 语言中均匀随机序列产生器，它们是对计算机的运算量和字长的一种优化算法，尽管这些随机数产生器是可靠的，但在很多情况下，它们是不能产生具有最大周期和良好统计特性的序列。

在开发性能优越，结构合理的均匀随机数产生器方面，近年来人们做了大量工作，提出了多种实用的算法。这些算法计算效率高，产生的序列周期长，并且具有良好的统计特性，比较有代表性算法包括 Wichman-Hill 算法和 Marsaglia-Zaman 算法等。

1. Wichman-Hill 算法

通过观察式（6-5）可以发现，利用两个短周期序列进行合理的线性组合，构建的随机数生成器能够产生长周期序列。例如，将两个周期分别为 N_1、N_2 波形相加，那么得到波形的周期为：

$$N = \mathrm{lcm}(N_1, N_2) \tag{6-7}$$

式中，N——N_1 和 N_2 最小公倍数。

如果 N_1 和 N_2 互质，则：

$$N = N_1 \times N_2 \tag{6-8}$$

因此，通过合并几个随机数生成器的输出，就可以产生一个长周期的序列。基于上述原则的 Wichman-Hill 算法，按以下步骤合并了 3 个随机数生成器的输出：

$$X(k) = [171 \cdot X(k-1)] \bmod 30269 \tag{6-9a}$$

$$Y(k) = [171 \cdot Y(k-1)] \bmod 30307 \tag{6-9b}$$

$$Z(k) = [170 \cdot Z(k-1)] \bmod 30323 \tag{6-9c}$$

然后计算：

$$U(k) = \frac{\frac{X(k)}{30269} + \frac{y(k)}{30307} + \frac{Z(k)}{30323}}{3} \tag{6-10}$$

算法中前三步是整形运算，最后一步是浮点运算，此算法得到的序列周期是：
$$p = 30268 \times 30306 \times 30322 \approx 2.78 \times 10^{13}$$

可以证明，如果处理上述算法的计算机变量字长超过 24 位，算法就能正常运行，并且输出一个具有长周期和良好统计特性的随机序列。就目前计算机而言，几乎所有计算机处理字长均超过 24 位，因此，Wichman-Hill 算法得到了广泛的使用。

当然 Wichman-Hill 算法与式（6-1）相比，算法变得更加复杂，但是它实现便捷，在使用较小的硬件代价（24 位字长）条件下，就能够产生具有较长周期的随机序列。

2. Marsaglia-Zaman 算法

Marsaglia-Zaman 算法是由学者 Marsaglia 和 Zaman 共同提出的，该算法是一个线性迭代算法，它有两种相似的版本：带借位的减法和带进位的加法。下面就给出带借位的减法形式的线性迭代算法：

$$Z(k) = X(k-r) - X(k-s) - C(k-1) \tag{6-11}$$

其中：

$$X(k) = \begin{cases} Z(k), & Z(k) \geq 0 \\ Z(k) + b, & Z(k) < 0 \end{cases}$$

$$C(k) = \begin{cases} 0, & Z(k) \geq 0 \\ 1, & Z(k) < 0 \end{cases}$$

在该算法中，常数 b、r 和 s 均是正整数，借位位初值为 0，即 $C(0) = 0$。Marsaglia 和 Zaman 指出，为了保证输出的序列周期最大，即周期为 $M-1$，则常数 b、r 和 s 必须满足下面的规则：

$$M = b^r - b^s + 1 \tag{6-12}$$

式中，M——素数；

b——模 M 的本原根。

对于字长为 32 位的计算机来讲，$b = 2^{32} - 5$，$r = 43$，$s = 22$，则产生的序列周期为：

$$M - 1 = b^r - b^s \approx 1.65 \times 10^{414} \tag{6-13}$$

为了得到在 [0,1] 区间内均匀分布的随机数序列，需要将 $X(k)$ 换成 $U(k)$，即：

$$U(k) = \text{Float}\left[\frac{X(k)}{b}\right] \tag{6-14}$$

6.2.2 任意概率密度函数随机数的生成方法

在通信系统仿真过程中，通常需要产生某种分布形式随机数序列，虽然产生各类分布形式随机数序列的方法有许多种，但是在实际仿真过程中需要考虑以下两方面需求。

（1）准确性要求。由该种方法产生的随机数序列应准确地具有所要求的分布形式。

(2)快速性要求。在离散事件仿真中,一次运行往往需要产生几万甚至几十万个随机数,这样,产生随机数序列的速度将极大地影响着仿真执行的效率。

本节将介绍 4 种产生随机数生成的方法,它们的概率密度函数可以是任意形式,这些方法包括:解析变换法、经验变换法、离散随机变量的变换法和产生随机数的接收/拒收法(舍选法)。

1. 解析变换法

对于概率密度函数是任意形式的随机数序列,变换法是最常使用且最直观的随机数产生方法,它以概率积分变换定理为基础,通过对均匀分布随机变量 U 的变换,可以得到具有任意概率密度函数的随机变量 Z。

设需要产生的随机变量 Z 的分布函数为 $F(Z)$,为了得到该随机变量的抽样值,先在[0,1]区间上产生均匀分布的独立随机变量 U,其反分布函数 $F^{-1}(U)$ 所得到的值,即为所需要的随机变量 Z,即:

$$Z = F^{-1}(U) \tag{6-15}$$

由于这种方法是对分布函数进行反变换,因而有时也称为解析反变换法。反变换法的原理可用图 6-1 加以说明。

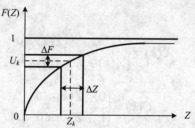

图 6-1 产生随机数的变换方法

从图 6-1 可以看到,随机变量概率分布函数 $F(Z)$ 的取值范围为[0,1],以在[0,1]区间上均匀分布的独立随机变量作为 $F(Z)$ 的取值规律,则落在 ΔZ 内的样本个数的概率就是 ΔF,从而随机变量 Z 在区间 ΔZ 内出现的概率密度函数的平均值为 $\Delta F/\Delta Z$,当 ΔZ 趋于 0 时,其概率密度函数就等于 dF/dZ,即符合原来给定的密度分布函数,满足正确性要求。

这样看来,由任意概率密度函数生成随机数的方法可以用以下两步实现:

(1)产生在[0,1]区间上均匀分布的独立随机变量 U;
(2)根据 Z 的概率密度函数确定分布函数 $F(Z)$,输出 $Z = F^{-1}(U)$。

如果随机变量 Z 的分布函数的逆函数可以用解析式进行表述,在上述变换中步骤(2),即 $Z = F^{-1}(U)$ 能够准确的表示,否则,$F(\cdot)$ 和 $F^{-1}(\cdot)$ 必须用适当的数值方法进行计算。例如,当已知概率密度函数 $f(Z)$,经过数值积分可以得到 $F(Z)$,将结果存储在一个表当中,通过搜索和内插 $F(Z)$ 表中的值,就可以得到逆变换 $F^{-1}(U)$。

例 6-1 利用解析变换法建立一个产生指数型分布随机变量的算法。

解 指数型分布随机变量的概率密度函数为:

$$f(Z) = \begin{cases} \lambda e^{-\lambda Z}, & Z > 0 \\ 0, & \text{其他} \end{cases}$$

由 $f(Z)$ 可得到 Z 的分布函数为：

$$F(Z) = 1 - e^{-\lambda Z}, \quad Z > 0$$

根据实现任意概率密度函数生成随机数的方法，令：

$$U = F(Z) = 1 - e^{-\lambda Z}, \quad Z > 0$$

或者：

$$Z = F^{-1}(U) = \left(-\frac{1}{\lambda}\right)\ln(1-U)$$

这里，U 是在[0,1]区间上均匀分布的独立随机变量，那么就容易得出结论，$1-U$ 也是在[0,1]区间上均匀分布的独立随机变量，因此，忽略减法运算就得到：

$$Z = \left(-\frac{1}{\lambda}\right)\ln U \tag{6-16}$$

式（6-16）就是产生指数型分布随机变量的算法。其中，U 是在[0,1]区间上均匀分布的独立随机变量。

产生指数型分布随机变量的算法：
（1）产生在[0,1]区间上均匀分布的独立随机变量 U；
（2）计算：$Z = \left(-\dfrac{1}{\lambda}\right)\ln U$。

例 6-2 利用解析变换法建立一个产生几何型分布随机变量的算法。

解 几何型分布随机变量的概率密度函数为：

$$P(X = k) = p(1-p)^{k-1}, \quad k = 1, 2, \cdots$$

该函数直接计算较为复杂，这里采取间接计算的方法。从例 6-1 可知，指数型分布随机变量的分布函数可以表示为：

$$F(Z) = 1 - e^{-\lambda Z}, \quad Z > 0$$

则：

$$P[n < Z \leq n+1] = [1 - e^{-\lambda(n+1)}] - [1 - e^{-\lambda n}] = e^{-\lambda n}(1 - e^{-\lambda})$$

当 $1-p = e^{-\lambda}$ 或者 $\lambda = -\ln(1-p)$ 时，则：

$$P[n < Z \leq n+1] = P(X = n+1)$$

因此，通过先产生一个指数型分布随机变量 Z，其中 $\lambda = -\ln(1-p)$，并作取整运算 $\text{int}(Z+1)$，就可以得到几何型分布随机变量 X。

产生几何型分布随机变量的算法：
（1）产生在[0,1]区间上均匀分布的独立随机变量 U；
（2）计算：$Z = \dfrac{\ln U}{\ln(1-p)}$；
（3）返回：$X = \text{int}(Z+1)$。

类似于上述例题，利用变换法还可以导出其他分布形式随机变量的算法，这里就不一一推导证明了。

产生伽马型分布随机变量的算法：
(1) 设 $X=0$；
(2) 由 $\lambda=1$ 的指数分布随机变量产生器产生 V；
(3) 设定 $X=X+V$；
(4) 如果 $\alpha=1$，设 $X=\beta X$，得到输出 X，然后返回到步骤 (1)；
(5) 否则设定 $\alpha=\alpha-1$，返回到步骤 (2)。

已知伽马分布的概率密度函数为：

$$f(X)=\begin{cases}\dfrac{1}{\Gamma(\alpha)\beta^\alpha}x^{\alpha-1}\mathrm{e}^{-X/\beta}, & X>0\\ 0, & \text{其他}\end{cases}$$

产生泊松型分布随机变量 X 的算法：
(1) 设 $A=1$，$k=0$；
(2) 产生在 [0,1] 区间上均匀分布的独立随机变量 $U(k)$；
(3) 设定 $A=A\cdot U(k)$；
(4) 如果 $A<\mathrm{e}^{-\lambda}$，$X=k$，得到输出 X，然后返回到步骤 (1)；
(5) 否则设定 $k=k+1$，返回到步骤 (3)。

已知泊松分布的概率密度函数为：

$$P(X=k)=\dfrac{(\lambda)^k}{k!}\mathrm{e}^{-\lambda}, \quad k=0,1,2,\cdots$$

由上面几个例子可以看到，用解析变换法产生随机变量时，首先必须用随机数发生器产生在 [0,1] 区间上均匀分布的独立随机变量 $U(k)$，以此为基础得到的随机变量 X 才能保证分布的正确性。可见，选择一个均匀性及独立性较好的随机数发生器在产生随机变量中是十分重要的。

2. 经验变换法

当反变换不能采用具体的解析表达式进行表示时，则可以利用经验搜索算法来实现变换方法。

如果 Z 是一连续的随机变量，首先将其分布函数进行量化处理，也就是将 Z 的取值范围均匀的划分为 N 份，如图 6-2 所示。

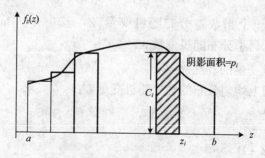

图 6-2　任意分布形式产生随机数

$p_1, p_2, \cdots, p_N$ 表示 N 个单元的概率，则可以采取以下方式产生这个随机变量 Z 的取样：

(1) 产生在[0,1]区间上均匀分布的独立随机变量 U；

(2) 令 $F_i = \sum_{j=1}^{i} p_j$, $i=0,1,\cdots,N$ 且 $F_0 = 0$；

(3) 找到满足下式最小的 i 值：$F_{i-1} < U \leqslant F_i$ 其中，$i=1,2,\cdots,N$；

(4) 输出 $Z = Z_{i-1} + (U - F_{i-1})/C_i$，返回（1）。

上述算法中的最后一步是为了获得区间 $[Z_{i-1}, Z_i]$ 内的插值。

3. 离散随机变量的变换法

当 Z 是离散随机变量时，其反变换法的形式略有不同，原因在于离散随机变量的分布函数也是离散的，因而不能直接利用反函数来获得随机变量的抽样值，下面讨论这类随机变量的反变换法。

设离散随机变量 Z 分别以概率 $p(z_1), p(z_2), \cdots, p(z_N)$ 取值 $z_1, z_2, \cdots, z_N$，其中 $0 < p(z_i) < 1$ 且 $\sum_{i=1}^{N} p(z_i) = 1$，其分布函数如图 6-3 所示。

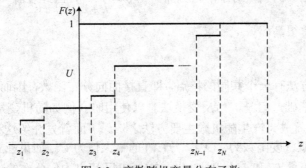

图 6-3 离散随机变量分布函数

为使用反变换法获得离散随机变量，先将[0,1]区间上按 $p(z_1), p(z_2), \cdots, p(z_N)$ 的值分成 N 个子区间，然后产生在[0,1]区间上均匀分布的独立随机变量 U。根据 U 的值落在何区间，相应区间对应的随机变量就是所需要的随机变量 z_i。如果 N 取有限值，则得到有限型离散随机变量产生方法，将该方法写成相应的算法。

有限型离散随机变量 Z 的产生算法：

(1) 设定 $k=1$；

(2) 产生在[0,1]区间上均匀分布的独立随机变量 U；

(3) $U \leqslant F_k$，输出 $Z = z_k$，并返回(1)否则；

(4) 令 $k=k+1$，返回到(3)。

在算法中 $p(z_i)$ 和 $F(z_i)$ 都是预先计算出来的，并且存放在一个表中，具体产生过程参见下面的例题 6-3。

例 6-3 设离散随机变量 Z 的分布概率 $p(z_i)$ 以及累积分布函数如下表，用离散随机变量变换法产生随机变量 Z。

z_k	0	1	2	3	4	5
$p(z_k)$	0	0.1	0.51	0.19	0.15	0.05
$F(z_k)$	0	0.1	0.61	0.80	0.95	1.00

根据给出的算法，首先由随机数发生器产生[0,1]区间上均匀分布的独立随机变量 U，假设 $U=0.72$，按算法步骤（3），判断是否 $U<F(z_1)$，条件不满足，再判断 $U<F(z_2)$，仍不满足，再判断 $U<F(z_3)$，满足 $F(z_2)<U<F(z_3)$，从而得到 $Z=z_3=3$。然后在产生下一个离散随机变量 Z。

在上述算法介绍中 N 取值是有限值，以此为基础构成了有限型离散随机变量产生方法，当然 N 有无穷多种取值时，就必须按无限型离散随机变量产生方法产生随机变量。

无限型离散随机变量产生算法：
（1）设定 $k=1$，令 $C=p_1$，$B=C$；
（2）产生在[0,1]区间上均匀分布的独立随机变量 U；
（3）如果 $U \leq B$（即 $U \leq F_k$），输出 $Z=z_k$，并返回（1）；
（4）否则令 $k=k+1$；
（5）令 $C=A_{k+1}C$，$B=B+C$，其中 $A_{k+1}=\dfrac{p_{k+1}}{p_k}$，返回到（3）。

当离散随机变量 Z 有无穷多种取值时，$p(z_i)$ 和 $F(z_i)$ 是无法存放在一个表中的，只能在搜索程序中通过计算产生。例如，对于泊松分布，$\dfrac{A_{k+1}}{A_k}=\dfrac{\lambda}{k+1}$，因此步骤（5）很容易实现，而且整个程序的计算效率很高。

4．舍选法

上面介绍的 3 种方法有一个共同的特点，即直接面向分布函数，因而可以统称为直接法，它们均以反变换法为基础。但是，当反变换法难以使用时（例如随机变量的分布函数不存在封闭形式），则舍选法就成为产生随机数主要方法之一。下面就先介绍这种方法的基本思想。

设随机变量 X 的概密度函数为 $f(X)$，$f(X)$ 的最大值为 C。如果独立地产生两个[0,1]区间内均匀分布的随机变量 U_1 和 U_2，则 CU_1 是在[0,C]区间内均匀分布的随机变量；若以随机变量 U_2 求 $f(U_2)$ 的值，显然，满足 $CU_1 \leq f(U_2)$ 的概率可以表示为：

$$P\{CU_1 \leq f(U_2)\} = \int_0^1 dX \int_0^{f(X)} dY/C = \dfrac{1}{C} \qquad (6\text{-}17)$$

舍选法的做法是：若式（6-17）成立，则选取 U_2 为所需要的随机变量 X，即 $X=U_2$，否则舍弃 U_2。

舍选法的算法实现：
（1）确定 $f(X)$ 的最大值为 C；
（2）分别产生在[0,1]区间上均匀分布的独立随机变量 U_1 和 U_2；
（3）令 $V=CU_1$，这时 V 变成在[0,C]区间上均匀分布的独立随机变量；
（4）如果 $CU_1 \leq f(U_2)$，则输出 $X=U_2$，否则，拒收 U_2 返回（2）。

结合图 6-4 来解释舍选法的正确性。

从图形上看，在 $1 \times C$ 这块矩形面积上任投一点 p，p 的纵坐标为 CU_1，横坐标为 U_2，若该点位于 $f(X)$ 曲线下面，则认为抽样成功。成功的概率为 $f(X)$ 曲线下的面积除以总面积 C，$f(X)$ 下的面积的值等于分布函数的值。由于假设随机变量 X 的取值范围为[0,1]，因而该面积的值为 1，那么成功的概率就是 $1/C$，成功抽样的点符合随机变量 X 分布。

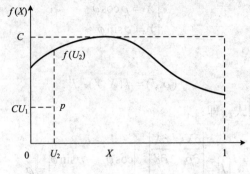

图 6-4 舍选法产生随机变量

6.2.3 斯随机变量的产生

在通信仿真中，高斯随机变量是一类重要的随机变量，其概率密度函数前面已经给出。对于标准高斯分布的概率密度函数（即均值为 0，方差为 1），可以表示为：

$$f(X) = \frac{1}{\sqrt{2\pi}} \exp\left[-\frac{X^2}{2}\right] \tag{6-18}$$

通常将标准高斯分布表示为 $N(0,1)$。下面就介绍两种 $N(0,1)$ 随机变量产生方法。

1. 12 求和方法

在客观实际中有这样的一类随机变量，它是由大量相互独立的随机因素综合影响所形成的，而且其中每一个因素在总的影响中所起的作用都是微小的，这种随机变量往往近似地服从正态分布，这种现象就是中心极限定理的客观背景。因此，产生 $N(0,1)$ 随机变量的最简单方法是利用中心极限定理，这样就可以构建出生成公式：

$$X = \sum_{k=1}^{12} U(k) - 6.0, \quad k = 1, 2, \cdots, 12 \tag{6-19}$$

其中，$U(k)$ 在 $[0,1]$ 内均匀分布，同时相互独立的随机变量，其均值为 0.5，方差为 1/12。

利用中心极限定理可以证明，式（6-19）中的随机变量 X 与均值为 0，方差为 1 的高斯随机变量很接近。需要注意的是，尽管 $N(0,1)$ 随机变量的取值范围是 $(-\infty,\infty)$，而式（6-19）确定的随机变量 X 的取值范围是 $(-6.0, 6.0)$，但是考虑到 $N(0,1)$ 随机变量产生速度与"准确性"的相互矛盾，k 的取值范围确定为 12 是一个非常恰当的选择。

2. Box-Muller 算法

尽管正态分布随机变量的分布函数没有直接的封闭形式，但若将其转换到极坐标系后，则可以得到其封闭形式，这时就可以采用反变换法产生正态分布随机变量，下面对这一方法加以说明。

设 X 和 Y 是两个相互独立的 $N(0,1)$ 随机变量，则其联合概率密度函数可以表示为：

$$f(X,Y) = \frac{1}{2\pi} \exp\left(-\frac{X^2 + Y^2}{2}\right) \tag{6-20}$$

将其转换成极坐标形式：

$$\begin{cases} X = \rho\cos\phi \\ Y = \rho\sin\phi \end{cases} \tag{6-21}$$

则：

$$f(\rho,\phi) = f(X,Y) \cdot |J| \tag{6-22}$$

式中，$|J|$——雅可比行列式，即：

$$|J| = \begin{vmatrix} \dfrac{\partial X}{\partial \rho} & \dfrac{\partial X}{\partial \phi} \\ \dfrac{\partial Y}{\partial \rho} & \dfrac{\partial Y}{\partial \phi} \end{vmatrix} = \begin{vmatrix} \cos\phi & -\rho\sin\phi \\ \sin\phi & \rho\cos\phi \end{vmatrix} = \rho \tag{6-23}$$

从而可得：

$$f(\rho,\phi) = \frac{\rho}{2\pi}\exp\left(-\frac{\rho^2}{2}\right) \tag{6-24}$$

在式（6-24）中，$\rho \geq 0$，ϕ 在 $(0, 2\pi)$ 内取值，这样利用概率论中边际分布知识，可分别求得 $f(\rho)$ 和 $f(\phi)$ 为：

$$f(\rho) = \int_{-\infty}^{\infty} f(\rho,\phi)\mathrm{d}\phi = \int_0^{2\pi} \frac{\rho}{2\pi}\exp\left[-\frac{\rho^2}{2}\right]\mathrm{d}\phi = \rho\exp\left[-\frac{\rho^2}{2}\right] \tag{6-25}$$

式（6-25）表示 ρ 服从瑞利分布；而：

$$f(\phi) = \int_{-\infty}^{\infty} f(\rho,\phi)\mathrm{d}\rho = \int_0^{\infty} \frac{\rho}{2\pi}\exp\left[-\frac{\rho^2}{2}\right]\mathrm{d}\rho = \frac{1}{2\pi} \tag{6-26}$$

可见，ϕ 服从均匀分布，且有：

$$f(\rho,\phi) = f(\rho) \cdot f(\phi) \tag{6-27}$$

从式（6-27）可见，ρ 和 ϕ 是统计独立的，它们相应的分布函数分别为：

$$\begin{cases} F(\rho) = \int_0^{\rho} \rho'\exp\left(-\dfrac{\rho^2}{2}\right)\mathrm{d}\rho = 1 - \exp\left(-\dfrac{\rho^2}{2}\right) \\ F(\phi) = \int_0^{\phi} \dfrac{1}{2\pi}\mathrm{d}\phi' = \dfrac{\phi}{2\pi} \end{cases} \tag{6-28}$$

从式（6-28）可以看到，对随机变量 ρ 和 ϕ 来说，它们的分布函数均具有封闭形式。因而可采用反变换法，即独立地产生两个 $[0,1]$ 区间上均匀分布的随机变量 U_1 和 U_2，分别对 $F(\rho)$ 及 $F(\phi)$ 进行反变换，可得：

$$\begin{cases} \rho = \sqrt{-2\ln(1-U_2)} \\ \phi = 2\pi U_1 \end{cases} \tag{6-29}$$

由于 $1-U_2$ 也是 $[0,1]$ 区间上均匀分布的随机变量，则式（6-29）可以写为：

$$\begin{cases} \rho = \sqrt{-2\ln U_2} \\ \phi = 2\pi U_1 \end{cases} \tag{6-30}$$

根据 X 和 Y 与 ρ 和 ϕ 之间的变换关系，可得：

$$\begin{cases} X = [-2\ln(U_2)]^{1/2}\cos(2\pi U_1) \\ Y = [-2\ln(U_2)]^{1/2}\sin(2\pi U_1) \end{cases} \quad (6\text{-}31)$$

采用上述反变换法，每次能够产生 X 和 Y 两个相互独立的 $N(0,1)$ 随机变量，数值范围在 $(-\infty, \infty)$ 上分布，同时这种方法直观、易于理解，但是由于要进行三角函数及对数函数运算，因而计算速度比式（6-19）产生 $N(0,1)$ 随机变量慢。

需要强调的是，为了保证输出随机变量动态范围，式（6-31）必须在双精度的运算条件下执行。

6.3 独立随机序列的产生

前面已经讨论了在给定概率密度函数时，产生随机数序列的方法。现在将利用这些方法产生独立的随机变量序列，它们代表随机过程的取样值。

6.3.1 高斯白噪声序列

第 5 章已经讨论了理想的白噪声有关性质，已知其功率谱密度通常被定义为：

$$P_n(f) = \frac{n_0}{2}, \quad -\infty < f < \infty \quad (6\text{-}32)$$

式中，n_0——常数，单位是 W/Hz。

当白噪声幅度的分布满足正态分布时，则称这种噪声为高斯白噪声。如果噪声的功率谱密度如式（6-32）所示，则相应的自相关函数为：

$$R(\tau) = \frac{1}{2\pi}\int_{-\infty}^{\infty}\frac{n_0}{2}e^{j\omega\tau}d\omega = \frac{n_0}{2}\delta(\tau) \quad (6\text{-}33)$$

然而，在实际系统当中带宽总是有限的，假设带宽为 B，根据采样定理，仿真的采样频率 f_s 必须大于 $2B$，因此，仿真时采用的是带宽有限的高斯白噪声，这时的噪声在仿真带宽 $(-f_s/2, f_s/2)$ 内具有恒定的功率谱密度，即：

$$P_{nc}(f) = \begin{cases} n_0/2, & |f| \leq f_s/2 \\ 0, & \text{其他} \end{cases} \quad (6\text{-}34)$$

与式（6-34）对应，其相关函数为：

$$R(\tau) = \int_{-f_s/2}^{f_s/2}\frac{n_0}{2}e^{j2\pi f\tau}df = \frac{f_s n_0 Sa(\omega_0\tau)}{2} \quad (6\text{-}35)$$

其中，$\omega_0 = \pi f_s = \dfrac{\pi}{T_s}$。

需要注意的是，对于仿真系统而言，无论输入功率谱密度是 P_n 还是 P_{nc}，系统的响应都是一样的。这是因为，对于式（6-35），相关函数在 $\tau = kT_s$（$k=1,2,3,\cdots$）时的自相关函数为 0，也就是说，如果在这些时刻进行采样，其采样值在时域上是不相关的。对于正态分布的随机过程（即高斯白噪声）而言，在这些时刻进行采样，其采样值之间是统计独立的。因此，带限高斯白噪声的采样值，能够用高斯变量的一个独立序列来仿真。

具体来讲，对于均值为 0，方差为：

$$\sigma_{nc}^2 = \frac{n_0 f_s}{2} \tag{6-36}$$

这样的一个序列，可以用 $N(0,1)$ 随机数发生器的输出乘以 σ_{nc} 来产生。

6.3.2 二进制伪随机序列

一个二元随机序列 $\{a_k\}$ 是由统计独立的 0 和 1 的序列组成，如果每个 0 和 1 发生的概率为 1/2，它可以通过在[0,1]区间均匀分布的随机变量 $U(k)$ 来产生，即：

$$a_k = \begin{cases} 1, & U(k) > 0.5 \\ 0, & U(k) \leq 0.5 \end{cases} \tag{6-37}$$

与上述二元随机序相对应，可以预先确定并且可以重复实现的序列称为确定序列；而具有随机特性，貌似随机序列的确定序列称为伪随机序列，或伪噪声（PN）码。

通常产生伪随机序列的电路为反馈移位寄存器，根据具体结构又可进一步分为线性反馈移位寄存器和非线性反馈移位寄存器两类。由线性反馈移位寄存器产生出的周期最长的二进制数字序列，被称为最大长度线性反馈移位寄存器序列，通常简称为 m 序列。由于它的理论成熟、实现简便，在实际中广泛应用。但是，由于 m 序列的种类有限，不能完全满足客观需要，因此，带有非线性反馈的移位寄存器产生的一些伪随机序列也有一定的应用价值。关于这方面内容，请参阅相关文献。

本节将结合通信仿真系统的具体需求，重点讨论 m 序列的产生原理，以及它的有关性质。

1. m 序列的产生

m 序列是最长线性反馈移位寄存器序列的简称，它是由带线性反馈的移位寄存器产生的周期最长的一种序列。为了掌握其工作原理，首先给出一个关于 m 序列的例子，如图 6-5 所示。

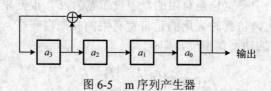

图 6-5 m 序列产生器

在图 6-5 中给出了一个 4 级反馈移位寄存器，若其初始状态为 $(a_3,a_2,a_1,a_0)=(1,0,0,0)$，则在移位一次时，由 a_3 和 a_0 模 2 相加产生新的输入 $a_4 = 1 \oplus 0 = 1$，则新的状态变为 $(a_4,a_3,a_2,a_1)=(1,1,0,0)$，这样移位 15 次后又回到初始状态 $(1,0,0,0)$，具体输出情况见表 6-1。

表 6-1 各次移位后移位寄存器的状态

序 号	1	2	3	4	5	6	7	8	9	10	11	12	13	14	15	16	⋯
a_3	1	1	1	1	0	1	0	1	1	0	0	1	0	0	0	1	⋯
a_2	0	1	1	1	1	0	1	0	1	1	0	0	1	0	0	0	⋯
a_1	0	0	1	1	1	1	0	1	0	1	1	0	0	1	0	0	⋯
a_0	0	0	0	1	1	1	1	0	1	0	1	1	0	0	1	0	⋯

不难看出，若初始状态为全"0"，即(0,0,0,0)，则移位后得到的仍为全"0"状态。这就意味着在这种反馈移位寄存器中应避免出现全"0"状态，不然移位寄存器的状态将不会改变。由于 4 级移位寄存器共有 $2^4=16$ 种可能的不同状态，除全"0"状态外，只剩 15 种状态可用，即由任何 4 级反馈移位寄存器产生的序列的周期最长为 15。

通常仿真时希望用尽可能少的级数产生尽可能长的序列。由上例可见，一个 n 级反馈移位寄存器可能产生的最长周期等于(2^n-1)，因此，反馈电路如何连接才能使移位寄存器产生的序列最长，这就是本小节后面将要讨论的主题。

如图 6-6 所示，给出了一个线性反馈移位寄存器组成的通用结构。

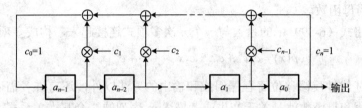

图 6-6　线性反馈移位寄存器

图中每一级移位寄存器的状态用 a_i 表示，$a_i=0$ 或 1，其中 i 为整数；反馈线的连接状态用 c_i 表示，$c_i=1$ 表示此线接通（参加反馈），$c_i=0$ 表示此线断开。可以看到反馈线的连接状态不同，就可能改变此移位寄存器输出序列的周期 p。为了进一步研究它们之间的关系，需要建立几个基本关系式。

设 n 级移位寄存器的初始状态为 $(a_{-1}\quad a_{-2}\quad \cdots\quad a_{-n})$，经过一次移位后，状态变为 $(a_0\quad a_{-1}\quad \cdots\quad a_{-n+1})$，经过 n 次移位后，状态为 $(a_{n-1}\quad a_{n-2}\quad \cdots\quad a_0)$，图 6-6 所示就是线性反馈移位寄存器相应工作原理。再移位一次时，移位寄存器左端新得到的输入 a_n，按图中线路连接关系，可以写为：

$$a_n = c_1 a_{n-1} + c_2 a_{n-2} + \cdots + c_{n-1} a_1 + c_n a_0 = \sum_{i=1}^{n} c_i a_{n-i} \quad （模\ 2） \quad (6\text{-}38)$$

因此，对于任意状态 a_k，则有：

$$a_k = \sum_{i=1}^{n} c_i a_{k-i} \quad (6\text{-}39)$$

式（6-39）中求和仍为按模 2 运算。由于本章中类似方程都是按模 2 运算，故公式中不再每次注明（模 2）了。

式（6-39）被称为**递推方程**，它给出移位输入 a_k 与移位前各级状态的关系。

前面曾经指出，c_i 的取值决定了移位寄存器的反馈连接和序列的结构，故 c_i 也是一个很重要的参量。现在将它用下列方程表示：

$$f(x) = c_0 + c_1 x + c_2 x^2 + \cdots + c_n x^n = \sum_{i=0}^{n} c_i x^i \quad (6\text{-}40)$$

式（6-40）这一方程被称为**特征方程**（或特征多项式）。式（6-40）系数 c_i 取 1 或 0；x^i 仅指明 c_i 所在的位置，其本身的取值并无实际意义，也不需要去计算 x 的值。

例如，若特征方程为：
$$f(x) = 1 + x + x^4 \quad (6-41)$$
则它仅表示 x^0，x^1 和 x^4 的系数为 1（$c_0=c_1=c_4=1$），其余的 c_i 为零（$c_2=c_3=0$）。按这一特征方程构成的反馈移位寄存器就是图 6-6 所示的。

同样，也可以将反馈移位寄存器的输出序列 $\{a_k\}$ 用代数方程表示，即：
$$G(x) = a_0 + a_1 x + a_2 x^2 + \cdots = \sum_{k=1}^{\infty} a_k x^k \quad (6-42)$$

式（6-42）被称为**母函数**。

当然还可以将式（6-39）中的系数与一个 n 次多项式连接起来，构成多项式：
$$p(x) = c_0 x^n + c_1 x^{n-1} c_2 x^{n-2} + \cdots + c_{n-1} x + c_n \quad (6-43)$$

除了上述描述线性反馈移位寄存器组成和输出的方法以外，还有许多描述方式，但是递推方程、特征方程和母函数就是关于产生或者描述 m 序列的 3 个基本关系式，同时它们也是分析移位寄存器产生 m 序列的有力工具。

可以证明，一个 n 级线性反馈移位寄存器的相继状态是具有周期性的，其周期最大值为 2^n-1，当然要产生这个最大周期（$p=2^n-1$）序列的充要条件，就是线性反馈移位寄存器的特征多项式 $f(x)$ 为**本原多项式**。同时还可以发现 $f(x)$ 和 $p(x)$ 互为逆多项式，则 $p(x)$ 也为本原多项式。

这里引入了本原多项式的概念，下面就来讨论有关本原多项式的有关内容。假设 $f(x)$ 多项式是一个 n 次本原多项式，则 $f(x)$ 多项式所需要满足的条件如下：

（1）$f(x)$ 为既约多项式，即不能分解因子的多项式；

（2）$f(x)$ 能够被 (x^p+1) 整除，其中 $p=2^n-1$；

（3）但 $f(x)$ 不能被 (x^q+1) 整除，其中 $q<p$。

例 6-4 要求用一个 4 级反馈移位寄存器产生 m 序列，试求其特征多项式。

解 由于给定 $n=4$，故此移位寄存器产生的 m 序列的长度为 $p=2^n-1=15$，由于其特征多项式 $f(x)$ 应能够被 $(x^p+1)=(x^{15}+1)$ 整除，或者说应是 $(x^{15}+1)$ 的一个因子，故将 $(x^{15}+1)$ 分解因式，从其因子中找 $f(x)$：
$$(x^{15}+1) = (x^4+x+1)(x^4+x^3+1)(x^4+x^3+x^2+x+x)(x^2+x+1)(x+1) \quad (6-44)$$

$f(x)$ 不仅应为 $(x^{15}+1)$ 的一个因子，而且还应该是一个 4 次本原多项式。式（6-44）表明，$(x^{15}+1)$ 可以分解为 5 个既约因子，其中 3 个是 4 次多项式，可以证明，这 3 个 4 次多项式中，前两个是本原多项式，第 3 个不是。因为：
$$(x^4+x^3+x^2+x)(x+1) = (x^5+1) \quad (6-45)$$

从式（6-45）中可以看到，$(x^4+x^3+x^2+x)$ 不仅可以被 $(x^{15}+1)$ 整除，而且还可以被 (x^5+1) 整除，故它不是本原多项式。因此，找到了两个 4 次本原多项式：(x^4+x+1) 和 (x^4+x^3+1)。由其中任何一个都可产生 m 序列，用 (x^4+x+1) 作为特征多项式构成的 4 级反馈移位寄存器，如图 6-6 所示。

由上述论述可见，只要找到了本原多项式，就能由它构成 m 序列产生器。但是寻找本原多项式并不是很简单的。经过前人大量的计算,已将常用本原多项式列成表备查,如在表 6-2 中列出了一部分。在制作 m 序列产生器时,本原多项式的项数确定移位寄存器反馈线(及模 2 加法电路)的数目,为了使 m 序列产生器的组成尽量简单,希望使用项数最少的那些本原多项式。由表 6-2 可见,本原多项式最少有三项,这时只需用一个模 2 加法器。对于某些 n 值,由于不存在 3 项的本原多项式,只好列入较长的本原多项式。

表 6-2 常用本原多项式

n	本原多项式		n	本原多项式	
	代 数 式	八进制表示法		代 数 式	八进制表示法
2	x^2+x+1	7	14	$x^{14}+x^{10}+x^6+x+1$	42103
3	x^3+x+1	13	15	$x^{15}+x+1$	100003
4	x^4+x+1	23	16	$x^{16}+x^{12}+x^3+x+1$	210013
5	x^5+x^2+1	45	17	$x^{17}+x^3+1$	400011
6	x^6+x+1	103	18	$x^{18}+x^7+1$	1000201
7	x^7+x^3+1	211	19	$x^{19}+x^5+x^2+x+1$	2000047
8	$x^8+x^4+x^3+x^2+1$	435	20	$x^{20}+x^3+1$	4000011
9	x^9+x^4+1	1021	21	$x^{21}+x^2+1$	10000005
10	$x^{10}+x^3+1$	2011	22	$x^{22}+x+1$	20000003
11	$x^{11}+x^2+1$	4005	23	$x^{23}+x^5+1$	40000041
12	$x^{12}+x^6+x^4+x+1$	10123	24	$x^{24}+x^7+x^2+x+1$	100000207
13	$x^{13}+x^4+x^3+x+1$	20033	25	$x^{25}+x^3+1$	200000011

由于本原多项式的逆多项式也是本原多项式,例如,式(6-41)中的 (x^4+x+1) 与 (x^4+x^3+1) 互为逆多项式,即 10011 与 11001 互为逆码,所以在表 6-2 中每一本原多项式可以构成两种 m 序列产生器。同时在表 6-2 中将本原多项式用八进制数字表示,简化了原多项式的表示方法。例如,对于 $n=4$ 时,表中给出"2""3",它表示:

八进制数据	2	3
八进制数据	010	011
对应系数 c_i	$c_5 c_4 c_3$	$c_2 c_1 c_0$

根据上面的对应关系,图 6-6 可以看到,在 $n=4$ 的线性反馈移位寄存器中,反馈连接 $c_4=c_1=c_0=1$,$c_5=c_3=c_2=0$。

2. m 序列的性质

(1)均衡特性。

在 m 序列的一周期中,"1"和"0"的数目基本相等。准确地说,"1"的个数比"0"的个数多一个,这种特性被称为 m 序列的均衡特性。以图 6-5 构成的 m 序列产生器为例,产生的 m 序列的周期 $p=15$,"1"的个数为 8 个,"0"的个数为 7 个。

(2)游程分布。

在一个序列当中,取值相同的那些相继的(连在一起的)元素合称为一个"游程"。这个游程中元素的个数被称为游程长度。下面分析由图 6-5 中产生的 m 序列的游程情况,首先重新写出它的 m 序列输出，如下：

$$\cdots\overbrace{100011110101100}^{p=15 个}10\cdots$$

在上述 m 序列的一个周期（15 个元素）中，共有 8 个游程，其中长度为 4 的游程有一个，即"1111"；长度为 3 的游程有一个，即"000"；长度为 2 的游程有两个，即"11"与"00"；长度为 1 的游程有 4 个，即两个"1"与两个"0"。

一般说来，在 m 序列中，长度为 1 的游程占游程总数的 1/2；长度为 2 的游程占游程总数的 1/4；长度为 3 的占 1/8；……，以此规律向后递推。可以证明，长度为 k 的游程数目占游程总数的 2^{-k}，其中 $1 \leq k \leq (n-1)$；而且当 $1 \leq k \leq (n-2)$ 时，在长度为 k 的游程中，连"1"的游程和连"0"的游程各占 1/2。

（3）移位相加特性。

一个周期为 p 的 m 序列 M_p，与其任意次移位后的序列 M_r 模 2 相加，所得序列 M_s 必是 M_p 某次移位后的序列，即仍是周期为 p 的 m 序列。现在仍以图 6-5 构成的 m 序列产生器为例来说明。

假设 $M_p = 100011110101100$，M_p 左移两位后得到 M_r，即 $M_r = 001000111101011$，将 M_p 与 M_r 进行模 2 相加，得到 $M_s = M_p \oplus M_r$，即：

$$M_p = 100011110101100$$
$$M_r = 001000111101011$$
$$M_s = 101011001000111$$

从上面的计算结果可以看到，所得到的 M_s 相当于将 M_p 左移八位后得到的序列。

（4）自相关函数。

对于连续的周期函数 $s(t)$ 的自相关函数可以表示为：

$$R(\tau) = \frac{1}{T} \int_{-T/2}^{T/2} s(t)s(t+\tau) dt \tag{6-46}$$

式中，T——$s(t)$ 的周期。

对于用"0"和"1"表示二进制数序列来讲，根据编码理论可以证明，其自相关函数的计算公式如下：

$$R(j) = \frac{A-D}{A+D} = \frac{A-D}{p} \tag{6-47}$$

式中，A——该序列与其 j 次移位序列在一个周期中对应元素相同的数目；

D——该序列与其 j 次移位序列在一个周期中对应元素不同的数目；

p——该序列的周期。

假设 M_p 移 j 位后得到 M_r，则 M_p 序列元素 x_i 与 M_r 序列元素 x_{i+j} 相对应，这时式（6-47）就可以写为：

$$R(j) = \frac{\left[x_i \oplus x_{i+j} = 0\right] 的数目 - \left[x_i \oplus x_{i+j} = 1\right] 的数目}{p} \tag{6-48}$$

其中，$x_i = 0$ 或 1。

现在就可以利用式（6-48）来计算 m 序列的自相关函数。

对于式（6-48）分子当中的模 2 运算，相当于对 M_r 与 M_p 进行模 2 运算，由 m 序列的迟延相加特性可知，其产生的新序列还是 m 序列，所以上式分子就等于 m 序列一个周期中"0"的数目与"1"的数目之差。另外，由 m 序列的均衡性可知，在 m 序列的一个周期中"0"的数目比"1"的数门少一个，所以上式分子等于(-1)。这样式（6-48）就可以写成：

$$R(j) = \frac{-1}{p}, \quad j=1,\cdots,p-1$$

式中，p——m 序列的周期。

当 $j=0$ 时，显然 $R(0)=1$。所以，m 序列的自相关函数可以表示为：

$$R(j) = \begin{cases} 1, & j=0 \\ \dfrac{-1}{p}, & j=1,2,\cdots,p-1 \end{cases} \tag{6-49}$$

不难看出，由于 m 序列具有周期性，故其自相关函数也具有周期性，其周期为 p，即：

$$R(j) = R(j+kp), \quad k=1,2,\cdots \tag{6-50}$$

而且，$R(j)$ 还是偶函数，即有：

$$R(j) = R(-j), \quad j=1,\cdots,p-1 \tag{6-51}$$

由式（6-49）m 序列自相关函数的计算结果来看，$R(j)$ 只可能有两种取值(1 和 $-1/p$)，通常把这类相关函数只有两种取值的序列称为**双值自相关序列**。

虽然上面数字序列的相关函数 $R(j)$ 只在离散点上取值，但也可以按式（6-46）计算 m 序列连续波形的自相关函数 $R(\tau)$。计算结果表明，$R(\tau)$ 曲线是由 $R(j)$ 各点连成的折线，如图 6-7 所示。

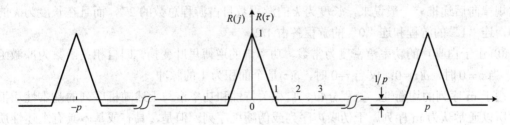

图 6-7　m 序列的自相关函数

其相应的 $R(\tau)$ 曲线的数学表达式为：

$$R(\tau) = \begin{cases} 1 - \dfrac{p+1}{T}|\tau - iT|, & 0 \leq |\tau - iT| \leq \dfrac{T}{p}, \quad i=0,1,\cdots \\ \dfrac{-1}{p} \end{cases} \tag{6-52}$$

（5）功率谱密度。

在第 5 章已经讨论过，信号的自相关函数与功率谱密度构成一对傅里叶变换。因此，当得到 m 序列的自相关函数 $R(\tau)$ 以后，经过傅里叶变换，就可以求出相应的功率谱密度 $P(\omega)$，

其计算结果为:

$$P(\omega) = \int_{-\infty}^{\infty} R(\tau) e^{-j\omega\tau} d\tau$$

$$= \frac{p+1}{p^2} \cdot \left[Sa\left(\frac{\omega T}{2p}\right) \right]^2 \cdot \sum_{\substack{n=-\infty \\ n\neq 0}}^{\infty} \delta\left(\omega - \frac{2\pi n}{T}\right) + \frac{1}{p^2}\delta(\omega) \tag{6-53}$$

按式(6-53)计算,并画出的相应的曲线如图 6-8 所示。

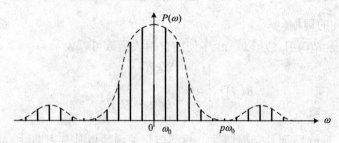

图 6-8 m 序列的功率谱密度

从图上可以看到,在 $T \to \infty$ 时,功率谱密度 $P(\omega)$ 的特性趋于白噪声的功率谱特性。

在图 6-8 中,$\omega_0 = \frac{2\pi}{T}$。

(6)伪噪声特性。

如果对高斯白噪声进行取样,若取样值为正,记为"+",若取样值为负,记为"−",则将每次取样所得极性就构成一个随机序列,它具有如下基本性质:

① 序列中"+"和"−"的出现概率相等。

② 序列中长度为 1 的游程约占 1/2;长度为 2 的游程约占 1/4;长度为 3 的占 1/8;……以此规律向后递推。一般说来,长度为 k 的游程数目占游程总数的 2^{-k},而且在长度为 k 的游程中,连"1"的游程和连"0"的游程各占 1/2。

③ 由于白噪声的功率谱密度为常数,功率谱的逆傅里叶变换,即自相关函数为冲激函数 $\delta(\tau)$。当 $\tau \neq 0$ 时,$\delta(\tau)=0$;仅当 $\tau=0$ 时,$\delta(\tau)$ 是个面积为 1 的脉冲。

由于 m 序列的均衡性、游程分布、自相关特性和功率谱与上述随机序列的基本性质很相似,所以通常认为 m 序列属于伪噪声序列或伪随机序列。但是,具有或基本具有上述性质的序列不仅只有 m 序列一种,m 序列只是其中最常见的一种。

(7)m 序列具有 n 比特所有可能的组合。

线性移位寄存器的各个寄存器状态构成一个组合,其每一种组合在一个周期只出现一次,但 n 个 0 的组合除外,因此,最长的 0 序列为 $n−1$ 位(比特)。例如,利用图 6-5 产生的 m 序列,各个寄存器状态输出如表 6-1 所示,在一个周期中出现了 15 种状态输出组合,最长的 0 序列是 3 比特。

为了仿真数字通信系统中滤波器引入的码间串扰(ISI),m 序列的第(7)条性质特别有用。在数字通信系统中 ISI 是使系统性能变坏的主要原因,为了模拟仿真 ISI 的影响,需要用一个二元序列驱动这个系统,这个序列应当具有所有可能的 n 比特组合,其中 n 是系统存储长度。

虽然一个二元随机序列能用作输入,但不能保证一个任意长度的二元随机序列绝对包含某一个特定比特图样。然而,用 n 级反馈移位寄存器产生 m 序列,能够产生的 2^n-1 种所有 n 比特的组合图样,当然这里并不包含 n 比特全 0 组合图样。通常数字通信系统的记忆长度小于 10 比特,因此,要模拟仿真二元系统的 ISI,采用小于 1024 比特的一个 PN 序列就足够了。

在其他应用场合,如果要产生二元随机序列,则需要一个尽可能长的 PN 序列。同时需要注意,PN 序列可以比二元随机序列更迅速地产生。当然,为了启动 PN 序列的产生,需要向移位寄存器中设置初始值,这个初始值可以选择 $1 \sim (2^n-1)$ 间的任何二进制数。

6.3.3　M 进制伪随机序列

很多数字通信系统中为了提高通信效率,大都采用多进制(M 进制)波形传输信息,例如 MASK、MFSK、MPSK 以及 QAM 等系统。当然,如果要仿真这些系统的性能,就需要利用 M 进制 PN 序列,它们也能够利用反馈移位寄存器产生,是产生二进制 PN 序列方法的推广,而描述 M 进制反馈移位寄存器的特征多项式可以写为:

$$f(x) = c_0 + c_1 x + c_2 x^2 + \cdots + c_n x^n = \sum_{i=0}^{n} c_i x^i \tag{6-54}$$

其相应逆多项式为:

$$p(x) = c_0 x^n + c_1 x^{n-1} c_2 x^{n-2} + \cdots + c_{n-1} x + c_n \tag{6-55}$$

在式(6-54)和式(6-55)中,系数 c_i 可在共有 q 个元素的有限区域内取值(q 进制),这个有限域定义为 $GF(q)$。一个在 $GF(q)$ 域的 n 阶多项式,如果能被 x^p+1 整除,这里 $p=q^n-1$,就称该多项式为本原多项式。与二进制情况类似,可以得到结论:以 $GF(q)$ 域上的本原多项式构建的 M 进制反馈移位寄存器,能够产生一个最大长度为 q^n-1 的 q 进制序列,其中 n 是该移位寄存器的阶数。

与式(6-54)或(6-55)相对应,q 进制输出序列的递推描述关系式类似式(6-39),于是可以写为:

$$a_k = \sum_{i=1}^{n} c_i a_{k-i} \tag{6-56}$$

式中,a_k——时间 k 的输出。

$\{a_k\}$ 序列可以用线性移位寄存器产生,与式(6-39)比较其差别在于,式(6-56)中的计算不再是模 2 运算,而是模 q 运算。

在 M 进制通信系统中,通常 $M=2^n$,即 $q=M=2^n$,这时在 $GF(q)$ 中的元素可以利用系数在 $GF(2)$ 中所有次数小于 n 的多项式进行来标识,同时在 $GF(2^n)$ 域上,减和加相同,相乘被定义为:

$$C(x) = [A(x) \cdot B(x)] \bmod g(x) \tag{6-57}$$

式中,$g(x)$——$GF(2)$ 上某一 n 次既约多项式。

例 6-5　计算多项式 $A(x)=x$ 和 $B(x)=x^2+x$ 在 $GF(2^3)$ 域上相乘的结果 $C(x)$。其中,$GF(2)$ 上某一 3 次既约多项式为 $g(x)=x^3+x+1$。

解 $C(x) = [A(x) \cdot B(x)] \mod g(x) = [x \cdot (x^2 + x)] \mod (x^3 + x + 1) = x^2 + x + 1$

式（6-54）描述了 M 进制反馈移位寄存器的特征多项式，式（6-56）描述了 M 进制输出序列的递推关系，它们都可以对 $GF(2^n)$ 域上产生的 PN 序列进行表示。除此之外，还有第 3 种表示方法，这种方法是基于这样一个事实，即在每个有限域里都存在一个元素 α，被称为本原值，在这个有限域中每个非零元素可以用 α 的某次幂来表示。具体情况见表 6-3 所示，在表中里用既约多项式 $g(x) = x^3 + x + 1$ 来产生 $GF(2^3)$ 域的元素，表的最左边一栏表示 $GF(2^3)$ 域中缩写符号。

表 6-3　$GF(2^3)$ 域中元素的表示方法

缩写符号	多项式根的幂	多项式表示	二元数组表示
A	α	x	(0,1,0)
B	α^2	x^2	(1,0,0)
C	α^3	$x+1$	(0,1,1)
D	α^4	x^2+x	(1,1,0)
E	α^5	x^2+x+1	(1,1,1)
F	α^6	x^2+1	(1,0,1)
1	α^7	1	(0,0,1)
0	0	0	(0,0,0)

为了生成一个最长的八进制 PN 序列，需要一个系数属于 $GF(8)$ 中的一个本原多项式，这个多项式将描述式（6-56）中的系数与一个 n 次多项式关系。如果采用上面定义的 $GF(8)$ 的表示法，则这个的多项式是：

$$p_1(x) = x^3 + x + \alpha \sim (101A) \tag{6-58}$$

由式（6-58）表示的多项式，可以得到对应的递推关系式：

$$a_k = a_{k-1} + \alpha a_{k-3} \tag{6-59}$$

根据式（6-58）就可以构建出这个八进制反馈移位寄存器电路，如图 6-9（a）所示，同时根据该电路可以产生八进制输出样本序列。如果寄存器的始值为 010，则输出序列为 0101A10F。由于 $f(x)$ 是 3 次多项式，它适合于有 3 个符号记忆的信道。

如果要仿真两正交分量八进制 PN 序列，需要两个八进制 PN 序列产生器，则此时需要第二个本原多项式。这样的 3 次多项式是：

$$p_2(x) = x^3 + x + \alpha^2 \sim (101B) \tag{6-60}$$

对应的递推关系式为：

$$a_k = a_{k-1} + \alpha^2 a_{k-3} \tag{6-61}$$

根据式（6-61）构建的八进制反馈移位寄存器电路，如图 6-9（b）所示。

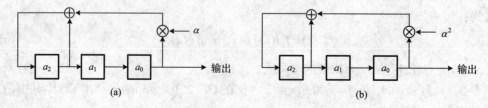

图 6-9　八进制 PN 序列产生器

如果要仿真 16–QAM 系统，可以采用上述类似的方法，在 $GF(4)$ 中选择系数，确定本原多项式，构建两个八进制反馈移位寄存器电路，来表示 I 和 Q 信道。感兴趣的读者可以参阅相关文献。

6.4 相关随机序列的产生

在许多实际应用当中，经常需要产生具有某种特定的自相关函数，或者产生具有某种特定功率谱密度形式的输出序列，而这类处理过程被统称为相关随机序列的产生。相关随机序列在通信仿真系统中有许多应用。例如，当需要仿真随机时变的移动通信信道时，这个随机变量是由一个称作 Jakes 功率谱密度函数的随机过程来模拟，这个功率谱密度函数可以表示为：

$$P(f) = \frac{1}{\sqrt{1-(f/f_D)}}, \quad |f| \leq f_D \tag{6-62}$$

式中，f_D——最大多普勒频移。

又例如，对于某个随机过程，当 $\tau = kT$（$k = \pm 1, \pm 2, \cdots$）时，$R(\tau) \neq 0$，那么就可以认为，该随机过程在多个采样间隔上是相关的，因此这一随机过程的采样值是相关的。在通信系统仿真时，为了对这个采样值进行模拟，需要构建一种算法来产生具有相关函数 $R(kT)$ 形式的相关序列。

上面的论述都是围绕单一随机过程的采样值之间的相关性进行讨论的，但在许多情况下，仿真过程不得不讨论多个随机过程的采样值之间的相关性。例如，当需要仿真无线信道当中的多径效应时，每一条路径的时变特性都需要用一个随机过程建模，而这种模型是用横向滤波器形式来实现，而抽头增益就为一个相关的随机过程。由于多径效应是指多条路径的综合传输特性，为了仿真这一模型，需要产生一组给定功率谱密度的相关随机过程的采样值。

因此，对于多径效应的仿真，可以采用矢量随机过程的形式来表示，在通信仿真系统存在多种形式的矢量随机过程。矢量随机过程的每一个元素都是一个具有任意自相关函数的标量随机过程，同时矢量随机过程的元素也可能是相关的。这样来看，一个矢量随机过程的相关性主要反映在以下两方面。

（1）时间轴上的相关特性。这种相关特性是瞬时的，并引出了功率谱密度这个概念。

（2）各个元素间的相关性。它代表了不同方向上的相关，通常出现较多的是空间维上的相关。

一个矢量随机过程相关性说明如图 6-10 所示。

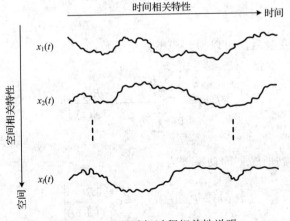

图 6-10 矢量随机过程相关性说明

在本节中，将首先介绍在给定自相关函数或相关功率谱密度情况下，产生标量随机序列的算法，然后讨论产生具有时间相关和空间相关特性的矢量序列。在高斯分布的情况下，上述算法的关键在于寻找并应用线性变换，这些线性变换有可能是时间上的变换，还有可能是空间上的变换，但非高斯过程找到这种变换是比较困难的。

6.4.1 相关高斯标量序列

一个不相关的高斯序列通过线性变换，就可以变成具有相关特性的高斯序列，而线性变换的系数可以从输出序列的指定相关函数中获得；同样不相关的高斯序列通过某一特定要求的滤波器后，也可以使得输出变成相关的高斯序列，上述两种方法是产生相关高斯标量序列的主要方法。

当然，如果从信号和系统角度分析产生相关的高斯序列的方法，通常还可以把它们归结为基于相关函数的时域法，以及基于功率谱密度的频域法。这里所提到的时域法与线性变换法相对应，而频域法与滤波器法相对应，下面就分别予以介绍。

1. 时域法

ARMA 模型在估计随机过程的功率谱密度方面起着很重要的作用，同时这个模型也可以用来产生具有给定的功率谱密度函数或者自相关函数形式的随机序列。而时域法就是采用上述 ARMA 模型，构建离散的时间模型。下面就是一个基于时域法的 ARMA 变换模型：

$$Y(n) = \underbrace{\sum_{r=0}^{M} b_r X(n-r)}_{\text{滑动平均部分}} - \underbrace{\sum_{k=1}^{N} a_k Y(n-k)}_{\text{自回归部分}} \tag{6-63}$$

式中，$Y(n)$——希望产生的随机序列；

$Y(n-k)$——回归序列；

b_r 和 a_k——ARMA 模型的参数；它们确定了随机序列 $Y(n)$ 的输出形式；

$X(n)$——输入模型的已知序列，通常将它设定为零均值高斯白噪声序列，其概率密度函数可以表示为：

$$f_{X(n)}(X) = \frac{1}{\sqrt{2\pi}\sigma} \exp\left(-\frac{X^2}{2\sigma^2}\right) \tag{6-64}$$

式中，σ——方差。

将式（6-63）经 z 变换后，可以得到模型系统函数：

$$H(z) = \frac{\sum_{r=0}^{M} b_r Z^{-r}}{1 + \sum_{k=1}^{N} a_k Z^{-k}} = \frac{B(z)}{A(z)} \tag{6-65}$$

这时希望产生的相关的高斯序列的功率谱为：

$$P_Y(\omega) = P_X \cdot |H(\omega)|^2 = \sigma_X^2 \cdot \left|\frac{B(\omega)}{A(\omega)}\right|^2 \tag{6-66}$$

利用上述 ARMA 模型产生的 $Y(n)$ 序列具有下列性质：

（1）由于 ARMA 模型是线性系统，$X(n)$ 序列为高斯序列。可以证明：$Y(n)$ 序列仍为高斯序列，且均值为零。

（2）在平稳状态下，$Y(n)$ 序列的功率谱密度为：

$$P_Y(\omega) = \sigma^2 \cdot \left|\frac{B(\omega)}{A(\omega)}\right|^2 = \sigma^2 \cdot \left|\frac{\sum_{r=0}^{M} b_r \exp(-j\omega r)}{1 + \sum_{k=0}^{N} a_k \exp(-j\omega k)}\right|^2 \qquad (6\text{-}67)$$

如果 $B(\omega)$ 多项式的系数，除 $b_0=1$ 外，其余 b_r 均为零时，这时 ARMA(N, M) 模型就退化成为 AR(N) 模型，这时 $Y(n)$ 随机序列产生模型为：

$$Y(n) = X(n) - \sum_{k=1}^{N} a_k Y(n-k) \qquad (6\text{-}68)$$

按照式（6-68）给出的 AR 模型，所产生的 $Y(n)$ 序列功率谱密度为：

$$P_Y(\omega) = \sigma^2 \cdot \left|\frac{B(\omega)}{A(\omega)}\right|^2 = \frac{\sigma^2}{\left|1 + \sum_{k=0}^{N} a_k \exp(-j\omega k)\right|^2} \qquad (6\text{-}69)$$

同时，利用式（6-68）还可以计算出 AR 序列的自相关函数：

$$R_{YY}(m) = E[Y(n) \cdot Y(n+m)] = E\left\{Y(n) \cdot \left[X(n+m) - \sum_{k=1}^{N} a_k Y(n+m-k)\right]\right\}$$
$$= E[Y(n) \cdot X(n+m)] - \sum_{k=1}^{N} a_k R_{YY}(m-k) \qquad (6\text{-}70)$$

由于 $X(n)$ 是均值为零的白噪声序列，当 $m \neq 0$ 时，式（6-70）可以写为：

$$R_{YY}(m) = -\sum_{k=1}^{N} a_k R_{YY}(m-k), \quad m > 1 \qquad (6\text{-}71\text{a})$$

同时式（6-70）还可以推导出：

$$R_{YY}(0) = -\sum_{k=1}^{N} a_k R_{YY}(k) + \sigma_X^2 \qquad (6\text{-}71\text{b})$$

将式（6-71）中的两个等式写成矩阵形式，可得：

$$\begin{bmatrix} R_{YY}(0) & R_{YY}(1) & R_{YY}(2) & \cdots & R_{YY}(N) \\ R_{YY}(1) & R_{YY}(0) & R_{YY}(1) & \cdots & R_{YY}(N-1) \\ R_{YY}(2) & R_{YY}(1) & R_{YY}(0) & \cdots & R_{YY}(N-2) \\ \vdots & \vdots & \vdots & \vdots & \vdots \\ R_{YY}(N) & R_{YY}(N-1) & R_{YY}(N-2) & \cdots & R_{YY}(0) \end{bmatrix} \cdot \begin{bmatrix} 1 \\ a_1 \\ a_2 \\ \vdots \\ a_N \end{bmatrix} = \begin{bmatrix} \sigma_X^2 \\ 0 \\ 0 \\ \vdots \\ 0 \end{bmatrix} \qquad (6\text{-}72)$$

式（6-72）就是著名的 Yule-Walker 方程，该方程将输出序列 $Y(n)$ 的自相关函数与模型参

数 $a_k(k=1,2,\cdots,N)$ 联系起来。

因此，在给定 $Y(n)$ 的自相关函数 $R(m)(m=1,2,\cdots,N)$ 以及 σ_X^2 的情况下，利用式（6-72）就可以求出 $a_k(k=1,2,\cdots,N)$，将 a_k 代入式（6-68）就可以将不相关的高斯序列 $X(n)$ 转换成变成具有某种相关特性的高斯序列 $Y(n)$。当然，如何确定 N，以及求解 Yule-Walker 方程，这也是时域法中的关键技术之一，感兴趣的读者可以参阅相关文献。

根据上述分析，当给定序列功率普密度时，产生高斯相关序列的步骤如下：

（1）当给出所需要产生序列的功率谱密度时，利用傅里叶反变换可以求得相关函数 $R_{YY}(n)$，代入式（6-72）计算模型的参数 a_k。目前，常用的计算方法包括 Levinson-Durbin 递推算法；Burg 递推算法和正反向线性预测最小二乘算法。

（2）将计算出的模型参数 a_k 代入式（6-68），在零均值高斯白噪声序列 $X(n)$ 的驱动下，产生所需要的 $Y(n)$ 序列。

虽然 AR(N) 模型的参数很容易获得，但是 ARMA(N,M) 模型的系数与 $Y(n)$ 的自相关函数之间是很复杂的非线性关系。因此，即使给定 $Y(n)$ 的自相关函数，也很难计算出 ARMA(N, M) 模型的系数。虽然有大量关于这个问题的文献，但是这些文献中最通用的算法是：将 ARMA(N,M) 模型转化为阶数 $\geq M+N$ 的等效 AR(N) 模型，然后再利用 Yule-Walker 方程求解 AR(N) 模型的参数。另一种方法实现求解 ARMA(N,M) 模型中的 AR 部分的参数，然后再计算 MA 部分的参数。

当然，只有在输出序列 $Y(n)$ 的功率谱密度函数非常复杂时，例如有多波峰和波谷情况，才使用 ARMA 模型。在实现 ARMA 模型时，需要确定 $Y(n)$ 的初始条件，如果任意选择这些初始条件，就会使输出在开始时期出现瞬间的不稳定采样值，因此，在通信系统仿真时，最初的几个采样数据通常忽略不计。

2. 频域法

如果已知输出序列 $Y(n)$ 的功率谱密度，就可以设计一个频域滤波器，把不相关的高斯序列 $X(n)$ 变成相关的高斯序列 $Y(n)$，这种方法通常称为滤波法，由于整个变换过程是在频域内完成的，因此，有时也称为频域法。

当一个独立高斯序列 $X(n)$ 通过滤波器，假设滤波器满足线性时不变特性，则输出序列 $Y(n)$ 的分布仍然服从高斯分布，其功率谱密度函数为：

$$P_Y(\omega) = P_X \cdot |H(\omega)|^2 = \sigma_X^2 \cdot |H(\omega)|^2 \tag{6-73}$$

为了简化分析，假设 $P_X = \sigma_X^2 = 1$，就有：

$$P_Y(\omega) = \sigma_X^2 \cdot |H(\omega)|^2 = |H(\omega)|^2 \tag{6-74}$$

由式（6-74）可见，只要精心选择滤波器的传输函数，就会得到所希望的高斯序列 $Y(n)$ 输出，其功率谱密度设计要求。

将式（6-74）的频域描述转换成复频域上描述，即

$$s = j\omega$$

这时：

$$|H(s)|^2 = H(s) \cdot H(-s) \tag{6-75}$$

由于 $|H(s)|^2$ 函数的系数均为实数，可以证明幅度平方函数的极点为共轭对称的，以存在 6 个极点为例，它有可能的极点分布如图 6-11 所示。

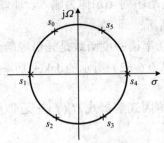

图 6-11 可能的极点分布

具体极点数值为：

对于左半平面极点：

$$s_0 = \Omega_c e^{j\frac{2}{3}\pi}, \quad s_1 = -\Omega_c, \quad s_2 = \Omega_c e^{-j\frac{2}{3}\pi}$$

对于右半平面极点：

$$s_3 = \Omega_c e^{-j\frac{1}{3}\pi}, \quad s_4 = \Omega_c, \quad s_5 = \Omega_c e^{j\frac{1}{3}\pi}$$

如果选择 $H(s)$ 作为滤波器的传输函数，为了保证该滤波器因果并且稳定，则 $H(s)$ 的所有极点都应当位于以虚轴为中心的 s 左半平面，即应当选择的极点为：

$$s_0 = \Omega_c e^{j\frac{2}{3}\pi}, \quad s_1 = -\Omega_c, \quad s_2 = \Omega_c e^{-j\frac{2}{3}\pi}$$

下面通过实例进行说明。

例 6-6 设计一个滤波器，利用该滤波器能够产生具有均值为 0，功率谱密度为式（6-76）的高斯序列，其中 $\alpha > 0$。

$$P_Y(\omega) = \frac{\omega^2}{\alpha^2 + \omega^2} \tag{6-76}$$

假设输入滤波器的序列已经产生，它是一个均值为 0，功率谱密度 $P_X(\omega) = 1$ 的高斯序列。

解 依据题目所给定的条件，结合式（6-73），则滤波器传输函数模的平方可以写成：

$$|H(j\omega)|^2 = \frac{\omega^2}{\alpha^2 + \omega^2}$$

令 $s = j\omega$，得

$$|H(s)|^2 = \frac{-s^2}{\alpha^2 - s^2} = \left(\frac{s}{s+\alpha}\right) \cdot \left(\frac{s}{s-\alpha}\right)$$

由于 $\alpha > 0$，为了保证该滤波器因果并且稳定，则：

$$\begin{cases} H(s) = \dfrac{s}{s+\alpha} \\ H(j\omega) = \dfrac{j\omega}{j\omega+\alpha} \end{cases} \tag{6-77}$$

其中，$\omega = 2\pi f$。

一旦得到了式（6-77）所示的滤波器传输函数，就可以利用 IIR 或 FIR 设计实现，之后利用功率谱密度为 1，均质为零的高斯序列 $X(n)$ 作为输入，驱动式（6-77）所示滤波器，就可以得到功率谱密度为式（6-76）的高斯序列。

但是，在许多情况下，输出功率谱密度函数是凭借经验形式给出，或者以一种不能进行因式分解的解析式来表示，例如式（6-62）所示的 Jakes 功率谱密度函数，在这种情况下可以采用以下两种方式进行处理。

（1）凭经验，用一个可以分解因式解析式 $H_1(f)$ 来近似所给定的功率谱密度函数，然后再对 $H_1(f)$ 分解因式。

（2）令滤波器传输函数与给定的功率谱密度的平方根相等，然后直接利用 FIR 滤波器进行设计。

现在利用第二种方法产生一个具有式（6-62）给定的，Jakes 功率谱密度形式的高斯序列，令：

$$H(f) = \sqrt{P_X} = [1-(f/f_D)]^{\frac{1}{4}} \tag{6-78a}$$

可以证明，利用式（6-78a）产生信道特征滤波器的冲击响应是：

$$h(t) = \frac{1.457 \cdot J_{1/4}(x)}{\sqrt[4]{f_D}}, \quad x = 2\pi f_d t \tag{6-78b}$$

式中，$J_{1/4}(x)$——分数贝塞尔函数。

对于式（6-78）给出的滤波器，就可以利用 IIR 或 FIR 进行设计并且实现。

6.4.2 相关高斯矢量序列

如果要产生 l 个均值为 0 的高斯随机过程 $Y_1(t), Y_2(t), \cdots, Y_l(t)$ 的采样值，假设它们具有任意形式的功率谱密度，并且两两之间任意相关，这时就必须按照相关高斯矢量序列产生方法分析并解决上述问题。为了简化上述问题的分析过程，可以假设 $Y_1(t), Y_2(t), \cdots, Y_l(t)$ 中每一个随机过程具有相同形式的自相关函数，但大小有所区别，并且互相关函数与自相关函数也具有相同的函数形式。这样 l 个标量高斯随机过程的采样值就可以认为是矢量随机过程 $Y(k)$ 的元素，即：

$$Y(k) = \begin{bmatrix} Y_1(k) \\ Y_2(k) \\ \vdots \\ Y_l(k) \end{bmatrix} \tag{6-79}$$

并且：

$$R_{Y_i Y_j}(n) = E\{Y_i(k) \cdot Y_j(k+n)\} = \sigma_{ij} R(n) \tag{6-80}$$

式中，σ_{ij}——在一个给定时刻两个元素之间的协方差；

$R(n)$——时间相关性。

式（6-80）的描述表明，在这个模型中，空间相关性和时间相关性是相互独立的。

同时再假设，已经产生了一个高斯矢量序列 $X(k)$，它的各个元素之间互不相关，并且都服从高斯分布，同时每一个元素的时间相关函数为 $R(n)$。这时对矢量序列 $X(k)$ 进行适当的变换，就可以产生给定 σ_{ij} 的一组高斯矢量序列 $Y(k)$。这里所指"适当的变换"可以有许多方法，比如 ARMA 方法，其具体处理过程如下：首先产生 l 个独立的、时间相关函数为 $R(n)$ 的高斯序列，它构成了 X 矢量的元素；接着用一个无记忆的线性变换，把矢量 X 中不相关的元素变成相关元素即可。下面给出上述变换过程的数学描述。

给定的一个随机矢量 X，它具有多元高斯分布，均值为 0，协方差矩阵为：

$$\Sigma_X = I_{l \times l} = \begin{bmatrix} 1 & 0 & 0 & \cdots & 0 \\ 0 & 1 & 0 & \cdots & 0 \\ 0 & 0 & 1 & \cdots & 0 \\ \vdots & \vdots & \vdots & & \vdots \\ 0 & 0 & 0 & \cdots & 1 \end{bmatrix} \tag{6-81}$$

如果通过线性变换后，希望得到矢量序列 Y 的协方差矩阵为：

$$\Sigma_Y = \begin{bmatrix} \sigma_{11} & \sigma_{12} & \cdots & \sigma_{1l} \\ \sigma_{21} & \sigma_{22} & \cdots & \sigma_{2l} \\ \vdots & \vdots & & \vdots \\ \sigma_{l1} & \sigma_{l2} & \cdots & \sigma_{ll} \end{bmatrix} \tag{6-82}$$

相应的线性变换为：

$$Y = AX \tag{6-83}$$

可以证明，Y 仍是均值为 0 的高斯矢量序列，其协方差矩阵可以由式（6-82）给出，同时结合式（6-83），该协方差也可以表示为：

$$\Sigma_Y = A\Sigma_X A^T = AA^T \tag{6-84}$$

这样看来，对于给定协方差矩阵的 Y，可以通过分解其协方差矩阵 Σ_Y，利用式（6-84）求得线性变换矩阵 A。

如果 Σ_Y 是正定的，那么必存在唯一的一个下三角矩阵 A，形式如下：

$$A = \begin{bmatrix} a_{11} & 0 & \cdots & 0 \\ a_{21} & a_{22} & \cdots & 0 \\ \vdots & \vdots & \vdots & \vdots \\ a_{l1} & a_{l2} & \cdots & a_{ll} \end{bmatrix} \tag{6-85}$$

使得式（6-84）成立。$\Sigma_Y = AA^T$ 这种分解被称为 Cholesky 分解，利用 Σ_Y 中元素可以计算出 A 中元素，其关系式为：

$$a_{ii} = \left(\sigma_{ii} - \sum_{k=1}^{i-1} a_{ik}^2\right)^{\frac{1}{2}}, \quad i = 1, 2, \cdots, l \tag{6-86}$$

$$a_{ij} = \frac{\left(\sigma_{ij} - \sum_{k=1}^{j-1} a_{ik} a_{jk}\right)^{\frac{1}{2}}}{a_{jj}}, \quad \begin{array}{l} i = 2, \cdots, l \\ j = 1, \cdots, i-1 \end{array} \tag{6-87}$$

当然用特征矢量分解法来确定线性变换的 A 也是可能的,因此,在任何情况下,变换矩阵一旦确定,生成一系列相关高斯矢量的算法也就确定了。

上述相关高斯矢量的算法是在多种假设条件下构建的,在实际通信仿真系统中这些假设条件并不能够完全成立。通常,相关高斯矢量 Y 的空间相关和时间相关可能是任意形式的,Y 的每一个元素都可能有一个不同的时间自相关函数,而且它们之间的互相关函数也可能具有不同的函数形式。这时就只能采用矢量 ARMA 变换过程,实现从随机矢量 X 向相关高斯矢量 Y 的变换,其具体变换是:

$$Y(n) = \underbrace{\sum_{r=0}^{M} b_r X(n-r)}_{\text{滑动平均部分}} - \underbrace{\sum_{k=1}^{N} a_k Y(n-k)}_{\text{自回归部分}} \quad (6\text{-}88)$$

需要注意的是,在式(6-88)中的系数 a_k 和 b_r 为矩阵,X 和 Y 为高斯矢量。由式(6-88)构成了 Yule-Walker 方程的矢量形式,具体如何求解矢量形式的 Yule-Walker 方程,请参阅相关文献。

6.4.3 相关非高斯序列

产生一个具有任意概率分布形式以及任意相关函数的随机序列比较困难,其难度远远大于产生一个相关的高斯序列,其原因是对于高斯序列应用线性变换其输出序列仍然保持正态分布。因此,对于不相关的高斯序列 X 进行线性变换,只要求出线性变换矩阵 A,就能够很容易地得到相关的高斯序列 Y。但是,如果是非高斯序列,情况就有所不同。例如,对于具有均匀分布且独立的随机序列 $X(n)$,如果 $Y(n) = X(n-1) + X(n)$,可以证明 $Y(n)$ 将是相关的序列,其概率密度函数为三角形。这样看来,线性变换不仅改变了序列的相关函数,而且还改变了其概率密度函数。

对于非高斯序列,为了同时控制输出序列的相关函数和概率密度函数,可以采取线性和非线性联合变换方法进行处理,具体结构如图 6-12 所示。

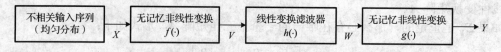

图 6-12 产生任意概率分布形式以及任意相关函数的随机序列

在图 6-12 中,$f(\cdot)$ 首先把均匀分布不相关输入序列 X 变换(映射)成为一个不相关的高斯序列 V;然后冲击响应为 $h(t)$ 的滤波器把这个不相干的高斯序列 V 变换成为相关的高斯序列 W;最后非线性变换函数 $g(\cdot)$ 把 W 变换成所需要的概率密度函数形式的 Y,同时还把由于上述变换造成的功率谱密度的失真进行修正。

虽然从图 6-12 的结构上分析比较简单,但是在图中非线性变换函数 $f(\cdot)$ 和 $g(\cdot)$,以及滤波器冲击响应 $h(t)$ 的确定是非常困难的,感兴趣的读者可以参阅相应的文献。

6.5 随机数产生器的测试

在利用 MC 方法进行通信仿真时,需要用尽可能长的随机序列驱动仿真模行,而产生这个随机序列的模块,在仿真系统中被称作随机数发生器(RNG)。为了确保 MC 仿真过程的有效性,在确保模型正确建立的基础上,还需要对 RNG 的输出进行测试,使得这些随机序列具有适当的统计特性。在一个仿真包当中,通常有许多 RNG,然而没有必要对所有 RNG 进行测试,但是,需要测试均匀的和高斯的 RNG,因为其他 RNG 通常是由这两种 RNG 演化出来的。

为了确认 RNG 输出的统计特性,通常需要对 RNG 输出的随机序列进行以下两方面的测试。

(1) 时间特性测试。在这个测试中最重要是平稳性和独立性。

(2) 分布特性测试。这个测试主要包括对输出序列均值和方差这些参数值进行简单的检查,然后测试 RNG 输出序列的概率密度函数与所希望产生序列分布的相似程度等。

当然,测试的范围可能还包括由输出序列导出的各种图表,并检查它们是否合理;检查它们在要求的置信度上对更复杂的假设测试是否正确等。

下面介绍几种容易操作且具有很强实用价值的典型测试方法,而其他的测试方法可以在有关文献中找到。

6.5.1 平稳性与非相关性

在第 5 章中提到过平稳随机过程这个概念,它是指该随机过程的任何 n 维分布函数或概率密度函数与时间起点无关,这也是严格平稳或**狭义平稳随机过程**的定义。与之相对应还存在**广义平稳随机过程**的概念,它是指数学期望与时间无关,相关函数仅与 τ 有关的随机过程。对于某些平稳随机过程,如果它们的数学期望和自相关函数,都可以由"时间平均"来代替"统计平均",则这些随机过程具有**各态历经性**。因此,在测定 RNG 输出平稳特性时,均是在假设 RNG 输出满足各态历经性基础上测量,因此,这种平稳是具有某种条件下的平稳,这种考虑是在准确性和有效性之间的折中。

1. 均值和方差测试

基于上述分析,均值和方差的简化测试方法如下:

(1) 生成 N 个取样值的一个长序列;

(2) 将此序列分成互不重叠的 M 段,并计算每段的均值和方差等参数;

(3) 测试这些均值和方差等参数是否相等。

对一个平稳随机过程,由各段不同数据计算出的均值、方差和其他统计参数应当近似相等,至少应该在统计意义上是一致的。

2. 相关特性测试

在 RNG 时间特性测试过程中,输出序列的相关特性是其中重要的测量参数。由 RNG 产生的 PN 序列实际上是一个周期的序列,仿真时要求仿真长度比 PN 序列的周期短,也就是说要求 RNG 产生的序列不相关,否则,仿真系统的输出就可能出现相关性,甚至周期性,使得仿真失败。为此,在系统仿真之前,需要对 RNG 产生序列的相关性进行测试,在这里可以利用归一化的自协方差函数的估计值,来测试一个 RNG 产生序列的相关性。

若归一化自协方差函数定义为:

$$\rho_{XX}(k) = \frac{E\{X(j)X(j+k)\} - m_X^2}{E\{X^2(j)\} - m_X^2} = \frac{C_{XX}(k)}{C_{XX}(0)} \tag{6-89}$$

式中,m_X——随机序列 $X(n)$ 的均值。

对于理想的不相关序列，则式（6-89）满足：

$$\rho_{XX}(k) = \begin{cases} 1, & \text{当} k = 0 \\ 0, & \text{当} k \neq 0 \end{cases} \quad (6\text{-}90)$$

当然，在多数情况下 RNG 产生的序列不可能满足式（6-90），成为理想不相关序列，其归一化自协方差函数有可能出现下面的一些情况：

（1）对某些 k 值如果有 $|\rho_{XX}(k)| \geq \varepsilon$，则说明这个输出序列是相关的；

（2）进一步来讲，当 $k=mN_0$，其中 $m=1,2,\cdots$ 时，如果 $\rho_{XX}(k)$ 有最大值，则说明序列是周期的。

这样看来，计算归一化自协方差函数成为测试输出序列的相关特性关键，但是在实际应用中，不可能直接利用式（6-89）进行计算，而必须利用归一化自协方差函数的估计值 $\hat{\rho}_{XX}(k)$ 来替代 $\rho_{XX}(k)$，然后再检测序列的非相关性和周期性，具体检测过程如下：

（1）产生一个很长的序列（待测）；

（2）将数据分成有相互的重叠的段，每段包含 N 个点，且重叠点数为 $N/2$，如图 6-13 所示，令 $X_0, X_1, X_2, \cdots$ 代表各段的数据矢量；

（3）计算 X_0 和 $X_0, X_1, X_2, \cdots$ 之间的归一下化互相关函数，通常为了提高计算效率，可以采用 FFT 技术计算互相关；

（4）画出 $|\hat{\rho}_{XX}(k)|$ 曲线，并检查峰值。

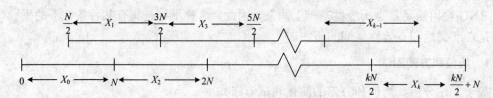

图 6-13 RNG 产生的序列

如图 6-14 所示，给出了某一 RNG 产生序列的 $|\hat{\rho}_{XX}(k)|$ 曲线示意图。

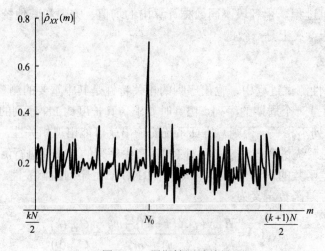

图 6-14 周期性测试结果

从曲线上可以看到，在 N_0 处有一个较大的输出，可以推断 N_0 就是 RNG 产生序列的周期。通常由 RNG 产生的 PN 序列具有较长的周期，因此测试的 RNG 产生序列的周期性计算量较大。不仅如此，在检测序列的周期性时，对于不同的初始值（种子值），必须对 RNG 产生序列的周期性进行重新测试，对于效果好的种子值应当保存起来，用来启动较长的仿真。

3. Durbin-Waston 检测

上面给出了一种简单高效的序列相关性和周期性的检测方法，当然还存在多种更加严密的检测方法，其中 Durbin-Waston 检测就是一种用来检测序列中相邻单元不相关性的方法，这种方法所使用的统计量是：

$$D = \frac{\sum_{n=2}^{N}[X(n)-X(n-1)]^2}{\sum_{n=1}^{N}[X(n)]^2} \tag{6-91}$$

对于式（6-91）计算出的结果，分成以下 3 种情况来研究 $X(n)$ 与 $X(n-1)$ 的相关性。
（1）当 D 的期望值为 2 时，表示不相关，相关系数 $\rho = 0$。
（2）当 D 的期望值远远小于 2，即接近于 0 时，表示很强的正相关，相关系数 $\rho = 1$。
（3）当 D 的期望值接近于 4，表示很强的负相关，相关系数 $\rho = -1$。

基于上述 3 种情况，在检测序列中相邻单元的相关性时，可以设置两个门限 d_L 和 d_U，门限的选取与 N 的取值有关，例如当 $N=100$ 时，$d_U=1.70$，$d_L=1.65$；对应 $D_U = 4-d_U$，$D_L = 4-d_L$；其中正相关区域的概率为 0.05，具体情况如图 6-15 所示。

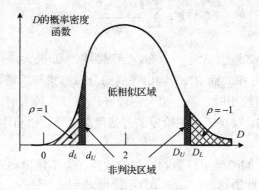

图 6-15 Durbin-Waston 检测

可以证明，利用式（6-91）可以计算出的统计相关性结果，利用短周期性序列也能够进行解析的描述。因此，可以构造几个周期较短的 RNG，并利用 Durbin-Waston 检测方法得到其周期解析表达式，然后再将这几个短周期 RNG 的输出序列合并，可以产生周期很长的随机序列，这时长的随机序列的周期也就很容易的利用解析方法计算出来，利用这种方法确定较长的伪随机序列周期，其运算量小且结果准确。

6.5.2 拟合优良度检测

设计随机数发生器（RNG）的目的，就是用来产生给定分布（比如均匀分布、高斯分布等）输出序列的，这些输出序列是否满足分布要求，可以采用各种"拟合品质"检测方法进行测定。最简单的检测方法是测试 RNG 输出序列的均值和方差，这种方法是通过估计 RNG 输出序列的均值和方差，并将它与要求的值比较而实现的。

除了检测输出序列的统计参数以外，还经常需要将 RNG 输出序列的分布形状与所需要分布进行比较，这里将分别介绍两种拟合优良度检测方法，它们分别是 χ^2 检测方法和柯尔莫哥洛夫-斯米尔诺夫检测方法（简称 K-S 检测方法）。

1. χ^2 检测方法

在对拟合分布进行 χ^2 检测时，需要将该拟合分布的取值范围分为 K 个相邻区间，即 $[a_0,a_1),[a_1,a_2),\cdots,[a_{K-1},a_K)$，然后计算：

$$P_j = \int_{a_{j-1}}^{a_j} f(x)dx \quad j=1,2,\cdots,K \tag{6-92}$$

式中，$f(x)$——拟合的概率密度函数，也就是希望 RNG 输出序列应当满足的概率密度函数。

根据式（6-92）所求得的 P_j，χ^2 检测的步骤可概括如下：

（1）分别统计每个区间上观测数据的个数 N_j，其中 $j=1,2,\cdots,K$，同时计算总观测数，即：

$$\sum_{j=1}^{K} N_j = n \tag{6-93}$$

（2）依据拟合分布 P_j，计算期望个数，即 nP_j，其中 $j=1,2,\cdots,K$；

（3）计算 χ^2 检测的统计值：

$$Z = \sum_{j=1}^{K} \frac{(N_j - nP_j)^2}{nP_j} \tag{6-94}$$

可以证明，随机变量 Z 近似满足 χ^2 分布，当观测总数 n 很大，且 $K>5$ 时，随机变量 Z 近似为自由度是 $K-1$ 的 χ^2 分布。而 RNG 输出序列的分布形状与所需要分布进行比较的拟合优良度用 Z 来确定，当 Z 值较小时，表示拟合得较好；当 Z 值较大时，表示拟合得较差。所得到的 Z 值是否能够被接收，取决于所在给定的置信度条件下，由自由度是 $K-1$ 的 χ^2 分布的尾部概率确定。

在进行 χ^2 检测时，区间的确定将影响检测的效能。为了使检测无偏，要求按 P_j 基本相等的约束条件来确定区间，即所选区间 $[a_{j-1},a_j)$，使得 $P_1=P_2=\cdots=P_K$。另外，根据经验，区间的个数宜在 30～40 以下，并能使 $nP_j \geq 5$，以提高校验的有效性。当然，在离散分布的情形下，不可能保证 P_j 完全相等，但应使 P_j 的值尽可能接近。

2. K-S 检测方法

在利用 χ^2 法对拟合优良度进行检测时，为了提高 χ^2 检验的有效性及无偏性，通常要求 $nP_j \geq 5$，且 P_j 在 $j=1,2,\cdots$ 时大致相等。这就带来两方面的困难：一方面，按 P_j 相等来确定 $[a_{j-1},a_j)$ 时，需要对 $F(x)$ 进行逆运算，而在某些情况下，求 $F(x)$ 的逆运算比较困难，特别是当 $F(x)$ 无封闭形式时，就根本无法求 $F(x)$ 的逆运算；另一方面，当 n 较小时，$P_j \geq 5/n$ 的值较大，从而得到的区间过大，结果造成观测数据的信息丢失。

K-S 检测方法则可以避免上述问题,它不需要对观测数据分组,而是将拟合的分布函数 $F(x)$ 与由观测数据定义的实验分布函数 $\hat{F}(x)$ 进行比较。在 K-S 检测方法中,观测数据的实验分布函数采用如下方式定义。

设观测数据为 $x_1, x_2, \cdots, x_n$,其实验分布函数 $\hat{F}(x)$ 可以表示为:

$$\hat{F}(x) = \frac{(x_i \leq x) \text{的数据个数}}{n} \quad (6\text{-}95)$$

K-S 检测方法是根据 $\hat{F}(x)$ 与 $F(x)$ 的接近程度来确定拟合优良度,评价接近程度的指标是采用 $\hat{F}(x)$ 与 $F(x)$ 之间的最大距离 D_n,可以表示为:

$$D_n = \sup_x \{|F(x) - \hat{F}(x)|\} \quad (6\text{-}96)$$

式中,sup——数学上的"上确界"。

对于式(6-96)而言,D_n 值越小,表明拟合得越好;D_n 值越大,表明拟合得越差。可以证明,对于不同的分布函数 $F(x)$,存在不同的数值 d_n,当 $D_n > d_n$ 时,就可以认为拟合得很差。因此,在 K-S 检测方法中数值 d_n 的确定也是至关重要的。

上面介绍了两种随机序列的测试方法,实际上对于 RNG 而言,随机序列的测试不仅种类繁多,而且方法复杂,因此,测试的工作量非常巨大。在这种情况下,有必要限制测试的范围,只考虑测试那些在仿真中基本的 RNG 输出序列,例如均匀分布序列和高斯序列等。即便如此,若采用的仿真运行时间长,要求的精度高时,作为仿真系统设计的关键部分 RNG,其输出序列需要精心的选择和测试,这又是一项艰巨的工作。

小 结

在仿真过程中需要重复地处理大量的随机因素,任何系统仿真过程都必须具备能够产生多种分布类型的随机变量的生成模块,以通信系统为例,其中的信号、噪声和干扰都使用随机变量和随机过程来表示,不仅如此,对于系统中一些随机时变的模块建模,也需要利用随机过程来进行描述,比如某种形式的无线通信信道等。

本章在介绍了随机变量产生的要求和特点的基础上,主要介绍了产生随机过程采样值的一些方法,这些随机序列是用于驱动系统仿真的,当然它们可能是一维的标量,也可能是多维的矢量形式;既可以是非相关随机序列,也可能是相关随机序列;如果从分布上考虑它们可能是均匀分布,或者是高斯分布的随机序列,也可能是其他分布形式的随机序列。其具体介绍内容主要包含以下几部分。

(1)仿真中采用的随机数不是在概率论意义下真正的随机数,只能称为伪随机数,而生成这种类型随机数设备通常被称为随机数发生器,所产生的随机数应具备随机性、长周期、可再现性、计算效率要高等方面的特点,这些特点也正是后续所产生随机数的具体要求。

(2)在系统仿真中,所有随机过程必须由随机序列来表达,因此,根据分布函数和任意的相关函数(功率谱密度)的形式,应当能够确定获得产生随机数的方法。而各类形式随机数产生的基础是,首先产生具有独立均匀分布的随机数序列,然后经过无记忆非线性变换,就能够得到一个具有任意一阶分布的独立序列。同样,通过使用有记忆功能的线性或非线性变换，也能将一个独立序列变换成具有任意相关性和功率谱密度的序列。在产生相关序列时，如果序列是不相关的高斯序列，经过线性变换就可以得到相关的高斯序列，如果序列为非高斯分布，则情况就变得相对复杂一些。

（3）作为数字信号源的随机序列，可以通过一个计算效率很高的线性反馈移位寄存器得到，产生出一个 PN 序列，PN 序列具有许多良好的特性，这些特性对于通信系统仿真非常有用。

（4）仿真的准确性在很大程度上取决于随机数发生器（RNG）输出序列的质量，因此，测试 RNG 输出序列的周期、相关特性和分布特性就显得非常重要。在大量有效的测试方法中，本章介绍了几种比较简单的方法。

思考与练习

6-1 简述随机数发生器应具备的特点。

6-2 查询相关资料，分析 MATLAB 中均匀随机序列产生器，分析其代数特性和统计特性。

6-3 一个三级反馈移位寄存器，其特征方程为 $f(x)=1+x^2+x^3$。问该式是否为本原多项式，为什么？

6-4 利用 m 序列的移位相加特性，证明双极性 m 序列的周期性自相关函数为二值函数，且主、副峰值之比等于码长。

6-5 已知 m 序列的特征多项式为 $f(x)=1+x+x^4$，写出此序列一个周期中的所有游程。

6-6 利用式（6-91）分析并说明确定相关性的原理。

仿 真 实 验

6-1 分别利用同余算法、Wichman-Hill 算法、Marsaglia-Zaman 算法和 MATLAB 环境自带算法产生均匀分布的随机数，并对所产生的随机数代数特性和统计特性进行比较。

6-2 利用适当的仿真环境产生具有指数型分布随机变量，并进行验证。

6-3 利用适当的仿真环境产生具有几何型分布随机变量，并进行验证。

6-4 假设某概率密度函数如图 6-16 所示，仿真验证"经验反变换法"产生随机变量的正确性。

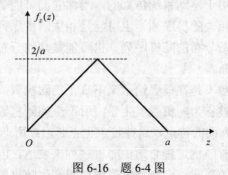

图 6-16 题 6-4 图

6-5 假设 X 为连续的随机变量，其概率密度函数在确定区间 $[a,b]$ 上为 $f_X(x)$，利用图 6-2 中所述的方法编写一段程序来产生采样序列，假设该随机变量在该区间内均匀分布。

6-6 设计一个仿真过程,分别验证"有限型离散随机变量产生算法"和"无限型离散随机变量产生算法"的有效性。

6-7 假设某概率密度函数如图 6-16 所示,试说明仿真验证"舍选法"产生随机变量的正确性。

6-8 分别利用 12 求和方法、Box-Muller 算法和 MATLAB 环境自带算法产生高斯分布的随机数,计算、分析并比较它们相应的均值和方差。

6-9 利用 MATLAB 语言编写产生均值为 3,方差 σ^2 为 4 的高斯白噪声序列,并进行验证。

6-10 利用均匀分布的 RNG 编写一段程序产生一个随机二进制序列,其中 $P(0)=p$,$P(1)=1-p$。

6-11 编写一段程序产生二进制 PN 序列,假设寄存器长度分别为 6 和 16,并验证 m 序列的 7 条性质。

6-12 产生一个 PN 序列,涉及算法验证平稳性和非相关性。

实验案例:梅森旋转算法生成随机数及其改进算法

梅森旋转算法为目前已知生成周期最长、质量最好的随机数生成算法。梅森旋转算法是由 Makoto 和 Takuji 于 1998 年提出,可以快速产生高质量的伪随机数,修正了古老随机数产生算法的许多缺陷。梅森旋转算法基于有限二进制字段上的矩阵线性再生,其周期长度通常取为梅森素数。递推公式为:

$$X_{k+n} = X_{k+m} \oplus (X_k^u \mid X_{k+1}^l)A, \quad k=0,1,\cdots \quad (6.\text{A-1})$$

该递推公式是模 2 类发生器的一种,即产生二进制的随机数位,从而构成随机数。梅森旋转算法产生随机数序列 $\{X_i\}$,其中 $X_i = (X_{i,w-1}, X_{i,w-2},\cdots,X_{i,0})$ 是二进制上的 w 位的字向量。将 $\{X_i\}$ 除以 (2^w-1),即得到区间 $(0,1)$ 上的均匀随机序列 $\{r_i\}$。

需要说明的是,整数 n 为递推式的阶数;整数 r 取值范围为 $0 \leq r \leq (w-1)$,隐藏于 $O(n^{\log_2 3})$ 的定义中;整数 m 取值范围为 $1 \leq m \leq n$;A 为 F_2 域上 $w \times w$ 阶常数矩阵。X_k^u 代表取 X_k^u 的前 $(w-r)$ 位,X_{k+1}^l 表示取 X_{k+1}^l 的后 r 位。$(X_k^u \mid X_{k+1}^l)$ 代表将 X_k^u 的前 $(w-r)$ 位与 X_{k+1}^l 的后 r 连接,从而组成一个新的 w 位的字向量。

n, m, w, A 都是该序列的周期参数,为了得到更长的周期,也为了提高计算速度,一般取 A 为:

$$A = \begin{bmatrix} & 1 & & & \\ & & \ddots & & \\ & & & 1 \\ a_{w-1} & a_{w-2} & \cdots & a_0 \end{bmatrix} \quad (6.\text{A-2})$$

如此,XA 相当于一个位移运算,即:

$$XA = \begin{cases} \text{shift.right}(X), & \text{当}\ X_0=0\ \text{时} \\ \text{shift.right}(X) \oplus a, & \text{当}\ X_0=1\ \text{时} \end{cases} \quad (6.\text{A-3})$$

其中 $X = (X_{w-1}, X_{w-2},\cdots,X_0)$,$a = (a_{w-1},a_{w-2},\cdots,a_0)$。梅森旋转算法的特征多项式展开式大约有 100 多项,且其本原性易被证明,因此它拥有很好的随机性。

由梅森算法的复杂度分析可知，影响算法速度的主要因素为每次随机点坐标生成时算法中大数除法运算，因此提高大整数的除法运算效率将会提高整个算法的运算速度。这里采用移位和预处理的思想，将大数除法转化为乘法降低计算复杂度从而提高算法效率。

由梅森旋转算法中的除法运算 $\dfrac{X_i}{2^w-1}$ 可知，对于每次计算仅有分子 X_i 是随机的可变的，因此可将该除法运算转化为：

$$\frac{X_i}{2^w-1}=\frac{X_i}{2^w}\cdot\frac{2^w}{2^w-1} \tag{6.A-4}$$

其中，等式右边分为两部分 $\dfrac{X_i}{2^w}$ 和 $\dfrac{2^w}{2^w-1}$。$\dfrac{X_i}{2^w}$ 仅需移位即可实现，因式 $\dfrac{2^w}{2^w-1}$ 在每次不同的除法运算中是不变的，可以在算法开始前提前计算作为一个常量参与计算，整个大数除法运算转化为移位运算和两数的乘法运算。对于改进后的乘法运算，设 $x=\left|\dfrac{x_i}{2^w}\right|$，$y=\left|\dfrac{2^w}{2^w-1}\right|$，定义运算 $|\cdot|$ 将小数点忽略，即为去小数点运算，x,y 作为二进制长度为 w 的两个整数参与乘法运算。设 $x=A\times 2^{\frac{w}{2}}+B$、$y=C\cdot 2^{\frac{w}{2}}+D$，其中 A、B、C、D 均为长度为 $\dfrac{w}{2}$ 的整数，则：

$$xy=AC\cdot 2^w+[(A-B)(D-C)+AC+BD]\cdot 2^{\frac{w}{2}}+BD \tag{6.A-4}$$

将计算后得到的结果进行小数化，得到最终正确结果。改进后算法仅需做 3 次 $\dfrac{w}{2}$ 位整数的乘法 (AC,BD) 和 $(A-C)(B-D)$，6 次加、减法和 2 次移位，改进后的算法复杂度为 $o(w^{\log_2 3})$，如图 6.A-1 所示。

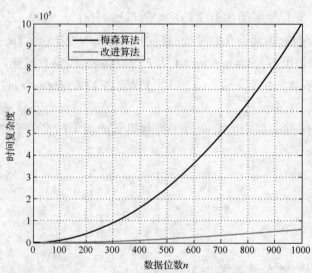

图 6.A-1　两种算法时间复杂度对比

实验模型中使用的 'twister' 状态下的 rand( ) 函数，其数据位为 19937 位，改进后的梅森算法将使时间复杂度降低 61 倍，至少能降低一个数量级。因此，所提出的改进型梅森算法运用到具体的 rand( ) 函数中，能大幅度减少同等实验次数下的仿真时间。

第 7 章 通信系统建模

通信系统的仿真需要在具体的模型上实现，而通信系统的模型就是对真实系统采用合理方式进行的描述，标准的系统描述通常是采用方框图来实现，每个方框代表信号处理的操作。从某种意义上讲，方框图只是一个信号流图，它表示在信号和噪声支配下系统的工作过程，而具体的操作则是由计算机软件实现的。

本章将结合通信系统各个组成模块的工作原理，讨论它们各自的建模方案。

7.1 通信系统的建模方法与原则

与一般系统建模类似，通信系统的建模过程需要考虑许多具体的问题，为了便于讨论，在这里将这些问题归为以下 4 个方面。

1. 层次

从概念上讲，通信系统的层次化描述决定了系统模型化研究方法的风格。在本书第 2 章当中提出了系统模型层次化的概念，并提出：当仿真一个系统时，关注的只是该系统的下一层次，即子系统。虽然通信系统的组成形式多样，但均包含某些基本的子系统功能，例如调制/解调、编码/译码等，具体形式如图 7-1 所示。

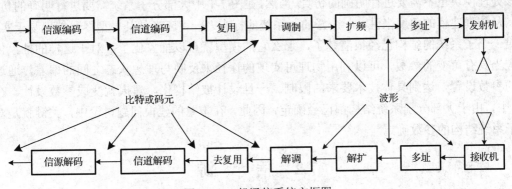

图 7-1 一般通信系统方框图

在图 7-1 中，每个方框图就是一个子系统，或者称为模型，它们将是本章研究的对象，也是使用计算机软件进行描述的方框图，例如在 Simulink 软件中，就是利用上述方式对通信系统进行建模。

2. 模型

模型定义了子系统的一般特征，对于物理模型来说，关注的是功能上的描述，通常采用"黑箱"分析方法。所谓"黑箱"分析方法，就是仅关注系统的输入和输出之间的关系，而不关心系统内部各种细节的分析方法。利用"黑箱"具体特征，可以描述子系统的传递函数。

当然,完全依赖"黑箱"来描述系统,有时并不一定能够实现,但是必须承认"黑箱"分析方法是一种最为简单并且直观的建模方式。

3. 描述

当得到模型分析方法以后,接下来的问题就是如何描述模型。具体描述模型的形式很多,主要包括方程、方程组、经验查表和某种类型的计算方法。但是无论原始描述采用何种方式,它必须转换成具体的软件形式,并在计算机上运行。

4. 开发

开发是系统仿真的具体实现过程,这个过程可以利用硬件完成,当然也可以采用软件来实现。系统仿真的开发过程是一个渐进过程,在初始阶段,除了技术规范以及一些简单的模型描述以外,先验知识很少;在设计的逐步进展当中,更多的细节将变为已知,例如实际的硬件设计或者系统原型的测量结果等。因此,可以认为任何建模法都必须经历这个演变过程,有时也将这个演变过程称为仿真系统的"寿命周期"(EOL)。

为了研究通信系统建模的有关原则,这里需要重新讨论图 7-1。观察图 7-1 可以发现,根据各个子系统处理的对象不同,可以将它们分为处理逻辑元素(比特或码元)的子系统,以及处理信号波形的子系统。对于处理逻辑元素的子系统,其实现算法要求精确;对于处理信号波形的子系统,建模时存在一定的困难,必须进行适当的近似处理。

在图 7-1 所示的仿真系统中,并不是所有的子系统都必须进行仿真,当子系统在理想状态下运行时,就不需要进行明确的仿真。例如,在处理低通等效特性构成的仿真中,频率的"搬移"就不需要进行明确的仿真;再例如,基带数字处理模块不会改变码流的统计特性,因此该处理模块也不需要进行明确的仿真。当然,在图 7-1 中大部分子系统需要进行明确的仿真。

从仿真建模的角度来讲,一个好的子系统的标志之一,应当是其模型尽可能地易于实现。如果一个子系统的结构已经很清楚了,那么它的模型就可以抽象化了。对于这样的抽象化模型应当具有可变的参数,可以利用物理可实现的途径来反映与理想状态之间的偏差,通过适当的参数设置,达到具体技术要求的限制。一旦设计被结构化,建模就变成参数设计。在图 7-1 中,由于大部分子系统结构都已经确定,因此,在本章的建模问题讨论中,关键就是对各个子系统结构的参数确定。

7.2 信 源

在通信系统中,信号、噪声和干扰通常都是随机过程,其中噪声和干扰表示波形中不期望得到的分量。噪声是由于自然原因引起的,而干扰则是人为的,干扰可以是无意的,也可以是有意的。在实际通信系统中,信号和噪声存在明显的区别,但在仿真过程中其模型就不进行区分了。例如,一个单音既可表示信号,也可表示干扰;同样窄带高斯过程同时可用于对信号和噪声的建模。因此,在通信系统仿真时,信息源的输出通常包括信号、噪声和干扰等。

信源按其属性不同又可以分为两类:一类称作数字信源;另一类称作模拟信源。数字信源传送的状态是可数的或离散的,比如符号、文字和数据等;模拟信源传送的状态是连续变化,例如连续变化的语音、图像等,如果要对模拟信源建模仿真,其第一步就是将模拟信源进行离散化处理。下面就分别讨论模拟信源和数字信源在通信仿真系统中的建模与应用。

7.2.1 模拟信源

模拟信号通常是利用幅度和分布函数来描述。仿真时模拟信号一般都由单音、多音组合或滤波器输出的随机过程的采样值来表示。其中，单音是通信系统中最常用的测试信号，为了仿真，必须对单音信号进行采样，于是它的离散时间信号可写为：

$$X(t_k) = A\cos(2\pi f_0 t_k + \theta) \tag{7-1}$$

在仿真过程中，采样通常是等间隔的，其间隔为 T_S。在式（7-1）中有 $t_k = kT_S$，其中 k 为整数。为了扫描系统频率响应和系统功率响应，频率 f_0 和幅度 A 是不断变化的，相位 θ 在 $[0, 2\pi]$ 内均匀分布。然而系统的响应通常对 θ 的变化不敏感，于是可将 θ 值固定为一个任意值。

在带通系统中，单音的频率被搬移到中心频率 f_c 的位置，有时将这种情况也定义为调制，这时其连续信号的形式为：

$$X(t) = A\cos\left[2\pi(f_c + f_0)t + \theta\right] \tag{7-2}$$

仿真中所用的是采样复包络，具体可以写为：

$$\hat{X}(k) = A\exp\left(\frac{2\pi \mathrm{j} k f_0}{f_s}\right)\exp(\mathrm{j}\theta) \tag{7-3}$$

其中，$f_s = T_S^{-1}$ 是采样频率；f_s 的典型值是 8～16 倍的 f_0。同时要求 f_s 是 f_0 的整数倍，如果不是整数倍，相应仿真的频谱当中将包含错误的频谱。

多音信号可以用来估计非线性系统的互调失真，那么在仿真中其复包络的采样形式如下：

$$\tilde{X}(k) = \sum_{n=1}^{M} A_n \exp\left(2\pi \mathrm{j} k \frac{f_n}{f_s} + \mathrm{j}\theta_n\right) \tag{7-4}$$

式中，A_n——第 n 个音的幅度；
θ_n——第 n 个音的相位；
f_n——第 n 个音的频率。

除非已知 θ_n 之间存在特别的关系，否则总是假设 θ_n 在 $[0, 2\pi]$ 内相互独立，于是可以利用均匀分布随机数的产生器来模拟 θ_n 的产生。由于 f_s 的选择不可能是所有 f_n 的整数倍，因此，有可能产生附加的错误频谱，这一点需要在仿真时注意。

多音信号的进一步推广，就是一个包含无限个频率成分的过程，例如模拟音频或视频信号就是这样。这时就很少再使用式（7-4）对它们进行描述了，而用功率谱密度和幅度分布进行描述，但是设计具有任意分布随机过程的随机数产生器是非常困难的，只有在高斯随机过程的前提下，才能够相对简单地仿真，因此在多数情况下可假设多音信号的过程为高斯随机过程。

在高斯假设条件下，信号的采样值利用独立高斯变量序列的线性变换来产生，这种线性变换保留了高斯幅度分布特性，只改变了功率谱密度。选择适当的变换相关系数，可以形成不同谱密度的信号，以尽可能地匹配所需要的功率谱密度形状。线性变换的有关系数可用给定的谱密度匹配自回归（AR）或自回归滑动平均（ARMA）模型来确定，也可以将给定谱密度进行因式分解，然后由因式分解后左半复频域内的零极点，构成一个滤波器来进行线性变换。

对于具有某些特征的随机过程，很难用 RNC 来产生，这时就可以采用合适的方法记录一个实际波形的采样值，并用这些数值作为仿真器的输入，在当前计算机的环境下，合理长度的计算机仿真，不会带来内存和运行时间的困难。实际上，采用储存实验数据方法可能比其他方法产生信号序列的过程更快，当然，它可能增大了仿真初始计算的开销。

在 Simulink 中，利用通信模块库的 Continuous-Time VCO 和 Discrete-Time VCO 模块能够产生连续时间和离散时间的压控振荡器输出信号。其输出正弦信号的频率由输入信号振幅的变化来确定。

1. Continuous-Time VCO 模块

连续时间的压控振荡器（Continuous-Time VCO）产生的频率偏移与输入信号成正比，其模块及对话框如图 7-2 所示。

当输入信号为 $u(t)$ 时，模块输出信号为：

$$X(t) = A\cos\left[2\pi f_c t + 2\pi k \int_0^t u(\tau)\mathrm{d}\tau + \theta\right] \tag{7-5}$$

式中，A——输出信号的幅度，由参数 Output amplitude 指定；

f_c——输入信号为零时，振荡器的输出频率，由参数 Oscillation frequency 指定；

k——决定了输入电压与输出信号频率偏移的比；

θ——振荡器的初始相位，单位是弧度，由参数 Initial phase 指定。

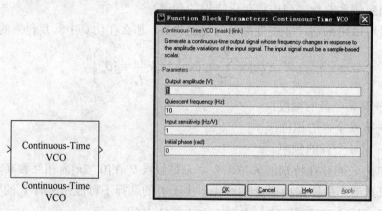

图 7-2　Continuous-Time VCO 模块及对话框

2. Discrete-Time VCO 模块

离散时间的压控振荡器（Discrete-Time VCO）与 Continuous-Time VCO 模块类似，只是 Continuous-Time VCO 模块产生的是模拟信号，而 Discrete-Time VCO 模块产生的是离散信号。其模块及对话框如图 7-3 所示，其中 sample time 表示采样周期。

7.2.2　数字信源

数字信源是指离散的且具有有限个代码的信号源，例如符号、文字，或者已经被量化的模拟信源。在这里需要强调数字信源与数字信号（波形）的区别，数字信源的元素被看作是逻辑或者抽象的实体；而数字信号是携带有数字信息的波形，对于相同的数字信源，可以采用不同的方式来产生波形。例如，在数字通信系统中，载有数字信源的波形表示形式之一，为：

$$X(t) = \sum_{n=-\infty}^{\infty} A_n g(t - nT - t_0) \tag{7-6}$$

式中，A_n——第 n 个数字信源符号所对应的电平值，即 $A_n=A(n)$，电平值可以取 Q 个可能的数字值之一；

$g(t)$——脉冲波形；

T——该序列的码元周期；

t_0——波形延迟。

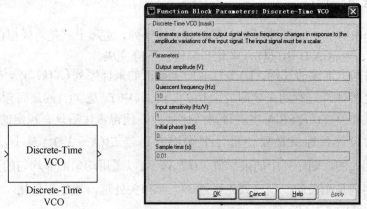

图 7-3 Discrete-Time VCO 模块及对话框

在 Simulink 中，与数字信源相关的模块有多种形式，其主要包括随机数据源（Random Data Sources）库，以及序列发生器（Sequence Generator）库，具体情况如图 7-4 所示。

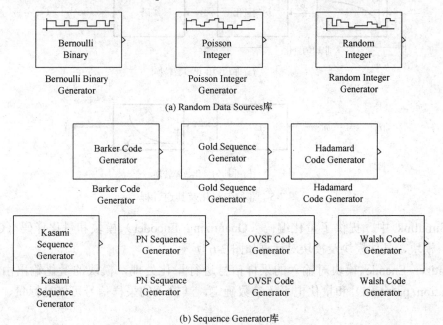

图 7-4 数字信源相关的模块

Random Data Sources 模块和 Sequence Generator 模块的具体使用方法，以及模块对话框请参考相关文献。

7.3 信源编译码

信源编码器可以将信源信息映射成一个二进制（或 M 进制）的序列。而通信中的信源包括模拟信源和数字信源两类，根据信源类型的不同，它所采用的信源编码方式也自然不同。下面就分别予以介绍。

7.3.1 模拟信源编译码

将模拟信源映射成一个二进制（或 M 进制）的序列，实际上就是对模拟信源进行模/数变换（A/D）处理，通常 A/D 由采样、量化和编码三部分完成。

采样是把时间上连续的过程 $X(t)$ 变成时间上离散的采样序列 $\{X(kT_S)\}$，在采样过程中，需要根据采样定理对 T_S 进行约束，即 $T_S \leq 1/(2f_H)$，其中 f_H 是 $X(t)$ 的最高频率。

量化是把采样值 $X(kT_S)$ 在幅度进行离散化处理，使得量化后只有预定的 Q 个有限的值 X_q。量化器的设计目标就是要使量化平均均方误差 $E\{(X-X_q)^2\}$ 最小，如果采样序列 $\{X(kT_S)\}$ 是不相关的，则序列中的采样值 $X(kT_S)$，可以采用均匀或非均匀的量化算法独立进行量化；如果序列是相关的，则序列先经过一个非相关处理，然后再量化，具体量化处理的基本原理见第 5 章的 5.4.4 节。

编码是用一个 M 进制的代码表示量化后的抽样值，通常采用 $M=2$ 的二进制代码来表示。如图 7-5 所示为是非均匀量化及其逆过程的工作原理。

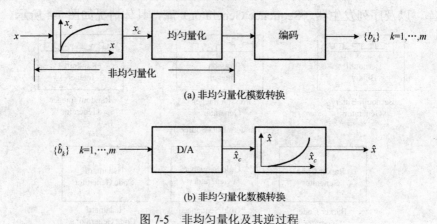

图 7-5 非均匀量化及其逆过程

在 Simulink 中，提供了量化编码（Quantizing Encoder）模块和量化译码（Quantizing Decoder）模块，具体模块及模块对话框如图 7-6 所示。

Quantizer Encode 模块对输入的采样信号进行量化处理，模块的量化输出由量化间隔（Quantization partition）和量化电平等参数确定，其输入的采样信号可以是标量、矢量或者矩阵。

Quantizer Decode 模块能够从一个被量化的信号恢复信息，它将量化指针转换成相应的量化值。其输入的量化值可以是标量、矢量或者矩阵,输出为量化电平值,这些值由 Quantization codebook 参数确定。

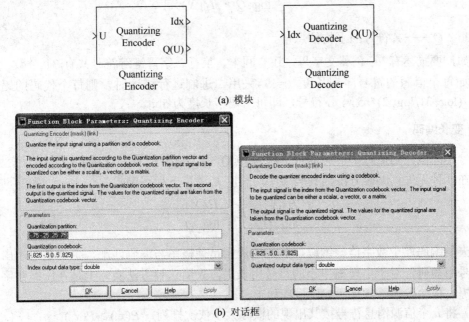

图 7-6　Quantizing Encoder 模块和 Quantizing Decoder 模块

对于非均匀的量化,在 Simulink 中还提供了 A 律压扩模块和 μ 律压扩模块,如图 7-7 所示,具体使用方法请参阅相关文献。

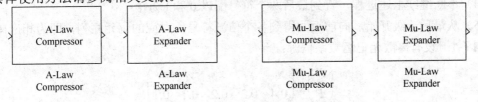

图 7-7　A 律压扩模块和 μ 律压扩模块

7.3.2　数字信源的编译码

数字信源编码就是利用编码器把数字信源的符号(或符号序列)变换成代码的过程,具体原理如图 7-8 所示。在数字信源编码中又分为定长编码和变长编码两类,下面就分别予以介绍。

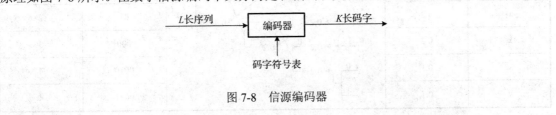

图 7-8　信源编码器

1. 定长编码

由 L 个符号组成的无记平稳信源符号序列 $X_1, X_2, \cdots, X_L$,每个符号的熵为 $H_L(X)$,该序列

可用 K_L 个符号 $Y_1, Y_2, \cdots, Y_{K_L}$ 进行定长编码的条件是：

$$\frac{K_L}{L}\log_2 Q \geq H_L(X) \tag{7-7}$$

式中，$\log_2 Q$ ——Y_i 符号的平均信息量。

例如，要描述有 26 个英文字母，还有回车、换行、字母键等符号共有 31 个数字信源符号。假如每个信源的符号序列长度 $L=1$，采用二进制进行描述时，则每个代码的码字长度 $K_L \geq L \cdot (\log_2 31/\log_2 2) \approx 5$ 码元/符号，即每个码字长度为 5bit。

2. 变长编码

若一个离散无记忆数字信源的符号熵为 $H(X)$，每个信源符号用 Q 进制码元进行变长编码，一定存在一种无失真编码方法，其码字平均长度 $\overline{K}$ 满足下列不等式：

$$\frac{H(X)}{\log_2 Q} \leq \overline{K} \leq \frac{H(X)}{\log_2 Q}+1 \tag{7-8}$$

霍夫曼编码属于数字信源编码，其编码规则是使概率与编码匹配，也就是对于出现概率大的符号用短码，对于出现概率小的符号用长码，采用这种方法实际上是在压缩数字信源，目的是提高传输效率。其具体编码过程如下：

（1）将 n 个信源消息符号按其出现的概率大小依次排列，$P(x_1) \geq P(x_2) \geq \cdots \geq P(x_n)$；

（2）取两个概率最小的符号分别配以 0 和 1 码元，并将这两个概率相加作为一个新的符号概率，与其他符号重新排队；

（3）对重排后的两个概率最小符号重复步骤（2）的过程；

（4）不断继续上述过程，直到最后两个符号配以 0 和 1 为止；

（5）从最后一级开始，向前返回得到各个信源符号所对应的码元序列，即为相应码字。

例 7-1 设有离散无记忆数字信源：

$$\begin{pmatrix} X \\ P \end{pmatrix} = \begin{pmatrix} x_1 & x_2 & x_3 & x_4 & x_5 \\ 0.4 & 0.2 & 0.2 & 0.1 & 0.1 \end{pmatrix}$$

解 利用上述规则进行编码可以得表 7-1。

表 7-1 霍夫曼编码过程（一）

信源符号	出现概率	编码过程	码字	码长
x_1	0.4		1	1
x_2	0.2		01	2
x_3	0.2		000	3
x_4	0.1		0010	4
x_5	0.1		0011	4

当然，通过观察霍夫曼编码方法可以注意到，霍夫曼编码方法并非是唯一的。例如，上面的例题还有表 7-2 所示的编码方式。

表 7-2 霍夫曼编码过程（二）

信源符号	出现概率	编码过程	码 字	码 长
x_1	0.4	0.4　0.4　0.6　0	00	2
x_2	0.2	0.2　0.4　0.4　1	10	2
x_3	0.2	0.2　0.2　0　1	11	2
x_4	0.1	0.2　0　1	010	3
x_5	0.1	1	011	3

比较表 7-1 和表 7-2 的编码过程，可以看到，造成非唯一编码的原因如下：

（1）每次对信源缩减时，赋予信源最后两个概率最小的符号，用 0 和 1 是可以任意的，所以可以得到不同的霍夫曼码，但不会影响码字的长度。

（2）当排序时，信源符号对应概率会出现相同的现象，这时它们的位置放置次序是可以任意的，故会得到不同的霍夫曼码，此时将影响码字的长度，一般将合并的概率放在上面，这样编码效果较好。

利用表 7-1 和表 7-2 给出的霍夫曼码，分别计算它们的平均码长，发现它们相等：

$$\overline{K} = \sum_{i=1}^{5} P(x_i)K_i = 2.2 \text{ 码元/符号}$$

霍夫曼编码小结：霍夫曼码是用概率匹配方法进行信源编码。它有两个明显的特点：

（1）霍夫曼码的编码方法保证了概率大的符号对应于短码，概率小的符号对应于长码，充分利用了短码。

（2）缩减信源的最后二个码字总是最后一位不同，从而保证了霍夫曼码是即时码。

总之，数字信源编码实际上就是一个关于数/数（D/D）的转换，它是一个不存在建模难度的离散操作，如果能够实现，D/D 转换是非常快的，因为它只涉及基于码元和比特的操作。

同时模拟信源编码与 A/D 变换相对应。理想的 A/D 变换是比较容易仿真的，无论是均匀还是非均匀量化，都是一个无记忆的非线性变换，这种变换可以直接实现，具体方法是在采样瞬间读取输入信号，并计算或者查找相应的量化输出值。但是，实际 A/D 子系统在建模时就复杂了许多，它不仅需要考虑硬件设计等因素，而且还需要考虑芯片处理的速度和精度等。目前，在许多仿真软件中，均带有信源编码的相关模块库，例如，在 Simulink 的通信库中，就包含有 Comm source 库和 Source coding 库。

7.4 数字基带

信源编码子系统（FSC）的输出是数字序列或者相应的脉冲波形，为了便于在数字基带系统内传输，需要将 FSC 的输出转换成数字基带信号，在设计数字基带信号码型时应考虑以下 6 个原则。

（1）码型中应不含直流分量，且尽量减小基带信号频谱中的低频分量和高频分量。

（2）码型中应包含表示每个码元起止时刻的定时信息，便于提取码元同步。

（3）码型具有一定检错能力。若传输码型有一定的规律性，则就可根据这一规律性来检测传输质量，以便做到自动监测。

（4）编码方案对发送消息类型不应有任何限制，即能适用于信源变化。这种与信源的统计特性无关的性质称为对信源具有透明性。

（5）低误码增殖。对于某些基带传输码型，信道中产生的单个误码会扰乱一段译码过程，从而导致译码输出信息中出现多个错误，这种现象称为误码增殖。

（6）高的编码效率，同时编译码设备应尽量简单。

对于上述原则如果从仿真中的观点来看，FSC 的输出到数字基带信号的转换过程可以分成两部分：一部分称为逻辑到逻辑的映射（转换），它将二进制或 M 进制序列映射成具有某种特性的序列；另一部分是逻辑到实际波形的映射，它是将逻辑序列与所选的脉冲波形对应起来。当然，这两种转换过程的划分并不是绝对的，例如下面将要讨论的差分编码，在两种转换中都出现了。

7.4.1 逻辑到逻辑的映射

1. 差分编码

这种码型的特点是把数字序列中的"1"或"0"反映在相邻信号码元的相对极性变化上，它是一种相对码。通常假设相邻码元的极性有变化，表示为"1"码；而极性不变则表示为"0"码。依据这一编码规则，如果 $\{a_m\}$ 表示 FSC 的输出的 (0,1) 二进制序列，$\{b_m\}$ 表示差分编码器输出的 (0,1) 序列，则：

$$b_m = a_m \oplus b_{m-1} \qquad (7\text{-}9)$$

式中，$\oplus$——模 2 加。

如果将式（7-9）用状态转移图来表示，可以更直观地看到差分编码过程，具体情况如图 7-9 所示。

状态 S_0 或 S_1 分别表示前一时刻 FSC 输出的"0"或"1"，分支箭头表示紧随其后差分编码器输出状态，即输入/状态。

图 7-9 差分编码状态转移图

在 Simulink 中，可以使用 Differential Encoder 模块和 Differential Decoder 模块进行差分信号的编译码功能，具体模块及对话框如图 7-10 所示。

2. 预编码与相关编码

根据奈奎斯特第一准则，为了消除码间干扰，可把基带系统总的传输特性 $H(\omega)$ 设计成理想低通特性。然而对于理想低通特性的系统而言，其冲激响应为 $\sin x/x$ 波形，这个波形的特点是频谱窄，而且能达到理论上的极限传输速率 2B/Hz；但其缺点是第一个零点以后的尾巴振荡幅度大、收敛慢，从而对定时要求十分严格，因为若定时稍有偏移，则极易引起严重的码间干扰。于是，又提出了采用等效理想低通传输特性，例如采用升余弦频率特性。此时虽然减小了尾巴的振荡，对定时也可放松些要求，但是所需的频带却加宽了。

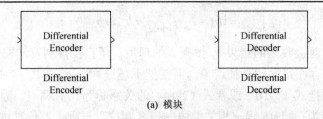

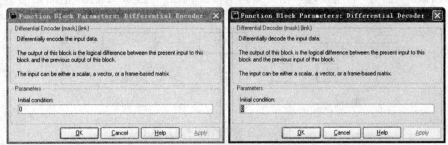

(b) 对话框

图 7-10 Differential Encoder 模块和 Differential Decoder 模块

由此可见，高的频带利用率与"尾巴"衰减大、收敛快是互相矛盾的。幸运的是，奈奎斯特第二准则解决了这一矛盾，准则指出：有控制地在某些码元的抽样时刻引入码间干扰，而在其余码元的抽样时刻无码间干扰，那么就能使频带利用率提高到理论上的最大值，同时又可以降低对定时精度的"要求"，通常把这种波形称为部分响应波形，利用部分响应波形进行传送的基带传输系统称为部分响应系统。

为了构建部分响应波形，需要对输入的二进制码元序列 $\{a_m\}$ 进行处理，使得发送码元 a_m 时，在相应接收端获得 c_m，利用奈奎斯特第二准则，则 a_m 和 c_m 之间的关系为：

$$c_m = a_m + a_{m-1} \tag{7-10}$$

或者：

$$a_m = c_m - a_{m-1} \tag{7-11}$$

如果从通信系统的角度考虑，式（7-10）表示部分响应波形编码公式，式（7-11）表示译码公式。如果 a_{m-1} 码元已经判定，则借助式（7-11），在收端根据收到的 c_m，再减去 a_{m-1} 便可得到 a_m 的取值。应该看到，上述判决方法虽然在原理上是可行的，但可能会造成错误的传播，即只要一个码元发生错误，则这种错误会通过式（7-11）相继影响以后的码元。为了消除错误的传播现象，在发端首先进行预编码得到 b_m，即：

$$a_m = b_m \oplus b_{m-1} \tag{7-12}$$

或者：

$$b_m = a_m \oplus b_{m-1} \tag{7-13}$$

然后，把 b_m 当作发送滤波器的输入码元序列，于是接收端参照式（7-10）进行解码时，可以得到：

$$c_m = b_m + b_{m-1} \tag{7-14}$$

显然，若对式（7-14）做模 2（Mod2）处理，则有：

$$[c_m]_{\text{mod}2} = [b_m + b_{m-1}]_{\text{mod}2} = b_m \oplus b_{m-1} = a_m \qquad (7\text{-}15)$$

这个结果说明，对接收到的结果 c_m 做模 2 处理后，便直接得到发送端的 a_m，此时不需要预先知道 a_{m-1}，也不存在错误的传播现象。通常把上述过程中 a_m 按式（7-13）处理得到 b_m 的过程称为预编码，而把式（7-10）或者式（7-14）的关系称为相关编码。因此，整个部分响应系统处理过程可概括为："预编码→相关编码→模 2 判决"过程，其原理框图如图 7-11 所示。

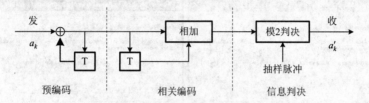

图 7-11　部分响应系统组成方框图

如果将输入的二进制码元序列 $\{a_m\}$ 推广到 M 进制，相应的编码电平 c_m 将可以表示为：

$$c_m = R_1 a_m + R_2 a_{m-1} + \cdots + R_N a_{m-(N-1)} \qquad (7\text{-}16)$$

由此可以看出，不同的 $R_i (i = 1, 2, \cdots, N)$ 将构成有不同的相关编码形式，c_m 的电平数将依赖于 a_m 的进制数 M 以及 R_i 的取值，无疑 c_m 的电平数将要超过 a_m 的进制数。

为了避免从 c_m 重新获得 a_m 的过程的错误传播，通常需要经过类似于前面介绍的"预编码→相关编码→模 2 判决"处理过程。对于进制数 M 序列 $\{a_m\}$，预编码的运算过程如下：

$$a_m = R_1 b_m + R_2 b_{m-1} + \cdots + R_N b_{m-(N-1)} \qquad (7\text{-}17)$$

注意，这里的"+"是指"模 M 相加"，因为 a_m 和 b_m 已假设为 M 进制。然后，将 b_m 进行相关编码：

$$c_m = R_1 b_m + R_2 b_{m-1} + \cdots + R_N b_{m-(N-1)}, \text{ 算术加} \qquad (7\text{-}18)$$

再对 c_m 进行模 M (mod M) 处理，则有：

$$[c_m]_{\text{mod}M} = [R_1 b_m + R_2 b_{m-1} + \cdots + R_N b_{m-(N-1)}]_{\text{mod}M} \qquad (7\text{-}19)$$

关于 R_i 的选择，请参考相关文献。

3. 密勒（Miller）编码

密勒编码又被称延迟调制码，编码效率为 1/2。编码规则如下："1" 码用码元持续时间中心点出现跃变来表示，即用 "10" 或 "01" 来表示。"0" 码分两种情况处理：对于单个 "0" 码时，在码元持续时间内不出现电平跃变，且与相邻码元的边界处也不跃变；对于连 "0" 码时，在两个 "0" 码的边界处出现电平跃变，即 "00" 与 "11" 交替。为了便于理解与仿真，如图 7-12 所示给出了它的状态转移图。密勒编码最初用于卫星通信和磁存储介质的数据存储方面，现在也用于低速基带数传机中。

7.4.2　逻辑到波形的映射

数字基带信号的类型很多，下面以由矩形脉冲组成的基带信号为例，介绍几种最基本的基带信号波形，如图 7-13 所示。

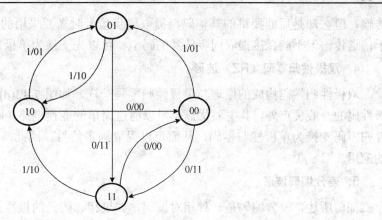

图 7-12 Miller 编码状态转移图

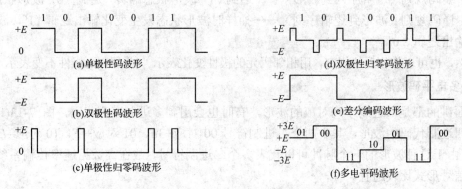

图 7-13 几种基本的基带信号波形

1. 单极性码（NRZ）波形

假设 FSC 的输出消息代码是(0, 1)二进制序列，如果基带信号的 0 电位及正电位分别与二进制符号"0"及"1"一一对应，如图 7-13(a)所示。容易看出，这种信号在一个码元时间内，不是有电压（或电流），就是无电压（或电流），电脉冲之间无间隔，极性单一。该波形经常在近距离传输时被采用，比如在印制板内或相近印制板之间的信号传输。

2. 双极性码（NRZ）波形

双极性波形就是二进制符号"0""1"分别与正、负电位相对应的波形，如图 7-13(b)所示。它的电脉冲之间也无间隔。但由于是双极性波形，故当"0""1"符号等可能出现时，它将无直流成分。该波形常在 CCITT 的 V 系列接口标准，以及美国电子工业协会（EIA）的 RS-232C 接口标准中使用。

3. 单极性归零码（RZ）波形

单极性归零码是在传送"1"码时发送一个宽度小于码元持续时间的归零脉冲。在传送"0"码时不发送脉冲，其波形如图 7-13(c)所示。与图 7-13(a)的波形相比，脉冲宽度变窄，还没有到一个码元的终止时刻就回到零值，因此，这种波形称为单极性归零码。如果归零码宽度为 τ，则称 τ/T 为占空比。单极性归零码与单极性码比较，除了仍然具有单极性码的一般缺点外，主要有一个可以直接提取同步信号的优点，这个优点并不意味着单极性码能广泛应用到信道传输，但它却是后面要讲的其他码型提取同步信号时需要采用的一个过渡码型，即其他适合于信道传输但不能直接提取同步信号的码型，可以先变换为单极性归零码再提取同步信号。

4. 双极性归零码（RZ）波形

双极性归零码构成的原理与单极性归零码一样，如图 7-13(d)所示。这种码型除了具有双极性码的一般优点外，其主要优点是可以通过简单的变换电路（即全波整流电路），使得双极性归零码变换为单极性归零码，从而可以提取同步信号。因此，双极性归零码得到比较广泛的应用。

5. 差分编码波形

如前所述，差分编码是一种相对编码，如果相邻码元的极性发生变化表示"1"码，而极性不变化表示"0"码，由此可得图 7-13(e)所示的波形。其相应的编译码规则可以描述如下：

（1）编码规则（逻辑序列到波形）——遇到"1"波形状态翻转，遇到"0"波形状态不变；

（2）译码规则（波形到逻辑序列）——抽样时波形状态发生变化输出逻辑"1"，波形状态无变化输出逻辑"0"。

当然，也可以作相反的规定，用相邻码元的极性变化表示"0"码，而极性不变表示"1"码。

6. 多电平码波形

上面讲的都是二进制序列对应的波形，有时也会用到多进制序列代码，图 7-13(f)中画出了一种四进制代码的波形，其中两个二进制符号 00 对应+3E，01 对应+E，10 对应$-E$，11 对应$-3E$。由于这种波形的一个脉冲可以代表多个二进制符号，故在高数据速率传输系统中，采用这种信号形式比较适宜。

实际上，组成基带信号的单个码元波形并非一定是矩形的，根据实际的需要，还可有多种多样的波形形式，比如升余弦脉冲、高斯形脉冲、脉冲等，这里就不一一介绍了。

7.4.3 二进制数字基带通信系统仿真

利用 MC 方法对二进制数字基带通信系统的仿真，实际上就是根据上述所采用的数字基带信号的类型，在不同噪声干扰情况下的，进行的误码率 P_e 的统计，进而得到信噪比 SNR 与 P_e 的关系。具体的系统仿真模型如图 7-14 所示。

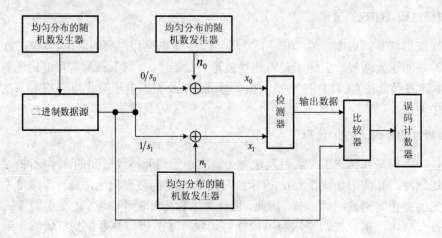

图 7-14 二进制数字基带通信系统仿真模型

根据图7-14，二进制数字基带通信系统仿真模型的具体仿真步骤如下所述。

（1）产生一个具有等概率出现并互为统计独立的二进制"0"和"1"的序列。为了实现这一过程，构建一个能够产生(0,1)内范围，且均匀分布的随机数发生器，如果产生的随机数是在大于0小于等于0.5，二进制源的输出就是0；否则它就是1。

（2）二进制逻辑序列到波形的变换。若二进制逻辑序列输出一个"0"，那么 $x_0 = s_0 + n_0$，$x_1 = n_1$；逻辑序列输出一个"1"，那么 $x_0 = n_0$，$x_1 = s_1 + n_1$。

（3）利用两个高斯噪声发生器产生加性噪声分量 n_0 和 n_1，它们的均值是零，方差是 σ^2，实际上这里 σ^2 就是噪声的功率。

仿真中可以调节的参数介绍如下：

（1）调节基带信号波形。通过选择不同的 s_0 和 s_1，就可以实现从二进制逻辑序列到不同波形的变换。

（2）调节加性噪声分量 n_0 和 n_1 的方差 σ^2，也就是调节输入检测器噪声的功率，因此，在保持信号功率不便的前提下，可以观测信噪比SNR与误码率 P_e 的关系。

7.5 信道编码

设计通信系统的目的就是把信源产生的信息有效、可靠地传送到目的地。在数字通信系统中，为了提高数字信号传输的有效性而采取的编码称为信源编码；为了提高数字通信的可靠性而采取的编码称为信道编码。

在实际信道传输数字信号的过程中，引起传输差错的根本原因在于信道内存在的噪声，以及信道传输特性不理想所造成的码间串扰。为了提高数字传输系统的可靠性，降低信息传输的差错率，可以利用均衡技术消除码间串扰；利用增大发射功率，降低接收设备本身的噪声，选择好的调制制度和解调方法，加强天线的方向性等措施，但上述措施也只能将传输差错减小到一定程度，要进一步提高数字传输系统的可靠性，就需要采用差错控制编码，对可能或已经出现的差错进行控制。

差错控制编码是在信息序列附加上一些监督码元，利用这些冗余的码元，使原来不规律的或规律性不强的原始数字信号变为有规律的数字信号；差错控制译码则利用这些规律性来鉴别传输过程是否发生错误，或进而纠正错误。传统上，将编码分为两大类：分组码和卷积码。无论是哪种类型，使用冗余的码元都需要增大传输带宽。香农（Shannon）已经证明，在给定信号功率的前提下，增大信号传输的带宽可以降低比特误码率（BER），也就是说，降低信号功率同时适当地增大信号的传输带宽，可以保持给定的BER。

信道编码的好处常用编码增益来表示，该增益表示在相同的BER条件下，有无信道编码所需信噪比的分贝数差。通常很难得到编码增益的精确表达式，即使在AWGN信道中也如此。当然，如果再考虑信道的非线性、非加性或非高斯噪声等复杂情况，要获取精确解析表达式几乎是不可能的，因此通常需要借助仿真来较为精确地获得编码增益。

在实际应用中，有两种方式可以用来估计编码的效果：

（1）利用适当的近似或者边界条件，采用解析方法计算编码增益；

（2）直接仿真信道编解码算法，通过仿真来计算编码增益。

通常情况下，采用第二种方法计算的精度较高。因此，掌握信道有关编译码方案，介绍相关仿真模块，将成为本节介绍的主要内容。

7.5.1 分组码

分组码是将原始数字信号分组后再进行传输的信道编码方式，例如每 k 个二进制码元为一组（称为信息组），经信道编码后转换为每 n 个码元一组的码字（码组），这里 $n > k$，分组码通常表示为 (n, k)。可见，信道编码是用增加数码，利用"冗余"来提高信号抗干扰能力的，也就是以降低信息传输速率为代价来减少误码的出现，或者说是用削弱有效性来增强可靠性的。

在分组码中，监督位被加到信息位之后，形成新的码字。在编码时，k 个信息位被编为 n 位码组长度，而 $n–k$ 个监督位的作用就是实现检错与纠错。当分组码的信息码元与监督码元之间的关系为线性关系时，这种分组码就称为线性分组码。

1. 汉明码

汉明码就是一种能够纠正单个错误的线性分组码。它具有以下特点：

（1）最小码距 $d_{min}=3$，可以纠正一位错误；

（2）码长 n 与监督元个数 r 之间满足关系式为 $n = 2^r - 1$。

根据上述两个特点，汉明码可以表示为：$(n,k) = (2^r -1, 2^r -1 -r)$。如果要产生一个系统汉明码，可以将矩阵 H 转换成典型形式的监督矩阵，进一步利用 $Q = P^T$ 的关系，得到相应的生成矩阵 G。所谓监督矩阵的典型形式是指 $H = [P \quad I_r]$，其中 I_r 表示单位阵。

以 $(7, 4)$ 汉明码为例，其监督线性方程组可以表示为：

$$\begin{cases} 1 \cdot a_6 + 1 \cdot a_5 + 1 \cdot a_4 + 0 \cdot a_3 + 1 \cdot a_2 + 0 \cdot a_1 + 0 \cdot a_0 = 0 \\ 1 \cdot a_6 + 1 \cdot a_5 + 0 \cdot a_4 + 1 \cdot a_3 + 0 \cdot a_2 + 1 \cdot a_1 + 0 \cdot a_0 = 0 \\ 1 \cdot a_6 + 0 \cdot a_5 + 1 \cdot a_4 + 1 \cdot a_3 + 0 \cdot a_2 + 0 \cdot a_1 + 1 \cdot a_0 = 0 \end{cases} \quad (7\text{-}20)$$

对于式（7-20）可以用矩阵形式来表示：

$$\begin{bmatrix} 1 & 1 & 1 & 0 & 1 & 0 & 0 \\ 1 & 1 & 0 & 1 & 0 & 1 & 0 \\ 1 & 0 & 1 & 1 & 0 & 0 & 1 \end{bmatrix} \cdot [a_6 \quad a_5 \quad a_4 \quad a_3 \quad a_2 \quad a_1 \quad a_0]^T = \begin{bmatrix} 0 \\ 0 \\ 0 \end{bmatrix} \quad (7\text{-}21)$$

式（7-21）可以记作：

$$HA^T = 0^T \text{ 或 } AH^T = 0$$

其中：

$$H = \begin{bmatrix} 1 & 1 & 1 & 0 & 1 & 0 & 0 \\ 1 & 1 & 0 & 1 & 0 & 1 & 0 \\ 1 & 0 & 1 & 1 & 0 & 0 & 1 \end{bmatrix} = [P \quad I_r] \quad (7\text{-}22a)$$

$$A = [a_6 \quad a_5 \quad a_4 \quad a_3 \quad a_2 \quad a_1 \quad a_0] \quad (7\text{-}22b)$$

$$0 = [0 \quad 0 \quad 0] \quad (7\text{-}22c)$$

可以证明，与式（7-20）对应的生成矩阵 G 可以表示为：

$$G = \begin{bmatrix} I_k & P^T \end{bmatrix} = \begin{bmatrix} 1 & 0 & 0 & 0 & 1 & 1 & 1 \\ 0 & 1 & 0 & 0 & 1 & 1 & 0 \\ 0 & 0 & 1 & 0 & 1 & 0 & 1 \\ 0 & 0 & 0 & 1 & 0 & 1 & 1 \end{bmatrix} \quad (7\text{-}23)$$

利用生成矩阵 G 以及待编码的信息 M，就可以产生信道编码码字：

$$A = M \cdot G = \begin{bmatrix} a_6 & a_5 & a_4 & a_3 \end{bmatrix} \cdot G \quad (7\text{-}24)$$

式（7-21）就是汉明码的监督关系表达式，式（7-24）表示产生整个码组的过程，根据上述两个关系式，可以得到如图 7-15 所示的 (7,4)汉明码的编译码电路。

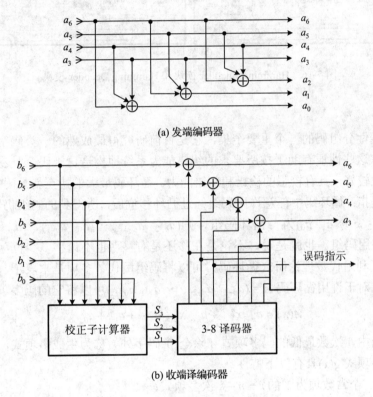

图 7-15 (7,4)汉明码的编译码器

在 Simulink 中，可以使用 Hamming Encoder 模块和 Hamming Decoder 模块实现汉明码的编译码功能，具体模块及对话框如图 7-16 所示。

Hamming Encoder 模块和 Hamming Decoder 模块，可以实现 (n, k) 的汉明码编码。码字长度为 n（对话框中为 N）的长度必须满足 $n = 2^r - 1$，其中 r（对话框中为 "N"）为大于等于 3 的整数。信息长度 k（对话框中为 "K"）满足 $k = 2^r - 1 - r$。在选定编码方案时，用户可以指定本原多项式或使用默认的设置，使用默认设置时，只需输入 N 作为输入参数，模块使用函数 gfprimfd( )作为用户的本原多项式。当然，用户也可以自行设计本原多项式，相关设置方法请参阅 MATLAB 中函数 gfprimfd( )的使用。

(a) 模块

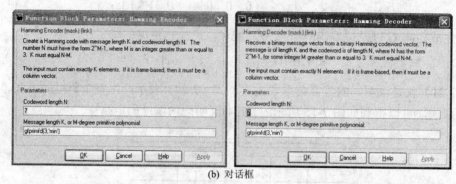

(b) 对话框

图 7-16　Hamming Encoder 模块和 Hamming Decoder 模块

2. 循环码

循环码是线性分组码的一个重要子集，它是目前研究得最成熟的一类码字，具有许多特殊的代数性质。这些性质有助于按所要求的纠错能力系统地构造这类码，且易于实现。同时循环码的性能也较好，具有较强的检错和纠错能力。循环码最大的特点就是码字的循环特性。所谓循环特性是指：循环码中任意许用码组经过循环移位后，所得到的码组仍然是许用码组。

若 $(a_{n-1}\ a_{n-2}\ \cdots\ a_1\ a_0)$ 为一循环码组，则 $(a_{n-2}\ a_{n-3}\ \cdots\ a_0\ a_{n-1})$、$(a_{n-3}\ a_{n-4}\ \cdots\ a_{n-1}\ a_{n-2})$……还是许用码组。也就是说，不论是左移还是右移，也不论移多少位，仍然是许用的循环码组。为了利用代数理论研究循环码，可以将码组用代数多项是来表示，这个多项式被称为码多项式，对于许用循环码 $A = (a_{n-1}\ a_{n-2}\ \cdots\ a_1\ a_0)$，可以将它的码多项式表示为：

$$A(x) = a_{n-1}x^{n-1} + a_{n-2}x^{n-2} + \cdots + a_1 x + a_0 \tag{7-25}$$

在循环码当中，次数最低的码多项式（除全 0 码字外）称为生成多项式，用 $g(x)$ 表示。可以证明生成多项式 $g(x)$ 具有以下特性：

（1）$g(x)$ 是一个常数项为 1 的 $r = n - k$ 次多项式；

（1）$g(x)$ 是 $x^n + 1$ 的一个因式；

（3）该循环码中其他码多项式都是 $g(x)$ 的倍式。

在编码时，首先需要根据给定循环码的参数确定生成多项式 $g(x)$，也就是从 $x^n + 1$ 的因子中选一个 $(n-k)$ 次多项式作为 $g(x)$；然后利用循环码的编码特点，即所有循环码多项式 $A(x)$ 都可以被 $g(x)$ 整除，来确定循环码多项式 $A(x)$。

根据上述原理可以得到一个较简单的系统循环码编码方法：设要产生 (n,k) 循环码，$m(x)$ 表示信息多项式，则其次数必小于 k，而 $x^{n-k} \cdot m(x)$ 多项式的次数必小于 n，用 $x^{n-k} \cdot m(x)$ 除以 $g(x)$，可得余数 $r(x)$，$r(x)$ 的次数必小于 $(n-k)$，将 $r(x)$ 加到信息位后作监督位，就得到了系统循环码。下面就将以上各步处理加以解释：

（1）用 x^{n-k} 乘 $m(x)$。这一运算实际上是把信息码后附加上 $(n-k)$ 个 "0"。例如，信息码为 110，它相当于 $m(x)=x^2+x$。当 $n-k=7-3=4$ 时，$x^{n-k}\cdot m(x)=x^6+x^5$，它相当于 1100000。而希望得到的系统循环码多项式应当是 $A(x)=x^{n-k}\cdot m(x)+r(x)$。

（2）求 $r(x)$。由于循环码多项式 $A(x)$ 都可以被 $g(x)$ 整除，也就是：

$$\frac{A(x)}{g(x)}=Q(x)=\frac{x^{n-k}\cdot m(x)+r(x)}{g(x)}=\frac{x^{n-k}\cdot m(x)}{g(x)}+\frac{r(x)}{g(x)} \qquad (7\text{-}26)$$

其中，"+" 为模 2 加法，"+" 和 "−" 等价，因此，式（7-26）可以表示为：

$$\frac{x^{n-k}\cdot m(x)}{g(x)}=Q(x)+\frac{r(x)}{g(x)} \qquad (7\text{-}27)$$

式（7-27）表示用 $x^{n-k}\cdot m(x)$ 除以 $g(x)$，就得到商 $Q(x)$ 和余式 $r(x)$，这样就得到了 $r(x)$。

（3）编码输出系统循环码多项式 $A(x)$ 为：

$$A(x)=x^{n-k}\cdot m(x)+r(x) \qquad (7\text{-}28)$$

上述 3 步编码过程的 "+" 均为模 2 加法。

如果某个循环码的生成多项式为：

$$g(x)=x^{n-k}+g_{n-k-1}x^{n-k-1}+\cdots+g_1x+1 \qquad (7\text{-}29)$$

则循环编码器可以利用除法电路来构建，具体电路如图 7-17 所示。

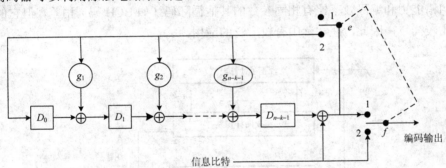

图 7-17　(n,k) 循环码的编码器

图中有 k 个移位寄存器，一个双刀双掷开关。当信息位输入时，开关位置接 "2"，输入的信息码一方面送到除法器进行运算，一方面直接输出；当信息位全部输出后，开关位置接 "1"，这时输出端接到移位寄存器的输出，这是除法的余项，也就是监督位的输出。

对于接收端译码的要求通常有两个：检错与纠错。达到检错目的译码十分简单，可以通过判断接收到的码组多项式 $B(x)$ 是否能被生成多项式 $g(x)$ 整除，当传输中未发生错误时，也就是接收的码组与发送的码组相同，即 $A(x)=B(x)$，则接收的码组 $B(x)$ 必能被 $g(x)$ 整除；若传输中发生了错误，则 $A(x)\neq B(x)$，$B(x)$ 不能被 $g(x)$ 整除。因此，可以根据余项是否为零来判断码组中有无错码。需要指出的是，有错码的接收码组也有可能被 $g(x)$ 整除，这时的错码就不能检出了。这种错误被称为不可检错误，不可检错误中的错码数必将超过这种编码的检错能力。

在接收端为纠错而采用的译码方法自然比检错要复杂许多，因此，对纠错码的研究大都集中在译码算法上，通常利用校正子与错误图样之间存在某种对应关系，来进行纠错。如同其他线性分组码，循环码的译码可以分 3 步进行：

(1) 由接收到的码多项式 $B(x)$ 计算校正子（伴随式）多项式 $S(x)$；

(2) 由校正子 $S(x)$ 确定错误图样 $E(x)$；

(3) 将错误图样 $E(x)$ 与 $B(x)$ 相加，纠正错误。

上述第（1）步运算和检错译码类似，也就是求解 $B(x)$ 整除 $g(x)$ 的余式，第（3）步也很简单。因此，纠错码译码器的复杂性主要取决于译码过程的第（2）步。

基于错误图样识别的译码器称为梅吉特译码器，它的原理图如图 7-18 所示。错误图样识别器是一个具有 $(n-k)$ 个输入端的逻辑电路，原则上可以采用查表的方法，根据校正子找到错误图样，利用循环码的上述特性可以简化识别电路。梅吉特译码器特别适合于纠正两个以下的随机独立错误。

在图 7-18 中，k 级缓存器用于存储系统循环码的信息码元，模 2 加电路用于纠正错误。当校正子为 0 时，模 2 加来自错误图样识别电路的输入端为 0，输出缓存器的内容；当校正子不为 0 时，模 2 加来自错误图样识别电路的输入端在第 i 位输出为 1，它可以使缓存器输出取补，即纠正错误。

循环码的译码方法除了梅吉特译码外，还有捕错译码、大数逻辑译码等方法。捕错译码是梅吉特译码的一种变形，也可以用较简单的组合逻辑电路实现，它特别适合于纠正突发错误、单个随机错误和两个错误的码字。大数逻辑译码也称为门限译码，这种译码方法也很简单，但它只能用于有一定结构的为数不多的大数逻辑可译码，虽然在一般情形下，大数逻辑可译码的纠错能力和编码效率比有相同参数的其他循环码（如 BCH 码）稍差，但它的译码算法和硬件比较简单，因此，在实际中有较广泛的应用。

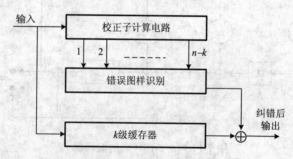

图 7-18 梅吉特译码器原理图

在 Simulink 中，可以使用 Binary Cyclic Encoder 模块和 Binary Cyclic Decoder 模块，实现循环码的编译码功能，具体模块及对话框如图 7-19 所示。

Binary Cyclic Encoder 模块和 Binary Cyclic Decoder 模块的 N、M 和 K 取值要求与汉明编译码模块一致。而决定循环码的编码方案的方法通常有以下两种：

(1) 为了产生一个 (N,K) 循环码，将 N 和 K 作为第一个和第二个输出参数，模块会利用 cyclpoly(N,K,'min')，计算出一个合适的生成多项式；

(2) 为了编一个码长为 N，并且具有特定 $(N-K)$ 阶二进制生成多项式的循环码，输入 N 作为第一个参数，输入一个二进制向量作为第二个参数。这个向量表示生成多项式，它是以指数升幂的顺序列出的参数。用户可以使用函数 cyclpoly( ) 来产生循环码的生成多项式。

在 Simulink 中，除了上述汉明码和循环码两种线型分组码外，分组码库和 CRC 库中还包含以下模块，具体情况如图 7-20 所示。

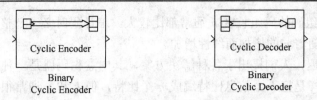

(a) 模块

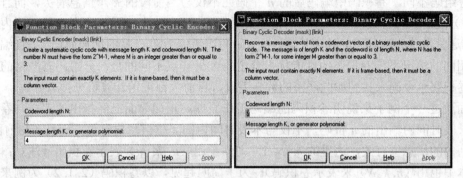

(b) 对话框

图 7-19　Binary Cyclic Encoder 模块和 Binary Cyclic Decoder 模块

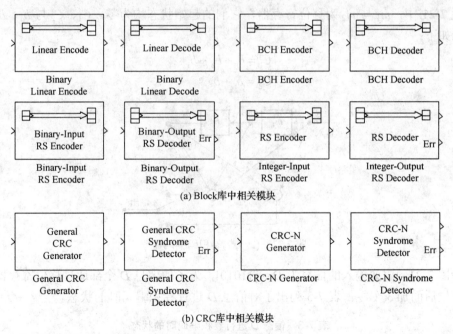

(a) Block 库中相关模块

(b) CRC 库中相关模块

图 7-20　Block 库和 CRC 库

7.5.2 卷积码

1. 基本概念

在一个二进制分组码 (n,k) 当中，包含 k 个信息位，码组长度为 n，每个码组的 $(n-k)$ 个校验位仅与本码组的 k 个信息位有关，而与其他码组无关。为了达到一定的纠错能力和编码效率（$R_c=k/n$），分组码的码组长度 n 通常都比较大。编译码时必须把整个信息码组存储起来，由此产生的延时随着 n 的增加而线性增加。

为了减少这个延迟，人们提出了各种解决方案，其中卷积码就是一种较好的信道编码方式。这种编码方式同样是把 k 个信息比特编成 n 个比特，但 k 和 n 通常很小，特别适宜于以串行形式传输信息，减小了编码延时。

与分组码不同，卷积码中编码后的 n 个码元不仅与当前段的 k 个信息有关，而且也与前面 $(N-1)$ 段的信息有关，编码过程中相互关联的码元为 nN 个。因此，这 N 段时间内的码元数目 nN 通常被称为这种码的约束长度。卷积码的纠错能力随着 N 的增加而增大，在编码器复杂程度相同的情况下，卷积码的性能优于分组码。另一点不同的是：分组码有严格的代数结构，但卷积码至今尚未找到如此严密的数学手段，目前大都采用计算机来搜索好码。

下面通过一个例子来说明卷积码的编码工作原理。正如前面已经指出的那样，卷积码编码器在一段时间内输出的 n 位，不仅与本段时间内的 k 位信息位有关，而且还与前面 m 段规定时间内的信息位有关，这里的 $m=N-1$。习惯上用 (n, k, m) 表示卷积码（注意：有些文献和课本中也用 (n, k, N) 来表示卷积码）。为了简明起见，以卷积码 $(2, 1, 2)$ 为例来介绍卷积码编码器的工作原理。如图 7-21 所示就是这个 $(2, 1, 2)$ 卷积码的编码器。对于这个卷积码它的 $n=2$，$k=1$，$m=2$，因此，它的约束长度为 $nN = n(m+1) = 2\times(2+1) = 6$。

在图 7-21 中，m_1 与 m_2 为移位寄存器，它们的起始状态均为零。C_1、C_2 与 b_1、b_2、b_3 之间的关系如下：

$$\begin{cases} C_1 = b_1 + b_2 + b_3 \\ C_2 = b_1 + b_3 \end{cases} \tag{7-30}$$

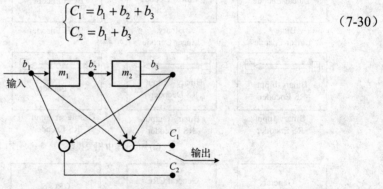

图 7-21 $(2, 1, 2)$卷积码编码器

对于图 7-21，假如输入的信息为 $D = [11010]$，为了使信息 D 全部通过移位寄存器，还必须在信息位后面加 3 个零。表 7-3 列出了对信息 D 进行卷积编码时的状态。

表 7-3 信息 D 进行卷积编码时的状态

输入信息 D	1	1	0	1	0	0	0	0
b_3b_2	00	01	11	10	01	10	00	00
输出 C_1C_2	11	01	01	00	10	11	00	00

2. 卷积码的图解表示

描述卷积码的方法有两类：图解表示和解析表示。解析表示较为抽象难懂，通常多采用图解表示法来描述卷积码。常用的图解描述法包括树状图、网格图和状态图。

如果以图 7-22 所示的 (2, 1, 2) 卷积码为例,可以用 a、b、c 和 d 分别表示 b_3b_2 的 4 种可能状态:00,01,10 和 11。对于不同的输入信号,图 7-21 中的移位过程可能产生多种输出序列,这种有规律的序列变化,可以用图 7-22 所示的**树状图**来表示。

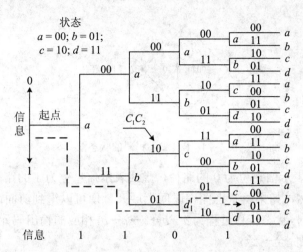

图 7-22　(2,1,2)卷积码的树状图

从图 7-22 中可以看到,从 $b_1b_2b_3=000$ 作为起点,当第 1 位信息 $b_1=1$ 时,码元 $C_2C_1=11$,则状态从起点 a 通过下支路到达状态 b;当第 1 位信息 $b_1=0$ 时,码元 C_2C_1 为 00,则状态从起点 a 通过上支路到达状态 a。以此类推,可求得整个编码树状图。由该图可以看出,从第四条支路开始,树状图呈现出重复特性,即图中标明的上半部与下半部完全相同。这就意味着第 4 位信息开始,输出码元已与第 1 位信息无关。这正说明图 7-21 所示的编码器的编码约束长度为 6 的含义。当输入信息位为[11010]时,在树状图中用虚线标出了其轨迹,并得到输出码元序列为[11010100…]。

将树状图进行适当的变形可以得到一种更为紧凑的图形表示方法,即**网格图**法,具体情况如图 7-23 所示。在网格图中,把码树中具有相同状态的节点合并在一起,码树中的上分支(对应与输入 0)用实线表示,下分支(对应与输入 1)用虚线表示。网格图中分支上标注的码元为对应的输出,自上而下 4 行节点分别表示 a、b、c、d 四种状态。一般情况下应有 2^{N-1} 种状态,从第 N 节开始,网格图图形开始重复而完全相同。

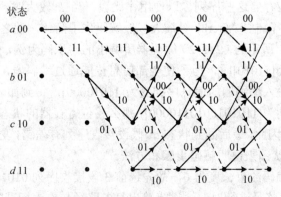

图 7-23　(2,1,2)卷积码的网格图

再观测图 7-23 还可以看到，对于每一个节点，当前状态 a、b、c、d 根据不同的输入将进入不同的状态，基于这一原理，可以构造出当前状态与下一状态之间的状态转换图，也可以称之为卷积码的**状态图**，如图 7-24 所示。

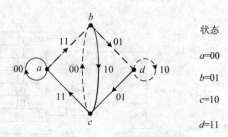

图 7-24　(2,1,2)卷积码的状态图

在图 7-24 中实线表示信息位为 0 的路径，虚线表示信息位为 1 的路径，并在路径上写出相应的输出码元。当然，如果将状态图在时间上展开，便可以得到前面讲到的网格图。当输入信息序列为[11010]时，状态转移过程为 $a \to b \to d \to c \to b$，相应的输出码元序列为 11010100…，其结果与表 7-3 的结果完全一致。

当给定输入信息序列和起始状态时，可以用上述三种图解表示法的任何一种，找到输出序列和状态变化路径。

3. 卷积码的译码

卷积码的译码方法可分为代数译码和概率译码两大类。代数译码方法完全基于它的代数结构，也就是利用生成矩阵和监督矩阵来译码，在代数译码中最主要的方法就是大数逻辑译码。概率译码比较常用的有两种，其中之一叫序列译码，另一种叫维特比译码法。虽然代数译码所要求的设备简单，运算量小，但其译码性能（误码）要比概率译码方法差许多。因此，目前在数字通信的前向纠错中广泛使用的是概率译码方法。这里将概要介绍作为概率译码的代表性方法——维特比译码。

维特比译码算法（简称 VB 算法）是 1967 年由 Viterbi 提出的，近年来有很大的发展，该算法在卫星通信中已被作为标准技术得到了广泛的使用。

在卷积码解码方法中，有一类最大似然算法，它的基本想法是：把接收序列与所有可能的发送序列比较，选择一种码距最小的序列作为发送序列。如果发送一个 k 位序列，则有 2^k 种可能序列，计算机应存储这些序列，以便用作比较。当 k 较大时，存储量将会剧增，使得这种方法的使用受到了限制。Viterbi 对最大似然解码作了简化，使之实用化，提出了 VB 算法。下面就利用图 7-21 所示的（2,1,2）编码器所编出的卷积码为例，来说明 VB 算法的思路。

当发送信息序列为[11010]时，为了使全部信息位能通过编码器，在发送信息序列后面加上了 3 个零，从而使输入编码器的信息序列变为[11010000]，得到如表 7-3 所示的计算结果，这时编码器输出的序列为[1101010010110000]，那么移位寄存器的状态转移路线为：*abdcbcaa*，信息全部离开编码器，因此，最后回到状态 a。假设接收序列有差错，变成[0101011010010001]。现在对照图 7-23 的格状图来说明解码步骤和方法。

由于该卷积码的编码约束长度为 6，故先选前 3 段接收序列 010101 作为标准，与到达第 3 级的 4 个节点的 8 条路径进行对照，逐步算出每条路径与作为标准的接收序列 010101 之间的累计码距。由图 7-23 所示的格状图可知,到达第 3 级节点 a 的路径有两条:000000 与 111000,它们与 010101 之间的码距分别是 3 和 4。同理,到达节点 b 的两条路径是 000011 与 111010,它们与 010101 之间的码距分别是 3 和 5;到达节点 c 的两条路径是 001110 和 110101,它们与 010101 之间的码距分别是 4 和 1;到达节点 d 的两条路径是 001101 和 110110,它们与 010101 之间的码距是 2 和 3。每个节点保留一条码距较小的路径作为幸存路径,它们分别是 000000、000011、110101 和 001101。这些路径如图 7-25 所示的到达第 3 级节点 a、b、c 和 d 的 4 条路径,累计码距分别用括号内的数字标出。

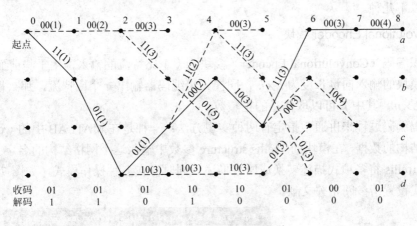

图 7-25 维特比解码图解法

若将当前节点移到第 4 级,同样也会有 8 条路径。节点 a 的两条路径是:00000000 和 11010111;节点 b 的两条路径是:00000011 和 11010100;节点 c 的两条路径是:00001110 和 00110101;节点 d 的两条路径是:00110110 和 11101001。将它们与接收序列 01010110 对比求出累计码距,每个节点仅留下一条码距小的路径作为幸存路径,它们分别是:11010111、11010100、00001110 和 00110110。

逐步推进筛选幸存路径,到第 7 级时,只要选出到达节点 a 和 c 的两条路径即可,因为到达终点 a 只可能从第 7 级的节点 a 或 c 出发。最后得到了到达终点 a 的一条幸存路径,即为解码路径,如图 7-25 所示实线。根据这条路径,对照图 7-23 可知解码结果为 11010000,与发送信息序列一致。

从解码过程中可以看出,维持比算法的存储量仅要求 $2^{(m+1)}$,对于 $m<10$ 时,其存储量较小,易于实现。如果编码约束长度较大时,则应考虑采用其他解码方法,譬如采用序列解码等。

在 Simulink 中,卷积编译码模块主要包括 Convolutional Encoder 模块、Viterbi Decoder 模块和 APP Decoder 模块,具体的功能和相关参数设置将在 7.5.3 节中详细介绍。

7.5.3 编码通信的链路仿真

当讨论编码通信链路时,通常将链路分为两个独立的实体:编译码和离散信道。这主要是因为仿真中采用了波形仿真,在仿真离散信道时需要较多的采样值,而仿真信道编译码部分时,只需要少量的采样值,这样分离可大大节约计算量。信道编译码系统的仿真在系统评价时,一般不太必要,因为译码算法通常比较复杂,要消耗许多宝贵的计算时间;再者,为了达到译码输出较低误码率的仿真可信度,必须使仿真点数大于误码率倒数一个甚至两个数量级,从而极大增加了仿真计算量。总之,应尽量避免编译码系统的详细仿真,通常可用足够近似的性能或上下限来评价编译码系统的性能。

如果有些编译码算法存在几种可选的设计参数,这时就需要知道这几个参数对系统误码性能的影响,因此,必须进行详细仿真。例如,在利用 VB 译码器时,就需要考虑回溯深度、量化电平数等可选参数。对代数分组译码而言,其译码过程是确定的,因此,很少有可选参数,对其详细仿真就可获得真正的误码率,而不是近似值。在 Simulink 中,相关卷积编译码模块主要有以下几种。

1. Convolutional Encoder 模块

如果卷积编码(Convolutional Encoder)模块到 k 个比特流的输入,由于与前面 $L-1$ 段信息有关,则模块的输入向量长度为 $L \times k$,同样如果编码器输出 n 个比特流,那么模块的输出向量长度为 $L \times n$,其中 L 可以取任意的正整数。

对卷积码编码过程来讲通常指定有两种实现方法:一种是在 MATLAB 中的 workspace 定义一个网格结构的数据,在模块的 Trellis structure 参数中输入这个网格结构的名字;另一种是用函数 poly2trellis 将多项式描述转换成网格描述。同时存在多种操作模式,如图 7-26 所示,具体操作模式设置请参阅相关文献。

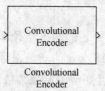
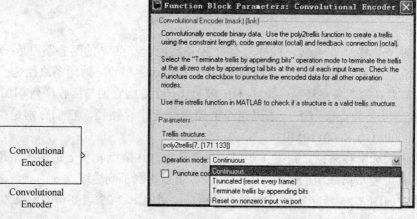

图 7-26 Convolutional Encoder 模块及对话框

2. Viterbi Decoder 模块

Viterbi Decoder 模块对输入符号进行译码,产生二进制输出信号。模块输入可以±1,二进制比特或十进制整数,具体模块及对话框如图 7-27 所示。

参数 Traceback depth 影响译码的延时,是指输出第一个符号前的 0 符号数。假设设置参数为 D,那么译码延时则包含 D 个 0 符号。当参数 Operation mode 设为 Continuous,那么,译码延时包含 D 个 0 符号。如果参数 Operation mode 被设为 Truncated 或 Terminated,那么输出没有延时,而且参数 Traceback depth 必须小于等于每个帧的符号数。对于编码效率为 1/2 的卷积码,典型的 Traceback depth 值为编码约束长度的 5 倍。

只有参数 Operation mode 设为 Continuous 时,Reset input 端才成为可选。当选中 Reset input

端口后,模块会增加一个标有 Rst 的输入端口。如果 Rst 输入非零,译码器则被设置为初始状态,此时,将全零状态的距离设为 0,其他状态的距离设为最大值,回溯存储置 0。模块对话框具体参数的描述请参阅相关文献。

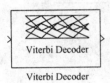
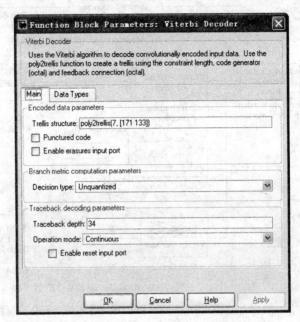

图 7-27 Viterbi Decoder 模块及对话框

3. APP Decoder 模块

APP Decoder 模块能够完成卷积码的后验概率译码,可以用该模块构建一个 Turbo 码译码器。具体模块及对话框如图 7-28 所示,有关参数确定请参阅相关文献。

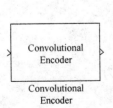
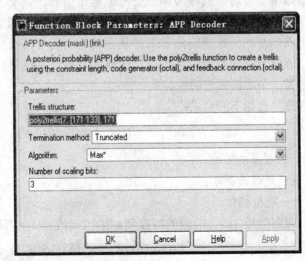

图 7-28 APP Decoder 模块及对话框

Simulink 中的 help 给出了两个卷积编译码仿真实例,如图 7-29 所示,具体参数设置请参阅相关文献和软件。

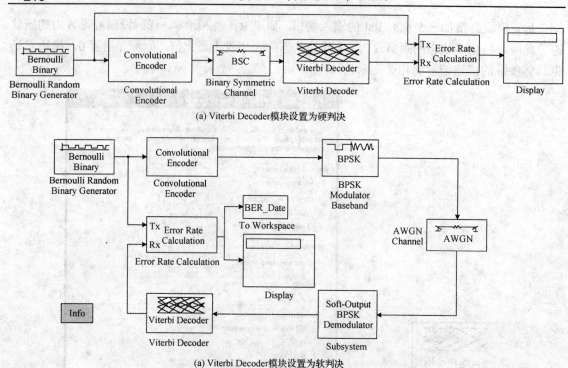

图 7-29 卷积编译码仿真框图

7.6 调制系统

按原始电信号的变化规律去改变载波某些参量的过程，在通信系统中被称为调制过程。这里的原始电信号通常被称为调制信号或基带信号，调制后所得到的信号称为已调信号或频带信号。调制在通信系统中具有十分重要的作用，通过调制不仅可以进行频谱搬移，把调制信号的频谱搬移到所希望的位置上，从而将调制信号转换成适合于信道传输或便于信道多路复用的已调信号，而且它对系统信息传输的有效性和可靠性有很大的影响。因此，调制方式往往决定了一个通信系统的性能。

设载波具有如下的形式：

$$C(t) = A\cos(2\pi f_c t + \theta) \quad (7\text{-}31)$$

式中，A——载波的幅度；

f_c——是载波频率；

θ——随机相位。

对于调制信号 $X(t)$，对应的幅度调制的已调信号 $Y(t)$ 可以表示为：

$$Y(t) = C(t)X(t) = AX(t)\cos(2\pi f_c t + \theta) \quad (7\text{-}32)$$

其功率谱为：

$$S_{YY}(f) = \frac{A^2}{4}\left[S_{XX}(f - f_c) + S_{XX}(f + f_c)\right] \quad (7\text{-}33)$$

实际上调制的方式很多，式（7-32）所表述的是一种线性调制，当然还存在大量的非线性调制。除此之外，根据调制信号的形式不同，还可以将调制分为模拟调制和数字调制。下面就分别予以介绍。

7.6.1 模拟调制

对于模拟调制系统，如果它的调制信号为模拟信号，载波为正弦波，则这种调制属于模拟连续波调制。根据调制信号控制正弦载波参量（幅度、频率和相位）的不同，模拟调制可以分为幅度调制、频率调制（FM）和相位调制（PM）。而幅度调制又进一步分为常规振幅调制（AM）、抑制载波双边带调幅（DSB-SC）、单边带调制（SSB）和残留边带调制（VSB）等。为了便于分析现在将正弦载波重新写为：

$$C(t) = A(t)\cos\left[2\pi f_c t + \theta + \varphi(t)\right] \tag{7-34}$$

式中，$A(t)$——载波的幅度参数；

$\varphi(t)$——相位偏移量参数。

如果模拟调制的调制信号 $X(t)$ 与正弦载波的幅度参数之间成线性比例关系，即 $X(t) \propto A(t)$，这种调制方式被称为**幅度调制**，具体表达式参见式（7-32）。

如果调制信号 $X(t)$ 与正弦载波的相位偏移量参数之间成线性比例关系，即 $X(t) \propto \phi(t)$，这种调制方式被称为**相位调制**，具体表达式如下：

$$Z(t) = A\cos\left[2\pi f_c t + \theta + k_p X(t)\right] \tag{7-35}$$

如果调制信号 $X(t)$ 与正弦载波的相位偏移量参数导数之间成线性比例关系，即 $X(t) \propto \dfrac{\mathrm{d}\varphi(t)}{\mathrm{d}t}$，这种调制方式被称为**频率调制**，具体表达式如下：

$$W(t) = A\cos\left[2\pi f_c t + \theta + k_f \int_{-\infty}^{t} X(\tau)\mathrm{d}\tau\right] \tag{7-36}$$

其中，瞬时频率偏移为：

$$\Delta f = \frac{k_f X(t)}{2\pi} \tag{7-37}$$

当调制信号 $X(t)$ 被归一化后，k_p 和 k_f 称为相位偏移和频率偏移，最大频偏与调制信号 $X(t)$ 最高频率的比值称为调频指数 m_f，当调频指数很大时，$W(t)$ 的带宽可能是 $X(t)$ 的许多倍，因此，仿真时应当选择相应的采样频率。

在通常情况下，已调信号也可以用正交的形式来表示，如果以式（7-35）为例，经过数学变换，则：

$$Z(t) = X_1(t)\cos(2\pi f_c t + \theta) - X_2(t)\sin(2\pi f_c t + \theta) \tag{7-38}$$

其中，$X_1(t) = a\cos\left[k_p X(t)\right]$，$X_2(t) = a\sin\left[k_p X(t)\right]$。

可以证明，$X_1(t)$ 和 $X_2(t)$ 是带宽为 B 的低通信号，且 $f_c \gg B$。虽然，$X_1(t)$ 和 $X_2(t)$ 可以是两个相互独立的模拟信号，但它们却唯一地与一个共同的调制信号 $X(t)$ 相关。表 7-4 给出了一些正交模拟调制方式的 $X_1(t)$ 和 $X_2(t)$ 的表示形式。

表 7-4 模拟调制的正交表示

调制方式	$X_1(t)$	$X_2(t)$	注释
振幅调制（AM）	$a[1+k_aX(t)]$	0	k_a 是调制指数
正交调幅	$X_1(t)$	$X_2(t)$	
双边带调制（DSB）	$X(t)$	0	
单边带调制（DSB）	$X(t)$	$\hat{X}(t)$	$\hat{X}(t)$ 是 $X(t)$ 的 Hillbert 变换
相位调制	$a\cos[k_pX(t)]$	$a\sin[k_pX(t)]$	k_p 调相灵敏度
幅度调制	$a\cos\left[k_f\int_{-\infty}^{t}X(\tau)\mathrm{d}\tau\right]$	$a\sin\left[k_f\int_{-\infty}^{t}X(\tau)\mathrm{d}\tau\right]$	k_f 调频灵敏度

在仿真过程中为了减小运算量，已调制波波形通常是用它的复包络形式来描述的，即：

$$\tilde{Z}(t)=[X_1(t)+jX_2(t)]e^{j\theta} \quad (7\text{-}39)$$

或：

$$\tilde{Z}(t)=R(t)e^{j\Psi(t)} \quad (7\text{-}40)$$

其中：

$$\begin{cases} R(t)=\left[X_1^2(t)+X_2^2(t)\right]^{\frac{1}{2}} \\ \Psi(t)=\theta+\arctan\dfrac{X_2(t)}{X_1(t)} \end{cases} \quad (7\text{-}41)$$

由于载波频率较高，仿真过程中通常不对已调信号 $Z(t)$ 进行采样，而使用复包络 $\tilde{Z}(t)$ 的采样值，因此，频率偏移或者频率选择效应对通信系统的影响，实际上可以利用低通等效信号 $\tilde{Z}(t)$ 的采样值来建模。这样处理可以极大地降低采样频率，降低对仿真计算机的要求。

在 Simulink 中提供了多个模拟通带调制模块，用户可以通过在调制解调库中双击图标 Analog Passband Modulation 来打开模拟通带调制子库，其中双边带通带幅度调制为 DSB AM Modulator Passband 模块对输入信号进行双边带幅度调制。输出信号为通带表示的调制信号，输入和输出信号都是基于采样的实数标量信号。如果输入为时间函数 $X(t)$，那么输出为：

$$Y(t)=[X(t)+K]\cos(2\pi f_c t+\theta) \quad (7\text{-}42)$$

式中，K——参数 Input signal offset；

f_c——参数 Carrier frequency；

θ——参数 Initial phase。

根据 AM 信号的定义，通常 $K\geq|X(t)|_{\max}$。Carrier frequency 比输入信号 $X(t)$ 的最高频率高很多，具体模块及对话框如图 7-30 所示。

除此之外，在 Simulink 中还包含有其他模拟调制模块，具体情况如图 7-31 所示。

7.6.2 数字调制

与模拟调制类似，数字信号的载波调制也有三种方式，即幅移键控（ASK）、频移键控（FSK）和相移键控（PSK），分别对应于利用正弦波的幅度、频率和相位来传递数字基带信号，当然它们也可以看作模拟线性调制和角调制的特殊情况。但是需要注意的是，ASK、FSK

和 PSK 只是理论上实现数字调制的 3 个主要方向,在实际通信系统中通常采用下列技术实现数字调制。

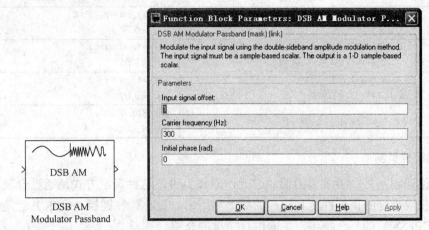

图 7-30　DSB AM Modulator Passband 模块及对话框

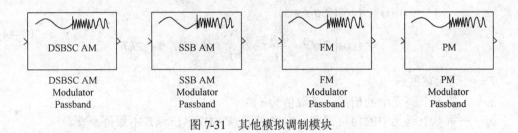

图 7-31　其他模拟调制模块

1. 数字正交调制

式(7-6)给出了一个数字信号的表示形式,如果从数字调制的角度来讲,该式也可以认为是数字调制信号(基带信号)的一般表达式。当然如果要利用式(7-38)或式(7-39)来表示数字正交已调信号,则与之相对应的调制信号可以分别用 $X_1(t)$ 和 $X_2(t)$ 来表示,它们具有如下形式的波形表达式:

$$X_1(t) = \sum_{n=-\infty}^{\infty} A_n g_1(t-nT_1-t_1) \tag{7-43a}$$

$$X_2(t) = \sum_{n=-\infty}^{\infty} B_n g_2(t-nT_2-t_2) \tag{7-43b}$$

式中,$g_1(t)$ 和 $g_2(t)$——能量有限脉冲;
　　　A_n 和 B_n——具有码元速率 $1/T_1$ 和 $1/T_2$ 的随机离散变量;
　　　t_1 和 t_2——相应的时延。

如,$X_1(t)$ 和 $X_2(t)$ 不同步,则可以设 t_1 和 t_2 分别在[0,T_1]和[0,T_2]区间内均匀分布,仿真中设 $t_1=0$,则 t_2 为随机的。

许多调制方式都可由式(7-43)表示数字调制信号,利用式(7-38)或式(7-39)构成正交已调信号。当 $T_1=T_2=T$ 以及 $\theta=0$ 时,表 7-5 给出几种典型的调制方式所对应的调制信号。

表 7-5　几种典型的调制方式所对应的调制信号

调制方式	A_n 和 B_n	$g_1(t)$ 和 $g_2(t)$
MASK	$A_n = \pm kd$, $k=1,2,\cdots,M/2$ $B_n = 0$	$g_1(t) = 1$, $0 \leq t \leq T$ $g_2(t) = 0$
MPSK	$A_n + jB_n = \exp(j\varphi_n)$ $\varphi_n = 2\pi k/M$, $k=0,1,\cdots,M-1$	$g_1(t) = 1$, $0 \leq t \leq T$ $g_2(t) = g_1(t)$
QPSK	$(A_n, B_n) = (\pm 1, \pm 1)$ 或 $\varphi_n = 45°, 135°, 225°, 315°$	$g_1(t) = 1$, $0 \leq t \leq T$ $g_2(t) = g_1(t)$
M-QAM	$(A_n, B_n) \in (\pm 1, \pm 3, \cdots, \pm\sqrt{M}-1)$	$g_1(t) = 1$, $0 \leq t \leq T$ $g_2(t) = g_1(t)$

2. 连续相位调制

连续相位调制是另一类重要的调制方式，原理上讲，这种调制方式是通过合理地选择调制参数，来获取更好的调制性能和较高的频谱利用率。最小频移键控（MSK）就是连续相位频移键控（CPFSK）的一个特例，下面进行简单的介绍。

MSK 是 2FSK 信号的改进型，二进制 MSK 信号的表达式可写为：

$$W(t) = A\cos\left(2\pi f_c t + \phi\right)$$
$$= A\cos\left(2\pi f_c t + \frac{a_k \pi}{2T}t + \theta_k\right), \quad (k-1)T \leq t \leq kT \tag{7-44}$$

式中，T——码元宽度；

a_k——第 k 个码元中的信息，其取值为 ± 1；

θ_k——第 k 个码元中的相位常数，它在时间 $(k-1)T \leq t \leq kT$ 中保持不变。

由式（7-44）可见，当 $a_k = +1$ 时，信号的频率为：

$$f_2 = \frac{1}{2\pi}\left(2\pi f_c + \frac{\pi}{2T}\right) \tag{7-45a}$$

当 $a_k = -1$ 时，信号的频率为：

$$f_1 = \frac{1}{2\pi}\left(2\pi f_c - \frac{\pi}{2T}\right) \tag{7-45b}$$

由此可得频率间隔为：

$$\Delta f = f_2 - f_1 = \frac{1}{2T} \tag{7-46}$$

由于 MSK 属于正交调制，可以证明，码元周期和载波频率满足下面的关系式，即：

$$f_c = n\frac{1}{4T} = \left(N + \frac{m}{4}\right)\frac{1}{T} \tag{7-47}$$

式中，N——正整数；

$m = 0, 1, 2, 3$。

相应地式（7-45）还可以表示为：

$$\begin{cases} f_2 = f_c + \dfrac{1}{4T} = \left(N + \dfrac{m+1}{4}\right)\dfrac{1}{T} \\ f_1 = f_c - \dfrac{1}{4T} = \left(N + \dfrac{m-1}{4}\right)\dfrac{1}{T} \end{cases} \tag{7-48}$$

相位常数 θ_k 的选择，应当保证信号相位在码元转换时刻是连续的。根据这一要求，利用式（7-44）可以导出以下的相位递归条件，或者称为相位约束条件，即：

$$\begin{aligned}\theta_k &= \theta_{k-1} + (a_{k-1} - a_k)\left[\frac{\pi}{2}(k-1)\right] \\ &= \begin{cases}\theta_{k-1}, & \text{当} a_{k-1} = a_k \\ \theta_{k-1} \pm (k-1)\pi, & \text{当} a_{k-1} \neq a_k\end{cases}\end{aligned} \quad (7\text{-}49)$$

式（7-49）表明，MSK 信号在第 k 个码元的相位常数不仅与当前的 a_k 有关，而且与前面的 a_{k-1}，以及相位常数 θ_{k-1} 有关。或者说，前后码元之间存在着相关性。

式（7-44）中的 φ 被称为附加相位函数，可以表示为：

$$\varphi(t) = \frac{a_k \pi}{2T} t + \theta_k, \quad (k-1)T \leq t \leq kT \quad (7\text{-}50)$$

式（7-50）是一个直线方程式，其斜率为 $\frac{a_k \pi}{2T}$，截距 $\theta_k = 0$ 或 π。另外，由于 a_k 的取值为 ± 1，故 $\varphi(t)$ 是分段线性的相位函数。在任意一个码元期间内，$\varphi(t)$ 的变化量总是 $\pi/2$，a_k=+1 时，增大 $\pi/2$；a_k=−1 时，则减小 $\pi/2$。

由以上讨论可知，MSK 信号具有如下特点：
（1）已调信号的振幅是恒定的；
（2）信号的频率偏移严格地等于 $\pm 1/(4T)$；
（3）以载波相位为基准的信号相位，在一个码元期间内准确地线性变化 $\pm \pi/2$；
（4）在一个码元期间内，信号应包括 1/4 载波周期的整数倍；
（5）在码元转换时刻信号相位是连续的，或者说，信号的波形没有突跳。

如果将式（7-43）表示为正交调制方式，则：

$$\begin{aligned}W(t) &= \cos(2\pi f_c t + \phi) \\ &= \cos\phi \cos(2\pi f_c t) - \sin\phi \sin(2\pi f_c t)\end{aligned} \quad (7\text{-}51)$$

式中，$\varphi(t)$——分段线性的相位函数，可以具体表示为式（7-50），因此，有：

$$\begin{cases}\cos\phi(t) = \cos\left(\dfrac{a_k \pi t}{2T}\right)\cos\theta_k = \cos\left(\dfrac{\pi t}{2T}\right)\cos\theta_k \\ \sin\phi(t) = \sin\left(\dfrac{a_k \pi t}{2T}\right)\cos\theta_k = a_k \sin\left(\dfrac{\pi t}{2T}\right)\cos\theta_k\end{cases} \quad (7\text{-}52)$$

如果令 $I_k = \cos\theta_k$，$Q_k = -a_k \cos\theta_k$，则式（7-51）可以写为：

$$W(t) = I_k \cos\left(\frac{\pi t}{2T}\right)\cos(2\pi f_c t) + Q_k \sin\left(\frac{\pi t}{2T}\right)\sin(2\pi f_c t) \quad (7\text{-}53)$$

根据式（7-53），就可以构成一种 MSK 调制器，其仿真实现如图 7-32 所示。

从以上讨论可以看出，MSK 调制方式的突出优点是信号具有恒定的振幅，同时信号的功率谱在主瓣以外衰减较快。然而，在一些通信场合，例如移动通信系统中，对信号带外辐射功率的限制是十分严格的，比如必须衰减 70～80dB 以上。这时 MSK 信号就不可能满足这样苛刻的要求，为此提出了高斯最小移频键控（GMSK）方式。

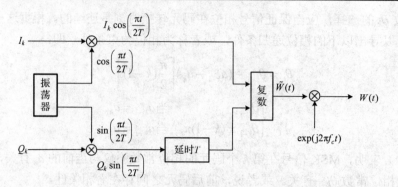

图 7-32　MSK 调制器的仿真实现

GMSK 是在 MSK 调制器之前加入一个高斯低通滤波器。也就是说,用高斯低通滤波器作为 MSK 调制的置滤波器,而高斯低通滤波器必须能满足下列要求:
(1) 带宽窄,且是锐截止的;
(2) 具有较低的过冲脉冲响应;
(3) 能保持输出脉冲的面积不变。

需要指出的是,GMSK 信号频谱特性的改善是通过降低误比特率性能换来的。前置滤波器的带宽越窄,输出功率谱就越紧凑,误比特率性能就变得越差。

在 Simulink 中提供了多个数字基带调制模块,用户可以通过在双击图标 Digital Bassband Modulation 来打开数字基带调制子库,其中 M 进制基带数字相移键控调制为 M-PSK Modulator Baseband 模块进行基带 M 进制相移键控调制,输出为基带形式的已调信号。参数 M-ary number 表示信号星座图的点数,具有相位偏移 θ 的基带 M 进制相移键控调制将整数 m 映射为复数值 $Y(m)$,可以表示为:

$$Y(m) = [\mathrm{j}\theta + \mathrm{j}2\pi m/M] \quad (7-54)$$

输入类型(Input type)可以是二进制字比特也可以是整数。具体模块及对话框如图 7-33 所示。

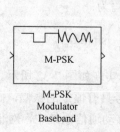

图 7-33　M-PSK Modulator Baseband 模块及对话框

除此之外,在 Simulink 中还包含有其他数字调制模块,各类模块及其相互关系如图 7-34 所示。

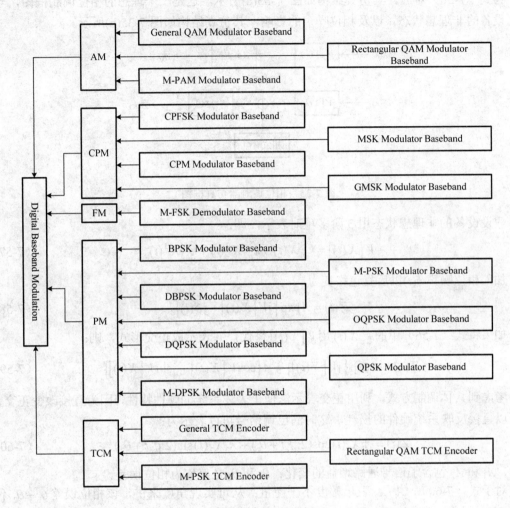

图 7-34 数字调制模块及其相互关系

7.6.3 仿真与实现

当调制方式确定以后,已调信号的复包络将具有固有的特性,因此,理想化的调制器模型将非常容易得到。然而调制器和其他设备一样,并不能被理想化建模,需要考虑各种因素的影响,下面将简要介绍在实际仿真过程中调制器的建模思路。

调制信号的复包络既可表示成正交形式,如式(7-39)所示;也可表示为矢量形式,如式(7-40)所示。根据不同的调制方式,可以采用其中某一种更能贴近物理实现的表示形式,这样可方便地考虑实际环境对系统的影响,进而对理想的调制形式进行合理的修正。作为分析实例请再分析一下式(7-35),将该式重新写为:

$$Z(t) = A\cos\left[2\pi f_c t + \theta + k_p X(t)\right] \tag{7-55}$$

设 $\theta=0$,其包络为:

$$\tilde{Z}(t) = A\exp\left[jk_p X(t)\right] \tag{7-56}$$

与式（7-56）对应，其仿真结构如图 7-35(a)所示，这是一个理想的相位调制框图，当考虑到设备的非理想状态，以及相位噪声的影响，其仿真结构如图 7-35(b)所示。

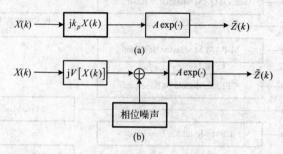

图 7-35　相位调制器仿真框图

假设设备的非理想状态用 3 阶多项时表示，即：

$$V[X(t)] = k_{p1}X(t) + k_{p2}X^2(t) + k_{p3}X^3(t) \tag{7-57}$$

加入相位噪声 $\delta(t)$ 以后复包络变为：

$$\tilde{Z}(t) = A\exp\{jV[X(t)] + j\delta(t)\} \tag{7-58}$$

如果将式（7-56）中的 $k_p X(t)$ 用 $V[X(t)]$ 替代，并表示成正交形式，则：

$$\tilde{Z}(t) = A\exp\{jV[X(t)]\} = A\{\cos V[X(t)] + j\sin V[X(t)]\} \tag{7-59}$$

考虑到具体调制方式，利用正交表示法便于表述系统的硬件特性，因为直接改变正交量，就可以直接反映系统硬件的损耗，这时的已调信号可以表示为：

$$Z(t) = A_1 X_1(t)\cos(2\pi f_c t + \theta_1) + A_2 X_2(t)\sin(2\pi f_c t + \theta_2) \tag{7-60}$$

其中，A_1 和 A_2 包含了信号通路增益的变化；θ_1 和 θ_2 之差称为相位误差。

对于式（7-60），A_1/A_2 表示幅度不平衡；从可实现角度来讲，该相位误差 $\theta_1 - \theta_2$ 不能超过 90º，因此，参数 A_1/A_2 和 $\theta_1 - \theta_2$ 通常在调制器设计时指定。

与式（7-60）相对应，它的复包络为：

$$\tilde{Z}(t) = A_1 X_1(t)e^{j\theta_1} + jA_2 X_2(t)e^{j\theta_2} \tag{7-61}$$

式（7-61）可以利用图 7-36 的方框图进行实现，该方框图也可作为一般正交调制器的仿真方框图。在有些特殊情况下，根据 X_1 和 X_2 的特性，可做一些结构上的必要修改。

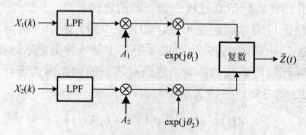

图 7-36　正交调制器的仿真方框图

当然，在仿真时还应当考虑与每一个码元相关的幅度和相位，在正交信道当中，它们依赖于解调器的状态，例如解调器输入端的带宽限制等因素。

7.7 解调与检测

通信仿真意义在于根据不同的系统结构，能够确定或者估计出各种因素对信号传输的影响。因此，研究不同通信系统实现的方案受非理想性等因素的影响程度，比较它们所受影响的敏感性就显得异常重要。当然在通信系统设计的早期，通用的接收机结构是可以用来比较不同调制方式的优劣了。

解调是在接收端完成与调制完全相反的操作，其过程是将带通信号还原成低通信号。对于模拟通信系统，希望解调出来的信号能够忠实地反映输入的基带信号；对于数字通信系统，能够准确的获得输入码序列的估计。对于解调的方法来讲，它并不是唯一的，在给定一个特定的已调信号后，可能有多种解调方法，然而几乎所有的解调器均可以分成两大类，也就是相干解调和非相干解调。

7.7.1 相干解调

设在接收端能够产生一个本地载波，即

$$\hat{C}(t) = 2\cos(2\pi \hat{f}_c t + \hat{\theta}) \tag{7-62}$$

式中，$\hat{f}_c$——载波频率估计值；

$\hat{\theta}$——载波相位的估计值。

由于 $\hat{f}_c$ 和 $\hat{\theta}$ 分别通过接收机的载波恢复机制产生和估计，因此，对于式（7-38）所示的已调信号的正交表示式，可用图 7-37 给出的正交解调器来估计 X_1 和 X_2。

图中的接收滤波器用于抑制噪声，而不损伤信号，低通滤波器（LPF）对信号进行调整，以便后续处理。因此，有：

$$\hat{X}_1(t) = X_1 \cos\left\{2\pi\left[(f_c - \hat{f}_c)t + (\theta - \hat{\theta})\right]\right\} - X_2 \sin\left\{2\pi\left[(f_c - \hat{f}_c)t + (\theta - \hat{\theta})\right]\right\} \tag{7-63a}$$

$$\hat{X}_2(t) = X_2 \cos\left\{2\pi\left[(f_c - \hat{f}_c)t + (\theta - \hat{\theta})\right]\right\} - X_1 \sin\left\{2\pi\left[(f_c - \hat{f}_c)t + (\theta - \hat{\theta})\right]\right\} \tag{7-63b}$$

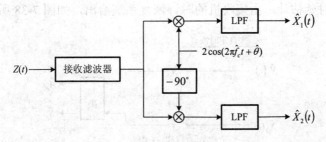

图 7-37 正交解调器

如果载波恢复能够提供无误差的估计，即 $\hat{f}_c = f_c$ 和 $\hat{\theta} = \theta$，则 $\hat{X}_1 = X_1$，$\hat{X}_2 = X_2$。但在实

际的实现过程中,必然存在硬件的不完善性和系统的误差,因此,当利用式(7-63a)和式(7-63b)进行解调时,需要考虑解调过程所引起的失真和误差。

在实际系统中,输入到接收机中的信号包括畸变和噪声两部分,如果仅考虑加性噪声的影响,则接收到的信号复包络模型可以写为:

$$\tilde{Z}(t) = \tilde{W}(t) + \tilde{N}(t) \tag{7-64}$$

式中,$\tilde{Z}(t)$——接收到信号的复包络;

$\tilde{W}(t)$——失真信号的复包络;

$\tilde{N}(t)$——噪声的复包络。

根据复包络的表示,可以得到解调器输出为:

$$\hat{X}_1(t) + j\hat{X}_2(t) = \{W_R(t) + n_c(t) + j[W_I(t) + n_s(t)]\} \exp\left[j2\pi(f_c - \hat{f}_c)t + j(\theta - \hat{\theta})\right] \tag{7-65}$$

其中,$\tilde{W}(t) = W_R(t) + jW_I(t)$;$\tilde{N}(t) = n_c(t) + jn_s(t)$。

利用式(7-65)的采样值就可以实现相关解调系统的仿真,解调后得到的信号 $\hat{X}_1(t)$ 和 $\hat{X}_2(t)$ 被称为基带信号。如果 $X_1(t)$ 和 $X_2(t)$ 是低通模拟信号,通常需要进行滤波处理,以尽可能减少噪声;如果 $X_1(t)$ 和 $X_2(t)$ 是数字信号,则需进行某种处理,尽可能无误码地恢复原始序列。

设原始数字信号由式(7-43)给出,为了简化分析,令 $T_1 = T_2 = T$,$t_1 = t_2 = \tau$。通常对解调后的信号进行两步处理,首先对信号进行匹配滤波处理,然后进行采样,这两步被统称为检测。采样信号值是进行信号判决的基础,为说明这一点,设 $\hat{f}_c = f_c$,$\hat{\theta} = \theta$,且信号的畸变是由冲激响应为 $h_c(t)$ 的信道引起的,匹配滤波器的冲激响应为 $h_m(t)$,这时采样器输入的信号就可写为:

$$S_1(t) = \sum_{n=-\infty}^{\infty} A_n g(t - nT - \tau) * [h_c(t) * h_m(t)] + n_1(t) \tag{7-66a}$$

$$S_2(t) = \sum_{n=-\infty}^{\infty} B_n g(t - nT - \tau) * [h_c(t) * h_m(t)] + n_2(t) \tag{7-66b}$$

其中,$n_1(t) = n_c(t) * h_m(t)$;$n_2(t) = n_s(t) * h_m(t)$。

为了恢复 $\{A_n\}$ 和 $\{B_n\}$,必须以适当的间隔对式(7-66)表述的波形进行采样,其采样时刻出现在

$$t_n = nT + \hat{\tau} \tag{7-67}$$

式中,$\hat{\tau}$——系统时延估计,由接收机的时钟恢复系统给出,如图 7-38 所示。

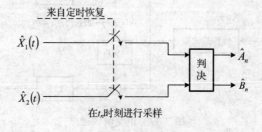

图 7-38 采样和判决设备

仿真过程中一般不存在传播时延,并且滤波引入的时延也可以事先精确地估计,因而通常只须给出系统时延估值即可,而并不需要仿真定时恢复电路。为了达到较好的检测性能,必须选用适当的匹配滤波器的冲激响应 $h_m(t)$。采样的间隔为符号周期,而仿真中的采样是以更高的速率(几倍于符号速率)进行的。

7.7.2 非相干解调

非相干解调是指解调器在不需要本地载波进行相关处理情况下,通过适当处理,完成其解调功能的解调方式;而相干解调的关键是准确获取载波频率和相位,因此,非相干解调就不再关注这方面信息的准确获取了。尽管相位信息不需要知道,但是为了将接收机通带恰当地放置在信号频谱附近,知道载波频率的近似值却是有必要的。

1. AM 信号的解调

设 AM 信号 $Y(t)$ 具有如下的形式:

$$Y(t) = [1 + kX(t)]\cos(2\pi f_c t + \theta) \tag{7-68}$$

其中,$|kX(t)| \leq 1$。

因此,$Y(t)$ 的实际包络为 $[1 + kX(t)]$。由于存在噪声和失真,$Y(t)$ 通常是复数形式,因此包络检测法选择了计算包络的绝对值,即:

$$|1 + kX(t)| = 1 + kX(t) \tag{7-69}$$

滤除直流偏移 1 和比例因子 k,这时包络中包含了完整的 $X(t)$ 信息,通常将上述恢复包络的解调过程称为包络检波。

另一种非相干解调是对复包络进行平方处理,即平方律解调法。如果输入信号如式(7-68)所示,则平方律解调的输出为:

$$[1 + kX(t)]^2 = 1 + k^2 X^2(t) + 2kX(t) \approx 1 + 2kX(t) \tag{7-70}$$

这种方法要求调制系数较小,只有这样才能够保障 $k^2 X^2(t) \approx 0$。对于复包络而言,上面提到的两种非相干方法,可以表示为:

$$\hat{X}(t) = \begin{cases} |\tilde{Z}(t)|, & \text{包络解调} \\ |\tilde{Z}(t)|^2, & \text{平方律解调} \end{cases} \tag{7-71}$$

式中,$\tilde{Z}(t)$——解调器输入的复包络;

$\hat{X}(t)$——解调器的实部输出。

2. PM/FM 信号的鉴相/鉴频

调频和调相信号有多种方式解调,经典的 FM 解调方法是鉴频法,由于相位是频率的积分,PM 的解调只要在鉴频器后面,再加一个积分滤波器即可,因此,在这里仅介绍 FM 的鉴频法解调方法。式(7-70)给出了 FM 的复包络,其中调制信号 $X(t)$ 与 FM 复包络的相位满足:

$$X(t) = \frac{\mathrm{d}}{\mathrm{d}t}\Psi(t) \tag{7-72}$$

而实际接收到的信号是受到噪声和畸变影响的,可以表示为:

$$\tilde{W}_0(t) = R_0(t)e^{j\Psi_0(t)} \tag{7-73}$$

于是在仿真中,可用复包络的微分来实现理想的鉴频,即:

$$\hat{X}(t) = \frac{\mathrm{d}}{\mathrm{d}t}\Psi_0(t) \tag{7-74}$$

尽管式(7-74)看起来简单,但是仿真中使用的是离散时间微分,因此,会引起运算上的误差。特别是想研究"门限效应"时,微分的仿真就更困难了。

3. 锁相环(PLL)解调器

锁相环(PLL)解调器由于它优良的解调性能,简单的调整方式,以及便于用廉价集成电路来实现的结构,因此,广泛地使用于现代通信系统中。PLL 解调器的方框图如图 7-39 所示。它是由相位比较器和压控振荡器两个主要部分组成,其中相位比较器包括相乘器和低通滤波器。为了简化说明,这里以 FM 锁相环解调器的工作原理进行讲解。

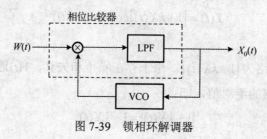

图 7-39 锁相环解调器

从图 7-39 可以看到,PLL 解调器采用闭合电路,其解调器的原理是使 VCO 的输出瞬时相位跟踪输入调频信号的瞬时相位变化以实现频率解调。下面以一阶锁相环为例,简单说明其工作原理。

设输入调频信号为:

$$W(t) = A\sin\left[2\pi f_c t + k_f \int_{-\infty}^{t} X(\tau)\,\mathrm{d}\tau\right] \\ = A\sin\left[2\pi f_c t + \phi_{FM}\right] \tag{7-75}$$

环路断开时,VCO 的静止角频率调到 $2\pi f_c$ 处,环路闭合时,VCO 的瞬时角频率为:

$$\omega_{VCO} = 2\pi f_c + k_{VCO} X_0(t) \tag{7-76}$$

那么,VCO 输出信号为:

$$V(t) = A_V \cos\left[2\pi f_c t + k_{VCO}\int_{-\infty}^{t} X_0(\tau)\mathrm{d}\tau\right] \\ = A_V \cos\left[2\pi f_c t + \phi_{VCO}(t)\right] \tag{7-77}$$

通过相位比较器后的输出为:

$$X_0(t) = \frac{1}{2}AA_V A_d \sin\left[\phi_{FM} - \phi_{VCO}\right] = K_d \sin\left[\phi_{FM} - \phi_{VCO}\right] \tag{7-78}$$

当锁相环路锁定时,相位误差值是不大的,即 $|\phi_{FM} - \phi_{VCO}| \le \pi/6$,这时就可以认为 VCO 的频率跟踪上了输入调频信号的频率,有下面的结论:

$$X_0(t) = \frac{k_f}{k_{VCO}} X(t) \tag{7-79}$$

可见，PLL 解调器的输出信号是普通鉴频器的 $1/k_{VCO}$ 倍。但是它的环路带宽可以做得相当窄，因此，滤除带外噪声的能力比普通鉴频器要强许多，进而"门限效应"也得到了相应地改善。

当然 PLL 的非线性处理也可用复包络低通等效模型来仿真，具体结构如图 7-40 所示。

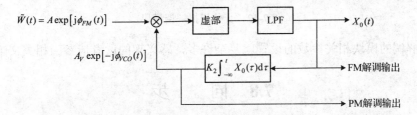

图 7-40 PLL 复低通等效模型

PLL 是数字通信中很重要的器件，它承担了载波恢复和时钟恢复的处理，图 7-40 只讨论其在解调中的应用。当使用图 7-40 的复包络低通等效模型的采样值来进行仿真时，有必要了解模型与实际系统之间的关系。对于实际连续通信系统，它是用非线性微分方程来进行描述的，当使用复包络等效模型仿真 PLL 时，必须注意以下两点：

（1）为精确地仿真非线性系统，采样频率必大于环路带宽；

（2）FFT 类型的分组处理不能应用于环路仿真中，这是因为这类处理会引入延迟，因而导致环路的不稳定。

在 Simulink 中也提供了多个模拟和数字解调的模块，模拟解调模块中更多考虑的是接收端低通滤波器对借条性能的影响，例如 DSB AM Demodulator Passband 模块。

DSB AM Demodulator Passband 模块对双边带幅度调制的信号进行解调。其输入为通带调制信号，输入和输出都是基于采样的实数标量信号。在解调的过程中，模块所使用的低通滤波器，通过选择滤波器类型参数（Lowpass Filter Design Method）、滤波器阶数参数（Filter Order）和截至频率参数（Cutoff Frequency）来确定，具体模块及对话框如图 7-41 所示。

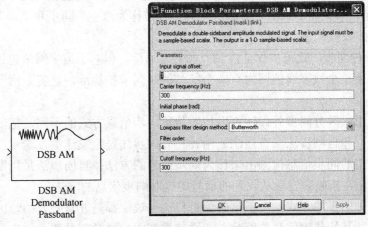

图 7-41 DSB AM Demodulator Passband 模块及对话框

除此之外,在 Simulink 中还包含有其他模拟解调模块,各类模块及其相互关系如图 7-42 所示。

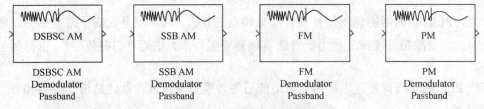

图 7-42 其他模拟解调模块

而数字解调的模块相关参数的设置就复杂许多,感兴趣的读者请参阅相关文献。

7.8 同　　步

在通信系统中,同步具有相当重要的作用,通信系统能否有效地、可靠地工作,在很大程度上依赖于有无良好的同步系统。如果按照同步的功用来分,同步通常可以分为载波同步、位同步(码元同步)、群同步(帧同步)和网同步(通信网中用)等 4 种。

当采用同步解调或相干检测时,接收端需要提供一个与发射端调制载波同频同相的本地载波,而这个本地载波的获取就称为载波提取,或称为载波同步。对于通信系统,载波同步的性能可以利用相位的估计量 $\hat{\theta}$ 来表示。

在数字通信中,除了有载波同步的问题外,还存在位同步的问题。因为信息是一串相继的信号码元序列,解调时常需知道每个码元的起止时刻,以便进行抽样判决。例如,用抽样判决器对信号进行抽样判决时,一般均应对准每个码元最大值的位置。因此,需要在接收端产生一个"码元定时脉冲序列",这个定时脉冲序列的重复频率要与发送端的码元速率相同,相位(位置)要对准最佳取样判决位置(时刻)。这样的一个码元定时脉冲序列就被称为"码元同步脉冲"或"位同步脉冲",而把位同步脉冲的取得称为位同步提取。对于位同步脉冲出现的时间偏移估计用 $\hat{\tau}$ 来表示。

数字通信中的信息数字流,总是用若干码元组成一个"字",又用若干"字"组成一"句"。因此,在接收这些数字流时,同样也必须知道这些"字""句"的起止时刻。而在接收端产生与"字""句"起止时刻相一致的定时脉冲序列,就被称为"字"同步和"句"同步,在这里统称它们为群同步或帧同步。

有了上面 3 种同步,就可以保证点到点的数字通信。但对于数字网来说还要有网同步,利用网同步可以使整个数字通信网内有一个统一的时间节拍标准,这就是网同步需要讨论的问题。

除了按照功用来区分同步外,还可以按照传输同步信息方式的不同,把同步分为外同步法(插入导频法)和自同步法(直接法)两种。外同步法是指发送端发送专门的同步信息,接收端把这个专门的同步信息检测出来作为同步信号的方法;自同步法是指发送端不发送专门的同步信息,而在接收端设法从收到的信号中提取同步信息的方法。

不论采用哪种同步的方式,对正常的信息传输来说,都是非常必要的,因为只有收发之间建立了同步才能开始传输信息。因此,在通信系统中,通常都是要求同步信息传输的可靠性高于信号传输的可靠性。在基于波形的通信仿真系统当中,关注更多的是载波同步和位同步,本节将围绕着这两类同步的自同步法进行研究。

7.8.1 同步技术对仿真的影响

在通信系统中,同步技术根据所采用的调制方法和所需要的估计精度不同,存在较大的差别。载波同步和位同步的性能是用偏移和均方根抖动来表示,这些性能的好坏受到噪声和系统非线性特性的影响,除了在高斯噪声环境下有可能计算出同步性能的近似值,通常很难利用解析方法计算出同步参数的抖动量,但是仿真却能获得同步系统较为准确的性能描述。因此,在讨论同步系统仿真技术之前,需要了解同步系统仿真在系统仿真中所扮演的角色。

1. 仿真中包含有同步时的处理方法

在通信仿真系统中,对同步功能的仿真是基于以下两个方面进行研究的。

(1) 确定同步系统本身是否满足性能指标。在这种情况下,同步子系统是研究的目标,需要对与同步子系统相应软件和硬件的工作过程进行必要的仿真,性能标准一般依赖于同步结构的瞬时响应。例如,同步的捕获时间或者捕获范围等。这部分性能仅与同步子系统设计本身有关,与系统其他部分无关。

(2) 在系统层仿真中表征同步对系统的影响。载波同步和位同步只是通信系统中的一个子系统,而通信系统的性能与同步子系统的性能有关。数字通信系统中,系统级性能指标通常用误比特率(BER)来表示,此时,同步子系统的瞬态特性就没有稳态特性显得更为重要。稳态特性通常以偏移和均方根抖动来表示,可以认为 BER 是统计量 $\hat{\theta}$ 和 $\hat{\tau}$ 的函数,即表示为 $P_e(\hat{\theta}, \hat{\tau})$。

对于 $\hat{\theta}$ 和 $\hat{\tau}$ 的不同的描述和获取方法,可以定义不同的同步仿真思路。

(1) 硬件法。在系统开发的早期阶段,由于没有具体的设计方案,这时只能假设 $\hat{\theta}$ 和 $\hat{\tau}$ 值,或者合理的选择它们的取值范围,这种方法被称为硬件法。

(2) 统计法。比硬件法更进一步的是将 $\hat{\theta}$ 和 $\hat{\tau}$ 作为随机变量来处理,然后获得 $(\hat{\theta}, \hat{\tau})$ 分布区域上的平均错误概率 $P_e(\hat{\theta}, \hat{\tau})$,这就是所谓的统计法。

(3) 仿真法。如果能为 $(\hat{\theta}, \hat{\tau})$ 构造一个合理的模型,利用随机数发生器替代 $(\hat{\theta}, \hat{\tau})$ 对系统的影响,将能够使 $P_e(\hat{\theta}, \hat{\tau})$ 的确定变得更为简单并且合理。

2. 载波和抽样定时的偏移

当通信系统受到噪声和系统非线性特性的影响时,可以假设接收的波形为:

$$r(t) = \rho(t)\cos[\omega_c t + \varphi(t)] \quad (7\text{-}80)$$

式中,ρ——包络;
φ——相位。

P 和 φ 均受到了噪声和失真的影响,如果把本地载波表示为:

$$C(t) = 2\cos(\omega_c t + \hat{\theta}) \quad (7\text{-}81)$$

则解调器输出的基带波形为:

$$d(t) = [r(t) \cdot C(t)]_{LP} = \rho \cos[\varphi(t) - \hat{\theta}] \quad (7\text{-}82)$$

$d(t)$信号经过匹配滤波器后进行抽样，其抽样定时误差（偏移）为$\hat{\tau}$，此时，就可以得到关于$\hat{\theta}$和$\hat{\tau}$的误码率为$P_e(\hat{\theta},\hat{\tau})$。为了得到 BER 最小值所对应的$\hat{\theta} = \hat{\theta}_{opt}$，可以首先固定$\hat{\tau}$值，并通过变化$\hat{\theta}$计算条件误码率，即$P_e[(\hat{\theta},\hat{\tau})/\hat{\tau}]$。仿真中由于使用的$\hat{\theta}$是离散数据，因此，可以按照步长 2°～5°间隔进行搜索，得到如图 7-43(a)所示的趋势图，利用该图可以方便地确定相位的偏移，得到静态相位误差的指标。

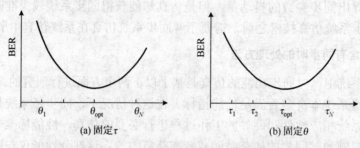

图 7-43　关于$\hat{\theta}$和$\hat{\tau}$条件 BER 趋势曲线

采取上述类似的方法，固定$\hat{\theta}$值，利用一系列$\hat{\tau}$值对信号进行检测，可以获得条件误码率$P_e[(\hat{\theta},\hat{\tau})/\hat{\tau}]$，$\hat{\tau}$值之间的间隔大约为 0.01～0.05 倍的码元间隔，根据这些参数可以绘制 BER 对于定时灵敏度曲线，与 BER 对于载波同步灵敏度曲线相比，两类曲线具有几乎相同的形式。

显然，BER 是关于$\hat{\theta}$和$\hat{\tau}$的函数，因此，对于这种二维函数的整体描述是一个三维曲面，利用曲面能够提供$\hat{\theta}$和$\hat{\tau}$的联合偏离最佳值，但是对于这个最优值的计算，其计算量将异常巨大，不易实现。实际上，当$\hat{\theta}$和$\hat{\tau}$取值相互独立时，联合偏离最佳值可以利用图 7-43(a)和图 7-43(b)分别进行表示。

3. 采用等效的随机模型

在系统仿真过程中，如果需要准确地仿真载波同步和位同步，这时仿真过程就变得异常复杂。幸好在通信仿真过程中，研究者所关注的目标多为系统级的性能指标，比如 BER，而并不是$\hat{\theta}$和$\hat{\tau}$，在这种情况下，仅考虑$(\hat{\theta},\hat{\tau})$对判决量的作用即可，这就极大地降低了仿真复杂程度和运算量。为了描述$(\hat{\theta},\hat{\tau})$对判决量的净作用，只要定义一个等价的随机过程注入接收机即可。这个等价过程将取代相应的信源和设备，当然实现真正的取代是不可能的，但至少可以部分地仿真它们对 BER 的影响，而这个等价过程将由伪随机信号发生器产生。下面就讨论如何产生等价的随机过程。

考虑到信道加性高斯白噪声$n(t)$的影响，式（7-80）可以写为：

$$r(t) = s(t) + n(t) \quad (7\text{-}83)$$

其中，信号$s(t)$为：

$$s(t) = \rho(t)\cos[\omega_c t + \varphi(t) + \delta(t) + \theta] \quad (7\text{-}84)$$

式中，$\varphi(t)$——所期望的相位；
$\delta(t)$——发送端振荡器相位噪声和失真的影响。

在这种情况下，如果把式（7-83）表示成包络和相位形式，则可以表示为：
$$r(t) = \rho'(t)\cos[\omega_c t + \phi(t) + \alpha(t) + \delta(t) + \theta] \tag{7-85}$$

考虑到接收端能够跟踪式（7-85）形式的变化，因此，得到相应的本地振荡器输出的表示形式，即：
$$C(t) = 2\cos[\omega_c t + \hat{\theta} + \hat{\delta}(t) + \varepsilon(t)] \tag{7-86}$$

其中，$\varepsilon(t)$ 源于本地振荡器的热噪声，$\hat{\theta}$ 和 $\hat{\delta}(t)$ 表示对式（7-85）相应量的估计。

利用式（7-86）所示的载波，对接收信号 $r(t)$ 进行相干检测，则低通滤波器的输出为：
$$d(t) = \rho(t)\cos[\phi(t) + \alpha(t) + \mu(t)] \tag{7-87}$$

其中，$\mu(t) = \hat{\delta}(t) - \delta(t) + \varepsilon(t) + \hat{\theta} - \theta$，静态相位误差 $\hat{\theta} - \theta$ 是一个常数，它对解调波的影响是固定不变的，因此，解调波形式将依赖于未跟踪到的相位噪声 $\hat{\delta}(t) - \delta(t)$，以及跟踪到的热噪声 $\varepsilon(t)$，同时忽略静态相位误差 $\hat{\theta} - \theta$ 对 $d(t)$ 的影响。这里 $\mu(t)$ 就是需要确定的等价随机过程，因此，系统可以在没有相位噪声的条件下仿真，并将 $\mu(t)$ 直接插入式（7-87）所示的解调信号 $d(t)$ 中。与信息流相比，$\mu(t)$ 是一个缓慢变化的随机过程，在相邻码元时刻具有较高的相关性，因此，在仿真时需要较长的仿真运行时间来消除这种相关性。

7.8.2 载波同步恢复

有些信号（如抑制载波的双边带信号等）虽然本身不包含载波分量，但对该信号进行某些非线性变换以后，就可以直接从中提取出载波分量来，下面介绍几种提取载波的方法。

1. 平方变换法和平方环法

设理想 2PSK 信号的形式为：
$$s(t) = A(t)\cos(2\pi f_c t + \theta) \tag{7-88}$$

式中，$A(t)$——调制信号，其表达式为：
$$A(t) = \sum_{n=-\infty}^{\infty} A_n g(t - nT - t_0) \tag{7-89}$$

式中，$A_n = \pm 1$；$g(t)$——矩形脉冲。

由于 $A(t)$ 中没有直流项，因此，$s(t)$ 的频谱当中没有载波分量，进而不能采取简单的滤波法获得载波成分。假设接收端能够得到无噪声和失真的已调信号 $s(t)$，这时可以对该信号进行平方处理，得到：
$$\begin{aligned}s^2(t) &= A^2(t)\cos^2(2\pi f_c t + \theta) \\ &= \frac{A^2(t)}{2} + \frac{1}{2}A^2(t)\cos(4\pi f_c t + 2\theta)\end{aligned} \tag{7-90}$$

对于 2PSK 信号，$A(t)$ 为双极性矩形脉冲序列，设 $A(t)$ 为 ± 1，那么 $A^2(t) = 1$，这样经过平方律部件后可以得到：
$$s^2(t) = \frac{1}{2} + \frac{1}{2}\cos(4\pi f_c t + 2\theta) \tag{7-91}$$

由式（7-91）可知，通过 $2f_c$ 窄带滤波器从 $s^2(t)$ 中可以提取出 $\cos(4\pi f_c t + 2\theta)$ 分量，再经过一个二分频器就可以得到 f_c 的频率成分，这就是所需要的同步载波。因而，利用图 7-44 所示的方框图就可以提取出载波。

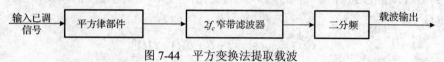

图 7-44　平方变换法提取载波

为了改善平方变换的性能，可以在平方变换法的基础上，把窄带滤波器用锁相环替代，构成如图 7-45 所示框图，这样就实现了平方环法提取载波。由于锁相环具有良好的跟踪、窄带滤波和记忆性能，因此，平方环法比一般的平方变换法具有更好的性能，因而得到广泛的应用。

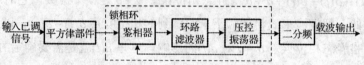

图 7-45　平方环法提取载波

在上面两个提取载波的方框图中都用了一个二分频电路，因此，提取出的载波存在 π 相位模糊问题。对相移信号而言，解决这个问题的常用方法就是采用前面已介绍过的相对相移，例如 2DPSK。

2. 同相正交环法（科斯塔斯环）

利用锁相环提取载波的另一种常用方法如图 7-46 所示，通常称这种环路为同相正交环，有时也被称为科斯塔斯（Costas）环。

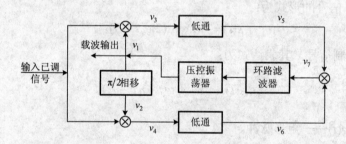

图 7-46　同相正交环法提取载波

对于图 7-46 所示的框图，加于两个相乘器的本地信号分别为压控振荡器的输出信号 $\cos(2\pi f_c t + \hat{\theta})$ 和它的正交信号 $\sin(2\pi f_c t + \hat{\theta})$，假设输入的已调信号为 $A(t)\cos 2\pi f_c t$，则：

$$\begin{cases} v_3 = A(t)\cos 2\pi f_c t \cos(2\pi f_c t + \hat{\theta}) = \dfrac{1}{2}A(t)\left[\cos\hat{\theta} + \cos(4\pi f_c t + \hat{\theta})\right] \\ v_4 = A(t)\cos 2\pi f_c t \sin(2\pi f_c t + \hat{\theta}) = \dfrac{1}{2}A(t)\left[\sin\hat{\theta} + \sin(4\pi f_c t + \hat{\theta})\right] \end{cases} \quad (7\text{-}92)$$

经低通后的输出分别为：

$$\begin{cases} v_5 = \frac{1}{2}A(t)\cos\hat{\theta} \\ v_6 = \frac{1}{2}A(t)\sin\hat{\theta} \end{cases} \tag{7-93}$$

乘法器的输出为：

$$v_7 = v_5 \cdot v_6 = \frac{1}{4}A^2(t)\sin\hat{\theta}\cos\hat{\theta} = \frac{1}{8}A^2(t)\sin 2\hat{\theta} \tag{7-94}$$

式中，$\hat{\theta}$——压控振荡器输出信号与输入已调信号载波之间的相位误差。

当$\hat{\theta}$较小时，式（7-94）可以近似地表示为：

$$v_7 \approx \frac{1}{4}A^2(t)\hat{\theta} \tag{7-95}$$

在式（7-95）中，v_7的大小与相位误差$\hat{\theta}$成正比，因此，它就相当于一个鉴相器的输出。用v_7除去调整压控振荡器输出信号的相位，最后就可以使稳态相位误差$\hat{\theta}$减小到很小的数值。这样，压控振荡器的输出v_1就是所需要提取的载波。不仅如此，当$\hat{\theta}$减小到很小的时候，式（7-93）的v_5就接近于调制信号$A(t)$。因此，同相正交环法同时还具有了解调功能，目前在许多接收机中已经到了使用。

3. QPSK 载波恢复

数字通信中经常使用多相移相信号，这类信号同样可以利用多次方变换法，从已调信号中提取载波信息。如果以 QPSK 信号为例，如图 7-47 所示就展示了从四相移相信号中提取同步载波的方法。

图 7-47　4 次方变换法提取载波

7.8.3　位同步恢复

在数字通信系统中，发送端按照确定的时间顺序，逐个传输数码脉冲序列中的每个码元；而在接收端必须由准确的抽样判决时刻才能正确判决所发送的码元。因此，接收端必须提供一个确定抽样判决时刻的定时脉冲序列。这个定时脉冲序列的重复频率必须与发送的数码脉冲序列一致，同时在最佳判决时刻（或称为最佳相位时刻）对接收码元进行抽样判决，这时就把在接收端产生这样的定时脉冲序列称为码元同步或称位同步。

为了简化分析，假设载波恢复和位同步恢复是相互独立的，调制解调过程是理想实现，于是下面讨论的位同步恢复方法，可以应用于任何调制方式当中。

1. 延迟相乘—滤波法

设基带信号如式（7-89）所示，其中 $A_n = 1$ 或者 0，$g(t)$是矩形脉冲，这时延迟相乘的输出为：

$$M(t) = A(t) \cdot A(t - T_d) \tag{7-96}$$

利用式（7-96）得到的信号 $M(t)$ 为单极性归零序列，如图 7-48(a)所示，可以证明，该信号包含有位同步频率的能量，所以，经过窄带滤波器就能滤出位同步分量。利用这种方法进行位同步恢复的原理方框图如图 7-48(b)所示。

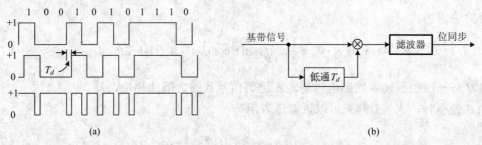

图 7-48 延迟相乘—滤波法

2. 采用锁相法提取位同步

与载波同步的提取类似，把采用锁相环来提取位同步信号的方法称为锁相法。在数字通信中，这种锁相电路常采用数字锁相环来实现，锁相法的基本原理与载波同步类似，在接收端利用鉴相器比较接收码元和本地产生的位同步信号的相位，若两者相位不一致（超前或滞后），鉴相器就产生误差信号去调整位同步信号的相位，直至获得精确的同步为止。

采用锁相法提取位同步原理方框图如图 7-49 所示，它由高稳定度振荡器（晶振）、分频器、相位比较器和控制电路组成。其中，控制电路包括图中的扣除门、附加门和"或门"。高稳定度振荡器产生的信号经整形电路变成周期性脉冲，然后经控制器再送入分频器，输出位同步脉冲序列。

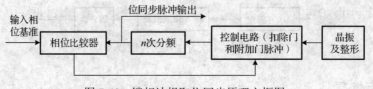

图 7-49 锁相法提取位同步原理方框图

输入相位基准是接收码元经过零检测（限幅、微分）和单稳电路产生的窄脉冲，这些窄脉冲出现的位置精确地位于接收码元的过零点处。当没有连 0 或连 1 码时，窄脉冲的间隔正好是码元周期 T，但是当接收码元中有连码时，窄脉冲的间隔为 T 的整数倍。由于窄脉冲的间隔有时为 T，有时为 T 的整数倍，因此，它不能直接作为位同步信号。输入相位基准与由高稳定振荡器产生的经过整形的 n 次分频后的相位脉冲进行比较，由两者相位的超前或滞后，来确定扣除或附加一个脉冲，以调整位同步脉冲的相位。

晶体振荡器经过整形后得到的窄脉冲是周期性的，重复频率为 nf_1，位同步脉冲是由控制电路输出的脉冲经过 n 次分频得到，但是与 $1/T$ 相比，分频后的脉冲频率和相位不一定正确，需要进行调整，它的重复频率没有经过调整时是 f_1，经过调整以后可以接近 $1/T$，同时在相位上与输入相位基准有一个很小的误差。

从仿真的角度来讲，构建一个同步产生器结构，最重要的是需要评估该同步产生器的性能。在仿真时，既可以制定同步产生器结构形式，也可以给出表征同步产生器性能的简单（统计）模型。对于时钟的统计模型，至少需要掌握有关统计模型抖动的自相关函数。当然，如果要较为准确地评估同步时钟系统的性能，还需要掌握归一化抖动的概率密度函数等参数。

关于同步，在 Simulink 的 Synchronization 库中提供两个子库，即 Carrier Phase Recovery 子库和 Timing Phase Recovery 子库，在这些库中有多个关于载波同步和位同步的相关模块，感兴趣的读者请参阅相关文献。

7.9 仿真的标校

在对通信系统性能或者其他特性进行测量时，需要了解测量的条件，以便合理的解释所测量的结果，而这些测量条件的确定就被称为"标校"。例如，只有准确得到相应的 E_b/n_0，BER 的测量值才有意义，因此在测量 BER 之前，需要对 E_b/n_0 进行标校，也就是说要知道 E_b/n_0 准确值为多少，在这种情况下，E_b/n_0 需要利用标校程序进行事先确定。

在测量 BER 时，除了需要对 E_b/n_0 等因素进行标校外，影响 BER 测量结果的条件还包括通信系统中滤波器的带宽、放大器的传递函数，以及信息传输的码元速率等。显然，这类设计要素是由系统给定的，因此，它们不需要利用标校程序来确定。从上述分析可以看到标校过程是通信系统建模过程中一个重要的环节，利用它可以给出或者设定仿真系统某些参数值的过程。从另一个角度来讲，标校过程也可以看作是关于一个实际仪器的建模过程，而这个仪器是用来完成测量所必需的条件。

在校准过程中，需要关心的参数和条件通常包括：信号电平、噪声电平、干扰电平、定时抖动、相位抖动和偏移等。由于所关心的问题以及使用的模型不同，需要确定的数值包括固定参数、平均值、均方根或者分布函数等。在数字通信系统当中，系统性能通常用 BER 表述，而影响 BER 测量的重要条件之一就是 E_b/n_0，因此，本节将主要讨论 E_b/n_0 的标校过程。

对于 E_b/n_0 的标校过程一般运行在系统仿真之前，这时可以利用一个单独的仿真程序实现，或者直接利用解析计算得到。但是，无论采用哪种方法，都需要事先确定信号功率和噪声功率，下面就分别予以介绍。

7.9.1 信号功率

如果在通信系统中，需要考察某一点的带通信号，其数学表达式可以写为：

$$Z(t) = A(t)\cos(2\pi f_c t + \theta) + B(t)\sin(2\pi f_c t + \theta) \tag{7-97}$$

则信号的平均功率为：

$$P_Z = \lim_{T_0 \to \infty} \frac{1}{2T_0} \int_{-T_0}^{T_0} Z^2(t)dt = \lim_{T_0 \to \infty} \frac{1}{4T_0} \int_{-T_0}^{T_0} \left[A^2(t) + B^2(t) \right]dt \tag{7-98}$$

通常，式（7-98）可以采用复包络形式表示，即：

$$P_Z = \lim_{T_0 \to \infty} \frac{1}{2T_0} \int_{-T_0}^{T_0} \left| \tilde{Z}(t) \right|^2 dt \tag{7-99}$$

在仿真应用时，式（7-99）只能用离散时间进行处理，同时观测时间为有限长，则可以近似表示为：

$$P_Z \approx \frac{1}{N}\sum_{n=1}^{N}\left|\tilde{Z}(nT)\right|^2 \tag{7-100}$$

式中，N——波形样本个数。

如果被发送的信号在每个信号间隔 T 内携带 k 比特信息，则每个码元的能量 E_s 和每比特的能量 E_b 之间的关系可由下式给出：

$$E_s = kE_b = P_Z T \tag{7-101}$$

在选择用于标校的信号 $Z(t)$ 时，有两种不同的标准：

（1）产生一个与实际信号尽可能接近的信号 $Z(t)$，但是直接仿真 $Z(t)$ 显然是很难实现的工作；

（2）对于码元持续时间有限，通常可以使用 PN 序列作为发射信号，在这种情况下，如果 N 与序列周期相对应，利用式（7-100）计算得到的 P_Z 将是非常精确的，但是这种方法与系统的设计有关，当设计发生了变化，则需要重新标校信号。

当然对于结构相对简单的系统模型，允许利用解析方法来完成标校过程。

假设式（7-97）中的调制信号可以表示为：

$$A(t) = \sum_{n=-\infty}^{\infty} A_n g(t-nT) \tag{7-102a}$$

$$B(t) = \sum_{n=-\infty}^{\infty} B_n g(t-nT) \tag{7-102b}$$

式中，A_n 和 B_n——L 进制码元序列；
$g(t)$——脉冲波形。

于是，$A(t)$ 的平均功率可以表示为：

$$P_A = \frac{E(A_n^2)}{T}\varepsilon_g \tag{7-103}$$

其中：

$$\varepsilon_g = \int_{-\infty}^{\infty} g^2(t)\mathrm{d}t = \int_{-\infty}^{\infty}\left|G(f)\right|^2 \mathrm{d}f \tag{7-104}$$

通常在理想情况下，$P_A = P_B$。因此，结合式（7-103）就有：

$$P_Z = \frac{E(A_n^2)}{T}\varepsilon_g \tag{7-105}$$

在许多情况下，式（7-105）可以在系统仿真之前计算出来，即事先进行标校。例如，对于 $A_n \in \{\pm A, \pm 3A, \cdots, \pm(L-1)A\}$ 的情况，则有 $E(A_n^2) = \left[A^2(L^2-1)\right]/3$，再结合 ε_g 的取值，代入式（7-101）就可以计算出相应的每比特的能量 E_b。当然，如果将标校每比特的能量 E_b 与仿真设计结合起来考虑，那么，利用解析方法完成标校过程将变得更为简单。

设未调载波可以表示为：

$$C(t) = A\cos(2\pi f_c t + \theta + \phi(t)) \tag{7-106}$$

对于 2PSK 和 2FSK 信号来讲，它们是衡包络信号，因此：

$$P_Z = \frac{A^2}{2} \tag{7-107}$$

式（7-107）标明每个码元包含的能量为 $\frac{A^2 T}{2}$。对于 QAM 信号，式（7-107）功率被分配到两个正交的信道中，这时每个信道包含的能量可以表示为 $\frac{A^2 T}{4}$。

如果信号被匹配滤波器滤波，那么，这时所关注的仅仅是一次抽样值，在这种情况下，上述平均功率就应该是这些码元持续时间内采样点的平均值。

7.9.2 噪声功率

在通信系统中，通过接收滤波器之后的噪声都满足"窄带"的假设，通常可以用下式来表示：

$$n_i(t) = n_c(t)\cos\omega_c t - n_s(t)\sin\omega_c t \tag{7-108}$$

在指定带宽 B 上，它的平均功率为：

$$P_n = \frac{1}{2}\left[P_{n_c} + P_{n_s}\right] = n_0 B \tag{7-109}$$

式中，n_0——白噪声单边功率谱密度。

在仿真中，通常用低通包络形式来描述式（7-108），即：

$$\tilde{n}(t) = n_c(t) + jn_s(t) \tag{7-110}$$

根据式（7-110）可以看到，为了仿真式（7-108），需要产生两路高斯低通序列，可以证明，它们的每一路都是具有双边功率谱密度 n_0 的随机过程。如果以 T 为采样间隔（其对应频率为 f_s）产生随机序列，那么在 $-f_s/2 \leqslant f \leqslant f_s/2$ 范围内，$n_s(t)$ 和 $n_c(t)$ 的功率谱密度为常数 n_0，这样随机过程 $n_s(t)$ 和 $n_c(t)$ 的方差为 $\sigma_c^2 = \sigma_s^2 = n_0 f_s$。

完成对信号和噪声的测量以后，对信噪比的标校就变得非常简单了，根据需要通常用两种形式描述噪声强度与信号强度的关系，即：

$$\gamma = \frac{E_b}{n_0} \tag{7-111}$$

$$\rho = \frac{P_Z}{n_0 B} \tag{7-112}$$

当然，通过适当的变换，也可以得到 γ 和 ρ 之间的关系。

小　　结

本章从不同角度讨论了有关通信系统建模的概念与过程，尽管对于具体应用来讲，系统中的每一个模块复杂程度不同，但是它们都可以被称作一个系统的子系统。系统的有关作用或者效能，可以利用各个子系统的输入/输出关系来表示，这些关系的描述可以使用方程、表格、算法等手段。在一些特殊的应用当中，子系统还可以通过自身模块的展开，进而达到最佳的建模方式，然而，为了降低仿真运算量，希望所建立的模型尽可能地抽象化。

通常在仿真过程中采用"可实现"的模型，从复杂程度上看，这类模型的构建与理想模型的构建相差不大，这正是仿真最有用的特征之一。从构建过程上看，"可实现"的模型实际上是带有某种偏移的理想模型，而"可实现"模型的设计就是参数化这些具体的偏离。从实现结果上看，利用这种技术能够把系统性能表示为具体实现过程的函数，最终将成为某些指定参数的函数。例如，对于不同的调制系统，BER 对于应的参数 E_b/n_0，就具有不同的函数表示形式。

如果希望仿真的模型与实际模型差别越小，则所需要仿真的系统元件和变量的数目就越多，完成仿真的工作量将越大。因此，作为仿真的设计者，需要在开始仿真之前，了解理论模型和实际仿真应用之间的差异，确定模型的设计方案以及技术实现途径。

在上述建模思想指导下，本章对通信系统的主要模块进行了分析研究，这些模块包括：信源及信源编译码部分，数字基带传输子系统，信道编码部分，调制与解调子系统，同步子系统等，在本章的最后一部分介绍了仿真的标校过程。通过对这些模块的研究，能够使读者基本掌握通信系统建模过程。

思考与练习

7-1 在通信仿真系统中，并不是所有的子系统都必须进行仿真，列举几个不需要进行明确的仿真子系统，并说明理由。

7-2 分析说明 Random Data Sources 库和 Sequence Generator 库中各模块的使用方法。

7-3 信源符号 X 有 6 种字母，概率为（0.37, 0.25, 0.18, 0.10, 0.07, 0.03）。用霍夫曼编码编成二元变长码，计算其编码效率。

7-4 设二进制符号序列为 110010001110，试以矩形脉冲为例，分别画出相应的单极性 NRZ 码、双极性 NRZ 码、单极性 RZ 码、双极性 RZ 码、二进制差分码波形。

7-5 已知（7,4）循环码的全部码组见下表：

0000000	0100111	1000101	1100010
0001011	0101100	1001110	1101001
0010110	0110001	1010011	1110100
0011101	0111010	1011000	1111111

试写出该循环码的生成多项式 $g(x)$ 和生成矩阵 $G(x)$，并将 $G(x)$ 化成典型阵。

7-6 已知（7,3）循环码的生成多项式 $g(x) = x^4 + x^2 + x + 1$，若信息分别为（101）和（001），求其系统码的码字。

7-7 已知（2,1,2）卷积码编码器的输出与 b_1、b_2 和 b_3 的关系为：

$$\begin{cases} c_1 = b_1 + b_2 \\ c_2 = b_2 + b_3 \end{cases}$$

试确定：

(1) 编码器电路；

(2) 卷积码的码树图、状态图及格状图。

7-8 仿真中为什么通常不对已调信号直接进行采样，而使用其复包络的采样值？

7-9 在通信系统中主要的同步方法是有哪几种？其主要作用是什么？

7-10 载波同步提取中为什么出现相位模糊问题？怎样通过仿真消除这种现象？

7-11 E_b/n_0 的物理概念是什么？与信噪比有何关系？

7-12 仿真中标校的作用是什么？为何要标校？

仿 真 实 验

7-1 利用 MC 仿真证明：

$$\frac{H(X)}{\log_2 Q} \leqslant \bar{K} \leqslant \frac{H(X)}{\log_2 Q} + 1$$

7-2 编写一段程序产生 FM 信号，假设调制信号为正弦信号，观测 FM 信号的时域和频域波形。

7-3 仿真比较均匀量化和非均匀量化的性能。

7-4 参考 Simulink 中 help 给出的两个卷积编译码仿真实例，对 Viterbi 硬判决和软判决系统进行仿真研究。

7-5 利用图 7-16 进行仿真，并选用不同的手段观测仿真效果。

7-6 编写一段程序产生 2ASK、2FSK 和 2PSK 信号，假设输入序列为 PN 序列，观测它们的时域和频域波形。

7-7 对二进制数字基带通信系统进行仿真研究。

实验案例：卷积码软判决维特比译码的性能仿真与分析

卷积编码是 Elias 等人在 1955 年提出的一种的编码方法，在通信系统中得到了极为广泛的应用，与线性分组码相比，卷积码充分利用了各组码间的相关性，具有信息位和码长较小的优点。卷积码的译码方法包括代数译码和概率译码。其中，维特比（Viterbi）译码比其他概率译码算法效率更高、速度更快，译码器也较简单，因此广泛地应用于各种数字通信系统。

判决方式是影响维特比译码性能的重要因素。译码器利用解调器送入 Q 进制量化序列或模拟序列，并利用码的代数结构译码的方法称为软判决译码。在高斯白噪声信道中，软判决译码的编码增益要比硬判决高 2dB；而在以突发错误为主的信道，如短波、散射、有线等信道中则要高 8dB，因而有较大的实用价值。由于软判决的量化会带来量化噪声，其性能的好坏取决于量化的比特数。此外，在相同量化比特数下，卷积码在不同约束长度下误码率情况也会不同。下面就来分析量化比特和不同约束长度的卷积码对误码率的影响。

1. 仿真环境设置

假设一个无线通信系统，采用卷积编码，调制解调选择 BPSK 方式，译码采用软判决维特比译码，并假定采用高斯白噪声信道进行传输。利用 Simulink 构建以上仿真环境，如图 7.A-1 所示。

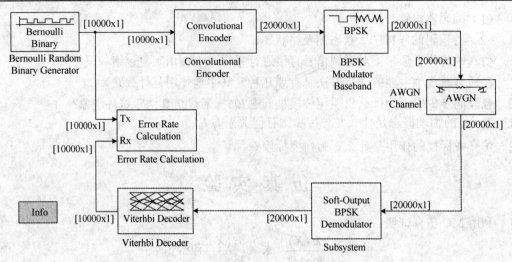

图 7.A-1 维特比译码 Simulink 仿真框图

2. 不同量化比特数下系统误码率性能比较

仿真采用(2, 1, 7)卷积编码,生成多项式取$(171,133)_8$。在软判决方式下,将量化比特分别取 2bit、3bit、4bit、5bit,然后计算系统的误码率。其 Matlab 程序如下:

```
%%%%%%%%%%%%%%%%%%%%%%%%%%%%%%%%%%%%%%%%%%%%
clc;
clear all;
x=0:0.5:4.5;
y1=x;y2=x;y3=x
for i=1:length(x)
EbNodB=x(i)
softbits=2;
sim('softdecision')
y1(i)=ErrorVec(1);
softbits=3;
sim('softdecision')
y2(i)=ErrorVec(1);
softbits=4;
sim('softdecision')  %调用 simulink
y3(i)=ErrorVec(1);
softbits=5;
sim('softdecision')
y4(i)=ErrorVec(1);
end
semilogy(x,y1,'-bs',x,y2,'-g^',x,y3,'-k.',x,y4,'-rh');
legend('2bit','3bit','4bit','5bit');
xlabel('Eb/N0(dB)')
ylabel('BER')
title('不同量化比特数下维特比译码的误码率仿真结果')
grid on;
%%%%%%%%%%%%%%%%%%%%%%%%%%%%%%%%%%%%%%%%%%%%%%%%%%%%%%%
```

运行程序后,仿真结果如图 7.A-2 所示。

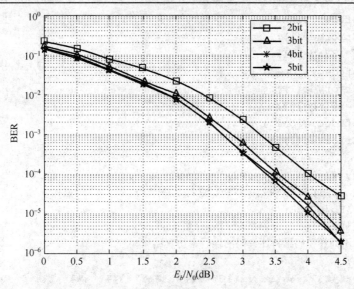

图 7.A-2　不同量化比特数下维特比译码的误码率仿真结果

将结果分析如下：

(1) 从单条曲线来看，随着信噪比的增加，误码率性能越来越好，这与实际情况相吻合。若要求通信系统的误码率低于 10^{-3}，则从图中可以看出，2bit 曲线误码率达到 10^{-3} 时的 E_b/N_0 为 3.3dB，而 3bit、4bit、5bit 曲线误码率达到 10^{-3} 时的 E_b/N_0 均在 2.5～2.8dB 之间。从曲线走向来看，随着信噪比的增加，误码率减小的速度越来越快。以 3bit 曲线来说，误码率从 10^{-1} 降低为 10^{-2}，信噪比需要增加 2dB，从 10^{-2} 降低到 10^{-3}，信噪比需要增加 0.9dB，从 10^{-3} 降低到 10^{-4}，信噪比只需增加 0.6dB。

(2) 从不同曲线的比较来看，量化比特数越高，系统的误码率性能越好。这是因为量化比特数越高，对于量化的划分越细，量化误差越小，判定错误的概率也就越小。同时，从图 7.A-2 可以看出，2bit 曲线离 3bit、4bit、5bit 曲线较远，性能较差。而 3bit、4bit、5bit 曲线较为接近，尤其是当系统误码率小于 10^{-5} 时，4bit、5bit 误码率性能较 3bit 改善不太明显，从系统设计的角度考虑，比特数越大，系统复杂度越大，因此在实际应用中，需要权衡系统性能和系统复杂度，选择合适的量化比特数。

3. 不同卷积码维特比译码误码率性能比较

将量化比特数设为 3 bit，为比较不同卷积码对系统误码率性能的影响，选择(2,1,5)，(2,1,7)，(2,1,9)卷积码进行仿真。仿真程序如下：

```
%%%%%%%%%%%%%%%%%%%%%%%%%%%%%%%%%%%%%%%
clc;
clear all;
x=0:0.5:4;
y1=x;y2=x;y3=x;
softbits=3;
for i=1:length(x)
EbNodB=x(i)
len=5;a=13;b=25;
```

```
sim('softdecision1')
y1(i)=ErrorVec(1);
len=7;a=133;b=171;
sim('softdecision1')
y2(i)=ErrorVec(1);
len=9;a=561;b=753;
sim('softdecision1')
y3(i)=ErrorVec(1);
end
semilogy(x,y1,'-bs',x,y2,'-g^',x,y3,'-r*');
legend('(2,1,5)','(2,1,7)','(2,1,9)');
xlabel('Eb/N0(dB)')
ylabel('BER')
title('不同卷积码维特比译码的误码率仿真结果')
grid on;
%%%%%%%%%%%%%%%%%%%%%%%%%%%%%%%%%%%%%%%%%
```

运行程序后，仿真结果如图 7.A-3 所示。

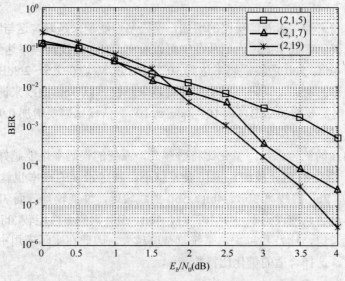

图 7.A-3 不同卷积码维特比译码的误码率仿真结果

结果分析如下：

（1）当信噪比较小时，约束长度短的卷积码误码率性能优于约束长度长的卷积码。随着信噪比的增大，卷积码的误码率性能越来越好，且约束长度长的卷积码误码率性能优于长度短的卷积码误码率性能。从图中可以看出，当 $E_b/N_0>0.6$dB 时，(2,1,7)卷积码误码率性能优于(2,1,5)卷积码性能。当 $E_b/N_0>1.7$dB 时，(2,1,7)卷积码误码率性能优于(2,1,5)卷积码性能。

（2）从图中趋势可以看出，随着信噪比的增大，3 条曲线的距离越来越远，这说明约束长度越长，自由距离也越大，卷积码的误码率性能越好。但当信噪比较小时，约束长度长的卷积码的误码率性能受到小信噪比的约束，优势没有发挥出来。

第 8 章 通信信道及其建模

广义信道包括了从信源到信宿之间的所有设备，以及信号在发射端和接收端之间传输的媒质。为了研究通信系统的性能，必须对信道进行合理的建模。一般来讲，信道模型是用数学语言或算法规则描述信道输入输出之间的转换关系，但是，这种描述并不是针对系统内部的物理联系，而是对系统外在特性或者经验观察的拟合。

本章将主要讨论干净空气、降雨以及电离层对准自由空间信道的影响；无线中继或移动系统中多径信道模型的建模方法；适合数字信号传输的有限状态信道模型，这种信道模型使用输出序列与输入序列相关的一系列概率分布来描述信道的作用；应用于系统细节设计和优化的 3 种仿真方法；UMTS-IMT-2000 信道参考模型；Simulink 中的信道模块。最后，围绕开展的研究介绍 Ka 频段临近空间通信信道建模。

8.1 准自由空间信道

当信号带宽足够小时，信道可以认为是良好的；而当信号带宽足够大时，信号在任何信道上传输都会产生失真。信号在大气中的传播特性非常复杂，然而，在一些极端情况，例如，使用工作在 4GHz～6GHz、仰角适当的大型地面天线的卫星系统，大气可以近似为真空中的理想信道。此时信号的损耗被称为自由空间衰减，具体可以表示为：

$$L_F(\text{dB}) = 32.4 + 20\log r(\text{km}) + 20\log f(\text{MHz}) \tag{8-1}$$

式中，r——收发天线之间的距离，单位是 km；
f——信号频率，单位是 MHz。

但是，随着载频和带宽增加，大气信道的滤波效果就不可忽视，这种滤波效应主要由以下 3 方面因素产生：

(1) 干净的空气，在特定的吸收线附近会产生明显的滤波作用；
(2) 下雨的空气，吸收量是频率的函数；
(3) 电离层和雨水的去极化作用，产生相位失真。

此时的信道就被称为准自由空间信道，这种信道可以认为是准静态的，其信道变化缓慢，相位噪声的频谱很窄，衰减可以表示为：

$$L_p = L_F + L_{ex} \tag{8-2}$$

式中，L_F——自由空间衰减；
L_{ex}——其他衰减，例如雨衰、对流层衰减等。

8.1.1 晴空大气（对流层）信道

大气中含有大气分子，当无线电波通过它们时将会被吸收，引起衰落。带有极性的分子造成的衰落最大，例如水分子，这些分子排列起来形成一个电场，而电场方向会随着电波发生变化,分子持续不断地重新排列,因此引起明显的损耗。频率越高,这种分子重新排列将会进行得更迅速,因此吸收损耗随着频率增加将会大大加强。而没有极性的分子,例如氧气,由于磁矩的存在也会吸收电磁能。

在通常的大气条件下,氧气分子和水分子能够产生明显的吸收衰减,氧气的共振峰值是60GHz和118.74GH,而水的是22.3GHz、183.3GHz和323.8GHz。在标准大气条件下,水汽γ_w和氧气γ_0的具体衰减(dB/km)情况如图8-1所示。

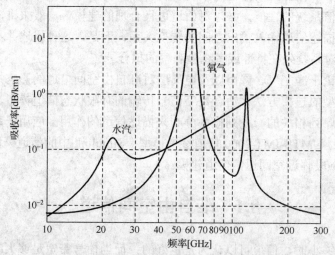

图8-1 在标准大气条件下,对于水汽和氧气的具体衰减情况示意图

大气总的衰减L_a用分贝表示,则衰减的大小取决于具体的路径,设路径为r_T,则大气总的衰减可以表示为:

$$L_a = \int_0^{r_T} \gamma_a(l) \mathrm{d}l = \int_0^{r_T} \{\gamma_w(l) + \gamma_o(l)\} \mathrm{d}l \tag{8-3}$$

随着高度增加大气密度是成指数递减的,但是在2km到6km范围内,水汽和干燥空气量通常可以认为是常数,此时对于总的天顶衰落,也就是仰角90°的衰落能够准确地表示出来,具体情况如图8-2所示。

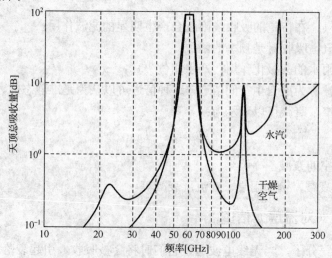

图8-2 在干燥空气和水汽环境下,路径总的衰落

当仰角大于 10° 时，倾斜路径的衰减 L_a 可以利用天顶衰减 L_z 计算出来：

$$L_a = \frac{L_z}{\sin\theta} \quad (8-4)$$

而在低仰角情况下，地球曲率的影响必须被考虑在内，有关更详细的内容可以参考相关文献。从上述分析可以看到在频率为 22GHz 和 60GHz 附近存在两个谐振峰。在较大的频带内，如果将大气建模为一个滤波器，则可以采用 Liebe 模型进行描述，即：

$$H(f) = H_0 \exp[j0.02096 f(10^6 + N)L] \quad (8-5)$$

式中，N——复杂的折射率函数，与频率 f 相关；

H_0——由查表决定的常数；

L——距离，单位是 km。

8.1.2 雨衰信道

对流层主要由各种小颗粒的混合物构成，这些颗粒的尺寸变化范围很大，小到组成大气的各类分子，大到雨滴和冰雹。电磁波通过很多小微粒组成的介质，会产生两种损耗，也就是吸收衰减和散射衰减。

当无线电波能量转换成热能就产生了吸收衰减，这种转换是由于大气分子或者雨滴造成的。而散射衰减是由于电波沿着不同的方向传播，所以仅仅一小部分能量到达了接收机。散射过程具有极强的频率选择性，当波长比微粒大时，其散射衰减就会变小。

当频率高于 10GHz 时，雨水是影响大气中电磁波传播的决定性因素，且频率越高、降雨量越大，雨水产生的衰减量越大。而无线电波传播路径上的雨滴数量、雨滴大小和雨程长度都会使信号传播产生衰减。

假设雨的密度和尺寸是定量，那么可以接收到的信号功率 P_r 与雨程 r 的关系为负指数关系，即：

$$P_r(r) = P_r(0)e^{-\alpha r} \quad (8-6)$$

式中，α——使得功率下降到初始值 37%（e^{-1}）距离的倒数。

如果用 dB 单位来表示雨衰，则：

$$L_b = 10\log\frac{P_t}{P_r} = 4.343\alpha r \quad (8-7)$$

那么单位长度衰减的数量（/m），可以表示为：

$$\gamma = \frac{L_b}{r} = 4.343\alpha \quad (8-8)$$

α 可以由下面公式得到：

$$\alpha = \int_{D=0}^{\infty} N(D) \times C(D) dD \quad (8-9)$$

式中，$N(D)$——直径为 D，每米传播路径上雨滴数量，也就是雨滴数量的分布；

$C(D)$——穿过雨程的衰落函数（dB/m），与频率有关。

当给出每一点的衰落情况 $\gamma(r)$，就可以对整个路径进行积分，得到整体路径衰减为：

$$L_b = \int_0^{r_T} \gamma(r)\,\mathrm{d}r \tag{8-10}$$

式中，L_b——衰减值；

$\gamma(r)$——衰减因子，其单位是 dB/km；

r_T——衰减路径长度。

如果用式（8-10）计算总衰减量时，其相关参数可以使用经验模型来确定，即：

$$\gamma = aR^b \tag{8-11}$$

式中，R——降雨量，单位是 mm/h；

a 和 b——由模型决定的参数，取决于频率和雨水的平均温度。

表 8-1 给出水平极化条件下 20℃ 时，a 和 b 对应不同频率的取值。

表 8-1 雨衰模型的经验参数

频率（GHz）	1	10	20	30	40
a	0.0000387	0.0101	0.0751	0.187	0.35
b	0.912	1.276	1.099	1.021	0.939

雨水除了产生功率衰减外，对无线电波产生的另一个影响是去极化作用，在双极化系统中尤为突出，即每个极点的部分能量被转化成了正交极化的能量，可以表示为：

$$R_1(t) = h_{11}(t) * S_1(t) + h_{21}(t) * S_2(t) \tag{8-12a}$$

$$R_2(t) = h_{12}(t) * S_1(t) + h_{22}(t) * S_2(t) \tag{8-12b}$$

式中，$S_1(t)$ 和 $S_2(t)$——极化信号 1 和 2；

$R_1(t)$ 和 $R_2(t)$——极化信号 1 和极化信号 2 的接收信号；

$h_{ij}(t)$——极化信号在信道传输中的冲激响应。

对于信号 1，交叉极化泄露 $h_{21}(t) * S_2(t)$ 引入了互极化干扰（XPI），对数字信号的 BER 会产生较大的影响。当然，若冲激响应 $h_{ij}(t)$ 已知，这种去极化作用就很容易实现仿真。

8.1.3 电离层相位信道

在几百兆赫兹及以下的低频段，例如短波频段，电离层对无线电波的影响是极其复杂的，可以描述为时变多径信道；对于频率高于几百兆赫兹的信号，电离层可以建模为一个具有非理想相位特性的全通滤波器。

由于电离层中的自由电子和自由空间的传播滞后现象，电磁波的传播会发生相移，可以表示为：

$$\varphi(f) = \frac{2\pi 40 \times 10^6}{cf} \int_{S_1}^{S_2} N_e(s)\,\mathrm{d}s \quad (\mathrm{rad}) \tag{8-13}$$

式中，c——光速（cm/s）；

N_e——沿路径 s 任意角度的面电荷密度（电子数/cm^2）。

式（8-13）的积分代表沿着信号路径方向的柱面累积电荷密度。对于任何两个不同频率的信号，假设频率为 f_0 和 $f_0 + \Delta f$，则它们之间的相移差可以表示为：

$$\Psi(\Delta f) = \varphi(f_0 + \Delta f) - \varphi(\Delta f) = K(f_0, N_e, s)\frac{\Delta f}{f_0 + \Delta f} \tag{8-14}$$

其中，常数 K 与频率差 Δf 无关。

对频率差 Δf 进行归一化处理 $v = \Delta f / f_0$，相移差可以进一步简化为：

$$\Psi(v) = K\frac{v}{1+v} \tag{8-15}$$

显然，实际相位特性与频率 f_0 和电荷密度有关。$\Psi(v)$ 与 $v/(1+v)$ 成线性关系，可以在模型中直接使用，对应的曲线示如图 8-3 所示。

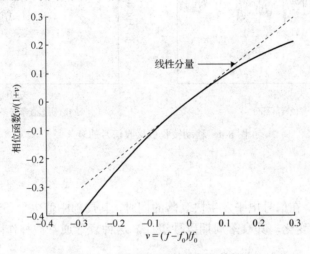

图 8-3 电离层低通等效相位特性

8.2 衰落与多径信道

在无线电通信系统中，存在多径衰落和阴影衰落两种衰落现象。其中，由于大气散射和反射，以及建筑物和其他物体折射等因素，造成信号在发射与接收天线之间传输的路径出现不止一条的现象，被称之为无线电波传播的多径现象。在多径的情况下，沿不同路径传输的信号会具有不同的衰减与延时，它们在接收天线处以相互增强或抑制的方式叠加在一起。当传播路径的长度发生变化，或者传播媒介的几何形状发生改变，或者发送接收天线发生了相对位移时，信号电平可能会产生很大波动，这种现象被称为多径衰落。多径衰落是一种小尺度衰落，通过扩散特性（例如时间扩展或频率选择）和时变特性影响信号。

另外一种衰落形式为阴影衰落，是一种大尺度衰落。当发射端和接收端之间存在突出的地表状态（如山脉、建筑物等），这些物体遮挡住了发射机和接收机之间的传播路径，造成平均信号功率的衰减，称为阴影衰落。阴影衰落主要表现在两方面：路径损失和平均值的统计变化。由于阴影衰落变化速率很慢，可以看作是静态的。

无线移动信号在大范围内传输时，会受到多径衰落、阴影衰落两种衰落的共同作用。因此，移动信道冲激响应的复低通等效形式就包含两部分，即：

$$\tilde{h}(\tau,t) = s(t) \times \tilde{c}(\tau,t) \tag{8-16}$$

式中，$s(t)$——阴影衰落部分衰落；
$\tilde{c}(\tau,t)$——多径衰落部分。

如图 8-4 所示，给出的是一个移动接收机的接收信号，描述了多径衰落与阴影衰落的叠加情况。

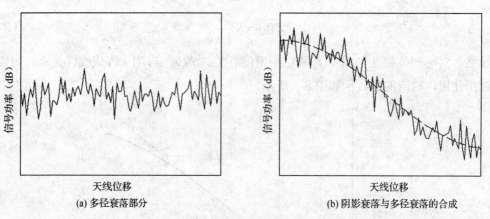

(a) 多径衰落部分   (b) 阴影衰落与多径衰落的合成

图 8-4 移动接收机接收信号的衰落

8.2.1 阴影衰落

如图 8-4(a)所示，在信号电平发生快衰落的同时，其局部中值电平还随地点、时间和移动台速度做比较平缓的变化，其衰落周期以秒级计，这种衰落通常被称作阴影衰落，本节重点讨论这种衰落。

对于移动台，其接收信号可表示为：

$$S_r = S_t + G_t + G_r - L_p \tag{8-17}$$

式中，S_r(dB)——接收信号的平均功率；
S_t(dB)——发送信号的功率；
G_t(dB)——发射天线在接收机方向的增益；
G_r(dB)——接收天线在发射机方向的增益；
L_p(dB)——传播衰减。

指向移动接收方向的发射天线增益 G_t 由发射天线的增益模式、位置和方向，以及移动接收端的位置决定。由于接收端相对于发射端是移动的，且方向通常是不可控的，因此，移动接收天线一般是全向天线，G_r 为全向移动天线的增益，在水平面上为常量。

传播衰减 L_p 是模型中最难预测的参数，相关领域的专家学者已经建立了许多模型预测 L_p。目前，最流行的传播统计模型是斜截式模型，该模型把传播衰减划分成两部分，即与距离相关的确定性部分，以及阴影衰落和多径衰落产生的统计部分。其中，确定性部分可表示为：

$$L_p = \alpha + \beta \lg(R) \quad [\text{dB}] \tag{8-18}$$

式中，R (km)——发射端和接收端之间的距离；

α 和 β——由模型决定的参数。

若令 $\alpha = -20\lg[\lambda/(4\pi)]$，$\beta = 20$，式（8-18）可表示为自由空间的传播衰减。参数 α 和 β 的值可通过专用无线电系统测试设备的测量结果估计得到。为了平均发射端附近的多径效应，通常对几种波长信号的接收功率进行平均，然后通过最小二乘拟合得到斜率 β，最后通过最小二乘拟合的截距、天线增益和发送功率一起决定 α。

Hata 模型是目前最流行的斜截式模型之一，这种模型是 Hata 在 1980 年提出的。在 Hata 模型中，斜率参数 β 依赖于发射机高出地面平均海拔的高度；截距参数 α 依赖于这个高度、发射频率和环境类型（如农村、郊区或城市），这些参数可以按如下方式确定：

$$\begin{cases} \beta = 44.9 + 6.55\lg(h) \\ \alpha = \alpha_0 - 69.55 + 26.16\lg(f) - 13.82\lg(h), & 城市环境 \\ \alpha = \alpha_0 - (2\lg^2(f/28) + 5.4), & 效区环境 \\ \alpha = \alpha_0 - (4.78\lg^2(f) - 18.33\lg(f) + 40.94), & 农村环境 \end{cases} \quad (8-19)$$

式中，h (m)——发射机高出这一地区平均海拔的高度；

f (MHz)——发射频率。

当测量值减去对数距离的线性最小二乘拟合值，剩余部分的衰落量近似服从均值为 0、方差为 8dB 的正态分布。因此，阴影衰落部分服从对数正态分布，平均功率可由传播模型来预测到。

8.2.2 多径衰落

发射信号在到达接收天线处可能存在多条路径，如图 8-5 所示，多径信号相互增强或抵消，导致接收信号幅度出现大的波动。这种现象称为多径衰落。

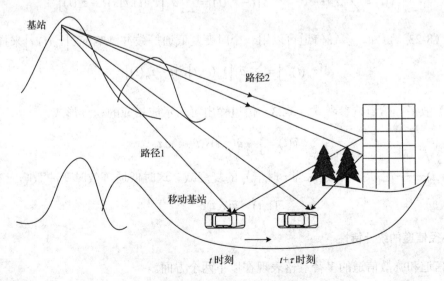

图 8-5 多径物理环境示意图

多径衰落可分为以下两类。

（1）多径信号的路径相对较少，数量有限，主要通过空旷地区的小山、房屋及其他建筑物反射产生，对应的信道模型称为离散多径信道；

（2）多径信号的路径由大量不可分解的反射产生，主要发生在山区或人口稠密的城市，这种信号由一系列连续的密不可分的多径分量组成，其信道模型称为弥散多径信道。

在实际测量的信道中可能同时包含离散部分和弥散部分，可根据具体建模需要将离散部分与弥散部分分开。

1. 多径信道的低通等效特性

对于离散多径信道，其传播路径数量有限，对应的模型可由下式表示：

$$y(t) = \sum_n a_n(t) s[t - \tau_n(t)] \tag{8-20}$$

式中，$s(t)$——带通输入信号；

$a_n(t)$、$\tau_n(t)$——第 n 条路径接收信号的衰减系数和传播延时。

假设：

$$s(t) = \tilde{s}(t)\cos 2\pi f_c t = \text{Re}\{\tilde{s}(t) e^{j2\pi f_c t}\} \tag{8-21}$$

则信道输出可以表示为：

$$\begin{aligned} y(t) &= \text{Re}\left\{\sum_n a_n(t) \tilde{s}[t - \tau_n(t)] e^{j2\pi f_c [t - \tau_n(t)]}\right\} \\ &= \text{Re}\left\{\left\{\sum_n a_n(t) \tilde{s}[t - \tau_n(t)] e^{-j2\pi f_c \tau_n(t)}\right\} e^{j2\pi f_c t}\right\} \end{aligned} \tag{8-22}$$

显然，输出的复包络为：

$$\tilde{y}(t) = \sum_n a_n(t) e^{-j2\pi f_c \tau_n(t)} \tilde{s}[t - \tau_n(t)] = \sum_n \tilde{a}_n[\tau_n(t),t] \tilde{s}[t - \tau_n(t)] \tag{8-23}$$

由式（8-23）可知，多径信道可以用一个时变复低通等效冲激响应 $\tilde{c}[\tau_n(t),t]$ 来描述：

$$\tilde{c}[\tau_n(t),t] = \sum_n \tilde{a}_n[\tau_n(t),t] \delta[t - \tau_n(t)] \tag{8-24}$$

对于弥散多径信道，参考式（8-23）信道输出可表示成相应的积分形式：

$$\tilde{y}(t) = \int_{-\infty}^{\infty} \tilde{a}(\tau,t) \tilde{s}(t - \tau) d\tau \tag{8-25}$$

式中，$\tilde{a}(\tau,t)$——在 t 时刻、延时为 τ 时信号的复衰减。这时低通等效时变冲激响应变为：

$$\tilde{c}(\tau,t) = \tilde{a}(\tau,t) e^{-j2\pi f_c \tau} \tag{8-26}$$

2. 多径信道的统计特性

离散信道和弥散信道的多径衰落表现在以下两个方面。

（1）对信号码元周期扩展特性，这种扩展特性类似于滤波作用，用 τ 来表示；

（2）由于接收机的移动或环境的改变，如反射体和散射体的移动等引起的时变特性，用 t 表示。

如图 8-6 所示给出在 3 个不同时刻 t，弥散信道相对延时 τ 的冲激响应，从而体现了上述两种效应的结果。

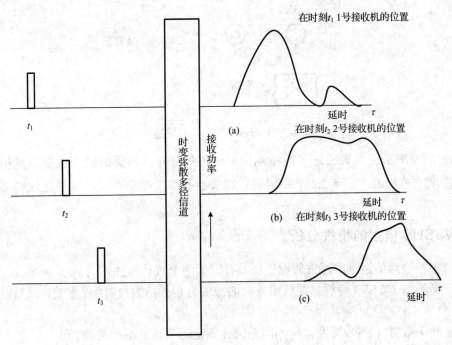

图 8-6　时变弥散多径信道的特性

从图 8-6 中可以看到，输入信道的 3 个窄脉冲，输出均被展宽，这就是信号码元周期扩展特性，展宽的宽度用 τ 来表示。同时还可以看到，在不同时刻的相同输入，得到了不同的响应波形，这说明了信道的时变特性。

3. 时变特征的统计特性

在对衰落引起的接收信号的随机波动进行建模时，可把 $\tilde{c}(\tau,t)$ 看作是时间 t 的随机过程。由于多径信号是由大量崎岖不平的地表反射、散射产生的，根据中心极限定理可知，$\tilde{c}(\tau,t)$ 服从复高斯过程。如果 $\tilde{c}(\tau,t)$ 均值为零，幅度 $R(\tau,t)=|\tilde{c}(\tau,t)|$ 则服从瑞利分布：

$$f_R(r) = \frac{r}{\sigma^2} e^{-r^2/(2\sigma^2)} \tag{8-27}$$

若 $\tilde{c}(\tau,t)$ 均值非零，表明多径中存在大的视距传播分量，此时 $R(\tau,t)=|\tilde{c}(\tau,t)|$ 则服从莱斯分布：

$$f_R(r) = \frac{r}{\sigma^2} I_0\left[\frac{Ar}{\sigma^2}\right] e^{-(r^2+A^2)/(2\sigma^2)} \tag{8-28}$$

式中，A——$\tilde{c}(\tau,t)$ 的非零均值；

$I_0(\cdot)$——零阶修正贝赛尔（Bessel）函数。

如果用 $K=A^2/\sigma^2$ 表示视距传播分量与其他衰落部分的功率比。若 $K \gg 1$，则信道趋近于镜面反射；若 $K \ll 1$，则信道趋近于瑞利分布。仿真时镜面反射部分和瑞利分布部分是分开的，如图 8-7 所示。

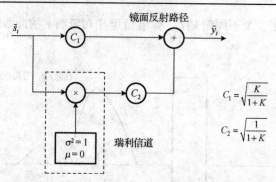

图 8-7 Rician 信道的仿真模型

$|\tilde{c}(\tau,t)|$ 的概率密度函数描述了冲激响应瞬时值的分布,但瞬时的变化是通过相关函数或功率谱密度来建模的,在 8.2.3 节中将通过相关函数或功率谱密度,来描述这些信道的统计模型。

8.2.3 WSSUS 模型的特性分析

在研究多径衰落信道时,通常假设模型具有以下两个统计特性。

(1)广义静态(WSS)特性,即信道冲激响应的自相关函数与时间 t 无关,只与时间间隔 $\Delta t = t_2 - t_1$ 有关。

(2)非相关散射(US)特性,指不同散射体的延迟分布是不相关的。

同时满足 WSS 和 US 两种假设的衰落信道模型被称为 WSSUS 模型。在这种模型中,自相关函数可由 $R_{\tilde{c}}(\tau,\Delta t)$ 表示:

$$R_{\tilde{c}}(\tau,\Delta t) = E[\tilde{c}^*(\tau,t)\tilde{c}(\tau,t+\Delta t)] \qquad (8\text{-}29)$$

由式(8-29)可知,对变量 Δt 进行傅里叶变换可得到 WSSUS 模型频域表述,即:

$$S(\tau,v) = F_{\Delta t}[R_{\tilde{c}}(\tau,\Delta t)] = \int_{-\infty}^{\infty} R_{\tilde{c}}(\tau,\Delta t) e^{-j2\pi v \Delta t} d\Delta t \qquad (8\text{-}30)$$

式中,$F_{\Delta t}$ ——对变量 Δt 进行傅里叶变换。

$S(\tau,v)$ 被称为散射函数,是多径衰落信道模型重要的统计值,它是时域变量 τ(延时)和频域变量 v(多普勒频率)的函数。由散射函数 $S(\tau,v)$ 可以得到信道的一些重要关系,这些关系描述了通信系统的性能。如图 8-8 所示,给出了由散射函数派生出的 4 个函数,以及这些函数之间的关系。

1. 多径密度分布

$p(\tau)$ 被定义为多径密度分布,也称为延时功率分布,与散射函数之间关系可以表示为:

$$p(\tau) = \int_{-\infty}^{\infty} S(\tau,v) dv \qquad (8\text{-}31)$$

如图 8-8(a)所示为延时功率分布的一个例子。其中延时指的是过量延时,即相对于到达接收机的信号的延时长度;T_m 为最大过量延时,也就是最大延时扩展,是接收机功率降到门限值以下时,信号的开始部分和最后部分之间的延时。

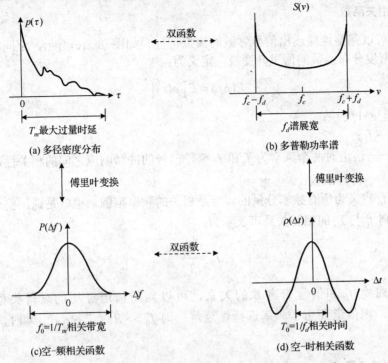

图 8-8 信道相关函数与功率密度函数之间的相互关系

根据码元时间 T_{sym} 和最大过量延时 T_m 可以判断信道经历的衰落类型,若 $T_m > T_{sym}$,信道表现为频率选择性衰落;若 $T_m \ll T_{sym}$,信道表现为平坦衰落。

最大过量延时并不能很好地描述通信系统中信号经过信道后的性能,因为有些信道具有相同的 T_m 值却具有不同的延时功率分布。而均方根延时扩展是另一种更有用的模型参数,具体定义如下:

$$\sigma_\tau = \sqrt{\overline{\tau^2} - \overline{\tau}^2} \tag{8-32}$$

其中:

$$\overline{\tau^k} = \frac{\int \tau^k p(\tau) \mathrm{d}\tau}{\int p(\tau) \mathrm{d}\tau}$$

研究表明,通信系统的误比特率性能主要受均方根值 σ_τ 的影响。

2. 多普勒功率谱

另一个描述衰落特性的函数为多普勒功率谱 $S(v)$,描述了窄带信号多普勒频率扩展的信息,它可由散射函数得出:

$$S(v) = \int_{-\infty}^{\infty} S(\tau, v) \mathrm{d}\tau \tag{8-33}$$

在无线移动通信应用中,发射端和接收端的移动导致了传输路径的改变,因此,信道是具有时变性的。由于信道特性依赖于发射端和接收端的相对位置,因而时间变化等效于空间变化,信道的时变特性可由多普勒功率谱来描述,如图 8-8(b)所示。

3. 空-频相关函数

在频域内可以完整地描述出信号弥散的模拟特性。如图 8-8(c)所示，空间频率相关函数 $P(\Delta f)$ 是多径密度分布函数的傅里叶变换，定义为：

$$P(\Delta f) = F[p(\tau)] \tag{8-34}$$

式中，F——傅里叶变换；

$\Delta f = f_2 - f_1$；

$P(\Delta f)$——信道对两个频率为 f_1 和 f_2 窄带信号的冲激响应之间的相关性，也称为信道传输函数。

相关带宽 f_0 定义为所有频率分量的幅度是相关的频率范围，也就是说，整个范围内的频谱一起衰落，则 f_0 与 T_m 的相互关系可表示为：

$$f_0 \approx \frac{1}{T_m} \tag{8-35}$$

根据相关带宽 f_0 和信号带宽 B 的关系，可以判断信道经历的衰落类型，若 $f_0 < B$（$T_m > T_{sym}$）时，则信道经历了频率选择性衰落；而 $f_0 \gg B$（$T_m \ll T_{sym}$）时，则发生平坦衰落。

4. 空-时相关函数

空-时相关函数 $\rho(\Delta t)$ 是 $S(v)$ 的逆傅里叶变换，如图 8-8(d)所示，可以表示为：

$$\rho(\Delta t) = F^{-1}[S(v)] \tag{8-36}$$

式中，F^{-1}——傅里叶反变换；

$\rho(\Delta t)$——信道对时刻 t_1 和 t_2 发送的窄带信号的响应的相关性（其中，$\Delta t = t_2 - t_1$）。

相关时间 T_0 定义为两个信号保持相关特性的持续时间。相关时间 T_0 与多普勒扩展 f_d 有如下关系：

$$T_0 \approx \frac{1}{f_d} \tag{8-37}$$

根据相关时间 T_0 和码元周期 T_{sym} 的关系，可以将信道分为快衰落和慢衰落两类：若 $T_0 < T_{sym}$（$f_d > B$），信道为快衰落信道；若 $T_0 > T_{sym}$（$f_d < B$），则信道保持相关的持续时间比发送的码元持续时间长，为慢衰落信道。

将相关带宽 f_0 和信号带宽 B，以及相关时间 T_0 和码元周期 T_{sym} 使用较为直观的图形表示，可以得到信号衰落分类，如图 8-9 所示。

8.2.4 衰落信道的冲击响应

式（8-24）给出了多径信道复低通等效冲激响应，如果再考虑到多普勒频移等因素的影响，则信道复低通等效冲激响应可以表示为：

$$h(t,\tau) = \lim_{N \to \infty} \frac{C}{\sqrt{N}} \sum_{n=1}^{N} \underbrace{\exp(j\theta_n)}_{\text{phase}} \underbrace{\exp(j2\pi f_{dn}t)}_{\text{Doppler}} \underbrace{\delta(\tau - \tau_n)}_{\text{delay}} \tag{8-38}$$

式中，θ_n——每条路径都有一个随机的相位；
f_{d_n}——多普勒频移；
τ_n——时延；
$C/\sqrt{N}$——幅度系数。

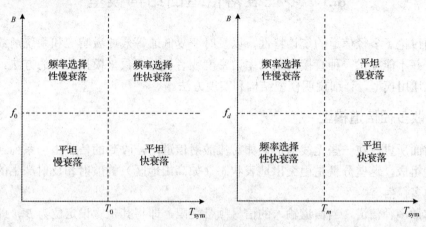

图 8-9　信号衰落分类

$C/\sqrt{N}$ 确保小尺度衰落过程的平均功率为 C^2，随机的相位 θ_n 在 $(0,2\pi)$ 范围内均匀分布，多普勒频移 f_{d_n} 在 $(-f_{d\max}, f_{d\max})$ 范围内满足描述信道时变的概率密度函数，时延 τ_n 在 $(0,\tau_{\max})$ 范围内与时延扩展的概率密度函数相一致。

1. 平坦衰落

在平坦衰落时信道最大延时扩展 T_m 远远小于码元周期 T_{sym}，这也相当于，对于任意的 n，均可以认为 $\tau_n \approx 0$，此时式（8-38）就可以简化为：

$$h(t,\tau) = \lim_{N \to \infty} \frac{C}{\sqrt{N}} \sum_{n=1}^{N} \underbrace{\exp(j\theta_n)}_{\text{phase}} \underbrace{\exp(j2\pi f_{dn}t)}_{\text{Doppler}} \underbrace{\delta(\tau)}_{\text{delay}} \tag{8-39}$$

式（8-39）表明，系统已经不考虑多径对系统的影响，仅考虑多普勒频移产生的衰落，因此，式（8-39）所对应的频域描述为：

$$H(t) = F_\tau\{h(t,\tau)\} = \lim_{N \to \infty} \frac{C}{\sqrt{N}} \sum_{n=1}^{N} \underbrace{\exp(j\theta_n)}_{\text{phase}} \underbrace{\exp(j2\pi f_{dn}t)}_{\text{Doppler}} \tag{8-40}$$

式中，F_τ——对 τ 进行傅里叶变换。

从式（8-39）中可以发现冲激响应函数是关于 τ 的冲击函数，因此，$H(t)$ 也不依赖于变量 f，也就是说所有频率都经历相同的频率响应的影响。

2. 频率选择性衰落

当信道最大延时扩展 T_m 大于码元周期 T_{sym} 时，如图 8-9 所示，则需要考虑各条路径对信号传输的影响，因而产生了频率选择性衰落。此时频率选择性衰落冲激响应的时域表达式就是式（8-38），对于任意的 n，$\tau_n \neq 0$。此时，时变信道传输函数表示如下：

$$H(t,f) = \lim_{N\to\infty} \frac{C}{\sqrt{N}} \sum_{n=1}^{N} \underbrace{\exp(\mathrm{j}\theta_n)}_{\text{phase}} \underbrace{\exp(\mathrm{j}2\pi f_{dn}t)}_{\text{Doppler}} \underbrace{\exp(-\mathrm{j}2\pi f \tau_n)}_{\text{delay}} \tag{8-41}$$

8.3 多径衰落信道的结构模型

在前面讨论了多径信道的统计特性，以及时变复低通等效冲激响应和系统函数，但这些描述本身，并不能提供一种直接利用功率谱密度或者相关函数来模拟信道的方法。因此，本节将总结出通用模型，详细说明模型结构和实现方法。

8.3.1 弥散多径信道模型

正如前面所讲，在一些无线信道，如对流散射信道中，收到的信号由一系列连续不可分的多径分量组成，这些分量是由突出地表状态（如高山地区）的散射和反射产生的，称这种信道为弥散多径信道。

对于弥散多径信道，当信道输入的信号频带受限，即将其带宽设定位为 B，此时相当于信号经过截止频率为 B 的低通滤波器。利用采样周期为 $T = 1/B$ 的速率对其采样，则信号 $\tilde{s}(t-\tau)$ 可以表示为：

$$\tilde{s}(t-\tau) = \sum_{n=-\infty}^{\infty} \tilde{s}(t-nT) \operatorname{sinc}[B(\tau-nT)] \tag{8-42}$$

其中，$\operatorname{sinc} x = \frac{\sin x}{x}$。

对于弥散多径信道，信道输出可表示成相应的积分形式，即：

$$\begin{aligned}
\tilde{y}(t) &= \int_{-\infty}^{\infty} \tilde{s}(t-\tau)\tilde{c}(\tau,t)\mathrm{d}\tau \\
&= \int_{-\infty}^{\infty} \left[\sum_{n=-\infty}^{\infty} \tilde{s}(t-nT) \operatorname{sinc}[B(\tau-nT)] \right] \tilde{c}(\tau,t)\mathrm{d}\tau \\
&= \sum_{n=-\infty}^{\infty} \tilde{s}(t-nT) \int_{-\infty}^{\infty} \tilde{c}(\tau,t) \operatorname{sinc}[B(\tau-nT)] \mathrm{d}\tau \\
&= \sum_{n=-\infty}^{\infty} \tilde{s}(t-nT) \tilde{g}_n(t)
\end{aligned} \tag{8-43}$$

其中：

$$\tilde{g}_n(t) = \int_{-\infty}^{\infty} \tilde{c}(\tau,t) \operatorname{sinc}[B(\tau-nT)] \mathrm{d}\tau \tag{8-44}$$

由式（8-43）和（8-44）可以看出：

（1）函数 $\tilde{y}(t)$ 是由 $\tilde{s}$ 通过抽头-延时线滤波器得到，抽头系数为 $\tilde{g}_n(t)$，时间间隔为 T；

（2）抽头系数 $\tilde{g}_n(t)$ 由式（8-44）定义，如果冲激响应长度为 NT，则对于 $n<0$ 和 $n>N$ 时，$\tilde{g}_n(t)$ 对系统的影响很小，基本上可以忽略不计。

式（8-43）和式（8-44）给出的抽头-延迟线信道模型如图 8-10 所示。

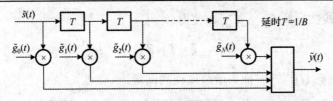

图 8-10 弥散多径信道的抽头-延迟线模型

当 N 确定好以后,信道特性由抽头系数 $\tilde{g}_n(t)$ 来定义。当然,影响弥散多径信道的抽头-延迟线模型复杂度的另一个重要因素是采样率 B 的选择,因为 B 控制着抽头间隔因而控制着抽头数,而且,由于采样周期 $T = 1/B$,则采样率 B 控制着系统的混叠误差。下面详细推导抽头增益模型。

假设 N 和 B 等相关参数已经被合理地确定,如果 $\tilde{c}(\tau,t)$ 是高斯随机过程,由式(8-44)可知,抽头增益 $\tilde{g}_n(t)$ 则是一个零均值复高斯过程的采样函数。一般来说,这些抽头增益函数是相关的,其相关函数可以表示为:

$$R_{kl}(\Delta t) = E\left[\tilde{g}_k(\tau,t)\tilde{g}_l^*(\tau,t+\Delta t)\right]$$
$$= \int_{-\infty}^{\infty}\int_{-\infty}^{\infty} E\left[\tilde{c}(\tau,t)\tilde{c}^*(\mu,t+\Delta t)\right]\operatorname{sinc}\left[B(\tau-kT)\right]\operatorname{sinc}\left[B(\mu-lT)\right]\mathrm{d}\tau\mathrm{d}\mu \quad (8\text{-}45)$$

利用不相关散射条件(US)假设,可以得到:

$$R_{kl}(\Delta t) = \int_{-\infty}^{\infty} R_{\tilde{c}}(\tau,\Delta t)\operatorname{sinc}\left[B(\tau-kT)\right]\operatorname{sinc}\left[B(\tau-lT)\right]\mathrm{d}\tau \quad (8\text{-}46)$$

进一步假设过程 $\tilde{c}(\tau,t)$ 的多普勒效应与多径相互独立,则有:

$$S(\tau,v) = p(\tau)S(v) \quad (8\text{-}47)$$

对式(8-47)的变量 v 进行傅里叶逆变换,得出

$$R_{\tilde{c}}(\tau,\Delta t) = p(\tau)\rho(\Delta t) \quad (8\text{-}48)$$

将式(8-48)代入式(8-46),有:

$$R_{kl}(\Delta t) = \rho(\Delta t)\int_{-\infty}^{\infty} p(\tau)\operatorname{sinc}\left[B(\tau-kT)\right]\operatorname{sinc}\left[B(\tau-lT)\right]\mathrm{d}\tau \quad (8\text{-}49)$$

则相关矩阵可以写成:

$$\boldsymbol{R}(\Delta t) = \boldsymbol{R}_0 \rho(\Delta t) \quad (8\text{-}50)$$

式中:

$$\boldsymbol{R}(\Delta t) = \begin{bmatrix} R_{00}(\Delta t) & R_{01}(\Delta t) & & R_{0N}(\Delta t) \\ R_{10}(\Delta t) & R_{11}(\Delta t) & & R_{1N}(\Delta t) \\ & & & \\ R_{N0}(\Delta t) & R_{00}(\Delta t) & & R_{NN}(\Delta t) \end{bmatrix}$$

$$\boldsymbol{R}_0 = \boldsymbol{R}(\Delta t)/\rho(\Delta t)$$

由式(8-50)可知,$\boldsymbol{R}_0$ 是实对称阵。

假设存在一个线性变换 $L_{(N+1)\times(N+1)}$,使得:

$$\tilde{g} = L \times Z \quad (8-51)$$

式中,$\tilde{g} = [\tilde{g}_0(t),\cdots,\tilde{g}_N(t)]^T$——抽头增益过程列向量;

$Z = [Z_0(t),\cdots,Z_N(t)]^T$——独立平稳复高斯过程列向量,满足对任意的 t_1、t_2,若 $i \neq j$,则 $E[Z_i(t_1)Z_j(t_2)] = 0$。

规定 $Z_n(t)$ 的相关系数具有以下形式:

$$E[Z_n(t_1)Z_n^*(t_2)] = \rho(\Delta t) \quad (8-52)$$

其中,对于所有的 $n = 0,1,\cdots,N$,$\Delta t = t_1 - t_2$,相关系数都是相同的。

根据式(8-51)和式(8-52),则有:

$$E[\tilde{g}(t_1)\tilde{g}^*(t_2)] = L\rho(\Delta t)L^T = \rho(\Delta t)LL^T \quad (8-53)$$

对比式(8-53)与式(8-50),有:

$$R_0 = LL^T \quad (8-54)$$

这样,就推导出弥散多径信道抽头-延迟线模型中,抽头增益的生成算法,具体可以描述为:

(1)生成白噪声过程 $W_n(t)$,并通过一个传输函数为 $|H(f)|^2 = S(v)$ 的滤波器,获得具有指定功率谱密度的独立平稳复高斯过程 $Z_n(t)$;

(2)对于给定的抽头增益相关矩阵 R_0,通过 Cholesky 分解得到线性变换矩阵 L;

(3)由式(8-51),计算得到抽头增益 $\tilde{g} = [\tilde{g}_0(t),\cdots,\tilde{g}_N(t)]^T$。

因此,通过抽头增益的生成算法,可以得到具有相关抽头增益的弥散多径信道仿真模型,如图 8-11 所示。

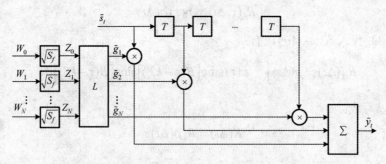

图 8-11 具有相关抽头增益的弥散多径信道仿真模型

最后,得到了满足 $S(\tau,v)$ 要求的信道输出 $\tilde{y}(t)$。但是对于弥散多径信道抽头-延迟线模型来讲,还有两点需要进行说明:

(1)仿真的采样速率通常是输入信号带宽的 8~16 倍,其中包含了由系统时变特性引起的频率扩展;

(2)当抽头增益不相关时,协方差矩阵 R_0 变成对角阵,仍然可以采样上述的抽头增益生成算法,但是计算过程大大简化。

8.3.2 离散多径信道模型

离散多径信道包含一系列离散可分离的分量,这些离散分量是由于一些小的结构体,比如房屋、小山等物体的反射和散射作用引起的。这种信道仍然可以建模成具有可变抽头增益和可变延迟,以及可变抽头数的抽头-延迟线的模型。

对于许多信道,可以进一步假设离散分量个数是恒定的,而且,由于时延变化较慢,从而假定也是不变的。这样,离散多径信道的低通等效冲激响应可以表示为:

$$\tilde{c}(\tau,t) = \sum_{k=1}^{K} \tilde{a}_k(t)\delta(\tau-\tau_k) \tag{8-55}$$

低通等效输出为:

$$\tilde{y}(t) = \sum_{k=1}^{K} \tilde{a}_k(t)\tilde{s}(t-\tau_k) \tag{8-56}$$

对应的抽头-延迟线模型,如图 8-12 所示。

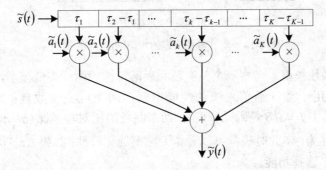

图 8-12 离散多径信道具有可变抽头增益的抽头-延迟线模型

将式(8-55)代入式(8-44)中,可以得到离散多径信道的均匀间隔 TDL 模型的抽头增益:

$$\begin{aligned}
\tilde{g}_n(t) &= \int_{-\infty}^{\infty} \tilde{c}(\tau,t)\operatorname{sinc}[B(\tau-nT)]\mathrm{d}\tau \\
&= \sum_{k=1}^{K} \tilde{a}_k(t)\operatorname{sinc}[B(\tau_k-nT)] \\
&= \sum_{k=1}^{K} \tilde{a}_k(t)\alpha(k,n) \qquad -N \leq n \leq N
\end{aligned} \tag{8-57}$$

其中,$\alpha(k,n) = \operatorname{sinc}\left(\dfrac{\tau_k}{T} - n\right)$; $T = \dfrac{1}{B}$。

由于 $\alpha(k,n)$ 衰减非常迅速,因此,式(8-57)模型所需的抽头数通常很少,这时离散多径信道模型如图 8-13 所示。

离散多径信道的抽头增益生成算法比较简单,具体过程如下:

(1) 产生 K 个零均值独立复高斯过程,通过滤波得到相应的多普勒功率谱;
(2) 乘上一个因子以产生离散信道所期望的多径信号幅度;
(3) 再利用式(8-57)的变换,最终得到抽头增益 $\tilde{g}_n(t)$。

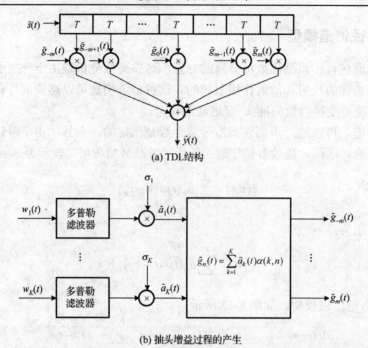

(a) TDL结构

(b) 抽头增益过程的产生

图 8-13 离散多径信道的均匀间隔 TDL 模型

例 8-1 离散多径模型。考察一个具有瑞利衰落特性的两径离散模型，如图 8-14 所示，这种简单模型通常用于估计通信系统的性能指标，两个可变参数是：归一化延迟扩展比 $\Delta\tau = (\tau_1 - \tau_2)/T$（其中 $T=1/B$ 是码元宽度）；两个路径的相对功率比 $(\sigma_1/\sigma_2)^2$。如果 $\Delta\tau \ll 1$，则两个路径可以合并为一，此时模型可以看作无频率选择特性；如果 $\Delta\tau > 0.1$，存在码间干扰，这种模型看作有频率选择功能。

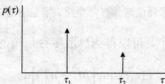

图 8-14 例 8-1 的简单两径模型

假设 $\Delta\tau = 0.75$，首先对两个不相关高斯白噪声过程进行滤波，然后利用式（8-57）得到抽头增益，其中 $-3 \leq n \leq 3$，由于是两径，则 $K=2$，可以得到：

$$\begin{bmatrix} \tilde{g}_{-3}(t) \\ \tilde{g}_{-2}(t) \\ \tilde{g}_{-1}(t) \\ \tilde{g}_0(t) \\ \tilde{g}_1(t) \\ \tilde{g}_2(t) \\ \tilde{g}_3(t) \end{bmatrix} = \begin{bmatrix} \mathrm{sinc}(0.0+3) & \mathrm{sinc}(0.75+3) \\ \mathrm{sinc}(0.0+2) & \mathrm{sinc}(0.75+2) \\ \mathrm{sinc}(0.0+1) & \mathrm{sinc}(0.75+1) \\ \mathrm{sinc}(0.0+0) & \mathrm{sinc}(0.75+0) \\ \mathrm{sinc}(0.0-1) & \mathrm{sinc}(0.75-1) \\ \mathrm{sinc}(0.0-2) & \mathrm{sinc}(0.75-2) \\ \mathrm{sinc}(0.0-3) & \mathrm{sinc}(0.75-3) \end{bmatrix} \begin{bmatrix} \tilde{a}_1(t) \\ \tilde{a}_2(t) \end{bmatrix} = \begin{bmatrix} 0.0 & -0.060 \\ 0.0 & -0.082 \\ 0.0 & -0.128 \\ 1.0 & -0.300 \\ 0.0 & -0.900 \\ 0.0 & -0.180 \\ 0.0 & -0.100 \end{bmatrix} \begin{bmatrix} \tilde{a}_1(t) \\ \tilde{a}_2(t) \end{bmatrix}$$

上式仅给出了 7 个抽头的变换系数，可以看出，对于阶数较高的抽头增益，系数值很小，采用 7 抽头的 TDL 模型已经可以达到较高的精度。

8.3.3 抽头增益过程的生成

由上面的讨论可知,多径信道结构模型的实现主要有两个步骤:

(1) 产生 K 个白高斯过程,其方法在前面章节已经详细介绍;

(2) 根据每个抽头处的运动状态,确定高斯过程多普勒功率谱的形状。

对于一个给定的散射函数,原则上可以产生 $S(\tau, kB^{-1})$,$k=0,1,\cdots,N$,但这种方法产生随机过程,其计算量十分巨大,在工程上很难实现。因此,通常采用具有典型形状多普勒频谱的简化模型。

在简化模型中,由于多普勒频谱 $S_f(f)$ 是实对称的,因此,成形滤波器是实数系数的,其幅度传输函数为 $H_f(f) = \sqrt{S_f(f)}$。根据不同物理环境,可以采用 3 种具体的频谱分布形式,具体来讲就是平坦频谱,高斯频谱和 Jakes 频谱。如图 8-15 所示,给出了模型的一般形式。

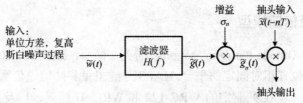

图 8-15 成形第 n 个抽头增益过程功率谱的通用框图

1. 平坦频谱

对于平坦的频谱,只需要对谱幅度进行适当的尺度变换,并通过带限滤波到期望的带宽即可。若 $S_f(f) = A$,$|f| \leq B$,则滤波器为一个理想的低通滤波器,即:

$$H_f(f) = \begin{cases} \sqrt{A}, & |f| \leq B \\ 0, & |f| > B \end{cases} \tag{8-58}$$

2. 高斯频谱

对于高斯频谱 $S_G(f)$,$S_G = A^{-kf^2}$,根据 k 的选择来设置信号带宽,其成形滤波器为:

$$H_G(f) = \sqrt{S_G(f)} = \sqrt{A} \exp\left(-\frac{1}{2} kf^2\right) \tag{8-59}$$

3. Jakes 频谱

对于 Jakes 频谱,可以表示为:

$$S_J(f) = \frac{A}{\left[1 - (f/f_d)^2\right]^{1/2}} \tag{8-60}$$

式中,f_d——最高多普勒频率。

其成形滤波器的频率响应为:

$$H_J(f) = [S_J(f)]^{\frac{1}{2}} = \frac{\sqrt{A}}{\left[1 - (f/f_d)^2\right]^{\frac{1}{4}}} \tag{8-61}$$

由于 $H_J(f)$ 是实对称的，滤波器的冲激响应 $h_J(t)$ 可根据傅里叶逆变换求出，具体可以表示为：

$$h_J(t) = F^{-1}[H_J(f)] = 2^{\frac{1}{4}}\sqrt{A\pi} \cdot \Gamma\left(\frac{3}{4}\right) f_d x^{-\frac{1}{4}} J_{1/4}(x)$$

$$= 2.583 A^{1/2} f_d x^{-\frac{1}{4}} J_{1/4}(x)$$

(8-62)

式中，$J_{1/4}(x)$ ——分数贝塞尔函数（其中 $x = 2\pi f_d |t|$）。

式（8-62）所示的冲激响应可用一个 FIR 滤波器来近似。

最后，需要说明的一点是，缓慢时变信道的抽头增益过程的带宽要比信号带宽小得多，在滤波器仿真中，采用高的采样率有可能导致计算效率下降和稳定性问题，因此，可以采用多速率方法避免这些潜在问题的发生。例如，抽头增益滤波器可以用低采样率建模，在滤波器的输出端，利用内插的方法产生密集的采样值，此时的采样率是进入抽头的信号采样率。

8.3.4 HAPS 多径信道模型

HA0PS 是 "High Altitude Platform Stations" 的英文简写，是停留在 20~50km 的临近空间，一个相对于地球特定位置相对固定的平台。HAPS 是继卫星和陆地通信系统后的第三代通信平台，世界无线电大会（WRC）制定的 WRC-122 和 WRC-97 建议，以及国际电信同盟（ITU）制定的 ITU-F.592 和 ITU-F.02 建议，将 HAPS 定义为一种能够提供无线窄带通信、宽带通信和广播业务服务的高空平台，可以实现窄带/宽带固定和移动通信业务。而 HAPS 所提供的各类业务通常是利用有人飞机或者无人飞机，以及飞艇等平台来完成。

1. 椭球模型假设

根据 ITU 的建议，HAPS 蜂窝电话和无线局域网络通信系统，通常工作于 2GHz 波段，在此频段雨衰影响可以不考虑，而通信过程中的多径和多普勒效应将成为影响通信系统性能的主要因素。为此，基于地球站的电波传播的理论模型，建立了描述多径效应的椭球模型。

以 HAPS 平台在地面的垂直投影为原点，在不考虑地球曲面情况下，建立直角坐标系，具体情况如图 8-16 所示。

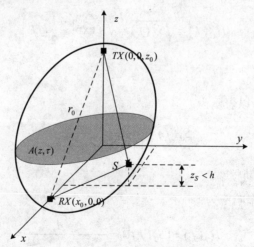

图 8-16 多径传播的椭球模型

图中，TX 表示 HAPS 平台发射机，坐标为 $(0, 0, z_0)$；RX 表示地面移动用户接收机，坐标为 $(x_0, 0, 0)$，发射机和接收机在地面上的水平距离为 x_0，发射机高度为 z_0，地面移动用户高度与 HAPS 平台发射机高度相比很小，同时与地面上的水平距离为 x_0 相比也很小，因此，可忽略不计。此时，TX 到 RX 直接传输路径长度 r_0 可以表示为

$$r_0 = \sqrt{x_0^2 + z_0^2} \tag{8-63}$$

其中，传播延迟 $\tau_0 = r_0 / c$，c 为光速。

假设 S 为空间散射体，当电波遇到散射体 S 后，会以一定角度发生反射，具体情况如图 8-16 所示。对于经过路径 TX—S—RX 传播的电波，则是一个增加了附加时延 τ 的反射波，到达 RX 所通过的路径长度为：

$$k(\tau) = r_0 + \tau \cdot c \tag{8-64}$$

根据立体几何知识可知，当存在反射时，路径 TX—S—RX 传播距离为 k 的点的集合是以 TX 和 RX 为焦点的椭球面，而造成附加时延在 0 到 τ 之间的散射体 S 在上述椭球体内，这因为从发射机 TX 发出的波束，撞击散射体 S，然后反射到接收机 TX，通过的路径均小于 k。为此，得到了多径传播的椭球模型。

2. 附加时延分析

为了分析附加时延的统计特性，假设散射体 S 均匀分布在椭球空间中，对于附加时延 τ，椭球体积 V 是关于 τ 的函数，即 $V(\tau)$，因此，最大附加时延 $\tau_{\max}$ 所对应的椭球体积为 $V(\tau_{\max})$。可以证明，出现延时小于 τ 的概率为 $V(\tau)$ 与 $V(\tau_{\max})$ 之比，也就是：

$$F(\tau) = \frac{V(\tau)}{V(\tau_{\max})} \tag{8-65}$$

因为散射波主要是由于高大建筑、树木或者小山造成，当这些散射体的高度超过某一高度 h 时就不能形成有效的散射波。因此，假设散射体均匀地分布在接近地面的高度为 h 的范围。基于这一分析结论，椭球和 $z = h$ 平面 $A(z, \tau)$ 的交叉点获得空间 $V(\tau)$，它将包含能够产生延迟小于 τ 的散射波的障碍物。因此，空间 $V(\tau)$ 中的点 (x, y, z) 满足：

$$\begin{cases} \sqrt{(x-x_0)^2 + y^2 + z^2} + \sqrt{x^2 + y^2 + (z-z_0)^2} < k(\tau) \\ 0 < z < h \end{cases} \tag{8-66}$$

其中，$k(\tau) = r_0 + \tau \cdot c$。

由于椭球和高度 z 的水平面的相交，空间 $V(\tau)$ 可以首先计算椭圆平面 $A(z, \tau)$，然后以 z 为变量对椭圆平面函数 $A(z, \tau)$ 积分，其中 z 的积分限从 0 到 h。对于这个模型的更多描述请参见相关文献。

8.4 有限状态信道模型

8.4.1 定义和特点

在如图 8-17 所示的通信系统中，有限状态信道是指信道编码器输出端 a 和信道译码器输

入端 b 之间的信道,该信道的特性由 a 和 b 之间的滤波器、其他设备,以及物理信道所引入的噪声等因素决定,有时也将这种信道称谓"编码信道"。

图 8-17 有限状态信道位于 $a-b$ 之间;波形信道位于 $a'-b'$ 之间

有限状态信道当中的"有限状态"表示在任何时刻,位于 a 和 b 之间信道观测值的数量有限,信道的状态由转换概率来描述。有限状态信道可以分成以下两类。

(1) 无记忆信道。这个信道此时的状态与信道前面的状态无关。无记忆信道通常可以用于建模描述信道的传输错误;还可以假定在转换规则没有时间相关的情况下,建模描述某一时刻输入码元的转换概率,也就是描述此刻的转换概率,不受其他输入码元状态变化的影响。

(2) 有记忆模型。在这种信道中,从输入码元到输出码元的转换是时间相关的。例如,在有衰落和脉冲噪声的通信系统中,由于衰落引起的信号幅值变化时间相关,导致传输错误率存在相关,以及第 n 个码元的转换概率与以前的码元相关。错误出现的特点具有突发的形式,因此,这类信道又称为突发错误信道。

有限状态信道属于概率模型,在计算上比波形级模型要简单,且运算量小、处理速度快,主要体现在以下两个方面。

(1) 有限状态模型在码元速率上的仿真,而波形级模型以 8~16 倍的码元速率仿真。

(2) 在波形级模型中,每一个模块在波形细节水平上进行仿真,而有限状态模型是一个高层次的抽象。

基于上述这两个因素,与波形级模型相比有限状态模型的仿真计算量可以降低几个数量级。有限状态信道模型可以从 a、b 之间基本设备模型的分析中获得,但在多数情况下,有限状态信道模型是从 a、b 之间的误码模式中获得。对于无记忆信道模型,在二进制输入和输出的情况下,采用误比特率就可以描述信道模型。当仿真这类信道时,通常针对一个确定的比特流,生成一个随机数据串来确定该比特流是否发生了传输错误。

有限状态有记忆信道的建模是很困难的,这种信道通常由一个离散时间 Markov 序列来建模,模型包含两种转换概率参数:

(1) 信道状态转换概率,确定信道在不同状态之间的连续变化;

(2) 每个状态下的输入到输出的转换概率。

在仿真时,每个字符传输前,产生两个随机数,一个用来确定信道状态,另一个用来确定输入到输出的转换。

8.4.2 有限状态无记忆模型

由于有限状态无记忆信道输入到输出的映射是瞬时的,可以用一组转换概率来描述。如图 8-18 所示,表示了一个简单的二进制无记忆标准信道模型,称为二进制对称信道(BSC)。

信道的输入是一个二进制序列 $\{X_k\}$,输出是一个二进制序列 $\{Y_k\}$。当输入"0"时,正确接收"0"的概率为 $1-P_e$,错误接收"1"的概率为 P_e。由于信道是对称的,所以输入"0"和"1"受到信道的影响是相同的。对于 BSC,输入/输出关系可以表示为:

$$Y_k = X_k \oplus \varepsilon_k \tag{8-67}$$

式中，ε_k——一个独立的错误序列，$\varepsilon_k = 1$ 表示传输错误。

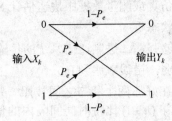

图 8-18　一个简单有限状态无记忆信道模型：二进制对称信道（BSC）

在式（8-1）所表述的模型中，唯一参数就是错误概率 P_e，而 P_e 能够很容易地由仿真或测量估计出来。

关于二进制信道稍微复杂的模型是非对称模型，如图 8-19 所示，其中传输"0"和"1"的错误概率不相同，这个模型可以用输入-输出转换概率 α_{ij}（$i, j = 0, 1$）确定，二进制非对称信道通常出现在一些光通信系统中。

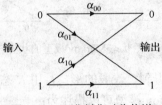

图 8-19　二进制非对称信道

在有限状态无记忆信道通用模型中，输入和输出量化不仅可以是多个，还可以不相等，例如输入量化电平个数为 M，输出量化电平个数为 N，M 和 N 取不同的整数，如图 8-20 所示。通用模型由一组输入-输出转换概率 α_{ij} 确定，其中 $i = 1, 2, \cdots, M$；$j = 1, 2, \cdots, N$；α_{ij} 表示输入第 i 个码元，输出第 j 个码元的概率。

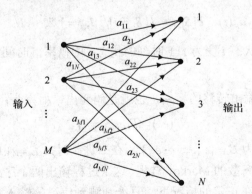

图 8-20　有限状态无记忆信道通用模型

8.4.3　有限状态有记忆模型：隐马尔可夫模型（HMM）

对于有限状态有记忆信道，最通用的模型是有限状态（Markov）模型。采用 Markov 模型有以下 3 个优势：

(1) 具有统计学理论基础,很容易进行分析处理;
(2) 在通信系统中已经取得了很好的应用;
(3) 高效的计算方法可以从仿真或测量数据中快速估计 Markov 模型参数。

假设衰落信道只存在两种"状态":
(1) 好的状态,接收信号足够强,二进制通信系统的传输错误概率几乎为零;
(2) 坏的状态,接收信号太弱,错误率达到 0.5。

信道状态是与时间相关的,在好坏两个状态之间按照一定的概率来进行转换,这样就造成错误序列的统计相关性,例如第 $(n+1)$ 比特时间间隔内的信道状态以及错误概率,将依赖于第 n 比特时间间隔内的信道状态,这就是信道记忆特性。根据上述分析,模型的状态转移情况如图 8-21 所示。

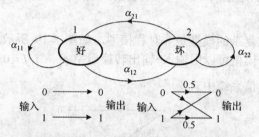

图 8-21 两状态 Markov 模型的状态转移图

将上述模型进行推广,可以得到更一般的形式,用 N 态 Markov 模型来描述。具体来讲,有限状态有记忆信道的 N 态 Markov 模型可以描述为:

(1) 状态集 $\{1,2,3,\cdots,N\}$;
(2) t 时刻的状态 S_t;
(3) 处于某种状态的概率为 $\pi_i(t) = P[S_t = i], i = 1,2,\cdots,N$,$\pi_i(t)$ 表示信道在时间 t 处于状态 i 的概率;
(4) 状态转移概率:

$$a_{ij}(t) = P[S_{t+1} = j | S_t = i], \quad i,j = 1,2,\cdots,N \tag{8-68}$$

式中,a_{ij}——在时刻 t,状态 i 变为 $t+1$ 时刻的状态 j 的概率,时间的增量通常等于码元或比特持续时间。

(5) 在 i 状态,输入输出转移的概率,也就是码元出错概率为:

$$b_i(e_k) = P[e_k | S_t = i] \tag{8-69}$$

其中,码元错误的可能性为 $E = \{e_1, e_2, \cdots, e_M\}$,在二进制时,$E = \{1, 0\}$。

以上参数定义了一个离散的 Markov 过程,这个过程输出两个序列:一个是状态 $\{S_t\}$ 序列;另一个是错码 $\{E_t\}$ 序列。在正常的情况下,只能观测到信道的输入和输出,以及错误序列,信道状态本身不能轻易地观测到,因此,状态序列是隐藏的,或者对于外部观测状态序列是不可见的。上述这样的模型被称为隐 Markov 模型(HMM)。

若 $t+1$ 时刻的状态只与前 m 个时刻信道状态相关,而与 $t-m-1$ 以前的状态无关,则该过程定义为 m 阶 Markov 过程,其性质定义可表示为:

$$P[S_{t+1}|S_t,S_{t-1},\cdots] = P[S_{t+1}|S_t,S_{t-1},\cdots,S_{t-m-1}] \tag{8-70}$$

若 $t+1$ 时刻的状态只与 t 时刻信道状态相关，此随机过程被称为一阶 Markov 过程，其性质定义为：

$$P[S_{t+1}|S_t,S_{t-1},\cdots] = P[S_{t+1}|S_t] \tag{8-71}$$

在通信信道仿真中，一阶 Markov 过程可以较好地描述信道特性，因此，今后的讨论中，均假设有限状态有记忆信道采用一阶 Markov 过程进行建模。

对通信信道建模时，通常假定模型具有平稳性，即模型中的参数，如概率 $\pi_i(t) - a_{ij}(t)$ 和 $b_i(t)$，不依赖于时间 t，这样可以得到：

$$P[S_{t+1}=i] = \pi_i = \sum_{k=1}^{N} P[S_{t+1}=i|S_t=k]P[S_t=k] = \sum_{k=1}^{N} a_{ki}\pi_k \tag{8-72}$$

用向量表示式（8-72），可以写为：

$$\boldsymbol{\Pi} = \boldsymbol{A}^{\mathrm{T}}\boldsymbol{\Pi} \tag{8-73}$$

其中：

$$\boldsymbol{A} = \begin{bmatrix} a_{11} & a_{12} & \cdots & a_{1N} \\ a_{21} & a_{22} & \cdots & a_{2N} \\ \vdots & \vdots & \ddots & \vdots \\ a_{N1} & a_{N2} & \cdots & a_{NN} \end{bmatrix}$$

$$\boldsymbol{\Pi} = \begin{bmatrix} \pi_1 \\ \pi_2 \\ \vdots \\ \pi_N \end{bmatrix}$$

根据式（8-73），可以得出一阶 Markov 过程 n 步状态转移矩阵为 $\boldsymbol{A}^n$，且 $\boldsymbol{A} = \boldsymbol{A}^n$。在式（8-72）中：

$$\sum_{i=1}^{N} \pi_i = 1 \tag{8-74}$$

由式（8-73）和式（8-74）可知，概率 π_i 可由 a_{ij} 唯一确定，因此，Markov 模型完全可由状态转移概率矩阵 $\boldsymbol{A}$ 和输入输出码元转移概率矩阵 $\boldsymbol{B}$ 描述，其中：

$$\boldsymbol{B} = \begin{bmatrix} b_{11} & b_{12} & \cdots & b_{1M} \\ b_{21} & b_{22} & \cdots & b_{2M} \\ \vdots & \vdots & \ddots & \vdots \\ b_{N1} & b_{N2} & \cdots & b_{NM} \end{bmatrix}$$

$$b_{ik} = b_i(e_k)$$

式中，$b_i(e_k)$——在状态 i 观测到的误码 e_k 的概率。

例 8-2 假定一个四进制（$M=4$）通信系统，信道建模为 2 状态（$N=2$）Markov 模型，如图 8-21 所示，状态转移矩阵 $\boldsymbol{A}$ 为：

$$A = \begin{bmatrix} a_{11} & a_{12} \\ a_{21} & a_{22} \end{bmatrix} = \begin{bmatrix} 0.9 & 0.1 \\ 0.8 & 0.2 \end{bmatrix}$$

（1）计算状态概率 π。

关于 π 的计算可以利用式（8-73）和式（8-74）得出：

$$\begin{cases} \begin{bmatrix} \pi_1 \\ \pi_2 \end{bmatrix} = \begin{bmatrix} 0.9 & 0.1 \\ 0.8 & 0.2 \end{bmatrix} \begin{bmatrix} \pi_1 \\ \pi_2 \end{bmatrix} \\ \pi_1 + \pi_2 = 1 \end{cases}$$

通过求解上面的线性独立方程，可计算出状态概率 π 为：

$$\pi_1 = 8/9$$
$$\pi_2 = 1/9$$

（2）计算输入到输出的转移概率。

对于一个四进制的系统，误码情况可以定义为 $E = \{e_1, e_2, e_3, e_4\}$，其中 $e_k = S_{rk} - S_{tk}$，S_{rk} 为接收到的码元，S_{tk} 为发送的码元。那么误码为：

$$\begin{cases} e_1 = 0(00)（无误码）\\ e_2 = 1(01) \\ e_3 = 2(10) \\ e_4 = 3(11) \end{cases}$$

或表示为：

$$E = \{0, 1, 2, 3\}$$

假设对于好的状态 S_1，输入到输出的转移概率 $b_{ik} = b_i(e_k)$ 定义为：

$$\begin{cases} b_{11} = 0.8 \\ b_{12} = 0.1 \\ b_{13} = 0.1 \\ b_{14} = 0.0 \end{cases}$$

对于差的状态 S_2，输入到输出的转移概率为：

$$\begin{cases} b_{21} = 0.0 \\ b_{22} = 0.4 \\ b_{23} = 0.4 \\ b_{24} = 0.2 \end{cases}$$

那么，输入到输出的转移概率矩阵 $N \times M$ 为：

$$B = \begin{bmatrix} b_{11} & b_{12} & b_{13} & b_{14} \\ b_{21} & b_{22} & b_{23} & b_{24} \end{bmatrix} = \begin{bmatrix} 0.8 & 0.1 & 0.1 & 0.0 \\ 0.0 & 0.4 & 0.4 & 0.2 \end{bmatrix}$$

（3）计算平均误码概率。

出现误码 e_k 的平均概率为：

$$P_{\text{ave},k} = \boldsymbol{\Pi}^T \boldsymbol{b}_k$$

式中，$\boldsymbol{b}_k$——矩阵 $\boldsymbol{B}$ 的第 k 列。

那么信道出现 e_k 的概率为：

$$\begin{cases} P_{\text{ave},1} = 8/9 \times 0.8 + 1/9 \times 0.0 = 0.711 \\ P_{\text{ave},2} = 8/9 \times 0.1 + 1/9 \times 0.4 = 0.133 \\ P_{\text{ave},3} = 8/9 \times 0.1 + 1/9 \times 0.4 = 0.133 \\ P_{\text{ave},4} = 8/9 \times 0.0 + 1/9 \times 0.2 = 0.022 \end{cases}$$

8.4.4 Fritchman 模型

典型的隐马尔可夫模型（HMM）是由 Fritchman 等人在 1967 年提出的，因此被命名为 Fritchman 模型。由于该模型非常适合于对移动无线信道突发错误建模，而且根据突发错误的分布，能够容易估计出模型参数，因此，Fritchman 模型一经提出就受到了极大的关注。

对于二进制信道，Fritchman 模型将信道划分为 N 个状态，其中 k 个优态，$N-k$ 个差态。"优态"是指能够无差错传输信息的信道状态，而"差态"则对应于会产生传输错误的信道状态。因此，转移概率矩阵 B 中的所有项均为 0 或 1，并且不需要进行估计。如图 8-22 所示给出了只有一个差态的 Fritchman 简化模型。

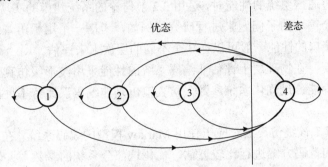

图 8-22 只有一个"差态"的 Fritchman 简化模型

Fritchman 模型中的状态转移矩阵 A 可用分块矩阵表示为：

$$A = \begin{bmatrix} A_{GG} & A_{GB} \\ A_{BG} & A_{BB} \end{bmatrix}$$

其中，分块阵表示在不同的"优态"和"差态"之间的转移概率。

经过推导，Fritchman 模型可以等价于状态转移概率矩阵为 $\tilde{A}$ 的 Markov 过程，其中：

$$\begin{cases} \tilde{A} = \begin{bmatrix} \Lambda_{GG} & A_{GB} \\ A_{BG} & \Lambda_{BB} \end{bmatrix} \\ \Lambda_{GG} = \begin{bmatrix} \lambda_1 & & \\ & \ddots & \\ & & \lambda_k \end{bmatrix} \\ \Lambda_{BB} = \begin{bmatrix} \lambda_{k+1} & & \\ & \ddots & \\ & & \lambda_N \end{bmatrix} \end{cases}$$

在这个等价模型中，k 个"优态"之间没有相互转移，并且 $N-k$ 个"差态"之间也没有转移。由于从一个"优态"到另一个"优态"的转移不会产生差错，并且从一个"差态"到另一个"差态"的转移一定会产生差错,因此,这些信道状态转移不能从观测到的错误序列中区别出来,并且,从输出结果中也不能观测到这些转移。Fritchman 模型不是唯一的,除非只有一个差态。

Fritchman 模型可以较好地描述具有简单突发错误分布的离散信道,但是它不能充分地表征复杂的突发错误分布。因为,在复杂突发错误模型中,"差态"的数目较多,仅仅根据突发错误分布来估算模型参数是非常困难的。目前,相关文献研究了参数估计的方法,采用迭代法,可以找到参数的极大似然估计。

另外,一个典型的 HMM 模型是 Gilbert 模型,该模型可以认为是 Fritchman 模型的变形,具有两个状态,一个是良好的无差错状态的"优态",另一个是差错概率为 P 的"差态"。使用 Gilbert 模型可以计算两状态信道下带有突发错误的信道容量。

8.5 衰落信道中通信系统的仿真方法

当研究衰落信道通信系统的性能时,运用 2.2 节讨论的系统建模的实现方法,可以把这个复杂问题分解成几个简单的子问题来进行研究。例如,考虑一个用于语音通信的典型蜂窝无线系统,蜂窝无线接口的性能一般可以在 3 个不同的层次上来评估。

(1)波形级仿真。在物理层上评估非编码系统的性能采用波形级仿真,研究不同调制、均衡、滤波方案的性能,最优化系统参数,仿真输出是非编码误比特率性能,以及无线信道突发错误特性。

(2)码元级仿真。该级仿真级对应于使用 Markov 模型的编码系统。在码元级仿真中,对不同的编码、交织和扰码方案进行比较评估,优化这部分系统的参数,并输出给定衰落参数和 SNR 条件下编码系统的 BER 性能。

(3)语音编码级仿真。该级仿真属于第三级性能评估,通常采用有限状态信道模型来评估编码系统的音频编码器性能,并且主观地估计音频质量。

在蜂窝无线系统中,音频通信性能通过平均主观评分(MOS)来度量。MOS 取值为 1~5,5 对应最好的声音质量。蜂窝无线系统的设备指标设计时,必须保证系统中断或 MOS 低于 2 的概率小于 1%。如图 8-23 所示给出了蜂窝无线系统中断概率性能的仿真流程。

8.5.1 波形级仿真

波形级仿真可以实现从发射机到接收机之间,所有信号传输处理功能模块的仿真。在这一级仿真中,能够评估不同调制器、均衡等方案的性能,估计例如均衡器收敛率等子系统的相关性能参数,优化均衡器中抽头数目、抽头间隔和滤波器带宽等参数,同时还可以采用蒙特卡洛或准解析技术,对干扰与噪声进行仿真。波形级仿真的输出包括功率谱、眼图和 BER 曲线等。

为了评估系统总体服务质量,推导出 MOS 和指定 MOS 下的掉线概率,波形级仿真必须估计得到不同统计信道条件下,非编码链路 BER 的分布,这一分布通常表示为误差概率的直方图,如图 8-24 所示。图中,N 表示仿真信道总数,n 表示在某个误码率水平下出现的信道数量,阴影区域表示在 BER 门限为 10^{-3} 时的掉线概率。

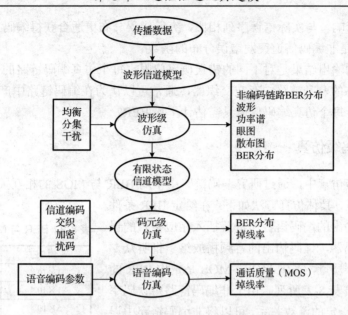

图 8-23 衰落信道中语音通信系统性能仿真的流程图

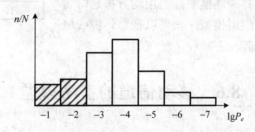

图 8-24 非编码系统中 BER 分布

波形级仿真面临最大的困难是仿真信道的数量巨大。通常情况下,衰落信道的统计特性由多径分量数目、延时功率分布、测试环境,以及 SNR 范围等众多因素决定。显然,在进行仿真时,必须产生不同统计特性大量样本,以此表征不同信道状态。然后,针对每一种信道状态,估计系统的 BER 性能。因此,为了实现高效的波形级仿真,必须进行大量的简化,使用准解析函数和其他的快速 BER 估计方法,把与 BER 分布有关的计算任务降低至合理水平。

波形级仿真是支撑码元级仿真的基础,通过波形级仿真可以估计出码元级仿真所使用的参数。例如,在码元级仿真时采用的隐 Markov 类有限状态信道模型,模型参数估计必须使用信道均方根延时扩展、多普勒带宽、信号功率、噪声和干扰等系统参数,这些参数均可以由波形级仿真得出。

8.5.2 码元级仿真

由波形级仿真得到的有限状态模型描述了物理信道中由于衰落、噪声和干扰引发的突发错误,可以用来分析不同类型的差错控制编码、交织、扰码和加密方案的相对性能。在这一级仿真中,所有的操作都是基于码元序列,因此称为码元级仿真。

在码元级仿真中,有限状态 Markov 模型可用于突发错误的动态估计及其对通信系统编码部分动态性能的影响。与实际错误序列相比，突发错误分布更适合获得编码系统 BER 分布，编码系统的 BER 是非编码信道突发错误分布的函数。

码元级仿真的输出结果是对不同的错误概率门限，每个仿真编码链路的平均 BER。假设编码链路是准静态的，且链路中存在交织器，通常可以认为在编码链路中产生的误码是相互独立的，因此对于每个仿真编码信道只需估计平均 BER。

8.5.3 语音编码级仿真

在语音编码级仿真中，通过研究编码链路中平均 BER 与 MOS 的相互关系，就可以估计端对端的音频质量，具体仿真方法如下：在给定 BER 条件下，音频编码器输出的编码语音比特流插入相应数量的误码，送入音频译码器，译码输出的音频播放给一批听众，主观评价试听音频质量，产生 MOS。MOS 是平均 BER 的函数，典型模型如表 8-2 所列。由于非编码链路中误码率与平均 BER 具有一定的函数关系，可以将非编码链路中误码率分布映射到整体链路的 MOS 分布。根据 MOS 分布可以在不同的 MOS 界下计算掉线概率，当用均方根延时传播、SNR 等参数来参数化信道模型，就可以把总体掉线概率与这些参数相互联系起来。

表 8-2 BER 与 MOS 值的相互关系

平均 BER	MOS
1×10^{-5}	5.0
1×10^{-4}	4.5
5×10^{-3}	3.5
1×10^{-3}	3.0
5×10^{-2}	2.0
1×10^{-2}	1.0

8.6 移动信道的参考模型

离散信道模型广泛应用于室内和室外无线系统仿真中。目前，国际标准化组织为不同类型的通信系统的性能分析和仿真指定了一组具有"代表性"的信道模型，称为标准或参考模型。下面就针对其中 UMTS-IMT-2000 信道参考模型进行分析。

下一代无线通信技术的设计目的是支持宽带应用，国际电信联盟（ITU）提出了 IMT-2000 的标准，用来支持"通用移动通信系统"（UMTS）。这里只讨论标准中关于陆地系统分量传播模型，包括线路损耗模型和信道冲激响应模型。

在陆地传播环境中，影响信号传播的因素可划分为 3 种类型：平均线路损耗，阴影和散射引起的均值慢变，以及多径效应引起的信号快速变化。这种信道冲激响应可以用抽头延迟线模型来建模。

8.6.1 线路损耗模型

在陆地传播环境下，平均线路损耗是距离的函数。对于不同的测试环境，线路损耗模型也不相同。

室内线路损耗模型可以表示为：

$$L = 37 + 30\lg R + 18.3 n^{\frac{n+2}{n+1}-0.46} \quad \text{(dB)}$$

式中，$R(m)$——发射机和接收机之间的距离；
n——楼层。

从室外到室内的步行测试环境下，线路损耗模型可以表示为：

$$L = 40\lg R + 30\lg f + 49 \text{(dB)}$$

式中，f——IMT-2000/FPLMTS 标准中的载波频率。

当测试环境为地表建筑物较少的城市和小城镇地区，且建筑层几乎统一高度时，移动测试环境的线路损耗模型可以表示为：

$$L = 40(1 - 4\times 10^{-3}\Delta h_b)\lg R - 18\lg \Delta h_b + 21\lg f + 80 \text{(dB)}$$

式中，$\Delta h_b(m)$——基站天线高度与屋顶平均高度差。

8.6.2 信道冲激响应模型

对于不同陆地测试环境，信道冲激响应均可以建模为抽头延迟线模型，这些模型由抽头数、相对抽头延迟、相对抽头平均功率，以及每个抽头的多普勒谱来表征。

由于时延扩展的多变性，均方根时延扩展在同一种测试环境中变化范围在一个数量级上，因此，为了准确评估待定的系统性能，需要考虑大时延扩展可能对系统性能产生重要影响。在这种情况下，对每种测试环境都定义了两种多径信道，其中，信道 A 对应于低时延扩展情况，信道 B 是中等时延扩展情况。在给定测试环境中，两种信道发生的时间百分比有所不同。表 8-3 给出了每种信道发生的时间百分比，以及每种测试环境下信道 A 和信道 B 的均方根时延扩展。表中其他 5%的时间对应于发生了很大时延扩展的情况。

表 8-3 信道冲激响应模型参数

测试环境	rms A（ns）	$p(A)$（%）	rms B（ns）	$p(B)$（%）
室内办公环境	35	50	100	45
室外到室内办公环境	45	40	750	55
移动、高天线环境	370	40	4000	55

表 8-4 至表 8-6 描述了每种陆地测试环境下的抽头-延迟线模型的 3 个参数：
（1）相对第一抽头的时间延迟；
（2）相对于最强抽头的平均功率；
（3）每一个抽头的多普勒频谱。

表 8-4 室内办公室测试环境抽头-延迟线模型参数

抽头数	信道 A		信道 B		多普勒频谱
	相对延时（ns）	平均功率（dB）	相对延时（ns）	平均功率（dB）	
1	0	0	0	0	平坦
2	50	−3.0	100	−3.6	平坦
3	110	−10.0	200	−7.2	平坦
4	170	−18.0	300	−10.8	平坦
5	290	−26.0	500	−18.0	平坦
6	310	−32.0	700	−25.2	平坦

表 8-5 室外到室内测试环境抽头-延迟线模型参数

抽头数	信道 A		信道 B		多普勒频谱
	相对延时（ns）	平均功率（dB）	相对延时（ns）	平均功率（dB）	
1	0	0	0	0	Jakes
2	110	−9.7	200	−0.9	Jakes
3	190	−19.2	800	−4.9	Jakes
4	410	−22.8	1200	−8.0	Jakes
5	—	—	2300	−7.8	Jakes
6	—	—	3700	−23.9	Jakes

表 8-6 移动测试环境抽头-延迟线模型参数

抽头数	信道 A		信道 B		多普勒频谱
	相对延时（ns）	平均功率（dB）	相对延时（ns）	平均功率（dB）	
1	0	0	0	−2.5	Jakes
2	310	−1.0	300	0.0	Jakes
3	710	−9.0	8900	−12.8	Jakes
4	1090	−10.0	12900	−10.0	Jakes
5	1730	−15.0	17100	−25.2	Jakes
6	2510	−20.0	20000	−16.0	Jakes

8.7 Simulink 中的信道模块

信道模型在通信系统仿真过程中起到至关重要的作用，因此在 Simulink 中的 channels 库中，根据信道的相关特性，将其划分为：加性高斯白噪声信道（AWGN Channel）、二进制对称信道（Binary Symmetric Channel）、多径瑞利衰落信道（Multipath Rayleigh Fading Channel）和多径莱斯衰落信道（Multipath Rician Fading Channel）。考虑到电波传播的相关特性，在 Simulink 中还提供了射频损耗的相关模型。

8.7.1 加性高斯白噪声信道

加性高斯白噪声（Additive White Gaussian Noise，AWGN）是最常见也是最简单的一种噪声，它存在于各种传输媒质中，表现为信号围绕平均值的一种随机波动过程。加性高斯白噪声的均值为 0，方差（σ^2）为噪声功率。噪声功率越大，经过信道的信号的波动幅度就越大，接收端接收到的信号的误码率就越高。

在 Simulink 中的 channels 库中，AWGN Channel 模块用于对输入信号添加加性高斯白噪声。若输入信号为实数，则模块产生实数高斯白噪声，输出也为实数；若输入信号为复数，则模块产生复数高斯白噪声，输出也为复数。AWGN Channel 模块的抽样间隔取决于输入信号的抽样间隔。

AWGN Channel 模块可产生帧或数据流格式的多个信道噪声，针对不同的输入数据类型，模块对输入信号的处理过程也各不相同。若输入为标量数据流信号，模块添加标量高斯白噪声到输入信号；若输入为向量流信号或帧格式的行向量信号，模块对每个信道添加独立的高斯白噪声；若输入为帧格式的列向量，则模块产生的高斯白噪声也为帧格式，它们分别添加到各个输入信号上；若输入为 $m \times n$ 矩阵形式的帧数据，则模块在每 n 个信道上分别添加长度为 m 的帧结构高斯白噪声。模块的图标及对话框如图 8-25 所示。

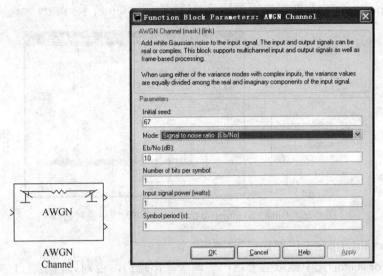

图 8-25 AWGN Channel 模块的图标及对话框

[Initial seed]表示产生高斯白噪声的随机数生成器的"种子"值，当为向量时，其长度与输入信号的向量长度匹配。

[Mode]：表示生成噪声方差的方式，具有以下 4 个选项。

（1）Signal to noise ratio（E_s/N_o）：信号能量与噪声功率谱密度的比值。

（2）Signal to noise ratio（SNR）：信号与噪声功率比。

（3）Variance from mask：指定噪声方差，其值必须为一正数。

（4）Variance from port：从输入端口来确定噪声方差。选中该项后模块会出现两个输入端口：第 1 个输入端口为输入信号，第 2 个是输入端口的输入用来确定噪声的方差。两个端口输入信号的抽样时间一致。若输入信号为数据流，则确定方差的输入也应为数据流的形式；若第 1 个输入端口的输入为帧格式，则第 2 个输入端口的信号可以为帧格式或数据流形式的行向量。

[Number of bits per symbol]每个符号包含几个比特。

[Input signal power（watts）]输入信号的功率，当 Mode 选择 Es/No 或 SNR 时出现该项。

[Symbol period（s）]每个输入符号的持续时间，单位为 s。

8.7.2 二进制对称信道

二进制对称信道（Binary Symmetric Channel）一般用于针对二进制信号的误码率性能进行仿真。Binary Symmetric Channel 模块能够产生一个二进制噪声序列，在这个序列中，"1"出现的概率就是二进制对称信道的误码率。输入的二进制信号序列与这个二进制噪声序列异或之后，就得到二进制对称信道的输出信号。

Binary Symmetric Channel 模块可以用于在信道中加入二进制噪声。模块的输入为二进制信号，可以是标量、数据流向量或帧结构的行向量。当输入向量时模块对每一元素单独进行处理。该模块有两个输出端口：

（1）端口1输出的是通过信道后的二进制信号；
（2）端口2输出加入到传输信号的错误数量。
Binary Symmetric Channel 模块的图标及对话框如图 8-26 所示。

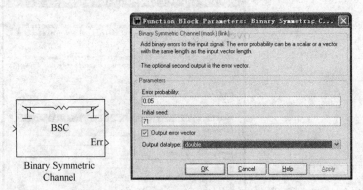

图 8-26　Binary Symmetric Channel 模块的图标及对话框

[Error probability]指定二进制误码发生的概率。
[Output error vector]选中该项后模块出现两个输出端口，否则只输出通过信道后的信号。
[Output datatype]输出数据类型可以是浮点数类型，也可以是布尔数类型。

8.7.3 多径瑞利衰落信道

在移动通信系统中，接收与发送方的相对移动将导致多普勒频移，同时复杂的信号传输环境将导致多径效应，当不存在视距信号（LOS）情况下，就产生了所谓的多径瑞利衰落。多径瑞利衰落信道（Multipath Rayleigh Fading Channel）是移动通信系统中一种相当重要的衰落信道类型，它在很大程度上影响着移动通信系统的质量。

Multipath Rayleigh Fading Channel 模块的作用就是对输入信号产生多径瑞利衰落，常用于移动通信系统仿真中，模块的输入为标量或帧格式列向量复数信号，图标及对话框如图 8-27 所示。

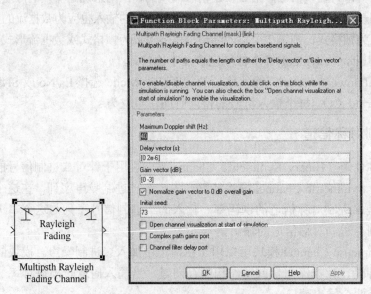

图 8-27　Multipath Rayleigh Fading Channel 模块的图标及对话框

[Maximum Doppler shift（Hz）]表示最大多普勒频移。

[Delay vector（s）]表示各路信号传播路径的传输时延。

[Gain vector（dB）]表示各路信号传播路径的增益。该向量维数与 Delay vector 向量维数相同。

[Normalize gain vector to 0 dB overall gain]选中该项后模块将对 Gain vector 进行归一化处理。

8.7.4 多径莱斯衰落信道

在图 8-7 中给出了莱斯（Rician）信道的仿真模块，指出对于多径传播环境，在考虑多普勒效应情况下，当存在视距传播信号（LOS）时，这种信道就被称多径莱斯衰落信道（Multipath Rician Fading Channel）。

在 Simulink 中，Multipath Riciani Fading Channel 模块的作用就是对输入信号产生多径莱斯衰落，常用于移动通信系统仿真中，模块图标及对话框如图 8-28 所示。

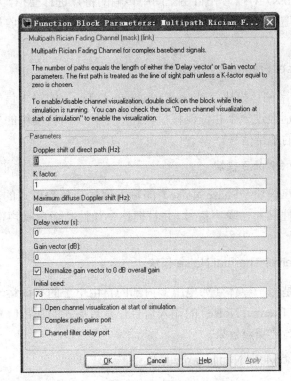

图 8-28 Multipath Rician Fading Channel 模块的图标及对话框

[Doppler shift of direct path（Hz）]直射量也就是视距传播信号的多普勒频移。

[K factor]表示视距传播分量与其他衰落部分的功率比。

[Maximum Doppler shift（Hz）]表示最大多普勒频移。

[Delay vector（s）]表示各路信号传播路径的传输时延。

[Gain vector（dB）]表示各路信号传播路径的增益。该向量维数与 Delay vector 向量维数相同。

[Normalize gain vector to 0 dB overall gain]选中该项后模块将对 Gain vector 进行归一化处理。

8.7.5 射频损耗

信号在物理信道会受到的各种损耗的影响,以及接收机特性的影响,在 Simulink 中将这类损耗统称为射频损耗(RF impairment),在 RF impairments 库中包括信号在自由空间中路径损耗(Free Space Path Loss)、相位和频率偏移(Phase/ Frequency Offset)和相位噪声(Phase Noise),以及接收机的热噪声(Receiver Thermal Noise)、非线性作用(Memoryless Nonlinearity)和 I/Q 支路失衡模块(I/Q Imbalance),等等。

1. Free Space Path Loss 模块

在无线通信系统中,如果发送端和接收端之间存在着一条没有遮挡的视距传播路径(LOS),可以使用自由空间路径损耗模块来预测信号的接收功率。自由空间路径损耗模块(Free Space Path Loss)对信号在自由空间中传输的特点进行模拟,它把输入信号的幅度降低一定的增益,这个增益可以由用户指定,也可以通过发送端和接收端之间的距离以及载波的频率计算出来。

2. Phase/ Frequency Offset 模块

相位/频率偏移模块(Phase/Frequency Offset)的输入信号是复数形式的基带信号,这个基带信号分别经过一个相位偏移模块和一个频率偏移模块的处理之后,产生带有特定的相位和频率偏移的基带信号。

3. Phase Noise 模块

相位噪声模块(Phase Noise)的输入信号是复数形式的基带信号,它通过 AWGN 模块产生一个加性高斯白噪声信号,并且把这个加性高斯白噪声信号当作相位噪声叠加到输入信号中。

4. Receiver Thermal Noise 模块

热噪声是由于导体(如电阻)内部的自由电子的布朗运动引起的噪声。接收机热噪声模块(Receiver Thermal Noise)的输入信号是复数形式的基带信号,它在输入信号中加入热噪声,模拟接收机的热噪声效果。

5. Memoryless Nonlinearity 模块

无记忆非线性模块(Memoryless Nonlinearity)对输入的基带复信号实施无记忆非线性处理,这种处理过程一般用于对无线通信系统中接收机的射频损耗进行仿真。

6. I/Q Imbalance 模块

I/Q 支路失衡一般是由无线传输信道对 I 支路信号和 Q 支路信号的不同损耗引起的。I/Q 支路失衡模块(I/Q Imbalance)是对信号的 I/Q 支路失衡的模拟,它的输入信号是复数形式的基带信号,这个信号的 I 支路分量和 Q 支路分量在不同的幅度和相位以及直流分量的影响之下改变了原先的数值。

在 Simulink 中 help 提供了大量关于这些模块的具体使用方法，感兴趣的读者可以通过使用 Simulink 软件，或者阅读相关书籍，掌握这些模块的具体使用方法。上述相关模块如图 8-29 所示。

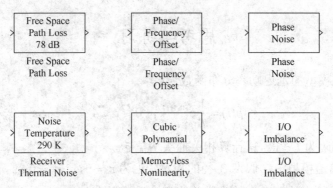

图 8-29 RF impairments 库中的相关模块

小　　结

通信系统性能受到失真、噪声和通信信道产生的干扰的显著影响。为了评估通信系统的性能，设计和优化发射机和接收机的信号处理操作，需要建立合理的通信信道仿真模型。本章主要介绍的内容如下：

（1）大气信道的滤波效应主要由干净的空气在特定的吸收线附近会产生明显的滤波作用，下雨的空气对不通频率信号的吸收量作用，以及电离层和雨水的去极化作用等三方面因素产生。

（2）无线电通信系统中存在多径衰落和阴影衰落两种衰落现象。在多径衰落的情况下，沿不同路径传输的信号会具有不同的衰减与延时，它们在接收天线处以相互增强或抑制的方式叠加在一起。阴影衰落主要表现在两方面：路径损失和平均值的统计变化。由于阴影衰落变化速率很慢，可以看作是静态的。

（3）通信系统的最简单的仿真模型是传递函数模型，它可以用于描述时不变通信信道，如光纤和电缆。为了描述无线信道的多径效应和时变特性，需要建模为更复杂的模型，特别是在移动信道中。多径衰落信道的仿真模型结构形式为具有时变增益的抽头延时线模型，且抽头增益可建模为平稳随机过程。

（4）由于采用有限状态信道模型能大大降低仿真计算复杂度，而且可以从测量数据或从波形级仿真的结果来获得模型的参数，因此具有很大的吸引力。有限状态信道模型能够有效的对衰落信道进行建模，目前已经被广泛应用于无线通信系统。有限状态信道模型是对波形级模型的抽象，因为它刻画了信道的输入-输出特性，而没有对信道的物理功能进行建模。

（5）在衰落信道的情况中，使用的仿真方法将依赖于最终目标。对于子系统的细节设计和优化，可以采用动态信道模型的波形级仿真。而对于性能估计（如 BER 和掉线概率），可以采用静态信道模型和分层技术进行仿真。

（6）结合 Simulink 中的 channels 库中提供的信道模型，分别简要介绍了加性高斯白噪声信道（AWGN Channel）、二进制对称信道（Binary Symmetric Channel）、多径瑞利衰落信道（Multipath Rayleigh Fading Channel）和多径莱衰斯落信道（Multipath Rician Fading Channel）的相关内容。

思考与练习

8-1 指数弥散信道模型的延迟功率分布函数为：

$$p(t) = \frac{1}{T}e^{-0.4\tau/T}, \quad 0 \leq \tau \leq 4$$

其中，抽头间隔为 $T=1$。试计算相关抽头增益 $\tilde{g}$。

8-2 在 3 径离散信道模型中，假设 3 径的相对延迟为 $\tau_1 = 0\text{s}$，$\tau_2 = 0.8\text{s}$，$\tau_3 = 1.5\text{s}$，码元宽度为 $T=1$。试给出计算 7 个抽头增益的变换系数矩阵。

8-3 生成满足 Jakes 功率谱的高斯过程。其中，Jakes 功率谱的参数为 $A=1$，$f_d = 100\text{Hz}$，采样间隔为 $T_s = 50\mu\text{s}$。

8-4 假设二进制对称信道的差错概率为 $p = 10^{-2}$，仿真 $N=10000$ 个符号在信道上的传输情况，并计算 BER。

8-5 假定一个四进制通信系统，信道建模为 3 状态 Markov 模型，状态转移矩阵 A 和输入到输出的转移矩阵 B 为：

$$A = \begin{bmatrix} 0.9 & 0.1 & 0.0 \\ 0.8 & 0.1 & 0.1 \\ 0.3 & 0.2 & 0.5 \end{bmatrix}$$

$$B = \begin{bmatrix} 0.8 & 0.1 & 0.1 & 0.0 \\ 0.6 & 0.1 & 0.2 & 0.1 \\ 0.0 & 0.4 & 0.3 & 0.3 \end{bmatrix}$$

试计算：
（1）模型的状态概率；
（2）平均误码概率。

8-6 分析比较加性高斯白噪声信道（AWGN Channel）模块中"Mode"所设置参数的物理概念，以及相互关系。

仿 真 实 验

8-1 仿真研究 BPSK 系统，如图 8-30 所示，观测分析误码率曲线，与理论分析进行比较。

8-2 如图 8-31 所示，在上题基础上加入卷积码和维特比译码器，改变相关参数，观测并分析误码率曲线的改善情况。

8-3 如图 8-32 所示，围绕二进制对称信道模块，构建数字通信系统，通过调节 BSC 的相关参数，观测通信系统的误码率。

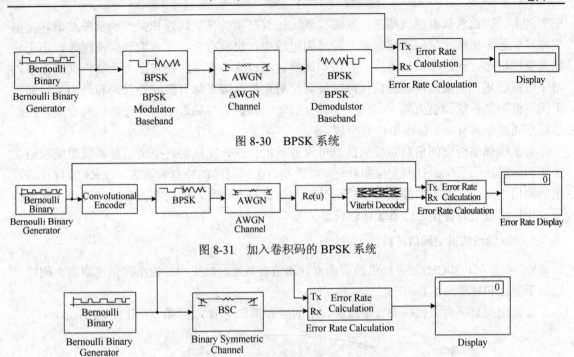

图 8-30 BPSK 系统

图 8-31 加入卷积码的 BPSK 系统

图 8-32 二进制对称信道的数字通信系统

8-4 如图 8-33 所示,在上题基础上,加入汉明码编/译码器,分析通信系统性能的改进情况。

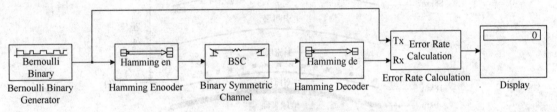

图 8-33 加入汉明码的数字通信系统

8-5 构建如图 8-34 所示的仿真图,改变相应的参数观测星座图和误码率变化的情况。将信道换成多径瑞利衰落信道或者多径莱斯衰落信道后,再重复上述实验,分析实验结果。

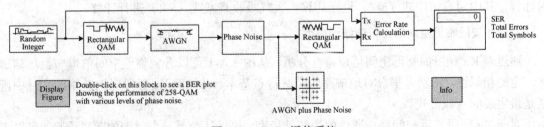

图 8-34 QAM 通信系统

实验案例:Ka 频段临近空间通信信道建模

临近空间,通常是指距地面 20~100km 的空域。它处于通常意义中的"太空"之下,"天空"之上。因此它具有空气稀薄、气温极低,还有严重的臭氧腐蚀和强烈的紫外线破坏,但气象状况远不如航空空间那样复杂,雷暴闪电较少,也没有云、雨和大气湍流现象,由于它比太空低很多,到达那里的难度、费用和风险自然也就小得多;而它比"天空"又高很多,对于情报收集、侦察监视、通信保障以及对空对地作战等,都有很好的前景和潜力。目前,美国、俄罗斯、欧洲航天局、英国、德国、日本、韩国均有临近空间飞行器研究方案,因此临近空间是非常有重要应用价值的空域。

为了确保临近空间信息系统的信息可靠有效地传输,实现临近空间信息系统对航空通信系统和卫星通信系统的有力支持和补充,结合临近空间通信的特点和需求,对 Ka 波段在临近空间通信平台(飞艇)的静止通信信道分析与仿真技术研究,确切掌握临近空间静止信道特征,构建临近空间静止通信系统传输模型。

1. Ka 频段临近空间信道特性

Ka 频段(20/30GHz)可提供的宽带宽、通信容量大、波束窄、数据传输速率高,同时可以用于静止和移动通信。

临近空间自下而上包括大气平流层、中间层和部分电离层区域,如图 8.A-1 所示。

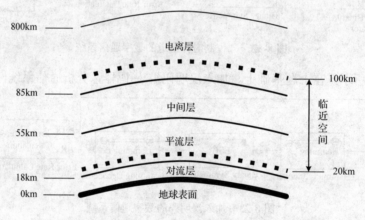

图 8.A-1 临近空间空域

影响 Ka 频段临近空间通信平台链路质量的主要因素有:降雨、大气吸收、云雾及对流层闪烁等,其中雨衰可用式(8-7)进行计算,大气吸收衰减式(8-4)进行计算。

2. Ka 波段临近空间静止信道统计模型

通过对 Ka 频段的临近空间信道特性分析,从图 8.A-1 可以看到临近空间信道与卫星信道有一定的相似性。特别是平台对地链路的衰减特点基本一致,而 Ka 频段对地链路的衰减中雨衰是最主要的衰减方式。

对于 Ka 频段临近空间静止通信信道统计模型,可以认为是一个时变的随机模型,可以表示为:

$$r_1(t) = a(t)\exp[j\varphi(t)]s_1(t) \quad 0 \leq t \leq T \tag{8.A-1}$$

式中,$s_1(t)$——发送的复基带信号;

$r_1(t)$——接收的复基带信号;

T——调制码元宽度;

$a(t)$——等效低通信道的包络过程;

$\phi(t)$——等效低通信道的相位过程，它与$a(t)$均为实随机变量。

卫星对地链路包含了电离层、中间层、平流层和对流层，由图8.A-1可知，临近空间处在平流层下部和电离层下部，其对地通信穿越了平流层和对流层，王爱华博士和Wenzhen Li的研究表明，Ka波段的空地链路主要受对流层影响，而在电离层和中间层的通信是非常理想的。因此Ka波段的临近空间通信和卫星通信在对流层受到的雨衰是一致的。结合王爱华博士和Wenzhen Li论文中关于雨衰部分的研究，认为Ka波段临近空间信号包络和相位的概率分布均为高斯分布，它们的概率密度函数分别表示如下:

$$p(r) = \frac{1}{\sqrt{2\pi}\sigma'} \exp\left[-\frac{(r-m')^2}{2\sigma'^2}\right] \quad (8.\text{A-}2)$$

$$p(\varphi) = \frac{1}{\sqrt{2\pi}\sigma''} \exp\left[-\frac{(\varphi-m'')^2}{2\sigma''^2}\right] \quad (8.\text{A-}3)$$

根据对临近空间通信平台的分析，在Ka波段降雨对临近空间信道和卫星信道的影响是一致的。因此，采用Chun Loo依据Olympus卫星、Italsat卫星和ACTS卫星作了许多传播特性测量实验得到的数据进行仿真。表8.A-1为根据Chun Loo的研究，在仰角为14.2°时的Ka波段临近空间信道在(黑云、雷雨、中雨、小雨)天气条件下的信号包络和相位的概率分布参数。

表8.A-1 临近空间静止信道包络相位数据

天气条件	均值 m'	方差 σ'^2	均值 m''	方差 σ''^2
黑云	0.346	0.00272	0.0154	0.00864
雷雨	0.436	0.01386	0.0068	0.00414
中雨	0.662	0.02	−0.0089	0.03077
小雨	0.483	0.00003	0.0088	0.00546

因此，可以建立Ka频段静止临近空间信道的统计模型如图8.A-2所示。在此模型中，用$C(t) = a\exp(j\varphi)$表示信道乘性干扰矢量，$Z(t)$表示加性白高斯噪声。

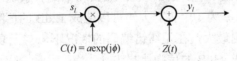

图8.A-2 Ka频段临近空间信道统计模型

3. Ka波段临近空间通信系统静止信道建模和性能分析

(1) 临近空间静止信道仿真建模。

根据临近空间信道统计模型，可建立如图8.A-3所示的仿真模型。

其中，高斯信号发生器1产生均值为m'、方差为σ'^2的高斯噪声过程a，代表信号包络的衰落过程；高斯信号发生器2产生均值为m''、方差为σ''^2的高斯过程φ，通过指数产生器形成信号的相位衰落过程$\exp(j\varphi)$；这样就可以计算产生总的衰减因子$C(t) = a\exp(j\varphi)$，从而与AWGN加性噪声共同完成对于临近空间静止信道的模拟。

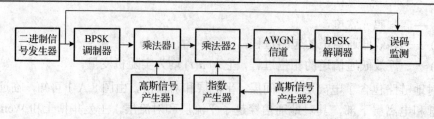

图 8.A-3 Ka 频段临近空间通信系统 Simulink 仿真模型

(2) 系统 BER 性能仿真结果。

利用表 8.A-1 中的数据，对 4 种天气情况和只有 AWGN 信道下对包络和相位同时衰落时编码 BPSK 系统性能进行了仿真，得到如图 8.A-4 所示的仿真结果。

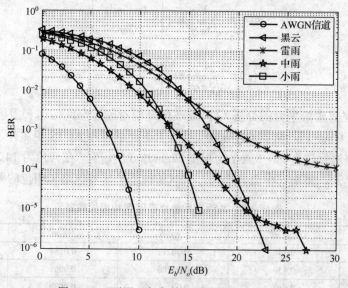

图 8.A-4 不同天气条件下系统性能仿真结果

图 8.A-4 显示了在不同天气情况下，系统的误比特率随信噪比的变化曲线。由图 8.A-4 可知，小雨天气引起的衰落对于系统误码性能影响比较小，与无衰落的情况相比，在误比特率为 10^{-5} 时，大约可以造成 7dB 的信噪比损失；黑云和中雨对系统误码性能影响比较大，与无衰落的情况相比，在误比特率为 10^{-5} 时，大约可以造成 12dB 的信噪比损失；雷雨天气引起的衰落对于系统误码性能影响最大，在无纠错编码的情况下，与无衰落的情况相比，在误比特率为 10^{-4} 时，大约可以造成 23dB 的信噪比损失。

4. 总结

通过分析临近空间信道的特性，结合 Ka 频段特有的特性，研究了通信信号通过信道后信号的幅度和相位的概率分布，给出了 Ka 频段在临近空间平台（飞艇）的静止信道模型。最后，通过仿真采用 BPSK 调制信号对临近空间静止信道在各种天气情况下进行了计算机仿真，得到了仿真结果，证明了该模型的可行性和实用性。Ka 波段临近空间静止信道的建立，为临近空间平台通信系统和技术的研究提供了实用的仿真环境。

第 9 章 通信仿真中的参数估计

通信仿真既可以看作是一种计算方法，也可以认为是一种实验。如果从实验角度来讲，这个实验的目的是通过仿真，推测出在某种特定环境下系统的输出信号，以及信号和系统的某些特性。这些特性如果从内容上看可以划分为两类：系统或信号的参数以及它们的性能指标。在通信仿真中多采用蒙特卡洛（MC）仿真，由于 MC 仿真属于随机实验，则测量的结果是随机的，因此得到的结论也是统计的。在这种情况下，通信系统仿真对某一样本波形并不关心，它关注的是相应的参数，这些参数包括平均电平、平均功率、概率分布（密度）函数、功率谱密度、时延和相移等。而相应的性能指标主要是指信噪比和误码率。

本章以通信系统仿真为背景，采用 MC 仿真实验，介绍信号参数估计的理论和方法，重点分析参数估计精度与运行时间的关系，从而找到最佳的估计方案。

9.1 参数估计的基本概念

9.1.1 理论背景和基本概念

当通信系统仿真模型构建好以后，就可以根据需求产生各种形式的随机序列，来模拟信号、噪声和干扰，并用它们作为仿真模型的输入，激励通信系统仿真模型，进而完成 MC 仿真实验。这时就产生了一个问题，即单次的仿真结果是否有实际意义？为了回答这个问题，在这里有必要结合通信系统仿真的特点，回顾一下第 5 章提到的"随机过程的平稳性及各态历经性"。

1. 各态历经性

各态历经性是某些平稳随机过程所具有的特性。具有该特性随机过程的数字特征，完全可以通过随机过程中任意实现（样本）的数字特征来决定。因此，平稳随机过程的各态历经性可以理解为，平稳过程的各个样本都同样地经历了随机过程的各种可能状态。由于任意样本都蕴涵着平稳过程的全部统计特性的信息，因而任意样本的时间特征就可以充分地代表整个平稳随机过程的统计特性。因此，有了平稳性和各态历经性的假设，就可认为单次的仿真结果是具有实际意义的。

2. 循环平稳过程和循环各态历经性

在通信系统中，有些随机过程的平稳性和各态历经性并不成立，但这类随机过程的每个样本函数都具有明显的或隐含的周期性，例如每一个调制后的载波就有明显的周期，然而在仿真实验中，当采用复包络表达式时，其周期性就被隐含起来了，通常将这类随机过程称为**循环平稳过程**。对于这样的随机过程，如果它的任意局部性质蕴涵着循环平稳过程的全部统计特性的信息，则称该循环平稳过程具有**循环各态历经性**。循环平稳随机过程是否具有循环各态历经性，取决于某些参数模型的选择。

例如，对于随机过程 $X(t)$，假设可以表示成为 $X(t) = A\cos(\omega_c t + \theta)$，其中 θ 是一个在区间 $(-\pi, \pi)$ 上服从均匀分布的随机变量，那么在这种情况下，可以证明随机过程 $X(t)$ 具有各态历经性。

从上述分析可以得到一个重要的结论：对于通信仿真系统，如果一个随机过程能够满足平稳性和各态历经性，甚至循环平稳性和循环各态历经性，就有理由认为一次仿真实验的评估结果，在一定意义上反映了一般性结果。上述结论也表明在某些条件下，仿真结果是可用的，甚至是可信的，因此对于 MC 仿真实验信号参数估计是非常必要的。

3. 基本概念

为了规范 MC 仿真实验信号参数估计数学描述语言，在这里有必要对其基本术语和定义进行说明。

由于随机过程 $X(t)$ 是时间函数的集合，在这个集合中任意给定的观测样本被记作 $x(t)$ 或者 $x_i(t)$。当运行一个仿真实验时，实际上正是利用仿真算法处理 $x(t)$。仿真时习惯用 $X(t)$ 表示系统中某些点处感兴趣的信号波形，例如电压或电流。当然，仿真系统还对 $X(t)$ 的函数 $Y(t) = g[X(t)]$ 感兴趣，例如 $Y(t) = [X(t)]^2$ 或者 $Y(t) = |X(t)|$ 等。通常，仿真的目的就是采用适当的方法，对 $Y(t)$ 性能和参数进行估计。

如果在一个有限时间段 $[0, T]$ 内观测 $Y(t)$ 可以得到：

$$Y_T(t) = \begin{cases} Y(t), & 0 \leq t \leq T \\ 0, & 其他 \end{cases} \tag{9-1}$$

通常，仿真处理的多为离散时间的采样值，那么，在 $[0, T]$ 时间段对 $Y(t)$ 采样，就可以得到采样序列：

$$\boldsymbol{Y}_N = (Y_1, Y_2, \cdots, Y_N) \tag{9-2}$$

式中，$Y_i = Y[(k-1)T_S]$；

T_S——仿真取样间隔，且有 $(N-1)T_S \approx T$。

当然，在 $[0, T]$ 时间段内取值完全是为了方便，如果随机过程 $Y(t)$ 具有平稳特性，则观测时间段 $[0, T]$ 可位于时间轴上的任何位置上，即 $[\tau, T + \tau]$，其中 τ 取任意值。这一点对于仿真方法的科学性至关重要。

对于所得到的采样序列 $\boldsymbol{Y}$（一个随机向量）。一旦选中 $Y(t)$ 的某一观测样本 $y(t)$，那么相应的向量 $\boldsymbol{y}$ 就不再是一个随机量了，可以称它为一次观测值。而随机向量 $\boldsymbol{Y}$ 的函数 $G(\boldsymbol{Y})$ 则也是随机变量，如果用算子 G 来估计随机过程的特征 Q，也就是估计参数或性能指标，于是有：

$$\hat{Q} = G(\boldsymbol{Y}) \tag{9-3}$$

式（9-3）就被称为关于 Q 的估计器。在仿真时通常将样本向量 $\boldsymbol{y}$ 代入式（9-3），所得到的 $G(\boldsymbol{y})$ 被称为关于 Q 的一个估计值。原则上讲，对于特征 Q 的估计器形式是多种多样的，选择一个好的估计器形式在通信仿真中是一个值得思考的问题。下面就通过一个具体实例来说明估计器工作原理，以及改善估计性能的方法。

例 9-1 设某通信仿真系统，得到的随机采样序列如式（9-2）所示，估计器形式为加权时间平均，即：

$$\hat{Q} = \frac{1}{N}\sum_{k=1}^{N} w_k Y_k \tag{9-4}$$

这种估计器形式在许多参数估计中都在使用，如果将式（9-4）表示成矩阵形式，则：

$$\hat{Q} = \langle wY \rangle_N \tag{9-5}$$

式中，$\langle \ \rangle_N$——符号，表示 N 点的时间平均。

由于 Y 是随机向量，则 $\hat{Q}$ 也是一随机变量，其任意样本 q 的概率密度函数为 $f_{\hat{Q}}(q;N)$，因此，$\hat{Q}$ 有关的各阶矩均可以利用 $f_{\hat{Q}}(q;N)$ 求得。式（9-4）中 N 越大，表明观测序列 Y 中元素越多，对随机过程 $Y(t)$ 的描述越详尽，则估计越准确，因此，希望 N 越大越好。如果估计器是一致估计器，则当 $N \to \infty$ 时，$\hat{Q}$ 值将趋于 Q。然而，N 的值总是有限的，为了提高估计效率有时甚至可能较小，这时就需要给出描述估计器性能的有关指标。

9.1.2 估计器的性能

估计器性能的好坏可以通过估计值接近参数真值的程度来判断。由于估计值 $\hat{Q}$ 是随机变量，因此接近程度则应当利用统计的方法来衡量。这里将讨论估计器三个重要的性能指标：偏差、方差和置信区间，其中偏差表示与真值偏离程度，后两个指标则描述了估计器"扩散"的情况。置信区间可以很好地描述估计的质量，但是它一般不太容易获得，特别是在采样点数较少的情况下更难，于是就需要采用方差进行描述。另外，还有一种被称为时间置信积的估计质量描述方法，它是将方差和运行时间合并在一起综合考虑。下面就分别予以介绍。

1. 估计器的偏差

估计器的估计值 $\hat{Q}$ 是一随机变量，可以证明，其数学期望能够表示为：

$$E(\hat{Q}) = \int_{-\infty}^{\infty} q f_{\hat{Q}}(q;N) \mathrm{d}q = \int_{-\infty}^{\infty} G(y) f_Y(y) \mathrm{d}y = \int_{-\infty}^{\infty} G[g(x)] f(x) \mathrm{d}x \tag{9-6}$$

对于上述估计器存在以下两种估计情况：

(1) 如果 $E(\hat{Q}) = Q$，那么上述估计就是无偏估计。通常确定 $f_{\hat{Q}}(q;N)$ 是非常困难的，可以发现当利用式（9-6）进行计算时，不必精确知道 $f_{\hat{Q}}(q;N)$，只需要确定 $f(x)$ 即可，因此，可以认为式（9-6）是计算 $E(\hat{Q})$ 的简化计算方法。

(2) 如果 $E(\hat{Q}) \neq Q$，那么上述估计就是有偏估计。

估计器的无偏性是一个非常重要的性质，特别对误码率（BER）估计器来说，尤为重要，因为这一性质保证了估计值在参数的真值附近分布，而估计值"扩散"程度就需要估计器的方差来确定。

2. 估计器的方差

估计器的方差是用来衡量估计值与所估计参数真值的偏差程度，可以表示为：

$$\sigma^2(\hat{Q}) = E(\hat{Q}^2) - \left[E(\hat{Q})\right]^2 = \int_{-\infty}^{\infty} q^2 f_{\hat{Q}}(q;N) \mathrm{d}q - \left[E(\hat{Q})\right]^2 \tag{9-7}$$

对于给定的 N 值,估计值的方差越小,估计器性能就越好。实际上,如果 $\sigma^2(\hat{Q}) \to 0$,并且 $\hat{Q}$ 是无偏的,那么估计值就可以任意逼近参数的真值。然而理论上讲,只有当 $N \to \infty$ 时,才有可能 $\sigma^2(\hat{Q}) \to 0$。这样就会遇到估计器的方差与采样点数大小 N 之间的矛盾,此时需要进行折中处理,因为仿真运行时间的长短直接与 N 成比例。

3. 置信区间

置信区间是描述估计器好坏最有效的一种性能参数,它给出在某种概率条件下估计器的扩散程度。

设 $h_1(\hat{Q})$ 和 $h_2(\hat{Q})$ 是估计器的两个函数,真值 Q 以较高概率位于置信区间 (h_2, h_1) 中,则 $h_1 - h_2$ 被称为置信区间的宽度;满足 $h_2 \leq Q \leq h_1$ 条件下的概率称为**置信度**,通常用 $1-\alpha$ 来表示,因此,一个置信区间和置信度可以由下式来定义:

$$P\left[h_2(\hat{Q}) \leq Q \leq h_1(\hat{Q})\right] \stackrel{\text{def}}{=} 1 - \alpha \tag{9-8}$$

α 的典型值为 0.05~0.01,分别对应着置信度 95%~99%。式(9-8)的左边被称为置信概率,其具体含义是:由 (h_2, h_1) 定义的随机区间包含真值的概率是 $1-\alpha$。

为了说明如何获得置信区间的过程,设估计值的概率密度函数为 $f_{\hat{Q}}(q)$,且 $f_{\hat{Q}}(q)$ 仅有单峰值,同时峰值出现在 Q 点或者在 Q 点的附近,具体情况如图 9-1 所示。

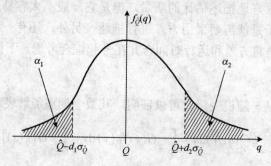

图 9-1 置信区间和置信度

假设 $\sigma_{\hat{Q}}$ 是随机变量 $\hat{Q}$ 的方差,d_1 和 d_2 均为正常数,则有:

$$P\left[\hat{Q} - Q \leq -d_1 \sigma_{\hat{Q}}\right] = \alpha_1 \tag{9-9a}$$

$$P\left[\hat{Q} - Q \geq d_2 \sigma_{\hat{Q}}\right] = \alpha_2 \tag{9-9b}$$

将式(9-9a)和式(9-9b)合并,可以得到:

$$P\left[\hat{Q} - d_1 \sigma_{\hat{Q}} \leq Q \leq \hat{Q} + d_2 \sigma_{\hat{Q}}\right] = 1 - \alpha \tag{9-10}$$

其中,$\alpha = \alpha_1 + \alpha_2$。

置信区间在观测值 $\hat{Q}$ 附近,即 $\left[\hat{Q} - d_1 \sigma_{\hat{Q}}, \hat{Q} + d_2 \sigma_{\hat{Q}}\right]$,区间长度为 $(d_1 + d_2)\sigma_{\hat{Q}}$。对于给定 α,总是希望找到置信区间长度尽可能小的 d_1 和 d_2,如果 $f_{\hat{Q}}(q)$ 是对称的,则在取 $d_1 = d_2$ 时,置信区间长度最小。如果 $\hat{Q}$ 是 N 个采样值的均值,即:

$$\hat{Q} = \frac{1}{N} \sum_{k=1}^{N} Z_k \tag{9-11}$$

其中，Z_k 具有方差为 σ 的独立同分布，那么：

$$\sigma_{\hat{Q}} = \sigma/\sqrt{N}$$

如果要计算式（9-10）等号左边的概率，需要得到 $f_{\hat{Q}}(q)$ 的确切描述，但是对于很多估计方法来讲，这往往是做不到的，这也正是经常利用方差作为描述估计器扩散程度的原因。当然，如果能够获得精确的或者近似的 $f_{\hat{Q}}(q)$，那么计算式（9-10）还是有可能的。例如，当估计器是高斯过程样本的线性函数，则估计量就符合正态分布。即在式（9-10）中，如果 $Z_k \in N(\mu, \sigma^2)$，则 $\hat{Q} \in N(\mu, \sigma^2/N)$，同时，如果 σ 已知，就可以确定 $\hat{Q}$ 的置信区间。同样情况下，如果不知道 σ，就无法构造置信区间。这时最好的办法就是利用 t 分布来求置信区间。令变量为：

$$t = \frac{\hat{Q} - \mu}{S}(N-1)^{1/2} \tag{9-12}$$

其中，$\hat{Q}$ 由式（9-11）给出，且：

$$S^2 = \frac{1}{N} \sum_{k=1}^{N} (Z_k - \hat{Q})^2 \tag{9-13}$$

则对均值 μ 的置信区间可以通过下式求出：

$$P[t_1 \leq t \leq t_2] = P\left[\hat{Q} - \frac{t_2 S}{(N-1)^{1/2}} \leq \mu \leq \hat{Q} - \frac{t_1 S}{(N-1)^{1/2}}\right] \tag{9-14}$$

不过，当 $N > 30$ 时，t 分布将很快地变成 $N(0, 1)$ 正态分布，所以在仿真时，多数情况下没有必要采用 t 分布。当 $\hat{Q}$ 是大量独立变量之和时，根据中心极限定理，$f_{\hat{Q}}(q)$ 是趋于正态分布的，因此，可以利用正态分布来近似求出置信区间。

4．时间置信积

在仿真实验中，时间置信积也是评价一个估计器性能非常有用的一个量，它是样本总数 N 与估计器方差的乘积，可以表示为：

$$\zeta = N\sigma^2(\hat{Q}) \tag{9-15}$$

从式（9-15）可以看出，时间置信积实际上是估计器"可靠性" $\sigma^2(\hat{Q})$，与观测"时间" N 之间的折中，在不同估计方法比较时，这是一个非常有用的量。

5．归一化测量

在对上述估计器的性能进行评价的研究过程中，其评价指标均为绝对量，通常情况下，这是不科学的，只有以被测量作为参考的优良程度指标才是最有价值的。例如，对误码率进行估计，在 10^{-6} 数量级上的偏差表面看起来效果不错，但对于一个要求精度在 10^{-7} 数量级上的估计值来讲，却是基本上不能用的。因此，将这些评价指标相对参数的真值，或者估计值，进行归一化处理,才会使得估计器的性能进行有意义的评价。例如,相对估计器的方差就可以表示成为 $\sigma(\hat{Q})/Q$。

9.2 波形平均电平和功率估计

平均电平和平均功率是信号波形的重要参数,本节将主要讨论这两类参数的估计方法,以及相应估计器的性能指标。

9.2.1 波形平均电平估计

在仿真实验前或者实验中,经常需要对波形的平均电平进行估计,这样做的主要目的是用来校准。例如,有两个系统之间需要实现交流耦合,那么系统间输入或者输出的信号波形的均值应当均为 0,因此,在仿真过程中,可以利用耦合网络中某一测试点的采样值来确认这一实事,或者去纠正可能出现的错误,而这个过程就是一个电平估计过程。

1. 估计器的形式

设系统当中某测试点的信号为 $X(t)$,其采样后的函数可以表示为 $X(kT_S) = X_k$,T_S 表示仿真采样的间隔。而平均电平估计实际上就是对采样值求平均计算,因此,波形平均电平估计器的形式可以写为:

$$\langle X \rangle = \frac{1}{N} \sum_{k=1}^{N} X_k \tag{9-16}$$

2. 估计器的期望值

由于估计值是一个随机变量,假设其具有平稳特性,可以证明,估计器的期望值,也就是均值可以表示为:

$$E(\langle X \rangle) = E\left(\frac{1}{N} \sum_{k=1}^{N} X_k\right) = \frac{1}{N} \sum_{k=1}^{N} E(X_k) = \frac{1}{N} \sum_{k=1}^{N} E(X) = E(X) \tag{9-17}$$

这样看来,尽管仿真中无法进行连续时间的采样,但是,只要采样间隔选择合适,就可以利用离散的方法来估计连续时间过程的某些参量。例如,在时间段 $[0,T]$ 中,连续过程均值的估计值为:

$$\langle X \rangle_T = \frac{1}{T} \int_0^T X(t) \mathrm{d}t \tag{9-18}$$

对应式(9-18)估计器的期望值为:

$$E(\langle X \rangle_T) = \frac{1}{T} \int_0^T E[X(t)] \mathrm{d}t = E(X) \tag{9-19}$$

比较式(9-17)和式(9-19)可以得出结论:对于平稳随机过程,无论是连续时间过程的平均值或者离散的平均值,对应的统计平均值是一样的,这一点确定了仿真系统输出结果的有效性和可用性。

3. 估计器的方差

估计器的方差是采样值与它的期望值的差值平方的统计平均值，可以用符号表示为：

$$\text{Var}(\langle X \rangle) = E\left\{[\langle X \rangle - E(\langle X \rangle)]^2\right\} = \frac{1}{N^2}\sum_{i=1}^{N}\sum_{j=1}^{N}C_{XX}(i,j) \tag{9-20}$$

式中，C_{XX}——随机过程的协方差，并有：

$$C_{XX}(i,j) = E\left\{[X_i - E(X_i)][X_j - E(X_j)]\right\} \tag{9-21}$$

由于是平稳随机过程的，即 $E(X_i)=E(X_j)=E(X)$，则：

$$C_{XX}(i,j) = C_{XX}(i-j) \tag{9-22}$$

设 $k = i - j$，并将式（9-22）代入式（9-20）中，得：

$$\text{Var}(\langle X \rangle) = \frac{\sigma_X^2}{N} + \frac{2}{N^2}\sum_{k=1}^{N-1}(N-k)C_{XX}(kT_S) \tag{9-23}$$

式中，$C_{XX}(0) = \sigma_X^2$——随机过程的方差；

T_S——采样间隔。

假设 $C_{XX}(\tau)$ 在 $\tau > \tau_0$ 时趋近于 0，对于 $T_S > \tau_0$ 的采样间隔，就有：

$$C_{XX}(kT_S) = 0, \quad k = 1, 2, \cdots \tag{9-24}$$

将式（9-24）代入式（9-23），就可以得到：

$$\text{Var}(\langle X \rangle) = \frac{\sigma_X^2}{N} \tag{9-25}$$

可以看到，当采样间隔 T_S 取值合理，并且 $N \to \infty$ 时，就有 $\text{Var}(\langle X \rangle) \to 0$，即

$$\lim_{N \to \infty}\text{Var}(\langle X \rangle) = E\left\{[\langle X \rangle - E(\langle X \rangle)]^2\right\} = 0 \tag{9-26}$$

式（9-26）说明当采样点无限增多时，观测样本的平均值将会趋近于统计平均值。

由于 $T = NT_S$，其中 T 是采样区间，N 在采样区间内的采样数目，T_S 是采样间隔。当 $T_S \to 0$ 时，有可能出现两种情况：

（1）假设采样区间 T 是常数，这时 $N \to \infty$，即采样数是无限多个，这在实际仿真实验中是无法实现的；

（2）假设 N 为有限值，这时 $T \to 0$，即采样区间长度为 0，相当于所有的样本基本上出现在同一时刻，这对仿真实验来讲没有任何实际意义。

现在将情况（2）进行简单的数学分析。当 $T_S \to 0$ 时，则式（9-20）可以写为：

$$\lim_{T_S \to 0}\text{Var}(\langle X \rangle) = \frac{2}{T}\int_0^T\left(1 - \frac{\tau}{T}\right)C_{XX}(\tau)\text{d}\tau \tag{9-27}$$

由于 $C_{XX}(\tau) \leq C_{XX}(0) = \sigma_X^2$，可以证明，能够求出式（9-27）在不同条件下的取值上限，即：

$$\text{Var}(\langle X \rangle) \leq \begin{cases}(2\tau_0\sigma_X^2)/T, & \tau_0 < T \\ 2\sigma_X^2, & \tau_0 \geq T\end{cases} \tag{9-28a}$$

在实际仿真实验中，$\tau_0 \geq T$ 的情况是可以避免的。对于 $\tau_0 < T$ 情况，设 $Ne = T/(2\tau_0)$，Ne 可以看作独立样本的有效个数。这时式（9-28a）可以重新写为：

$$\mathrm{Var}(\langle X \rangle) \leq (2\tau_0 \sigma_X^2)/T = \frac{\sigma_X^2}{Ne} \tag{9-28b}$$

从式（9-28b）可以看到，只要采样个数 Ne 选择的足够大，就能保证 $\mathrm{Var}(\langle X \rangle)$ 尽可能的小。

实际上，在仿真实验中由于限定了采样个数 N，为了保证相邻样本不相关或者相互独立，应当尽可能的增大采样区间长度，这就造成采样间隔 T_S 的增大，但是，根据采样定理的要求 T_S 又不能太大。因此，要选取一个既能满足采样定理，又能保证相邻样本不相关的采样间隔 T_S，这是一件比较困难的事情。

但是，存在一种特殊情况可以同时满足以上两个要求。当波形 $X(t)$ 的功率谱密度如图 9-2 所示时，由于 $X(t)$ 的相关函数和功率谱密度函数是傅里叶变换对，则：

$$R_{XX}(\tau) = 2B \left[\frac{\sin(2\pi B \tau)}{2\pi B \tau} \right] \tag{9-29}$$

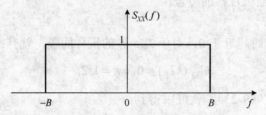

图 9-2 带限低通随机过程的功率谱

从式（9-29）可以看到，当采样间隔 $T_S = 1/(2B)$ 时，就能使得 $R_{XX}[1/(2B)] = 0$，即保证相邻采样值的互不相关；根据采样定理，要求采样间隔满足 $T_S \leq 1/(2B)$，这里取等号成立。因此，在这种特殊的情况下，取采样间隔 $T_S = 1/(2B)$，既能满足采样定理，又能保证相邻采样值互相关。

4. 信号加噪声的混合过程

在仿真实验中，经常会遇到几个随机过程的混合，例如信号加噪声或干扰等的情况。若几个过程的混合用数学方式描述，则：

$$X(t) = \sum_{i=1}^{M} V_i(t) \tag{9-30}$$

式中，$V_i(t)$——各个随机过程。

同时假设这些过程互不相关，可以证明，式（9-23）就可以表示成为：

$$\mathrm{Var}(\langle X \rangle) = \sum_{i=1}^{M} \frac{\sigma_{V_i}^2}{N} + \frac{2}{N^2} \sum_{i=1}^{M} \sum_{k=1}^{N-1} (N-k) C_{VV}^{(i)}(kT_S) \tag{9-31}$$

式中，$C_{VV}^{(i)}$——$V_i(t)$ 的自协方差。

从式（9-31）可以看到，当几个随机过程混合时，需要关注的是各分量过程 $V_i(t)$ 的性质，而不是仅关心仿真结果。

5. 基于信号的置信区间

为了计算信号的置信区间，设：

$$X(t) = S(t) + N(t) \tag{9-32}$$

式中，$N(t)$——零均值高斯随机过程；

$S(t)$——随机信号。

假设已知信号的测量向量为 $s = (s_1, s_2, \cdots, s_M)$，那么混入噪声以后观测量 $X(t)$ 采样的均值为：

$$Z = \langle X/s \rangle = \frac{1}{M}\sum_{k=1}^{M} s_k + \frac{1}{M}\sum_{k=1}^{M} N_k = \langle s \rangle + \frac{1}{M}\sum_{k=1}^{M} N_k \tag{9-33}$$

由于 N_k 是服从均值为零的正态分布，则 $\sum_{k=1}^{M} N_k$ 也是零均值的正态分布，因此，Z 也是正态分布，其均值为 $\langle s \rangle$，方差为：

$$\sigma_Z^2 = \frac{\sigma_N^2}{M} + \frac{2}{M^2}\sum_{k=1}^{M-1}(M-k)C_{NN}(kT_S) \tag{9-34}$$

对应 Z 的概率密度函数为：

$$f_Z(z) = \frac{1}{\sqrt{2\pi}\sigma_Z}\exp\left[-\frac{(z-\langle s \rangle)^2}{2\sigma_Z^2}\right] \tag{9-35}$$

因此 $\langle s \rangle$ 的置信区间可由下式构造出来：

$$P\left[Z - d_1\sigma_Z \leqslant \langle s \rangle \leqslant Z + d_1\sigma_Z\right] = 1 - \alpha \tag{9-36}$$

其中，d_1 由下式确定：

$$\frac{1}{\sqrt{2\pi}}\int_{-d_1}^{d_1}\exp[-u^2/2]\mathrm{d}u = 1 - \alpha \tag{9-37}$$

应当注意的是，置信区间应选为对称的，这样区间最窄，在这种情况下区间的长度为 $2d_1\sigma_Z$，当观测数量 M 很大时，依据式（9-34），σ_Z^2 趋于零，则该置信区间长度趋于零。

在实际应用中，经常会利用测试信号来考察一个系统的性能。对于数字系统来讲，测试信号一般选择 PN 序列；而对于模拟系统来说，可以用一个正弦波或者几个正弦波，甚至方波作为测试信号。如果观测区间长度是上述信号周期的倍数，并且采样间隔 T_S 选择的合适，那么 $\langle s \rangle$ 就是信号真正的均值。当然，如果测试信号具有平稳性和各态历经性，或者循环平稳性和各态历经性的假设，就可认为单次的仿真结果是有实际意义的。

6. 仿真过程

获得一个波形均值的过程非常简单，具体步骤如下：
（1）采集样本 $\{X(kT_S)\} = \{X_k\}$，$k = 1, 2, \cdots, N$；
（2）利用式（9-16）计算波形均值；
（3）利用相关表达式计算估计器的性能。

9.2.2 波形平均功率估计

无论是模拟通信系统还是数字通信系统，波形的平均功率都是一个重要的属性。波形中通常包含了信号和噪声，因此，波形的平均功率是指传输系统中信号和噪声总的平均功率。另外，一个跟平均功率估计不同，却具有紧密的关系，是指在某一指定区间 T_0 上的信号能量估计，而数字通信系统能量估计也是很有意义的。

1. 估计器的形式

如前所述，假设仿真采样间隔为 T_s，对波形 $X(t)$ 进行等间隔均匀采样后，形成 X。这时选用如下形式的平均功率估计器：

$$P_N(X) = \frac{1}{N}\sum_{k=1}^{N} X_k^2 \tag{9-38}$$

如果引入一个辅助变量 $Y(t)$，使得 $Y(t) = X^2(t)$，则可引用上一小节的结论。在这种情况下，问题就变成对 $Y(t)$ 均值的估计，即：

$$\langle Y \rangle = \frac{1}{N}\sum_{k=1}^{N} Y_k \tag{9-39}$$

2. 估计器的期望值

对于平稳过程来说，有 $E(\langle Y \rangle) = E(Y)$，这样：

$$E(P_N(X)) = E(X^2) \tag{9-40}$$

式（9-40）说明，有限样点平均功率估值器的期望值，等于随机过程 $X(t)$ 的均方值，并且与 N 无关。对连续时间过程，则式（9-40）还可以表示为：

$$E(\langle Y \rangle) = \frac{1}{T}\int_0^T E[Y(t)]\,\mathrm{d}t = E(Y) = E(X^2) \tag{9-41}$$

所以，如果需要处理的随机过程是连续的话，那么所求的均值完全可以由随机过程的采样值给出。因此，在这种情况下时间平均是一个无偏估计。

3. 估计器的方差

由式（9-23）可以直接得到估计的方差：

$$\mathrm{Var}(\langle Y \rangle) = \frac{\sigma_Y^2}{N} + \frac{2}{N^2}\sum_{k=1}^{N-1}(N-k)C_{YY}(kT_S) \tag{9-42}$$

如果 C_{YY} 具有 C_{XX} 同样的性质，则 $\langle X \rangle$ 的所有性质也适用于 $\langle Y \rangle$，因此，假设 $T_s \to 0$，$NT_s \to T$，由式（9-27）则有：

$$\lim_{T_s \to 0} \mathrm{Var}(\langle Y \rangle) = \frac{2}{T}\int_0^T \left(1 - \frac{\tau}{T}\right)C_{YY}(\tau)\,\mathrm{d}\tau \tag{9-43}$$

可以证明，当 $N \to \infty$ 时，有 $\mathrm{Var}(\langle Y \rangle) \to 0$，它表明估计值 $P_N(X)$ 在均方意义下收敛于 P_{av}。

当然这种情况发生在下式成立的条件下，即：

$$\lim_{N \to \infty} \frac{1}{T} \int_0^T C_{YY}(\tau) \mathrm{d}\tau = 0 \tag{9-44}$$

相应的离散形式为：

$$\lim_{N \to \infty} \frac{1}{N} \sum_{k=1}^N C_{YY}(kT_S) = 0 \tag{9-45}$$

当然，对 C_{YY} 的限制同样也适用于 $X(t)$ 的相关参数，特别是当 $Y(t) = X^2(t)$ 时，有：

$$C_{YY}(\tau) = E\left[X^2(t)X^2(t+\tau)\right] - R_{XX}^2(0) \tag{9-46}$$

式中，$R_{XX}(\tau)$——$X(t)$ 的自相关函数。

需要注意的是，$R_{XX}(0) = E(X^2)$，这正是想得到的估计值。但是，式（9-46）是需要知道 $X(t)$ 的四阶矩条件下，才能计算出 C_{YY}，因此，式（9-46）的计算难度很大。当然，如果 $X(t)$ 是高斯随机过程，上述计算过程就得到简化，则可以得到：

$$C_{YY}(\tau) = 2C_{XX}^2(\tau) + 4E^2(X)C_{XX}(\tau) \tag{9-47}$$

对于多数随机过程，当 $\tau \to \infty$ 时，$X(t)$ 与 $X(t+\tau)$ 是相互独立的，所以这时式（9-46）和式（9-47）都趋于零。当然，对于某些随机过程，当 $\tau > \tau_0$ 时，$C_{XX}(\tau) = 0$，式（9-44）也能够成立。

4. 基于信号的置信区间

前面提到过，置信区间是描述估计器好坏最有力的一种性能参数，但同时也谈到，它的给出需要掌握观测量的概率密度函数，然后通过计算得到。这是一项异常复杂的工作，对于波形平均功率估计情况更是如此。因此，从仿真的目的来说，对于波形平均功率估计器只要掌握估计器的方差即可。

5. 仿真过程

获得一个波形平均功率的过程比较简单，具体步骤如下：
（1）采集样本 $\{X(kT_S)\} = \{X_k\}$，$k = 1, 2, \cdots, N$；
（2）对每个样本值求平方 $\{Y_k = X_k^2\}$，$k = 1, 2, \cdots, N$；
（3）利用式（9-38）计算波形平均功率；
（4）对于某些特殊的分布形式，可以利用相关表达式计算估计器的性能。

9.3　波形幅度概率密度和分布函数估计

在通信系统中，一个波形幅度的概率密度函数或者分布函数并不是系统性能评价标准，但是这些函数却反映了随机波形的统计特性。特别对于数字通信系统而言，了解波形幅度的统计特性，对于误码率的确定是十分必要的。

本节将给出获得经验概率密度函数，即直方图，以及获得经验分布函数的方法，根据经验得到的分布，将能够给出波形幅度一些定量或定性的统计信息，利用直方图法获得的是概率密度函数，它是一种在计算机上用软件更加容易实现的方法，这是本节将要介绍的重点。

9.3.1 经验分布

对于分布函数 $F(x)$ 来讲,所谓经验分布就是针对 $F(x)$ 的离散估计值,因此,可以表示为 $\hat{F}(x)$。设 $\boldsymbol{X}=(X_1,X_2,\cdots,X_N)$ 是随机变量 X 的采样值,并且将这些采样值按递增形式排列,即 $(X_k \leq X_{k+1})$,于是经验分布 $\hat{F}(x)$ 可以表示为:

$$\hat{F}(x) \stackrel{\text{def}}{=} \begin{cases} 0, & x < X_1 \\ k/N, & X_k \leq x \leq X_{k+1}, k=1,2,\cdots,N-1 \\ 1, & x > X_N \end{cases} \tag{9-48}$$

$\hat{F}(x)$ 是一个服从二项式分布的随机变量,其中 $p = F(x)$,因此,$\hat{F}(x)$ 的分布可写为:

$$P\left[\hat{F}(x) = \frac{m}{N}\right] = \frac{N!}{m!(N-m)!}[F(x)]^m[1-F(x)]^{N-m} \tag{9-49}$$

可以证明,当 $N \to \infty$ 时,有 $\hat{F}(x)$ 能够在某种程度上接近 $F(x)$,具体逼近程度请参阅相关文献。

依据式(9-48)对分布 $\hat{F}(x)$ 的描述,可以画出相应的阶梯曲线,如图 9-3 所示。

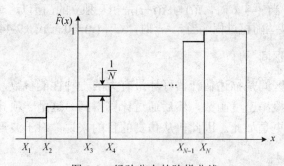

图 9-3 经验分布的阶梯曲线

从图 9-3 可以看到,坐标横轴表示波形幅度,纵轴表示经验分布 $\hat{F}(x)$,阶梯上间隔是相等的,即为 $1/N$,保证上升等间隔的方法是对采样值数据的合理分组,可以设想当 $N \to \infty$ 时,相当于阶梯上升间隔 $1/N \to 0$,这时经验分布 $\hat{F}(x)$ 就得到一个连续的曲线,而不是如图 9-3 所示的阶梯曲线,进而就能够在某种程度上接近波形幅度的分布函数 $F(x)$。

9.3.2 直方图

在对通信仿真系统分析时,通常更习惯于直接利用概率密度函数,而不是分布函数。当然,经验概率密度函数可以认为是对经验分布 $\hat{F}(x)$ 的微分,如果是这样,当 N 取有限值时,经验分布 $\hat{F}(x)$ 就是由 N 个上升阶梯折线构成的,如图 9-3 所示,这样经验概率密度函数就会在 $\hat{F}(x)$ 的上升沿处产生冲击函数,显然这种方法不可取。不过一种等效地、更直观地描述概率密度函数的方法在如图 9-4 所示中给出,这就是所谓的直方图。

直方图本质上是一个柱状图表,给出了在等间隔内事件出现的实际频率或者相对频率,它是一维概率密度函数的估计值。采用类似的思路可获得多维概率密度函数的估计值,而这类估计器的性能可以利用拟合优良度来检测。

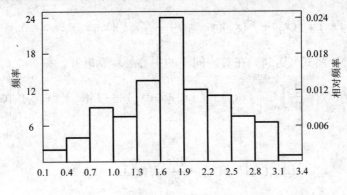

图 9-4 直方图的结构

1. 估计器的形式

假设 x_{ci} 是第 i 个间隙的中心，W 是间隙宽度，第 i 个间隙表示为：

$$\Delta_i = \left\{ x : x_{ci} - \frac{W}{2} < x \leqslant x_{ci} + \frac{W}{2} \right\} \tag{9-50}$$

因此，归一化的直方图 $\hat{f}(x)$ 也就是概率密度函数 $f(x)$ 的估计值，可以定义为：

$$\hat{f}_i(x) = \frac{N_i}{NW}, \quad x \in \Delta_i \tag{9-51}$$

式中，N_i——对应于 $x \in \Delta_i$ 的采样数目；

N——采样总的数目。

显然式（9-51）有 $W \sum_i \hat{f}_i(x) = 1$。

2. 估计器的期望值

$\hat{f}(x)$ 的期望值可以定义为：

$$E\left[\hat{f}_i(x)\right] = \frac{1}{NW} E(N_i), \quad x \in \Delta_i \tag{9-52}$$

从 9.3.1 节可知，N_i 是服从二项式分布的随机变量，其概率为 p_i，可由下式给出：

$$p_i = \int_{x \in \Delta_i} f(x) \mathrm{d}x \approx W f(x_{ci}) \tag{9-53}$$

于是有：

$$\begin{cases} E\left[\hat{f}_i(x)\right] = \dfrac{p_i}{W} \\ E(N_i) = N p_i \end{cases} \tag{9-54}$$

通常，并不是对于所有的 $x \in \Delta_i$，$E(\hat{f}_i(x))$ 都等于 $f(x)$，这主要因为在某一间隙内 $\hat{f}(x)$ 始终是常数，而大多数情况 $f(x)$ 又不是这样的，因此，$\hat{f}(x)$ 是一个有偏估计。偏移的量可以用 $f(x)$ 在对应间隙的中心处泰勒展开的前三项来近似给出。

已知 $f(x)$ 的展开式可以表示为：

$$f(x) \approx f(x_{ci}) + f'(x_{ci})(x - x_{ci}) + \frac{1}{2}f''(x_{ci})(x - x_{ci})^2, \quad x \in \Delta_i \tag{9-55}$$

根据式（9-53），将式（9-54）在对应间隙的中心处泰勒展开，得：

$$E\left[\hat{f}_i(x)\right] \approx \frac{1}{W}\int_{x \in \Delta_i}\left[f(x_{ci}) + f'(x_{ci})(x - x_{ci}) + \frac{1}{2}f''(x_{ci})(x - x_{ci})^2\right]dx \tag{9-56}$$

或者：

$$E\left[\hat{f}_i(x)\right] \approx f(x_{ci}) + \frac{W^2}{24}f''(x_{ci}), \quad x \in \Delta_i \tag{9-57}$$

估计的偏差由下式近似给出：

$$b\left[\hat{f}_i(x)\right] = E\left[\hat{f}_i(x) - f(x_{ci})\right] \approx \frac{W^2}{24}f''(x_{ci}), \quad x \in \Delta_i \tag{9-58}$$

从式（9-58）可以看到，随着间隙宽度 W 增加，估计偏差会迅速增加，这一结论与实际情况相符。

3. 估计器的方差

N_i 是对应于 $x \in \Delta_i$ 的采样数目，是服从二项式分布的随机变量。根据式（9-51）关于 $\hat{f}(x)$ 的描述，估计器的方差可以写为：

$$\text{Var}\left[\hat{f}_i(x)\right] = \left(\frac{1}{NW}\right)^2 Np_i(1 - p_i) \tag{9-59}$$

将式（9-53）确定的 p_i 代入式（9-59）中，可得：

$$\text{Var}\left[\hat{f}_i(x)\right] \approx \frac{1}{NW}f(x_{ci})[1 - Wf(x_{ci})] \tag{9-60}$$

于是估计器归一化标方差 ε_r 为：

$$\varepsilon_r = \frac{\left\{\text{Var}\left[\hat{f}_i(x)\right]\right\}^{1/2}}{f(x_{ci})} = \left[\frac{1 - Wf(x_{ci})}{NWf(x_{ci})}\right]^{1/2} \tag{9-61}$$

从式（9-61）可以看到，间隙宽度 W 与估计器方差的变化方向相反，W 减小，方差和标准方差就增加。对于给定 x_{ci}，当 $W \to 0$ 时，$\varepsilon_r \to [NWf(x_{ci})]^{-1/2}$。如 W 固定，为得到一个可接受的方差并保证化标方差 ε_r 在某个预想的范围内，就有必要增加 N；换句话说，为了保证估计器的精度，必须增加 N。另外，还可以看到，如果令 $W \propto 1/\sqrt{N}$，那么当 $N \to \infty$ 时，方差和标准方差将趋于零。

4. 仿真步骤

直方图可以按如下步骤构造：
（1）对一个波形抽取 N 个样本值；
（2）选择间隙宽度 W 并制定间隙中心为 x_{ci}；
（3）第 i 个间隙的中心为 $x_{ci} = x_{c0} + iW$；

(4) 计算在范围 $x_{ci} \pm W/2$ 内的采样点个数 N_i；

(5) 对所有的 i 计算估计值 $\hat{f}_i(x) = \dfrac{N_i}{NW}$；

(6) 利用相关表达式计算估计器的性能。

9.4 信号功率谱密度的估计

功率谱密度（PSD）是随机过程在频域内的重要参数，利用它可以对信号和系统的带宽等频域特性进行定量描述。对于特定形式的 PSD，通常可以利用解析方法获得。然而，当实际设备存在非理想和非线性特性时，用解析法求解 PSD 就变得比较困难了，此时通常利用仿真系统，通过实验的方法来确定 PSD。采用这种方法，就意味着利用统计的方法来确定功率谱密度的估计器，进而还要确定估计器相应的性能。

本节主要围绕功率谱密度估计器的设计展开，然后介绍 PSD 估计器的相关性能，以及具体实现步骤。

9.4.1 估计器的基本形式

在第 3 章中给出了关于功率谱密度的两种定义，如式（5-73）和式（5-77）所示，对广义平稳随机过程而言，这两种定义是等效的，基于这两种定义产生了两种经典的 PSD 估计技术。

1. 相关图或间接法

基于式（5-77）的原理给出了功率谱密度的第一种定义：平稳随机过程 $X(t)$ 的功率谱 $P_{XX}(f)$ 或者 $P_{XX}(\omega)$ 是其自相关函数 $R_{XX}(\tau)$ 的傅里叶变换。

对于连续函数，功率谱密度定义可以表示为：

$$P_{XX}(f) = \int_{-\infty}^{\infty} R_{XX}(\tau) e^{-j2\pi f \tau} d\tau \tag{9-62}$$

由于仿真中处理的是 $X(t)$ 的采样值，因此式（9-62）的离散形式为：

$$P_{XX}(f) = T_S \sum_{k=-\infty}^{\infty} R_{XX}(k) e^{-j2\pi f k T_s}, \quad |f| \leq \dfrac{f_s}{2} \tag{9-63}$$

式中，$R_{XX}(k)$——离散序列的自相关函数，可以定义为：

$$\begin{aligned} R_{XX}(k) &\triangleq R_{XX}(kT_S) = E[X(nT_S + kT_S)X(nT_S)] \\ &\triangleq E[X(n+k)X(n)] \end{aligned} \tag{9-64}$$

在实际应用中，只能获得有限个的观测序列值 $X(n)$，于是式（9-63）中的真实相关函数 $R_{XX}(k)$ 只能用其估计值 $\hat{R}_{XX}(k)$ 来代替，对应的功率谱密度同样也变为估计值，即：

$$\hat{P}_{XX}(f) = T_S \sum_{k=-L}^{L} \hat{R}_{XX}(k) e^{-j2\pi f k T_s} \tag{9-65}$$

式中，k——时间间隔；
L——最大延迟。

可以证明，$\hat{P}_{XX}(f)$ 是以 f 为参数的周期函数，其主值区域在 $[-f_S/2, f_S/2]$ 范围内，其中 $f_S = 1/T_S$。如果要利用式（9-65）对功率谱密度进行估计，首先必须估计自相关函数。有多种方法实现自相关函数的估计，但是其中最常用的为：

$$\hat{R}_{XX}(k) = \frac{1}{N} \sum_{n=0}^{N-k-1} X(n+k) X^*(n) \qquad (9\text{-}66)$$

式中，$k = 0, 1, \cdots, N-1$——所观测到的采样点数；

$X^*(n)$——$X(n)$ 复共轭。

根据自相关函数的性质可知，$\hat{R}_{XX}(k) = \hat{R}_{XX}^*(-k)$，因此，在计算自相关函数时，利用上述形式可以方便地求出负延时的相关函数估计值。需要注意的是，对于有限采样点数 N，当 k 增加时，从式（9-66）可以看到，求和所包括的采样点数在减少，因此估计值的可信度就要下降，鉴于这种原因，应当增加采样点数 N，使得式（9-65）中要求的最大延迟 L 满足，$L \leq N/10$。

在实际仿真中，由于处理的均为离散量，则式（9-65）中的 $\hat{P}_{XX}(f)$ 只需要计算其离散频率上的值即可，此时就可以利用离散傅里叶变换（DFT）来计算式（9-65），进而得到 $\hat{P}_{XX}(f)$ 的频率离散量 $\hat{P}_{XX}(f_i)$，这些离散频率点为 $f_i = if_S/K$，其中 $i = 0, 1, \cdots, K-1$，$K > N-1$。而离散傅里叶变换有其快速算法，这就是著名的 FFT 算法。有关 DFT 变换和 FFT 算法请参阅数字信号处理方面的教材。

2. 周期图或直接法

功率谱密度的另一种定义在第 5 章的式（5-73）给出，如果选择观测区间为 $[0, T]$ 时，功率谱的表达式为：

$$P(\Omega) = \lim_{T \to \infty} \frac{E\{|X(\Omega)|^2\}}{T} \qquad (9\text{-}67)$$

式中，$\Omega = 2\pi f$。

因此，式（9-67）可以进一步表示为：

$$P_{XX}(f) = \lim_{T \to \infty} E\{\hat{P}_{XX}(f, T)\} \qquad (9\text{-}68)$$

其中：

$$\hat{P}_{XX}(f, T) = \frac{|X_T(f)|^2}{T} \qquad (9\text{-}69)$$

$$X_T(f) = \int_0^T X(t) e^{-j2\pi ft} dt \qquad (9\text{-}70)$$

$X_T(f)$ 是随机过程 $X(t)$ 样本函数在有限时间内的傅里叶变换，当随机过程 $X(t)$ 是广义平稳过程时，式（9-67）和式（9-62）是等价的，$\hat{P}_{XX}(f, T)$ 就是 $P_{XX}(f)$ 的估计，$\hat{P}_{XX}(f, T)$ 被称为采样谱或周期图。对应式（9-67）离散序列 $X(n)$ 的功率谱密度被定义为：

$$\tilde{P}_{XX}(f) = \frac{1}{NT_S} |X_N(f)|^2 \qquad (9\text{-}71)$$

其中：

$$X_N(f) = T_S \sum_{n=0}^{N-1} X(n) e^{-j2\pi fn} \quad (9\text{-}72)$$

式（9-72）是令 $T_S = 1$ 得到的。

$X_N(f)$ 是观测数据序列 $X(n)$ 的傅里叶变换，式（9-71）表示功率谱密度的估计器。此处，$X_N(f)$ 和 $\tilde{P}_{XX}(f)$ 都是以 f 为参数的周期函数，但是在分析功率谱密度时仅考虑主值区域，即 $[-f_S/2, f_S/2]$。同样由于仿真中处理的均为离散量，因此，式（9-72）中的 $\hat{P}_{XX}(f)$ 只需要计算其离散频率上的值，即得到 $X_N(f)$ 的离散序列 $X_N(f_k)$。实际上完全可以利用离散傅里叶变换（DFT）来计算式（9-72）对观测数据序列进行处理，同样也能得到 $X_N(f)$ 的离散序列 $X_N(f_k)$，进而得到 $\tilde{P}_{XX}(f)$ 的离散序列 $\tilde{P}_{XX}(f_k)$，其中 $f_k = kf_s/K$，$k = 0, 1, \cdots, K-1$。上述 DFT 变换可以利用 K 点的 FFT 算法来实现，如果 $K > N-1$，则在观测数据序列 $X(n)$ 后面补零。

直接法和间接法是功率谱密度估计的两种重要方法。在间接法中，如果最大延迟 L 取 $N-1$，则两种估计器得到的结果相同。因此，对于同一观测序列，当不方便使用其中一种估计方法时，可以采用另一种估计方法。

9.4.2 估计器的修正形式

仿真中处理的是随机过程 $X(t)$ 的采样值序列，通常对这个序列有一定的具体要求，首先，$X(t)$ 的离散序列能够基本反映随机过程 $X(t)$ 的主要特征；其次，序列的长度必须有限，否则计算机无法进行处理。在这种情况下对随机过程 $X(t)$ 的离散处理，也相应地分为两步：

（1）将随机过程 $X(t)$ 根据采样定理的要求进行离散化处理得到 $X(n)$；

（2）将 $X(n)$ 长度进行约束，而实现长度约束比较简单的办法是将序列 $X(n)$ 与已知有限长序列 $w(n)$ 相乘，其具体操作如图 9-5 所示。

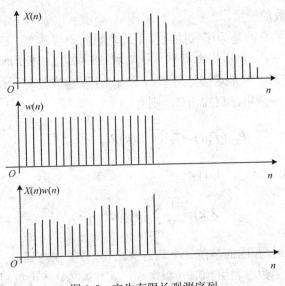

图 9-5 产生有限长观测序列

在数学上，将函数 $w(n)$ 影响另一个函数指定部分的过程称为加窗处理，$w(n)$ 就是窗函数。

由于窗函数 $w(n)$ 是在时域上进行定义的,因此通常也称为数据窗,表示为 $d(n)$。

任何有限长观测序列都可以看作一个过程的加窗采样函数。在仿真过程中加窗处理是不可避免的,同时需要注意加窗处理后,有可能引入失真。当然,问题都是存在两方面的,通过有意地加入特殊形式的窗函数,还有可能减小随机过程某些特定参数估计的失真,这也就是修正估计器形式的具体实现方法,即加窗处理法。

在功率谱密度估计过程当中,引入特定的窗函数对估计器进行修正,可以明显改善估计器的性能。在这里常用的窗函数有两种类型:

（1）数据窗 $d(n)$,对应频域表达式为 $W(f)$,数据窗用于直接修正观测序列 $X(n)$;

（2）延迟窗 $\lambda(k)$,对应频域表达式为 $\Omega(f)$,延迟窗用于修正自相关序列 $\hat{R}_{XX}(k)$。

需要说明的是,仿真中处理的均为离散量,因此,$W(f)$ 和 $\Omega(f)$ 只需要计算其离散频率上的值即可,在这种情况下,$W(f)$ 和 $\Omega(f)$ 可以通过对 $d(n)$ 和 $\lambda(k)$ 的离散傅里叶变换求得。

如果在式（9-72）中应用数据窗 $d(n)$,则有:

$$X_N(f;d) = T_S \sum_{n=0}^{N-1} X(n)d(n) e^{-j2\pi fn} \tag{9-73}$$

与前面的分析类似,仿真中处理的均为离散量,式（9-73）中只需要计算 $X_N(f;d)$ 离散频率点上的值 $X_N(f_k;d)$ 即可,因此,式（9-73）可以利用 FFT 算法来实现。考虑到数据窗 $d(n)$ 的影响,可以证明 PSD 的估值能够写成:

$$\tilde{P}_{XX}(f) = \frac{1}{(NT_S)\xi} |X_N(f)|^2 \tag{9-74}$$

其中:

$$\xi = T_S \sum_{n=0}^{N-1} d^2(n) \tag{9-75}$$

式中,ξ——数据窗函数的能量。

式（9-74）除以 ξ 的目的是为了保持采样平均功率的均值不变。显然,如果 $d(n)$ 预先进行归一化处理,即使得 $\xi = 1$,则可以不进行该项处理。当然,上述处理也可以转换到频域上实现,即利用频域卷积定理,但是这必然造成离散频域上的卷积运算,使得处理困难程度增大。

如果在式（9-63）中应用延迟窗 $\lambda(k)$,则有:

$$\tilde{P}_{XX}(f;d) = T_S \sum_{k=-\infty}^{\infty} \lambda(k) R_{XX}(k) e^{-j2\pi fkT_s} \tag{9-76}$$

式中,$R_{XX}(k)$——自相关序列,并且:

$$\lambda(k) = \frac{1}{N} \sum_{k=-\infty}^{\infty} d(n)d(n+k) \tag{9-77}$$

由于 $\lambda(n)$ 是一个延迟窗,因而从统计平均意义上讲,数据窗与延迟窗是等效的,延迟窗 $\lambda(n)$ 是数据窗 $d(n)$ 的自相关函数。利用频域卷积定理,式（9-76）还可以写为:

$$\tilde{P}_{XX}(f;d) = P_{XX}(f) * \Omega(f) \tag{9-78}$$

式中,$\Omega(f)$——$\lambda(k)$ 频域表达式。

需要注意的是，$\lambda(k)R_{XX}(k)$ 是加窗后序列的有效自相关函数，即：

$$R_{XX}(k;d) = \lambda(k)R_{XX}(k) \tag{9-79}$$

根据式（9-79）可知 $R_{XX}(0;d)$ 表示随机过程的平均功率，因此，当 $\lambda(0)=1$ 时，随机过程的平均功率不会受到影响。而 $\lambda(0)$ 可以综合式（9-75）和式（9-77）得：

$$\lambda(0) = \frac{1}{N}\sum_{n=-\infty}^{\infty} d^2(n) = \frac{1}{NT_S}\xi \tag{9-80}$$

利用式（9-77）可以证明：

$$\Omega(f) = \frac{1}{NT_S}|W(f)|^2 \tag{9-81}$$

于是式（9-78）归一化形式为：

$$\tilde{P}_{XX}(f;d) = \frac{P_{XX}(f)*\Omega(f)}{\lambda(0)} = \frac{P_{XX}(f)*|W(f)|^2}{\xi} \tag{9-82}$$

为了便于仿真实验，表 9-1 列出了一些常见的数据窗和延迟窗的形式，其中 T_S 是采样间隔。为了简化表格，将数据窗和延迟窗用一种函数形式表示，但是数据窗和延迟窗有关子函数 $t(n)$ 和 $D_N(f)$ 的定义存在差别，具体情况参见表 9-2。

表 9-1 典型的 N 点离散时间窗的定义

窗函数名称	离散时间函数 $d(n)$ 或 $\lambda(k)$	频率响应 $W(f)$ 或 $\Omega(f)$
矩形	1	$D_N(f)$
三角	$1-|t(n)|$	$2[(N-1)T_S]^{-1}D_{(N-1)/2}^2(f)$
平方余弦（汉宁）	$0.50 + 0.50\cos[2\pi t(n)]$	$0.5D_N(f) + 0.25\left[D_N\left(f-\frac{1}{NT_S}\right) + D_N\left(f+\frac{1}{NT_S}\right)\right]$
升余弦(汉明)	$0.54 + 0.46\cos[2\pi t(n)]$	$0.54D_N(f) + 0.23\left[D_N\left(f-\frac{1}{NT_S}\right) + D_N\left(f+\frac{1}{NT_S}\right)\right]$
加权余弦	$\sum_{r=0}^{R}\alpha_r\cos[2\pi rt(n)]$	$\sum_{r=0}^{R}0.5\alpha_r\left[D_N\left(f-\frac{r}{NT_S}\right)\cdot D_N\left(f+\frac{r}{NT_S}\right)\right]$

表 9-2 有关函数及参数说明

	定义区间	N	$t(n)$ 或 $t(k)$	$D_N(f)$
数据窗 $d(n)$	$0 \leq n \leq N-1$	任意	$\frac{2n}{(N-1)}-1$	$T\frac{\sin(\pi fT_S N)}{\sin(\pi fT_S)}e^{-j2\pi fT_S(N-1)}$
延迟窗 $\lambda(k)$	$k \leq |(N-1)/2|$	奇数	$\frac{2k}{(N-1)}$	$T\frac{\sin(\pi fT_S N)}{\sin(\pi fT_S)}$

窗函数通常对频谱有损伤，它的选择取决于估计器的偏差和分辨率，通常在这两者当中，一个性能的提高是以另一个性能的下降为代价。仿真中常常通过获得足够多的记录来满足两种性能的要求。

除了上面介绍的估计器修正算法外，另外还有一种值得推荐的算法，就是平均周期图法。这个算法是在多个数据段上根据式（9-71）或者式（9-82）计算 $\tilde{P}_{XX}(f)$ 或者 $\tilde{P}_{XX}(f;d)$，然后求平均。各个数据段不必连续相邻,事实上,数据段间的部分重叠是有好处的。通常将不加窗并且无重叠数据段平均所得的周期图称为 Bartlett 周期图,记作 $\tilde{P}_B(f)$。将加窗并且有重叠数据段平均所得的周期图称为 Welch 周期图,记作 $\tilde{P}_w(f)$。如果令 $\tilde{P}_{XX,m}(f;d)$ 是第 m 个数据段上的周期图,于是有:

$$\tilde{P}_w(f) = \frac{1}{M} \sum_{m=0}^{M-1} \tilde{P}_{XX,m}(f;d) \tag{9-83}$$

式中,M——数据段的总数,$M \geq N/J$;

J——每段的取样点数。

除此之外,还有其他频域内的平均平滑方法,此处就不再赘述了。

9.4.3 估计器的期望值与方差

功率谱密度估计器的期望值与方差是描述其性能的主要参数,下面就分别予以介绍。

1. 估计器的期望值

式(9-82)功率谱密度估计器的归一化形式,计算该式的均值,可以得到:

$$E\left[\tilde{P}_{XX}(f;d)\right] = \frac{E\left[P_{XX}(f) * |W(f)|^2\right]}{\xi} \tag{9-84}$$

从式(9-84)可以看到,$\tilde{P}_{XX}(f;d)$ 的均值不等于 $P_{XX}(f)$,因此,周期图是一种有偏估计。然而 $\tilde{P}_{XX}(f;d)$ 只是一种渐进的有偏估计,也就是说与窗函数的宽度有关,因为对于任何合理的窗函数,当窗的宽度 $N \to \infty$ 时,$W(f) \to \delta(f)$。根据冲击函数的性质可知,任何函数与冲击函数的卷积还是该函数本身,所以当 $\xi = 1$ 时:

$$\lim_{N \to \infty} E\left[\tilde{P}_{XX}(f;d)\right] = P_{XX}(f) \tag{9-85}$$

对于 Bartlett 或 Welch 周期图而言,当 J 和 N 均趋于无穷大时,$\tilde{P}_B(f)$ 和 $\tilde{P}_w(f)$ 仍满足式(9-85)。

2. 估计器的方差

对于一个任意随机过程而言,估计器的方差是很难求得的,但对于高斯随机过程,就有确切的解析表达式,即:

$$E\left[P_{XX}^2(f,T)\right] \geq 2\left\{E[P_{XX}(f,T)]\right\}^2 \tag{9-86}$$

式(9-86)中的 $P_{XX}(f,T)$ 表示观测时间长度为 T,连续随机过程的功率谱密度。根据估计器方差的定义,则有:

$$\mathrm{Var}\left[\hat{P}_{XX}(f,T)\right] \geq \left\{E\left[\hat{P}_{XX}(f,T)\right]\right\}^2 \tag{9-87}$$

式(9-87)表明功率谱密度估计的标准方差至少和所估计频谱的均值一样大,因此,没有修正的周期图估值方法性能较差。不仅如此,谱估计的标准方差不依赖于观测时间 T,这意味着不能通过增加观测的长度来改进其性能。这是因为在常规的周期图计算当中,忽视了对式(9-68)估计值的求均值运算,而 Bartlett 或 Welch 周期图就在这方面进行了极大的改进。

对于时间离散函数,零均值高斯白噪声的周期图的方差,可以表示为:

$$\mathrm{Var}\left[\hat{P}_{XX}(f)\right] \geq P_{XX}^2(f)\left[1+\left(\frac{\sin(2\pi f T_S N)}{N\sin(2\pi f T_S)}\right)^2\right] \geq P_{XX}^2(f) \qquad (9\text{-}88)$$

对于高斯过程,就有可能求出周期图的分布情况,根据这种分布可以计算出估计器的置信区间。这是因为无论是连续还是离散形式的高斯过程,$X_T(f)$ 或 $X_N(f)$ 都是正态随机变量的线性组合,于是 $X_T(f)$ 或 $X_N(f)$ 也是正态分布,根据概率论知识,与 $|X_T|^2$ 或 $|X_N|^2$ 成正比的周期图的分布是 χ^2 分布。

如果把 Bartlett 或 Welch 周期图看成是从独立的数据段中获得,则根据式(9-83)计算其估计器方差,则有:

$$\mathrm{Var}\left[\tilde{P}_w(f)\right] = \frac{1}{M}\mathrm{Var}\left[\tilde{P}_{XX,m}(f;d)\right] \qquad (9\text{-}89)$$

从前面的讨论可知,单个周期图的方差 $\mathrm{Var}\left[\tilde{P}_{XX,m}(f;d)\right]$ 可近似为 $P_{XX}^2(f)$,从而有:

$$\mathrm{Var}\left[\tilde{P}_w(f)\right] \approx \frac{1}{M} P_{XX}^2(f) \qquad (9\text{-}90)$$

从式(9-90)可以看到,数据分段能够改善功率谱密度估计器方差的性能,虽然在 Welch 周期图中分段出现了重叠,即各段不是独立的,然而它分段数量更多,因而式(9-90)仍然是正确的。为了使估计器方差趋于零,N 和 M 都应趋于无穷大,而 N 和 M 间的关系最好选择满足 $M \propto \sqrt{N}$。

如果采用的是相关图方法来估计功率谱密度,使用尽可能大的最大延迟 L,仍然可以得到与式(9-90)相同的结果,因为这时利用相关图方法构建的估计器与周期图相同。如果最大延迟 $L<N-1$,则 N/L 被认为和分段具有相同的结果,即可以通过分段数来控制估计器方差的大小。正像前面提到的,最大延迟选择应满足 $L \leq N/10$。

9.4.4 实现 PSD 的估计器

在进行功率谱密度估计时,为了提高处理速度,大量使用 FFT 运算来实现离散傅里叶变换(DFT)。如果每段或每个观测区间 NT_S 能够观测 N 个采样点,利用 N_p 点 FFT 处理,能够产生 N_p 个频率采样值,即:

$$f_k = \frac{k}{N_p T_S} = \frac{k}{N_p} f_S \qquad (9\text{-}91)$$

其中,N_p 取大于等于 N 的 2 的指数幂。

为了保证离散观测量能够不失真地反映连续随机过程的基本特征,在这里有两个参数需要结合采样定理进行说明:

(1) 采样周期 T_S 的确定。根据**时域采样定理**可知,只有当采样频率 $f_S = 1/T_S$ 大于等于基带随机过程最高频率的 2 倍时,基带过程在频域上才不会发生混叠现象。

(2) FFT 变换的点数 N_p 的确定。根据**频域采样定理**可知,只有当 $N_p \geq N$ 时,基带过程在时域上才不会发生混叠现象。

关于以上两个定理具体证明请参考数字信号处理相关教材。

在每个FFT变换中，N_p的数目都是2的指数幂，如果观测到的数据个数N个不是2的指数幂，则需要通过在末尾补零使其数目为2的指数幂，即N_p，这种方法被称为"补零法"。如果只是简单地在$X(n)$后面补零，对离散傅里叶变换没有影响，然而对离散的频率空间f则不然，而且频率定位也不一样，这主要依赖于N和N_p的关系。如果N_p/N是整数，则原来的频率分量仍然在原来频率点上，否则会出现额外的频率分量，通常将这些频率分量称为内差频率值。

实际上在进行FFT处理时，为了简化处理，在处理的中间过程并不引入实际频率的概念，这里所指的实际频率就是模拟频率f，单位为赫兹（Hz），而是引入数字频率ω的概念，ω对应单位为2π，将ω离散化后就得到了所对应数字离散频率k。如果假设模拟频率为f，数字频率为ω，以及数字离散频率为k，则它们之间的对应关系如图9-6所示。

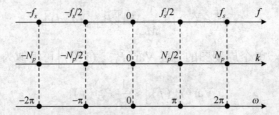

图9-6 模拟频率、数字频率和数字离散频率的对应关系

为了说明DFT变换中的相关问题，请参见例题9-1。

例 9-2 设观测序列$X(n) = R_4(n)$，求$X(n)$的8点和16点的DFT。

分析：由于$R_4(n)$序列长度N=4，进行N_p=8点和N_p=16点的DFT需要适当地补零。

解 设变换区间$N_p = 8$，根据DFT变换定义，则：

$$X(k) = \sum_{n=0}^{N_p-1} X(n) e^{-j\frac{2\pi}{8}kn} = \sum_{n=0}^{7} R_4(n) e^{-j\frac{2\pi}{8}kn}$$

$$= \sum_{n=0}^{3} e^{-j\frac{2\pi}{8}kn} = e^{-j\frac{3\pi k}{8}} \frac{\sin(\pi k/2)}{\sin(\pi k/8)}, \quad k = 0, 1, \cdots, 7$$

当变换区间$N_p = 16$时，序列的离散傅里叶变换为：

$$X(k) = \sum_{n=0}^{N_p-1} X(n) e^{-j\frac{2\pi}{16}kn} = \sum_{n=0}^{15} R_4(n) e^{-j\frac{2\pi}{16}kn}$$

$$= \sum_{n=0}^{3} e^{-j\frac{2\pi}{16}kn} = e^{-j\frac{3\pi k}{16}} \frac{\sin(\pi k/4)}{\sin(\pi k/16)}, \quad k = 0, 1, \cdots, 15$$

比较8点和16点的DFT可以看到，$X(n)$的离散傅里叶变换结果与变换区间长度N_p有关，这一点请大家注意。如图9-7所示，给出了相同观测序列不同点数的DFT的波形。

从图9-7可以看到，图9-7(a)表示观测序列$X(n)$傅里叶变换$X(e^{j\omega})$，得到的是连续的数字频率；图9-7(b)表示$X(n)$的N_p=8点DFT，与图9-3(a)比较，图9-7(b)相当于对图9-7(a)在区间$[0, 2\pi]$上进行8点等间隔采样；类似地，$X(n)$的N_p=16点DFT如图9-7(c)所示，它相当于对图9-7(a)在区间$[0, 2\pi]$上进行16点等间隔采样。所对应模拟离散频率可以利用式（9-91）计算。

对于实际的仿真程序,直接法和间接法都可以用于对功率谱密度的估计,下面就分别予以介绍。

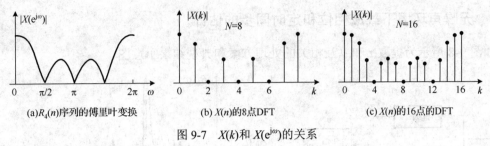

图 9-7　$X(k)$ 和 $X(e^{j\omega})$ 的关系

1. Welch 周期图方法(直接法)

(1)收集 N 个观测数据 $X(n)$,$n=0$,1,2,…,$N-1$;

(2)选择分段和重叠方案,即每一段有 J 个采样点,段间重叠点数 S,分段数目为 M,建议 50%重叠;

(3)选择并应用一个窗函数,建议使用汉宁窗;

(4)计算 M 个加窗周期图并做平均。

2. 加窗相关图方法(间接法)

(1)计算 $\hat{R}_{XX}(k)$ 可以直接利用式(9-76)计算,也可以采取其他方法,但最好使用 FFT 算法实现;

(2)根据仿真要求选择适当的延迟窗 $\lambda(k)$,并截断为 $2L+1$ 点,得到 $\tilde{R}_{XX}(k)$;

(3)对 $\tilde{R}_{XX}(k)$ 补零以后,应用 FFT。

9.5　时延和相位估计

在通信系统中,载波的相位 θ 和波形的延时 τ 是需要估计的两个未知参量。正如前面讨论的那样,参数估计理论关心的是估计未知参数的"真值",但是对于每个观察系统来讲,实际上延时和相位并不存在真正意义上的"真值",而只能用"最佳"来表示。而这种"最佳"是针对某种条件或者特定标准而言,这些条件或者标准诸如"最小错误概率"、"最小均方误差"等。

如果 $\tilde{s}_i(t)$ 是系统输入的复包络,则输出就有如下的形式:

$$\tilde{s}_o(t) = g\tilde{s}_i(t-\tau)e^{j\theta} \tag{9-92}$$

式中,τ——包络波形的延时;

　　　θ——载波的相位;

　　　g——系统增益,但它对延时和相位的估计没有影响。

虽然式(9-92)的结构看上去很简单,但在无噪声系统中,该式却是互相关函数法提取 τ 和 θ 时显得非常有效的数学描述。

当系统存在噪声和失真时,估计器的结构将变得很复杂,并且求解其分布也变得难以实现。然而这时可以采用性能指标评估技术,在仿真中得到这种参数的估计器。也就是不必直接求出估计值，而是根据估计值的分布等统计特征，来确定估计值，例如基于"最大似然准则"来估计 τ 和 θ，就是一个具体的例子。

9.5.1 无噪声环境下载波相位和定时同步的估计

如图 9-8 所示为提取 τ 和 θ 互相关的处理方案和典型结果示意图。

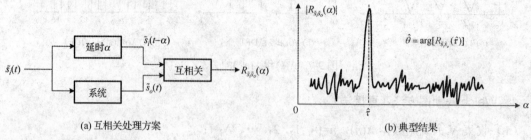

(a) 互相关处理方案　　　　　　　　　　(b) 典型结果

图 9-8　利用互相关处理方案提取 τ 和 θ 框图和典型结果

假设系统是无失真系统，输入与输出的关系如式（9-92），则互相关函数为：

$$R_{\tilde{s}_o\tilde{s}_i}(\alpha) = \langle \tilde{s}_i(t-\alpha)\tilde{s}_o^*(t) \rangle = gR_{\tilde{s}_i\tilde{s}_i}(\tau-\alpha)e^{-j\theta} \quad (9\text{-}93)$$

其中：

$$R_{\tilde{s}_i\tilde{s}_i}(\tau-\alpha) = \langle \tilde{s}_i(t-\alpha)\tilde{s}_i^*(t-\tau) \rangle \quad (9\text{-}94)$$

既然 $R_{\tilde{s}_i\tilde{s}_i}$ 为自相关函数，当 $\tau-\alpha=0$ 时，$R_{\tilde{s}_i\tilde{s}_i}(0)$ 为实数，并且是 $|R_{\tilde{s}_i\tilde{s}_i}(\cdot)|$ 的最大值，结合式（9-93），则有：

$$\max_{\alpha}|R_{\tilde{s}_o\tilde{s}_i}(\alpha)| = g\max|R_{\tilde{s}_i\tilde{s}_i}(\tau-\alpha)| \quad (9\text{-}95)$$

假设 $\hat{\tau}$ 时 τ 的估计值，那么 $\hat{\tau}$ 就是等式（9-4）右边取最大值的 α。

当 $\tau-\alpha=0$ 时，有：

$$R_{\tilde{s}_o\tilde{s}_i}(\alpha=\tau) = gR_{\tilde{s}_i\tilde{s}_i}(0)e^{-j\theta} \quad (9\text{-}96)$$

由于 $gR_{\tilde{s}_i\tilde{s}_i}(0)$ 为实数，则 θ 的正确估计为：

$$\hat{\theta} = \arg\left[R_{\tilde{s}_o\tilde{s}_i}(\alpha=\hat{\tau})\right] \quad (9\text{-}97)$$

式中，$\arg\left[R_{\tilde{s}_o\tilde{s}_i}(\alpha=\hat{\tau})\right]$——复数 $R_{\tilde{s}_o\tilde{s}_i}(\alpha=\hat{\tau})$ 的辐角。

从上述分析可以看到，对于无噪声且无失真的系统而言，最优的估计方法可以确切地利用式（9-96）和式（9-97）表示出来，当然，这种最优对于大信噪比情况下同样有效。当得到 τ 和 θ 的估计值 $\hat{\tau}$ 和 $\hat{\theta}$ 以后，就可以得到码元同步和相应的载波相位。然而在有失真的系统中，上述估计结论是存在问题的，只能得到满足某种性能准则的结论。

当然在实际系统中，噪声肯定是存在的。但是在仿真过程中，可以关闭噪声源以建立 $\hat{\tau}$ 和 $\hat{\theta}$ 的优先估计，这些估计值通常不同于带有噪声的估计值，但是对于某些特定目的仿真系统来说，还是有一定的实用意义。通常在进行 τ 和 θ 的估计时，无论何种估计方法，码元定时和载波相位初值的确定至关重要。某些软件包会给用户提供相应的初值选项，在仿真运行前初始化延时和相位。另外，还可以发送一些相对短的 PN 序列，经过多次重复来确定这些估计器的初始值。

此外，在不考虑物理可实现的前提下，可以利用序列的相关性来进行仿真，由于是对实际失真和有噪声情况下系统进行的仿真，所得到估计的特性取决于互相关序列的"记忆"的长度，即 PN 序列的长度 K，这时需要将相应的估计认为是"真实的"估计。在基于分组的仿真中，经常将时延估计器记忆长度 K 取成与组的长度相同。在流仿真中，则可以得到更多的选项。

9.5.2 分组估计器

分组估计器是一种处理预定长度分段信号的方法，原则上可以对波形和波形采样数据进行分组。分组估计器的应用范围比较广，它不仅可以应用于仿真真实的分组处理系统，例如 TDMA 通信系统，而且还适合对具有分组处理功能的数字信号处理器进行仿真，例如 FFT 处理。从理论上讲，这里所将介绍的分组估计器是基于最大后验概率准则，或者最大似然准则的同步估计系统，它的形式与多种因素有关，例如在进行定时估计时，发送的数据序列（训练序列）可以看作是已知的；在进行相位估计时，时钟可以看作是已知的等。

本节将结合通信仿真系统，分别介绍分组时延估计器，以及分组相位估计器。

1. 分组时延估计器

在真实通信系统中，总是存在噪声和失真的，这里假设在高斯噪声，无失真情况下进行同步估计。那么可以认为接收到的信号是：

$$y(t) = \sum_{k=0}^{K} a_k p[t-(k-1)T-\tau] + n(t) \tag{9-98}$$

式中，$\{a_k\}$——±1 的符号序列；

T——采样间隔；

τ——需要估计的未知量，将它看成在 $(-T/2, T/2)$ 内均匀分布的随机变量。

$p(t)$——时间有限的信号波形，即：

$$p(t) = \begin{cases} 0, & |t| > T/2 \\ \text{任意值}, & \text{其他} \end{cases} \tag{9-99}$$

基于最大后验概率(MAP)准则时延的估计值是 $\hat{\tau}$，可以证明 $\hat{\tau}$ 能够使下面的表达式取最大值：

$$\Lambda(y,\tau) = \sum_{k=0}^{K} \ln \cosh \left[\frac{2}{N_0} \int_{T_k(\tau)} y(\tau) p[t-(k-1)T-\tau] \mathrm{d}t \right] \tag{9-100}$$

式中，T_k——时间间隔，定义区间为 $(k-1)T+\tau \leq t \leq (k+1)T+\tau$。

式（9-100）的执行过程如图 9-9 所示，这是一个具有 K 个码元记忆的分组估计器。

在最大后验概率准则下，已知 k 和 $p(t)$ 等其他假设成立时，最终得到的估计 $\hat{\tau}$ 是最优估计，但是在实际系统中，并不清楚这个最优估计将导致系统的哪个性能达到最优。因此，基本上在所有情况下均以互相关运算为基础，也就是在接收机上首先执行一个互相关运算，然后再执行非线性运算。从图 9-9 所示分组时延估计器整体结构上可以看到,估计器是一个开环结构,不存在稳定性的问题,但是计算量相对较大,因此,从这方面值得进行深入的研究。

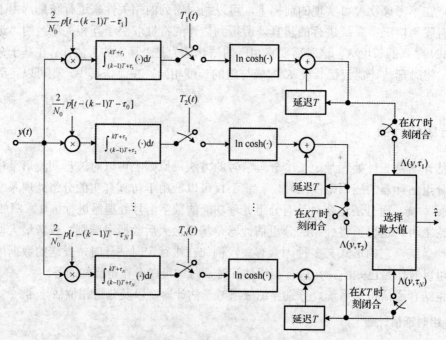

图 9-9 任意波形的最大后验码同步器

虽然上述估计器不能确保相应系统的性能最优,但是式(9-100)的执行过程在仿真中比较容易实现。考虑到估计器的分布也很难计算,因此,通常用估计误差和方差来描述。

可以证明,估计器的归一化定时误差为:

$$\varepsilon = \frac{(\tau - \hat{\tau})}{T} \tag{9-101}$$

方差为:

$$\sigma_\varepsilon = \frac{0.25}{(KE_b/n_0)^{1/2}} \tag{9-102}$$

式中,E_b——每信息比特内所包含的能量;

n_0——噪声的单边功率谱密度。

而实际得到的误差和方差比上述计算的值稍大一点。

2. 分组相位估计器

现在考虑一种没有失真,只有加性高斯噪声的分组相位估计器。

假设输入的信号是正交调制信号,其形式如下:

$$s(t) = (2\rho)^{1/2}\left\{\left[\sum a_k f(t-d-kT)\right]\cos(\omega_c t + \theta_c) + \left[\sum b_k g(t-d-kT)\right]\sin(\omega_c t + \theta_c)\right\} \tag{9-103}$$

式中,$\rho = E_s/n_0$(其中,E_s 表示每个码元的能量);

第9章 通信仿真中的参数估计

$\{a_k\}$ 和 $\{b_k\}$ ——I 信道和 Q 信道输入的二进制序列；

d ——信道定时偏差；

θ_c ——待估计的载波未知相位；

$f(t)$ 和 $g(t)$ ——I 信道和 Q 信道输入的脉冲波形，例如矩形脉冲等；

T ——码元周期。

对应于标准 QPSK，则：

$$f(t) = g(t) = \begin{cases} 1, & 0 \leq t \leq T \\ 0, & \text{其他} \end{cases}$$

对应于 MSK，则：

$$f(t) = g(t) = \begin{cases} \sin(\pi t/T), & 0 \leq t \leq T \\ 0, & \text{其他} \end{cases}$$

假设在接收端，匹配滤波器输入的是复包络，$\{\tilde{Z}_k\}$ 代表其输出端以 T 为间隔的采样序列，当 $f(t) = g(t)$ 时，可以证明，在最大似然准则条件下，θ_c 得最优估计是使式（9-104）取最大值的 θ，即：

$$\Pi(\tilde{Z}_k, \theta) = \max_{\theta} \sum_{k=0}^{K-1} \ln\left\{\cosh\left[(2\rho)^{1/2} Re(\tilde{Z}_k e^{-j\theta})\right] + \cosh\left[(2\rho)^{1/2} Im(\tilde{Z}_k e^{-j\theta})\right]\right\} \quad (9\text{-}104)$$

式中，k ——分组中的码元个数，也看成过程的记忆。

从式（9-104）可以看到，由于 $\tilde{Z}_k$ 是匹配滤波器输出端的采样值，因此，θ_c 的估计器不是对于 a_k 和 b_k 码元的估计值，而是与码元同步相关的估计值，在信噪比较低的情况下，估计器式（9-104）可以变为：

$$\hat{\theta}_c = \frac{1}{4} \arg\left(\sum_{k=1}^{K} \tilde{Z}_k^4\right) \quad (9\text{-}105)$$

根据式（9-105）估计器是一个开环结构，虽然计算量相对较大，但易于实现，其执行流程方框图与图 9-9 类似。其中采用的是基于 4 次方律算法，其实是 QPSK 提取载波同步经典的方法。

需要注意的是，上述载波相位最优估计值是基于传输的，波形不产生失真，仅有加性高斯噪声前提下得到的，因此，利用式（9-104）得到的 θ_c 最优估计值在实际系统当中并不一定是最优的。事实上，当传输波形产生失真时，系统就无法利用码元同步 T 作为波形复包络采样的参考，而是用 T_S 对波形复包络进行采样，通常 $T \neq T_S$。因此，利用式（9-104）来进行讨论时，实际得到的是一种渐进（类似）分组相位估计器，这种估计器的一个突出的优点就是它与码元同步独立。

对于所有类型的渐进算法，归结起来具体计算过程如下：

$$\hat{\theta}_c(L) = \sum_{j=0}^{L-1} \overline{\varphi}_j \quad (9\text{-}106)$$

其中：

$$\overline{\varphi}_n = \frac{1}{4N} \sum_{i=1}^{N} \left\{ 4 \left[\varphi(iT_s) - \sum_{j=0}^{n-1} \overline{\varphi}_j \right] \mod 2\pi \right\} \tag{9-107}$$

式中，$\varphi(t)$——复包络的相位。

式（9-106）和式（9-107）所描述的估计器形式，与调制方式无关，在分组内采用迭代算法计算平均相位，这里重复次数 L 可以选择固定的值，也可以根据迭代算法的收敛情况动态确定，例如利用 $\hat{\theta}_c(L) - \hat{\theta}_c(L-1)$ 来确定。当然每组采样序列长度 N 值的选择也会影响相位估计的结果。

上面介绍了两种分组估计器，可以看出分组算法是一种模拟真实系统有效的算法，它适合基于分组的仿真结构，但是它的统计分布不易得到，因此，对于某些性能的估计比较困难。

9.6 性能的目测指标

在数字通信系统中，眼图和散布图广泛地用作系统工作状态的定性指示器，虽然这些指示器是定性分析的，但是在某些点上可以表示出系统的具体性能，从这个意义上说，它们具有统计意义的特色。

9.6.1 眼图

实际应用的基带数字信号传输系统，由于滤波器性能以及线路传输特性等原因，不可能完全做到无码间串扰的要求。因此，在应用时要通过实验的方法估计传输系统的性能，眼图正是实验方法的一个有用工具。

1. 基本原理

眼图是指利用实验的方法估计和改善（通过调整）传输系统性能时，在示波器上观察到的像人眼睛一样的图形。观察时将基带系统接收滤波器的输出信号加到示波器的垂直轴（Y轴），调节示波器的水平扫描周期，使它与信号码元的周期同步。此时可以从示波器上显示出一个像人眼一样的图形，从这个图形上可以估计出系统的性能。另外，还可以用此图形对接收滤波器的特性加以调整，以减小码间串扰，改善系统的传输性能。

仿真时可以利用随机序列发生器，产生最大长度的随机序列，进行码性变换和波形形成后，输入待测系统，在接收端通过观察来评估系统的性能。

2. 眼图的模型

眼图对数字基带信号传输系统的性能给出了很多有用的描述，可以从中看出码间串扰的大小和噪声的强弱。为了说明眼图和系统性能之间的关系，可以把眼图简化为图 9-10 所示的形状，它被称为眼图的模型。

从图 9-10 中可以看出：

（1）最佳采样刻应选择在眼图中眼睛张开的最大处；

（2）定时误差的灵敏度，可以由斜边斜率决定，斜率越大，对定时误差就越灵敏；

（3）阴影区的垂直高度表示信号幅度畸变范围；

（4）中央的横轴位置对应判决门限电平；

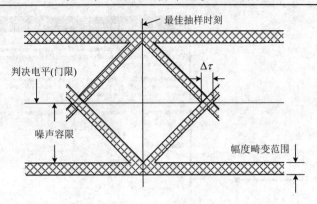

图 9-10 眼图的模型

（5）在采样时刻，上下两阴影区的间隔距离的 1/2，被称为噪声容限，若噪声瞬时值超过这个容限，则就可能发生错误判决。

（6）对于从信号过零点取平均可以得到定时信息，眼图倾斜分支与横轴相交的区域的大小，表示零点位置的变动范围，这个变动范围的大小对提取定时信息有重要的影响。

在 Simulink 中提供了 Discrete-Time Eye Diagram Scope 模块，用户可以通过它来定性评判基带通信系统的性能，模块和对话框如图 9-11 所示。

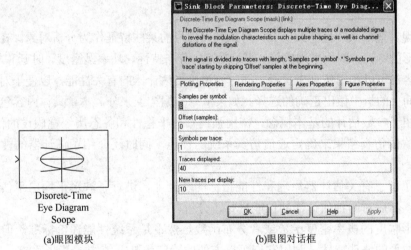

(a)眼图模块　　　　　　　　　　　　　　(b)眼图对话框

图 9-11　Simulink 中的眼图

9.6.2　散布图

和眼图类似，散布图通常是通过在无噪声系统中发送最大长度的随机序列来获得。当系统使得传输的信号出现失真时，信号空间中的信号星座图将会出现扭曲现象。由于散布图表现的是在采样周期上波形所有可能的取值，所以可以看到散布图实际上是眼图的一个垂直切片。在这种情况下，通过把调制状态之间的最近距离带入误码率表达式，就可以利用散布图来确定误码率的范围。

在 Simulink 中，提供了 Discrete-Time Eye Diagram Scope 模块，用户可以通过它来定性评判频带通信系统的性能，模块和对话框如图 9-12 所示。

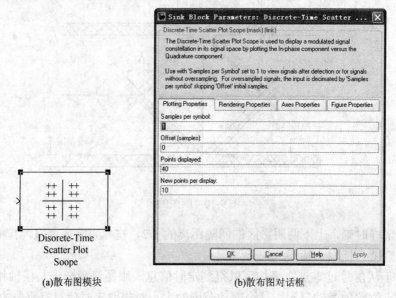

(a)散布图模块　　　　　　　　　(b)散布图对话框

图 9-12　Simulink 中的散布图

小　　结

为了实现对通信系统性能的研究,可以利用信号的某些特征作为分析对象。在本章当中讨论了许多波形的特性,例如平均电平、平均功率、分布特性、功率谱密度、时延和相位旋转等,上述研究内容都可以利用仿真来执行。同时还讨论了估计器的有关性能,以便于对估计器可靠性和运行时间上的折中做出正确的选择。如果从章节编排上来分,本章具体内容包括:

(1) 介绍了参数估计的基本概念,特别强调具有平稳性和各态历经性假设的信号与系统,可以利用单次的仿真结果来确定通信仿真系统的性能,同时还介绍了估计器的性能的分析与确定。

(2) 在了解了有关估计器原理和性能指标的基础上,进行了波形平均电平估计,以及平均功率估计,然后对两种估计器的性能进行了分析。

(3) 波形幅度的概率密度函数或者分布函数虽然不是系统性能评价标准,但这些函数却反映了随机波形的统计特性,利用它们可以方便的确定仿真系统中的某些性能。

(4) 功率谱密度(PSD)是随机过程在频域内的重要特性,介绍了两种经典的 PSD 估计技术,即直接法和间接法,分析了功率谱密度估计器的修正形式,计算了谱密度估计器的期望值与方差,它们是描述功率谱密度估计器性能的主要参数。

(5) 讨论了载波相位和定时同步的估计的各种方法;简单介绍了通信系统性能的目测指标,即眼图和散布图。

思考与练习

9-1　描述估计器性能的参数有哪些?各有什么特点?

9-2　假设波形具有高斯分布特性,其均值为 μ,方差为 σ,确定 μ 估计值的置信区间表达式。

9-3 当 $Y(t) = X^2(t)$ 时，如果 $X(t)$ 是高斯随机过程，请证明 $C_{YY}(\tau) = 2C_{XX}^2(\tau) + 4E^2(X)C_{XX}(\tau)$。

9-4 产生 100 个在 0 和 1 之间均匀分布的数据，利用 0.05 宽度来计算它们的直方图，并进行讨论。当产生 1000 个在 0 和 1 之间均匀分布的数据时，重复上述讨论。

9-5 比较 PSD 估计方法中相关图法和周期图法的各自特点。

9-6 分析并证明 PSD 估计方法中相关图法和周期图法的相互关系。

9-7 简述 Bartlett 或 Welch 周期图估计 PSD 的原理，比较它们之间的联系和差异。

9-8 在每个 FFT 变换中，如果观测到的数据个数 N 不是 2 的指数幂，则需要通过在末尾补零使其数目为 2 的指数幂，然后在进行 FFT 处理，分析这种末尾补零方法的可用性。

9-9 产生 512 位随机二进制序列，其中 0 和 1 等概率出现。利用 16 采样/比特的采样律进行编码，形成如下波形：
（1）NRZ；（2）占空比为 50% 的 RZ。
并分别估计它们的 PSD。

仿 真 实 验

9-1 利用 MATLAB 程序产生一组正态分布的数据，然后利用这些数据画出它们对应的直方图。

9-2 产生一个白噪声序列，分别利用时间窗、时延窗和平均周期图法进行谱估计的修正，研究相关参数与估计性能的关系。

9-3 产生一个白噪声序列，分别利用 Welch 周期图方法和加窗相关图方法估计 PSD，并对其性能进行分析。

9-4 以白噪声序列为例，分析选择不同的窗函数对 Welch 周期图方法估计结果的影响。

9-5 利用 MATLAB 程序产生具有 τ 和 θ 正弦载波，在无噪声环境下利用图 9-8 进行载波相位和定时同步的估计，并进行讨论。

9-6 利用 MATLAB 程序产生眼图和散布图，并进行讨论。

第 10 章 通信仿真中的性能指标估计

在仿真实验中，需要推测信号和系统的某些特性，这些特性如果从内容上讲可以划分为两类：参数和性能指标。第 9 章对仿真系统中的参数估计进行了深入研究，在本章将主要研究有关仿真中性能指标提取的问题，这也是仿真运行的最基本目的。对于模拟通信系统来讲，标准的性能指标是信噪比，当然这个指标在数字通信系统当中也在沿用，不过在数字通信系统当中，使用更多的性能指标是与接收码元流中错误有关的误码率。

在本章中将重点介绍数字通信系统性能指标的估计，在此之前，需要首先了解一下关于模拟传输系统的信噪比估计。

10.1 信噪比估计

对于模拟信号，通信的目的就是在输出端尽可能相似地重现通信系统输入信号。为此在接收端就可以把输出分成信号和噪声，这里输出信号与输入信号存在某种相似，而噪声通常是与输入信号无关的，是对输出信号的不利影响。假设 $X(t)$ 是系统输出，它是输入信号 $S(t)$ 和噪声 $N(t)$ 的某种变换，则有：

$$X(t) = G[S(t), N(t)] \tag{10-1}$$

式中，G——变换算子，它可以是线性变化也可以是非线性变换，可以是无记忆变换也可以是记忆变换，当然还可能是它们的相互组合。

传输系统需要尽可能地恢复 $S(t)$，同时减小输出噪声，为了分析方便假设系统输出观测值可以表示为：

$$X(t) = S_0(t) + N_0(t) \tag{10-2}$$

式中，$S_0(t)$——输出信号，它是输入信号 $S(t)$ 按比例衰减和时延，即 $S_0(t) = AS(t-\tau)$；

$N_0(t)$——输出噪声。

所谓输出信噪比，就是输出信号功率与输出噪声功率之比。

10.1.1 信噪比估计器的形式

对于实际的模拟通信系统，输入信号 $S(t)$、输出信号 $S_0(t)$ 和输出噪声 $N_0(t)$ 等均为随机过程，如果用 $S_0(t)$ 和 $N_0(t)$ 的样本函数 s_0 和 n_0 来描述输出随机过程 $X(t)$ 中的特定样本 x，则：

$$x = s_0 + n_0 \tag{10-3}$$

其中，s_0 信号的形式为：

$$s_0 = As_\tau \tag{10-4}$$

这里：

$$s_\tau = \begin{cases} s(t-\tau), & 0 \leq t \leq T \\ 0, & \text{其他} \end{cases} \tag{10-5}$$

对于所有的 A 和 τ，希望输出样本 x 与 s_0 均方误差最小，从物理上讲，这时输出样本 x 最像输入信号，而这个均方误差则是 A 和 τ 的函数，即：

$$\begin{aligned} \varepsilon^2 &= \langle (x-As_\tau)^2 \rangle \\ &= \langle x^2 \rangle + A^2 \langle s_\tau^2 \rangle - 2A \langle xs_\tau \rangle \\ &= \langle x^2 \rangle + A^2 \langle s_\tau^2 \rangle - 2AR_{xs}(\tau) \end{aligned} \tag{10-6}$$

如果仅考虑 ε^2 中有关变量 A 和 τ 的部分，则：

$$u(\tau, A) = A^2 \langle s_\tau^2 \rangle - 2AR_{xs}(\tau) \tag{10-7}$$

当式（10-6）取最小时，也就相当于式（10-7）取最小。同时需要注意，式（10-7）中某些量具有明确的物理意义，即：

$$\langle s_\tau^2 \rangle = \frac{1}{N} \sum_{k=1}^{N} s^2(kT_S - \tau) \tag{10-8a}$$

$$R_{xs}(\tau) = \frac{1}{N} \sum_{k=1}^{N} x(kT_S) s(kT_S - \tau) \tag{10-8b}$$

式中，$\langle s_\tau^2 \rangle$——信号 N 点平均功率；

$R_{xs}(\tau)$——经验互相关函数。

设存在唯一的 A_* 和 τ_*，使得 $u(\tau, A)$ 取最小值，则有：

$$\frac{\partial u(\tau, A)}{\partial A} = 2A \langle s_\tau^2 \rangle - 2R_{xs}(\tau) = 0$$

即：

$$A_* = R_{xs}(\tau_*) / \langle s_{\tau_*}^2 \rangle \tag{10-9}$$

则 A_* 表示在 τ 确定以后，使得 $u(\tau, A)$ 取最小值的 A；同理在 A 确定以后，可以得到使得 $u(\tau, A)$ 取最小值的 τ，使得 $\tau = \tau_*$。通过上述方法如果确定了 A 和 τ 以后，那么根据式（10-4），相应的 s_0 也能够确定，这时信噪比的估计就能表示成为：

$$\hat{\rho} = \langle s_0^2 \rangle / \varepsilon^2 \tag{10-10}$$

上述分析是针对随机过程确切函数 s_0 和样本函数 n_0 进行的，而在通信系统当中信号和噪声均是随机过程，因此，对于信噪比的研究应当围绕着式（10-2）展开，而在实际应用当中，发送的信号通常为确知信号 s，这时式（10-1）就变为：

$$X(t) = G[s(t), N(t)] \tag{10-11}$$

如果用不同的 $n(t)$ 重复前面的观测，则将得到不同的 τ_* 和信噪比，这时就需要找到一个与观测无关的"真实的" SNR，当然也需要得到 τ_* 的真实值。当 $T \to \infty$ 时，真实的 SNR 和时延均会出现。

而利用随机过程 $X(t)$ 表达式（10-7）就可以写为：

$$U(\tau, A) = A^2 \langle s_\tau^2 \rangle - 2AR_{Xs}(\tau) \qquad (10\text{-}12)$$

在式（10-12）中，$U(\tau, A)$、$\langle s_\tau^2 \rangle$ 和 $R_{Xs}(\tau)$ 均是随机变量，因此，当 T 足够大时，就可以使得 $\langle s_\tau^2 \rangle$ 逼近于 $s(t)$ 真实的平均功率，而 $R_{Xs}(\tau)$ 出现最大值，进而使得式（10-12）取最小，这样看来，SNR 由 $R_{Xs}(\tau)$ 确定。当 $T \to \infty$ 时，$R_{Xs}(\tau)$ 就能确定 SNR 的真实值，即：

$$R_{Xs}(\tau_m) = \lim_{T \to \infty} E\left[R_{Xs}(\tau_m, T)\right] \qquad (10\text{-}13)$$

从这里看到了以信号为条件进行仿真实验的重要性，否则就不能对任意 τ_* 都保证互相关函数的均值最大化，这也说明在 SNR 中最重要的是波形保真性。

以信号为条件进行仿真实验得到的 SNR 估计器形式与式（10-10）基本相同，区别在于观测量为随机过程 $X(t)$，因此，需要用 $R_{Xs}(\tau)$ 替代 $R_{xs}(\tau)$，经适当地变换消除 A 的影响，可以得到 SNR 估计器，即：

$$\hat{\rho} = \frac{R_{Xs}^2(\tau)}{\langle X^2 \rangle \langle s_\tau^2 \rangle - R_{Xs}^2(\tau)} \qquad (10\text{-}14)$$

其中，$\tau = \tau_m$。在实际应用中用 τ_* 来估计 τ_m，而 τ_* 可通过分析或测量获得。如果令：

$$R_0 = \frac{R_{Xs}(\tau)}{\sqrt{\left(\langle X^2 \rangle \langle s_\tau^2 \rangle\right)}} \qquad (10\text{-}15)$$

则式（10-14）就可以表示成为：

$$\hat{\rho} = \frac{R_0^2}{1 - R_0^2} \qquad (10\text{-}16)$$

需要注意的是，当式（10-16）中 $\hat{\rho}$ 达到一个较大的数值时，估计过程存在数值计算困难。因为此时 R_0 接近于 1，这时很小的计算或者测量误差将被放大。例如，当 $R_0 = 0.99$ 时，则 $\hat{\rho} = 99$；当 R_0 有 1% 的误差，即 $R_0 = 0.99/1.01$ 时，则 $\hat{\rho} = 49.5$，也就是带来 50% 误差。这个例子表明，在进行性能估算时需要选择适当的计算方法，以及良好的测量手段，可以保障估计误差最小。

10.1.2 估计器的统计特性

对于式（10-11）中的算子 G 来讲，如果不对它进行适当的约束，就很难获得 $\hat{\rho}$ 的统计特性。为了解决这一问题，可以假设 G 是线性算子，同时输出噪声样本是统计独立的。在这种情况下，可以证明 $\hat{\rho}$ 是两个独立的非中心 χ^2 分布随机变量之比，即：

$$\hat{\rho} = \frac{\chi_1^2(\lambda_1)}{\chi_{N-1}^2(\lambda_2)} \qquad (10\text{-}17)$$

其中，分子是自由度为 1 的 χ^2 分布随机变量，非中心参数 $\lambda_1 = (N/\sigma^2)R_{ss_0}^2$，$R_{ss_0}$ 是输出信号和延迟了 τ 的输入信号的互相关函数；分母是自由度为 $(N-1)$ 的 χ^2 分布随机变量，非中心参数 $\lambda_2 = (N/\sigma^2)\left(R_{s_0 s_0} - R_{ss_0}^2\right)$（其中，$R_{s_0 s_0}$ 是输出信号的自相关函数；σ 是噪声的方差）。

根据概率论的有关知识可知，$\hat{\rho}$ 分布服从双非中心 F 分布，该分布相当复杂。但是可以证明，采用近似方法能过获得 $\hat{\rho}$ 的均值和方差，即：

$$E(\hat{\rho}) = \frac{N^2(A-1/N)(\gamma+1/N)}{N^2(A-1/N)^2 - 2N(B-1/N)} \tag{10-18}$$

$$\sigma^2(\hat{\rho}) = \frac{2\gamma}{N(\Delta+1)^2} \tag{10-19}$$

其中，$A = \Delta+1$，$B = 2\Delta+1$，$\Delta = \lambda_2/N$，$\gamma = \lambda_1/N$。

对于式（10-18）存在两种极限情况，即：

（1）$\Delta \to 0$，相当于系统无失真，这时：

$$\lim_{\Delta \to 0} E(\hat{\rho}) = \frac{N}{N-3}\left(\gamma + \frac{1}{N}\right) \tag{10-20}$$

（2）$N \to \infty$，相当于估计值的数学期望就是 SNR 的真实值，即：

$$\lim_{N \to \infty} E(\hat{\rho}) = \frac{\gamma}{1+\Delta} = \rho_{真值} \tag{10-21}$$

式中，$\rho_{真值}$——SNR 的真实值，将式（10-21）带入式（10-19），可得：

$$\sigma^2(\hat{\rho}) = \frac{2}{N(\Delta+1)}\rho_{真值} \tag{10-22}$$

对于足够大的 N，则估计器均值 $E(\hat{\rho})$ 的误差范围是 $K\sigma$，这时就有如下形式：

$$\{\rho_{真值} \pm K\sigma\} = \rho_{真值}\left\{1 \pm K\left[\frac{2}{N(\Delta+1)\rho_{真值}}\right]^{1/2}\right\} \tag{10-23}$$

如果 $N\rho_{真值}$ 是常数时，则可以设计出满足给定的精度要求估计器。同时还可以证明，当 N 足够大时，对于高保真系统任意一个 ρ 值，都能保证精确的估计结果，例如对于信号被噪声淹没的检测问题，可以选择尽可能大的 N，来保证 SNR 的估计值逼近 $\rho_{真值}$，但是太大的 N 将耗去很多的计算时间。

10.1.3 估计器的实现

有两种方法来计算 SNR 的估计值，即时域方法和频域方法。在具体的仿真过程中，需要指定一个特定的信号，以及给出特定的噪声实现。在这种情况下，仿真实验实际上就是对式（10-7）实现最小化，其主要任务是首先确定最佳时延 τ_*，然后计算 SNR 的估计，具体实现过程如图 10-1 所示。

图 10-1 是时域实现流程，为了便于仿真实现，τ 的取值应当在较小的范围之内变化，在实际应用中，在仿真之前需要对时延的取值范围进行粗略的估算。在处理时由于 τ 是按一定步长增长的，因此，有可能观测不到 τ_*，但是，当步长足够小时，就可能接近真实值。

如果 $\langle s_\tau^2 \rangle$ 不随 τ 变化而变化，这就意味着 τ 和 $\langle s_\tau^2 \rangle$ 是相互独立的，这时估计过程将会大大简化，有两种可能使得仿真实验出现 τ 和 $\langle s_\tau^2 \rangle$ 是相互独立的情况：

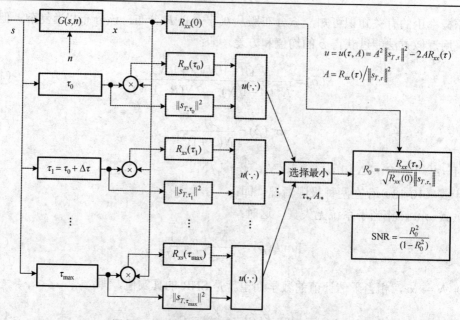

图 10-1　获取时延参数和 SNR 计算的结构图

(1) 当 $T \to \infty$，也就是说，当观测时间 T 足够长时；

(2) 当 $s(t)$ 是周期的，且 T 是周期的倍数时。

对于上述两种可能的任意一种，除了相关器以外其他框图都可以从图 10-1 中去掉，并且用"最大值选择"替代"最小值选择"，这样就极大地简化了图 10-1 的结构。具体时域估计的过程如下所述。

1. 估计 SNR 时域仿真过程

(1) 运行仿真，得到系统输出 $\{x(k)\}$ 的 M 个采样点，其中 $k=1, 2, \cdots, M$；对输入信号进行采样，得到 $N = M + K$ 个采样值 $\{s(k)\}$，其中 $k=-(K-1)$，$-(K-2)$，$\cdots, 0, 1, \cdots, M$。k 值的确定与最大时延 τ_{max} 等参数有关，这里保证经验互相关函数总是包含 N 个点。

(2) 计算经验互相关，其中：

$$R_{Xs}(j) = \frac{1}{N}\sum_{k=1}^{N} x(k)s(k-j), \quad j=-(K-1),\cdots,0 \tag{10-24}$$

选取 $R_{xs}(j)$ 的最大幅度，其对应的 j 就是估计值 j_*。

(3) 计算：

$$\langle X^2 \rangle = \frac{1}{N}\sum_{k=1}^{N} x^2(k) \tag{10-25}$$

$$\langle s^2 \rangle = \frac{1}{N}\sum_{k=1}^{N} s^2(k-j_*) \tag{10-26}$$

(4) 由下式计算 SNR 的估计：

$$\hat{\rho} = \frac{R_{Xs}^2(j)}{\langle X^2 \rangle \langle s^2 \rangle - R_{Xs}^2(j)} \tag{10-27}$$

除了时域仿真法外,估计器的等价运算还可以在频域内运行,即利用 FFT 算法来实现。假定 $\{x_n\}$ 与 $\{s_n\}$ 代表序列的时间采样值,而 $\{X_m\}$ 与 $\{S_m\}$ 代表它们相应的 DFT。根据 Parseval 定理,有:

$$\sum_{n=0}^{N-1} x_n^* s_n = \frac{1}{N} \sum_{n=0}^{N-1} X_m^* S_m \qquad (10\text{-}28)$$

根据序列的时域卷积定理,可以证明下式成立,即:

$$x_n \otimes s_n = \sum_{n=0}^{N-1} x_n s_{n+k} = \text{IDFT}(X_m^* S_m) \qquad (10\text{-}29)$$

式中,$x_n \otimes s_n$ ——两个序列的循环卷积。

从式(10-29)可以看到,等式左边需要进行大量的乘加运算,而等号右边引入 DFT 以后,可以利用 FFT 算法,这将极大地减小乘加运算次数,其流程框图如图 10-2 所示。

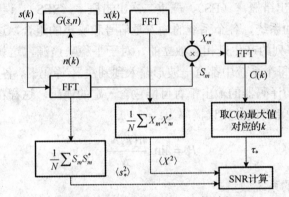

图 10-2 在频域中估计 SNR 的过程

在图 10-2 中,所计算的 $\frac{1}{N}\sum S_m S_m^*$ 实际上是利用了式(10-28)描述的 Parseval 定理,有下面的等式成立,即:

$$\frac{1}{N}\sum S_m S_m^* = \sum s_m s_m^* \qquad (10\text{-}30)$$

其中,$\sum s_m s_m^* \approx \langle s_*^2 \rangle$。

如果要从数值计算上考虑,输出 $\langle s_*^2 \rangle$,只要计算 $\frac{1}{N}\sum S_m S_m^*$ 即可。类似的情况也出现在模块 $\frac{1}{N}\sum X_m X_m^*$ 的计算过程中。

2. 估计 SNR 频域仿真过程

(1) 运行仿真,得到系统输出 $\{x(k)\}$ 的 M 个采样点,其中 $k=1, 2, \ldots, M$;对输入信号进行采样,得到 $N = M + K$ 个采样值 $\{s(k)\}$,其中 $k=-(K-1), -(K-2), \ldots, 0, 1, \ldots, M$。$K$ 值的确定与最大时延 $\tau_{\max}$ 等参数有关,这里保证经验互相关函数总是包含 N 个点。

(2) 对序列 $\{X_m^* S_m\}$ 利用 FFT 算法执行 IDFT,得到经验互相关序列 $R_{xs}(j)$,找出幅度最大的 $R_{xs}(j_*)$,确定时延 j_*。

(3) 由第 (2) 步可以计算得到的 j_*，利用式 (10-14) 计算 SNR 的估计。

10.2 数字系统性能估计

在数字通信系统中，性能指标的估计方法与许多方面因素有关，这些因素包括通信系统所使用的调制和编码方式、传播信道、系统特性，以及性能估计方法本身，本节将首先介绍数字系统性能估计的理论框架，然后对误码率 MC 估计器形式及其性能进行研究。

10.2.1 理论框架

数字通信系统的性能通常使用与出错概率有关的数据量进行描述，而这些性能描述形式与一系列因素有关，其中最主要的是应用环境，以及为了满足特殊类型服务所采用的标准。根据应用环境的不同，性能描述有可能出现的形式包括：比特误码率（BER）、符号误码率（SER）、误字率、二次出错概率（ES）、严重二次出错概率（SES）、误帧率和掉线概率等。

假设有 N 个相同的系统，各个系统的输入是信号和噪声的组合，这些信号序列由相同的时钟驱动，但是各个序列的产生是相互独立的，对于平稳噪声源，这就意味着系统的输入是循环平稳随机过程。在每个系统中都有一波形输入到判决器/译码器，各个波形组成一个集合。一般来说，每个判决器/译码器的输出都有可能包含一定的误码，这样在某一采样时刻，系统输出集合中的第 k 个码元出现的错误概率为：

$$P_k = \lim_{N \to \infty} \frac{n(k,N)}{N} \tag{10-31}$$

式中，n——出现误码的系统数量。

当然，还可以利用误码指示函数来描述系统错误概率。设误码指示函数可以定义为：

$$e(t,k) = \begin{cases} 1, & \text{有错误} \\ 0, & \text{无错误} \end{cases} \tag{10-32}$$

式中，$e(t,k)$——t 时刻有无误码的指示。

对于集合误码率 $p = E[e(t,k)]$，假设具有平稳特性，则集合误码率与 t 无关。如果系统误码率具有各态历经性质，则 $P_k = p$。在这种情况下，仿真中可采用某种特殊形式的码序列集合，而获得的系统性能可代表理想集合的结果。

为了进一步在数量上观察误码率估计过程，这里考虑一个二进制基带通信系统，其接收机结构如图 10-3 所示。

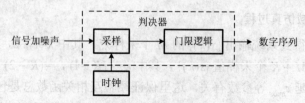

图 10-3 基带通信系统接收机结构

二进制基带通信系统发送端发出的是 "0"、"1" 序列，传输中存在噪声干扰，使得输入到判决器中的是信号加噪声的随机过程。如果在 τ 时刻进行采样，则输入判决器电压 $V(t)$ 的概率密度函数可以表示：

$$f(v;\tau) = \begin{cases} f_0(v;\tau), & \text{发送 "0"} \\ f_1(v;\tau), & \text{发送 "1"} \end{cases} \tag{10-33}$$

如果用函数图形来说明，如图 10-4 所示。

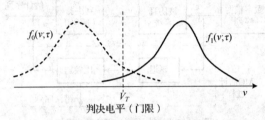

图 10-4 假设的概率密度函数

在接收端希望发送 "0" 即收到 "0"，发送 "1" 即收到 "1"。但是当发送 "0" 时，输入判决器电压超过门限 V_T，则会出现错误判决；当发送 "1" 时，输入判决器电压低于门限 V_T，也会出现错误判决。如果将发生错误判决的概率写出来，可以得到：

$$P(0/1) = p_1(\tau) = P(v < V_T) = \int_{-\infty}^{V_T} f_1(v;\tau) \mathrm{d}v = F_1(V_T, x) \tag{10-34}$$

$$P(1/0) = p_0(\tau) = P(v > V_T) = \int_{V_T}^{\infty} f_0(v) \mathrm{d}v = 1 - F_0(V_T, v) \tag{10-35}$$

那么，平均错误概率就为：

$$P_e = p(\tau) = \pi_0 \cdot p_0(\tau) + \pi_1 \cdot p_1(\tau) \tag{10-36}$$

其中，$P(0) = \pi_0$，$P(1) = \pi_1$，它们分别表示 "1" 和 "0" 的先验概率，也就是发送端发送 "0" 和 "1" 的概率。$F_1(\cdot)$ 和 $F_0(\cdot)$ 分别是 $f_1(\cdot)$ 和 $f_0(\cdot)$ 相应的概率分布函数（CDF），许多误码率估计均是依赖于概率分布函数或者概率密度函数（pdf），因为它们包含误码率估计所需要的信息。当然，无论哪种估计方法，误码率估计所关心的只是 CDF 和 pdf 这些函数 "截尾"。在一些情况下，即使只对截尾感兴趣，也需要完整地写出这些函数的形式。当然，在一些特定的情况下，为了简化计算，也可以仅给出截尾部分的表达式。

数字通信系统的性能估计存在多种可选择的方法，这些方法可根据 CDF 和 pdf 的性质进行分类，但是各种方法都是在通用性和时间置信积 ξ 之间进行合理的选择，进而实现有效的折中，实际上 ξ 本身就是观测数 N 和估计器置信度之间的折中。回顾 MC 仿真的基本原理可以发现，MC 法通常不需要先验假设，因此，它的通用性最好，但通用性的代价是运行时间，这样看来，MC 法是一种最耗费时间的仿真方法。

从上面给出的式（10-34）和式（10-35）应当注意到，它们的测量都是一维测量的例子，也就是它们只依赖于一阶分布。但是当希望得到某一时刻 τ 和间隔 kT 的另一时刻错误的联合概率时，这时就需要掌握二阶条件密度 $f_{1,1}(v;\tau, kT+\tau)$，这里表示的是两个时刻输入都是 "1" 的条件密度函数。当然，随着阶数和间隔数量的增加，更高阶的分布需要更多的测量数据。

10.2.2 MC 估计器的形式

在进行 SER 或 BER 的估计过程中，MC 法仅仅是贝努利（Bernonlli）实验序列的实现，它不需要有关系统和输入过程的任何假设条件。实际上，这种方法在执行的过程中，系统本身是"旁路"的，如图 10-5 所示，由于数据源输出已知，经过适当的延时，与估计序列进行比较，就可以得到误码率估计相关的信息。

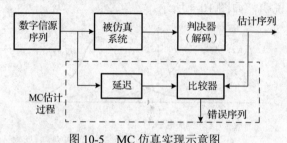

图 10-5 MC 仿真实现示意图

在执行图 10-5 给出的 MC 仿真时，不同的仿真方法有可能对应不同的采样周期，因此，从某种程度上讲，图 10-5 中的"延时"参数可能不是唯一的，这意味着 MC 估计结果也可能不是唯一的。但是从估计方法本身来看，这些细节问题在仿真过程中，通常是不必考虑的。

在图 10-5 中，输入到判决器中的随机变量，其 pdf 和先验概率等统计信息与所传输的码元有关，因此，不同的码元具有不同的误码概率，进而有必要称 BER 为发送某种符号条件下的误码率。为不失一般性，除非指定，否则将主要讨论任意码元。因此，在应用 MC 法进行误码率估计时，以下两点需要注意：

（1）判决是依据某种码元条件进行的；
（2）码元之间不存在相互影响。

对于所有码元，无论它们发生的概率是否相同，这些码元误码率的计算公式都是一样的，因此，假设某码元的 BER 可以写为：

$$p_j = \int_{v \in R_j} f_{v_j}(v) \mathrm{d}v \quad (10\text{-}37)$$

式中，f_{v_j}——码元 j 的概率密度函数；

R_j——对应于码元 j 误码 v 的取值区域。

通过定义误码指示函数：

$$I_{R_j}(v) = \begin{cases} 1, & \text{有错误}, v \in R_j \\ 0, & \text{无错误}, v \notin R_j \end{cases} \quad (10\text{-}38)$$

可以将式（10-37）改写，进而得到：

$$p_j = \int_{-\infty}^{\infty} I_{R_j}(v) f_{v_j}(v) \mathrm{d}v = E\left[I_{R_j}(V) \right] \quad (10\text{-}39)$$

式中，E——数学期望的算子。

因为数学期望的实际估计器 $\hat{p}_j$ 是观测样本值的平均，则有：

$$\hat{p}_j = \frac{1}{N_j}\sum_{i=1}^{N_j} I_{R_j}(V_i) \tag{10-40}$$

式中，$V_i \triangleq V(t_i)$——判决电压，是对码元序列的采样；

N_j——码元 j 的出现总数。

如果对于所有的符号，计算其平均 BER，则根据式（10-39）可以写出：

$$p = \sum_{j=0}^{L-1} \pi_j p_j = \sum_{j=0}^{L-1} \pi_j \int_{-\infty}^{\infty} I_{R_j}(v) f_{v_j}(v) dv \tag{10-41}$$

结合式（10-40），相应的估计公式为：

$$\hat{p} = \sum_{j=0}^{L-1} \pi_j \hat{p}_j = \frac{n(N)}{N} \tag{10-42}$$

式中，N——处理的全部码元数；

n——观测到的全部误码数。

当 $N \to \infty$ 时，根据大数定理，$\hat{p}$ 将接近 BER 的真值。需要注意的是，式（10-42）当中隐含着已知 j 码元的先验概率 π_j，因为在 MC 仿真中，当仿真时间足够长，概率 π_j 可以由相应码元出现次数 N_j 表示，即：

$$\pi_j = \frac{N_j}{N} \tag{10-43}$$

上面介绍了平均误码率的估计，可以看到，对于误码率可以完全独立于所研究的系统进行计算，当信号和噪声功率不随时间变化时，平均误码率能过很好地反映出系统传输特性，但是，当信号和噪声功率随时间变化时，研究就变得比较复杂了。

10.2.3 MC 估计器的置信区间

置信区间是描述估计器性能的一种有效的参数，它给出在某种概率条件下的扩散程度。因此，在这里有必要对 MC 估计器的置信区间进行研究。根据概率分布的不同，这里将介绍 3 种置信区间的确定方法。

1. 二项式分布近似法

MC 法是少数几个可以获得确切估计器概率分布的方法之一，这对于确定 MC 估计器的置信区间非常有利。假设在信息传输过程中，错误事件的发生彼此独立，那么观测结果就可以确切的分为两类情况：一类是包含错误观测结果；另一类是不包含错误观测结果。根据概率论理论可知，错误事件数目 n 服从二项式分布，这样对于给定的观测数量 N，估计式 $\hat{p} = n/N$ 则也具有标准的二项式分布。可以证明，对于 $1-\alpha$ 的置信度，对称的双边间隔分别大于 h_1 和小于 h_2 的概率可以分别表示为

$$\sum_{k=0}^{n} \binom{N}{n} h_1^k (1-h_1)^{N-k} = 1 - F(h_1; n+1, N-n) = \frac{\alpha}{2} \tag{10-44a}$$

$$\sum_{k=n}^{N} \binom{N}{n} h_2^k (1-h_2)^{N-k} = 1 - F(h_2; n, N-n+1) = \frac{\alpha}{2} \tag{10-44b}$$

其中，$F(x;a,b)$ 可以表示成为：

$$F(x;a,b) = \frac{(a+b-1)!}{(a-1)!(b-1)!} \int_0^x t^{a-1}(1-t)^{b-1} dt \qquad (10\text{-}45)$$

通常式（10-44）表示的双边置信区间是对称的，但是在它们不对称的情况下，有可能会使置信区间的长度有所降低，因此，在实际应用当中通常取双边置信区间是对称的情况。对于某些 N 和 p 来说，利用式（10-44）计算 h_1 和 h_2，其计算过程非常复杂，然而，根据概率论有关的理论知识，进行合理的近似，可以构造出表格，利用查表法和观测的 $\hat{p}$ 值来确定置信区间的上下限，具体情况如表 10-1 所示。

表 10-1 基于二项式分布的 BER 的置信区间

$1-\alpha$ 错误数	90%		95%		99%	
	h_2	h_1	h_2	h_1	h_2	h_1
0	0	4.74	0	5.57	0	7.34
1	0.051	3.15	0.025	3.61	0.005	4.64
2	0.178	2.58	0.121	2.92	0.052	3.66.
3	0.273	2.29	0.206	2.56	0.113	3.15
4	0.342	2.10	0.273	2.33	0.168	2.82
5	0.394	1.70	0.325	1.84	0.216	2.14
10	0.543	1.45	0.480	1.54	0.372	1.73
20	0.663	1.36	0.611	1.43	0.518	1.57
40	0.755	1.27	0.715	1.32	0.640	1.42
80	0.824	1.19	0.794	1.23	0.736	1.30
100	0.842	1.08	0.814	1.09	0.762	1.12
500	0.929	1.05	0.916	1.06	0.891	1.08

利用表 10-1 来逼近置信区间的上下限时，不需要太多的约束条件，同时，利用表的可视化特点，可以方便地实现置信区间的上下限估计，不仅如此，还可以对超出表 10-1 数值范围参数进行合理的拟合和估算。

2. 泊松分布近似法

根据概率论的知识，如果 $N \to \infty$，则 $\hat{p} \to 0$，此时可用泊松分布与二项式分布近似，并有如下关系：

$$\lim_{N \to \infty} N\hat{p} = \lambda$$

式中，λ——大于零的常数。

在一定条件，累积二项式分布可以用累积泊松分布来代替，使得：

$$\sum_{k=0}^{n} e^{-\lambda_1} \frac{\lambda_1^k}{k!} = \frac{\alpha}{2} \qquad (10\text{-}46a)$$

$$\sum_{k=0}^{n} e^{-\lambda_2} \frac{\lambda_2^k}{k!} = \frac{\alpha}{2} \qquad (10\text{-}46b)$$

利用式（10-46）方程，可以求解出相应的 λ_1 和 λ_2，然后利用 λ_1 和 λ_2 构成置信区间。表 10-2 给出了各种置信度情况下置信区间 λ 的上下限，其中 n 是观测到的误码数。

表 10-2 基于泊松分布的 BER 的置信区间

n \ 1-α	90%		95%		99%	
	λ_2	λ_1	λ_2	λ_1	λ_2	λ_1
0	0	3.00	0	3.69	0	5.30
1	0.051	4.74	0.025	5.57	0.005	7.43
2	0.355	6.33	0.242	7.22	0.103	9.27
3	0.818	7.75	0.619	8.77	0.338	10.98
4	1.37	9.15	1.09	10.24	0.672	12.59
5	1.97	10.51	1.62	11.67	1.08	14.15
10	5.53	16.96	4.80	11.09	3.72	21.40
15	9.25	23.10	100	24.74	6.89	2106
20	13.25	29.06	12.22	30.89	10.35	34.67
30	21.59	40.69	20.24	42.83	17.77	47.21
40	30.20	52.07	28.58	54.47	25.59	59.36
50	38.96	63.29	37.11	65.92	33.66	71.27

与二项式分布类似，当双边置信区间是不对称时，有可能会使置信区间的长度有所降低，因此，在实际应用当中通常取双边置信区间是对称情况。当 $N>10$ 时，数值估计结果就与正态分布近似法得到的结果基本一样。

3. 正态分布近似法

当 $N \to \infty$ 时，估计器 $\hat{p}$ 的分布趋于正态分布，该分布的均值为 p，方差为 $[p(1-p)]/N$，于是可构成如下的置信区间形式：

$$P\left\{\frac{N}{N+d_a^2}\left[\hat{p}+\frac{d_a^2}{2N}-d_a K\right] \leq p \leq \frac{N}{N+d_a^2}\left[\hat{p}+\frac{d_a^2}{2N}+d_a K\right]\right\}=1-\alpha \quad (10\text{-}47)$$

式中，p——错误率的真值。

其中，K 由下式确定：

$$K=\left[\frac{\hat{p}(1-\hat{p})}{N}+\left(\frac{d_a}{2N}\right)^2\right]^{\frac{1}{2}} \quad (10\text{-}48)$$

d_a 的选择能满足下式成立的值：

$$\frac{1}{\sqrt{2\pi}}\int_{-d_a}^{d_a} \exp\left(-\frac{t^2}{2}\right)\mathrm{d}t = 1-\alpha \quad (10\text{-}49)$$

如果 $p \geq d_a\{[p(1-p)]/N\}^{\frac{1}{2}}$，也就是当标准方差小于 p/d_a 时，则正态分布的置信区对于估计扩散程度的描述是比较准确的。

正态分布近似法的置信区的变化规律，除了可以利用查表获得外，还可以利用归一化的图形法进行表示。下面就通过 BER 估计来说明利用归一化的图形法，来描述置信区间的变化规律。

设 $\hat{p}=10^{-v}$，$N=\eta \times 10^v$，当估计器偏差较小，误码率较低时，有：

$$N/(N+d_a^2) \approx 1, \quad \hat{p}(1-\hat{p}) = \hat{p}$$

此时,就可以将式(10-47)简化为:

$$P\{y_- \leq p \leq y_+\} = 1-\alpha \tag{10-50}$$

其中,(y_-, y_+) 为置信区间,其中置信区间的边界可以由下式确定:

$$y_\pm = 10^{-v}\left\{1 + \frac{d_a^2}{2\eta}\left[1 \pm \left(1 + \frac{4\eta}{d_a^2}\right)^{1/2}\right]\right\} \tag{10-51}$$

依据式(10-50),如图 10-6 所示给出了 90%、95% 和 99% 的置信区间示意图。需要注意的是,在进行仿真时,得到的总是一些离散的 BER 点,通过离散点来拟合或者平滑曲线,因此在仿真过程中估计的 BER 点数越多,拟合的曲线可信度越高。

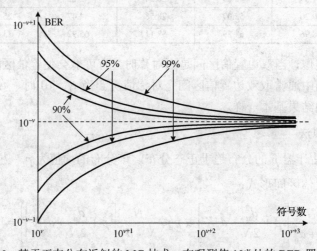

图 10-6 基于正态分布近似的 MC 技术,在观测值 10^{-v} 处的 BER 置信区间

从图 10-6 可以看到,根据经验通常符号数 N 取 $10/p \sim 100/p$ 范围以内时,即当 $N = 10/p$,即符号数 N 取 10^{v+1} 时,95% 的置信区间范围为 $(1.8\hat{p}, 0.55\hat{p})$,也就是说估计误差有可能增加到 2 倍,这种估计误差在数字通信中是可以接受的。当把 N 再增大 10 倍,即 N 取 10^{v+2} 时,95% 的置信区间范围将变为 $(1.25\hat{p}, 0.8\hat{p})$,这时估计器的输出将与真实值接近。上述曲线分析与理论分析结果相符,即置信区间以 $1/\sqrt{N}$ 下降,因此,仿真时需要在运行时间和统计稳定性之间做出折中选择。

10.2.4 MC 估计器的均值和方差

假设 $\{e_i\}$ 表示错误序列,其中 i 表示第 i 个采样判决,如有误码出现,则 $e_i = 1$,反之,$e_i = 0$。那么,误码概率的 MC 估计器有下列形式:

$$\hat{p} = \frac{1}{N}\sum_{i=1}^{N} e_i \tag{10-52}$$

既然 $E(e_i) = p$,那么显然 $E(\hat{p}) = p$,所以误码率的 MC 估值是一种无偏估计,而 $\hat{p}$ 的方差可以表示为:

$$\sigma^2(\hat{p}) = E(\hat{p}^2) - p^2 \tag{10-53}$$

利用已知条件 $E(\hat{p}) = p$,经过推导和化简,可以得到:

$$E(\hat{p}^2) = \frac{p}{N} + \frac{2}{N^2} \sum_{i=1}^{N-1} \sum_{j=i+1}^{N} p \cdot p_{ij} \tag{10-54}$$

其中:

$$p_{ij} = P\left[e_j = 1 \middle| e_i = 1, j > i\right] \tag{10-55}$$

在式(10-54)中,由于存在 p_{ij} 项,因此,需要分以下几种情况进行讨论。

1. 误码之间彼此独立情况

若误码之间彼此独立,则对于所有 i、j 都有 $p_{ij} = p$,将此结果代入式(10-53),可以得到:

$$\sigma^2(\hat{p}) = \frac{p}{N} - \frac{p^2}{N} = \frac{1}{N}p(1-p) = \frac{pq}{N} \tag{10-56}$$

2. 误码之间非独立情况

对有些链路,误码的产生不是彼此独立的。在这种情况下,误码率估计器通常是有偏的,并且估计器的分布与误码之间的相关性有关。所以为了计算估计器的有关统计参数,需要给出非独立性误码的模型,这类种模型的描述比较复杂,但是通过对出错信息之间以及相关形式进行适当的假设,可以利用限状态机来描述。当然,为了得到准确的统计参数,非独立性误码需要更多的观测字符。下面通过一个例子对上述估计器的有关统计参数的描述进行说明,请看下面的例子。

假设某链路在传输数据时会产生误码,传输的序列是以字段形式进行定义的,每字段长度为 m 比特,这时每一个字段就是一个观测值,字段内错误之间是相关的,因此,对于给定的可靠性,如果按比特进行仿真,其运行时间是误码之间彼此独立情况下的 m 倍。而 BER 估计器的方差,可以利用前面的假设,数学描述为:

$$p_{ij} = 1, \quad j = i+1, i+2, \cdots, i+m \tag{10-57a}$$

$$p_{ij} = p, \quad j > i+m \tag{10-57b}$$

利用式(10-57)给定的条件,可以推导出估计器的方差:

$$\sigma^2(\hat{p}) = \frac{pq}{N}\left[1 + 2m - \frac{m(m+1)}{N}\right] \tag{10-58}$$

通常情况下 $N \gg m$,则式(10-58)可以近似写为:

$$\sigma^2(\hat{p}) \approx \frac{pq}{N}(1+2m) \tag{10-59}$$

比较式(10-56)和式(10-59)计算出的结果可以看到,估计器方差大约增大了 $(1+2m)$ 倍,产生这样结果的原因在于,非独立性误码提供的信息较小。于是对于给定同样观测点数的估计,不会产生更紧的置信区间。

3. 序贯估计情况

在前面介绍的误码率估计方法当中，均假设仿真所使用的序列长度 N 是一个常数。当 N 取值足够大时，估计的结果和估计器的性能与 N 值本身无关，而误码个数 n 是一个随机变量。与这种方式相对应，可以采用另外一种仿真运行模式，对于仿真中观测误码的个数 n，当 n 达到某一预先指定的数值时，即停止仿真，这就是所谓的序贯估计过程。很明显在序贯估计过程中，n 是一个确定的值，而 N 则是一个随机变量。可以证明，对于序贯估计过程，其误码率估计器可以表示为：

$$\hat{p} = \frac{n-1}{N-1} \tag{10-60}$$

从式（10-60）可以看到，利用序贯估计过程估计误码率，是一种是无偏估计。通过推导计算，该估计器的方差可以表示为：

$$\sigma^2(\hat{p}) = p^2 \sum_{j=1}^{\infty} \binom{n+j-1}{j}(1-p) \tag{10-61}$$

在通信系统中，误码率通常都较小，即 $p \to 0$，在这种情况下就有：

$$\lim_{p \to 0} \frac{\sigma^2(\hat{p})}{p^2} = \frac{1}{n-2}, \quad n > 2 \tag{10-62}$$

在极限情况下式（10-62）等价的标准方差为：

$$\varepsilon(\hat{p}) = \lim_{p \to 0} \sqrt{\frac{\sigma^2(\hat{p})}{p^2}} = \frac{1}{\sqrt{n-2}}, \quad n > 2 \tag{10-63}$$

从式（10-63）可以看到，当仿真序列长度很长时，误码数量 n 也相应地增大，在这种情况下序贯估计和 MC 估计是等价的，因为后者对于足够大的 N，则有 $\varepsilon = 1/\sqrt{N_P}$。

10.3 尾部外推法

所谓外推是指利用现有的观测或计算数据，合理地推断区间之外的情况。对于误码率估计来讲，就是指在高误码率条件下采集数据，进而以较小的运算量得到误码率的估计值，以此为基础推算低误码率情况下的误码率估计值。之所以采用尾部外推方法进行误码率估计，其主要原因在于，直接采用 MC 法很难估计低误码率情况下误码率的值，这是因为当误码率为 10^{-v} 时，仿真序列长度应为 $10^{v+1} \sim 10^{v+2}$，当正整数 v 较大时，意味着低误码率情况的出现，相应的仿真时间将会加长。为了提高仿真效率，减小运算时间，就可以利用尾部外推方法在低误码率情况对误码率进行估计。

在本节中将会讨论尾部外推方法（TE）在 BER 中的应用。

10.3.1 估计器形式

为了对 TE 法进行必要的数学分析，这里假设判决器输入波形概率密度函数的尾部区域服从广义指数分布（GE），即：

第10章 通信仿真中的性能指标估计

$$f_v(x) = \frac{v}{2\sqrt{2}\sigma\Gamma(1/v)}\exp\left\{-\left|\frac{x-\mu}{\sqrt{2}\sigma}\right|^v\right\}, \quad -\infty < x < \infty \tag{10-64}$$

式中，$\Gamma(\cdot)$ ——伽马函数；

v ——广义指数分布的指数，显然，当 $v=2$ 时，$f_v(x)$ 就变为正态分布。

对于式（10-64）描述的概率密度函数，其均值为 μ，方差 V_v 与参数 σ 有关，即：

$$V_v = 2\sigma^2\Gamma(3/v)\Gamma(1/v) \tag{10-65}$$

尽管式（10-64）在整个取值范围定义了 $f_v(x)$，但是只有尾部部分是主要感兴趣的区域。当然，如用式（10-64）来约束判决器输入波形的电压，则可缩短估计 BER 的过程。对 "0" 和 "1" 构成的二进制序列，传输 "0" 码或者 "1" 码时所对应参数 μ、v 和 σ 会各不相同。所以总体上讲，TE 法仿真需要分别考虑 "0" 和 "1" 各自的情况。下面就集中讨论其中一种码元的情况，假设传输的码元是 "0" 码，其物理实现由负电压表示，这时误码率 p 可以表示为：

$$p(V) = \int_{V+\mu}^{\infty} f_v(x)\mathrm{d}x \tag{10-66}$$

式中，v ——实际的判决门限与均值间的差值。

通过变量代换，令 $y = (x-\mu)/(\sqrt{2}\sigma)$，可将 $p(V)$ 可以表示为：

$$p(V) = \int_{V/(\sqrt{2}\sigma)}^{\infty} \frac{v}{2\Gamma(1/v)}\exp(-y^v)\mathrm{d}y = \frac{1}{2\Gamma(1/v)}\Gamma(1/v, \xi) \tag{10-67}$$

式中，$\xi = (t+\sqrt{2}\sigma)^v$；

$\Gamma(\cdot,\cdot)$ ——不完备伽马函数。

对于 "0" 和 "1" 构成的二进制序列，"0" 和 "1" 分别用负电压和正电压表示，因此，零电平是判决门限的真值，对应 BER 为 p，如图 10-7(a)所示的阴影部分。为了方便讨论，把图 10-7(a)中的概率密度函数右移 μ 个单位，就得到如图 10-7(b)所示函数，由于其他参数未变，所以阴影部分面积不会发生变化。

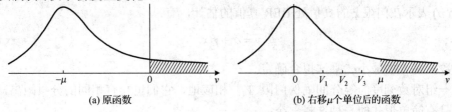

(a) 原函数　　　　　　　　　　(b) 右移 μ 个单位后的函数

图 10-7　判决器输入电压概率密度函数

由于是利用 TE 法进行估计，因此，式（10-67）的积分区域在尾部，如图 10-1(b)所示的阴影部分，即 V 取值应当是足够大时，这时式（10-67）可简化为：

$$p(V) = \int_{V+\mu}^{\infty} f_v(x)\mathrm{d}x \approx \exp\left\{-\left(\frac{V}{\sqrt{2}\sigma}\right)^v[1-\varepsilon(V)]\right\} \tag{10-68}$$

可以证明，若 $v=1$ 时，$\varepsilon(V)=0$；当 $v>1$ 并且 V 足够大时，$\varepsilon(V) \ll 1$。基于这种情况，

式（10-68）可等效为：

$$\ln[-\ln p(V)] \approx v \ln(V/\sqrt{2}\sigma) \tag{10-69}$$

式（10-69）说明，误码率的双对数函数与 $\ln(V/\sqrt{2}\sigma)$ 近似成线性关系。在这个线性关系中，v 是待定参数，也就是说只要 v 确定，式（10-69）表述的线性关系就唯一确定。所以从某种意义上来讲，TE 实验的目的就是确定 v。

假设直接利用 MC 仿真可以得到 $p(V_1)$，代入式（10-69），就可以确定 v，这时就可以计算任何满足 $V > V_1$ 的 $p(V)$。如果将 V_1 称为伪门限，则称 $p(V_1)$ 为伪 BER，而实际希望估计的真实 $p(V)$ 要比 $p(V_1)$ 小得多，直接利用 MC 法估计 $p(V)$，就需要很长的估计时间才能得到可靠的结果，因此利用 TE 实验可以极大地减小运算时间。

当然，为了推算 v 不能仅依靠单点来确定，这主要是由于两方面的原因：

（1）利用 MC 仿真得到 $p(V_1)$ 具有随机性，即不确定性；

（2）式（10-69）是一个近似的等式，因此，它并不是一个绝对的线性关系方程。

因此，综合考虑计算量和稳定性等方面的因素，选择三个伪门限，来确定 v 显然是一种比较好的思路。图 10-7(b)给出了三个伪门限 V_1、V_2 和 V_3 的情况，原则上讲对于这三个门限都可以满足等式（10-68）的关系，即：

$$\ln[-\ln p(V_i)] \approx v \ln(V_i/\sqrt{2}\sigma), \quad i=1,2,3 \tag{10-70}$$

如果将式（10-70）中的近似相等，用相等来替代，那么对于点 $(\ln(V_i/\sqrt{2}\sigma), \ln[-\ln p(V_i)])$ 将落在一条直线上。实际上并非如此，但是可以利用这 3 个点确定一条与它们之间误差最小的直线，利用这条直线的延长线可以得到 BER 的真实值。基于这种思想就可以提出一种基于 TE 法的 BER 估计器形式。

假设基于 TE 法的估计器形式使用了 3 个伪门限，通过仿真可以得到 3 个伪 BER，伪 BER 与伪门限的关系应当满足式（10-69）。当然在实际实验中，伪 BER 也会随机被动，因此，需要利用这 3 组数据来确定一条最优的直线，这里的最佳是指针对这 3 组数据最小均方意义下的最佳。

设 $y_i = \ln[-\ln p(V_i)]$，其中 $p(V_i)$ 是伪门限 V_i 处观测到的伪 BER；$x_i = \ln(V_i/\sqrt{2}\sigma)$，那么 $y = \ln(-\ln \hat{p})$ 表示在门限 x 的真值处 BER 真值的估计，有：

$$y = \alpha + \beta x \tag{10-71}$$

其中，参数 α 和 β 由最小二乘法拟合确定。

选择一组对数刻度的等分间隔伪门限 V_i，相应地，它们也具有相同的分贝距离，这也是使 α 和 β 具有简单形式的一种选择。令：

$$x_3 = x_2 + (x_2 - x_1) \tag{10-72}$$

在这种情况下，式（10-71）就可以表示为：

$$y = \ln(-\ln \hat{p}) = \frac{1}{3}(y_1 + y_2 + y_3) + \frac{(y_3 - y_1)}{2(x_2 - x_1)}(x - x_2) \tag{10-73}$$

如图 10-8 所示，给出了实际仿真的结果，测量得到 3 个伪误码率，如图中点 2、3、4，求得这些点的最佳直线拟合，则这条直线扩展到实际门限值就可以得到 BER 真值的估计。

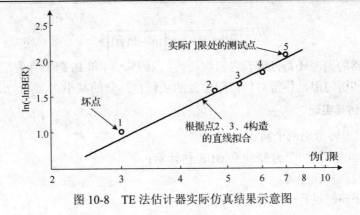

图 10-8　TE 法估计器实际仿真结果示意图

10.3.2　估计器的性能分析与实现

基于 TE 法 BER 估计器的性能分析，主要包括估计器的偏差和方差分析，下面就分别予以讨论。

1. 估计器的偏差

如果能获得式（10-73）中 $\hat{p}$ 的分布，那么就可以得到其他统计特性的完整描述，但实际上很难做到这一点。为了描述估计值与真值的相像程度，这里引入了估计器的偏差，其定义可以表示为：

$$b(\hat{p}) = \frac{\hat{p}}{p} \tag{10-74}$$

如果 $b(\hat{p}) = 1$，即表示没有估计偏差，这几乎是不可能实现的情况，其原因在于：

（1）式（10-70）描述的是一个近似的线性关系；
（2）利用 3 个伪门限和伪 BER 得到的是最佳拟合直线，与真值必定存在一定的误差；
（3）3 个点的位置选择对直线构建也有影响。

综上所述，利用 TE 法构造的 BER 估计器是存在估计偏差的。

估计偏差与运行时间是一对需要折中考虑的问题，为了减少仿真运行时间，图 10-7(b) 中的 3 个伪门限 V_1、V_2 和 V_3 应当尽量的向左选择，这时外推长度增加，偏差也随之增大，通常估计偏差 $b(\hat{p})$ 超过 3 以后，BER 估计器输出的值将不可信。

2. 估计器的方差

可以证明，估计器的方差可以由下式近似描述：

$$\text{var}\left[\ln(-\ln \hat{p})\right] \approx \sum_{i=1}^{3}\sum_{j=1}^{3} a_i a_j \frac{1}{N}\left[p(V_i)p(V_j)\ln p(V_i)\ln p(V_j)\right]^{-1} p(V_k) \tag{10-75}$$

其中，$a_1 = \frac{1}{3} - c$，$a_2 = \frac{1}{3}$，$a_3 = \frac{1}{3} + c$，$c = \frac{\ln V - \ln V_2}{\ln V_3 - \ln V_1}$，$k = \max(i,j)$。

从式（10-75）可以看到，估计器的方差与门限和伪门限的位置有关，同时也依赖于 v。与 MC 仿真中分析方差情况类似，通常对 $\text{var}[\ln(-\ln \hat{p})]$ 本身不感兴趣，而是对时间置信积之比 η 更为关注，具体表示为：

$$\eta = \frac{1}{[p(\ln p)] \cdot \text{var}[\ln(-\ln \hat{p})]} \tag{7-76}$$

无论是估计器的偏差还是方差,它们均与伪门限 V_1、V_2 和 V_3 选择有关,因此,在仿真时应当精心选择这些伪门限,使得对伪门限位置的依赖性尽量的减小。

3. 估计器的仿真实现

实现 TE 法时需要考虑两个问题:
(1) 需要对"0"和"1"分别建立 BER 估计器;
(2) 需要合理选择伪门限。

下面就这两个问题进行分别讨论。

前面讨论了关于"0"的 BER 估计器形式,如果"1"的尾部分布与"0"的不同,或者差别很大就需要针对"0"和"1"的情况分别进行估计。为了进行"1"情况的尾部外推,有必要用类似图 10-7(b)形式进行处理,找到"1"的伪门限的真值 V_a、V_b 和 V_c,其中 $V_c > V_b > V_a$,并且 $\mu > V_c$,然后利用类似图 10-8 形式,把 $p(V_a)$、$p(V_b)$ 和 $p(V_c)$ 分别与伪门限 $(\mu - V_a)$、$(\mu - V_b)$ 和 $(\mu - V_c)$ 对应起来。

在图 10-7(b)中,最小伪门限 V_1 的选取,应尽量避免接近概率密度函数的峰值,通常取 $\mu - V_1 > 2\sigma_V$,其中 σ_V 表示全部采样波形的标准方差,σ_V 可以在仿真过程中直接测量得到。在图 10-8 中,点"1"之所以是"坏"点,说明该点门限的选择是不正确的,它不在尾部,并且该点距离峰值太近,这样的点在最佳拟合直线过程当中将带来误差,这个误差将直接影响外推的准确性,最终导致 TE 法估计过程的失败。

在掌握了实现 TE 法估计需要考虑几个问题之后,下面就将实现尾部外推法(简化)步骤总结如下:
(1) 利用系统处理 N 个码元;
(1) 在判决器输入端整理接收到的波形;
(1) 根据前面所讲的原则,选择 3 个伪门限;
(4) 通过实验(即从仿真中)得到相应的伪 BER;
(5) 画出伪 BER 与伪门限的关系曲线(以 $\ln(-\ln)$ 对 $\ln$ 尺度),并且把最佳拟合直线延伸到真实门限的位置。将得到 BER 估计值 $\hat{p}$ 的函数,即 $\ln(-\ln \hat{p})$。

10.4 重要事件采样法

重要事件采样法(IS)是蒙特卡罗(MC)仿真的一种形式,是用于减少仿真运行时间的一种有效方法。如果条件选择合适,能够把时间置信积降低好几个数量级。

10.4.1 重要事件采样法工作原理

在讨论 IS 之前,首先回顾一下尾部外推法(TE)能够提高仿真效率的原因。在 TE 法中,执行的是一个标准的 MC 仿真,系统按真实框图运行,但是仿真过程修正了观测规范,建立了与真实门限不同的伪门限,以便能够更多地观测到"重要"事件,这里所谓"重要"事件就是指伪误码。在 IS 法中,主要的目的仍然如此,但是它是通过改变基本的 MC 仿真,来观测到更多的重要事件,即真正的误码。

这里所谓改变基本的 MC 仿真，是指在不改变仿真器件模型的前提下，改变输入到系统中随机过程的统计特性，这就是 IS 法的核心。当然这种改变是人为的，在某种意义上讲，这种仿真有可能带来在真实系统中不会出现的特性，但是，它们既然是仿造出来的，就可以在观测上消除它们的影响。

现在以二进制序列情况进行研究。首先定义误码指示函数：

$$I_{R_i}(v) = \begin{cases} 1, & \text{有错误}, v \in R_i \\ 0, & \text{无错误}, v \notin R_i \end{cases} \tag{10-77}$$

其中，$i = 0, 1$。

根据定义，传输 "0" 码元情况下的 BER，可以表示为：

$$p_0 = \int_{-\infty}^{\infty} I_{R_0}(v) f_0(v) dv \tag{10-78}$$

现在定义另一个概率密度函数 $f_0^*(v)$，需要注意的是，在后续的表达式中，上标或者下标使用 "*" 符号，表示与 $f_0(v)$ 使用相关的量。那么式（10-78）可以进一步写成：

$$\begin{aligned} p_0 &= \int_{-\infty}^{\infty} I_{R_0}(v) f_0(v) dv = \int_{-\infty}^{\infty} I_{R_0}(v) \frac{f_0(v)}{f_0^*(v)} f_0^*(v) dv \\ &= \int_{-\infty}^{\infty} I_{R_0}(v) w(v) f_0^*(v) dv = E_* \left[I_{R_0}(v) w(v) \right] \end{aligned} \tag{10-79}$$

式中，$f_0^*(v)$——偏差概率密度；

$w(v) = f_0(v)/f_0^*(v)$——权值；

$E_*[\cdot]$——对 $f_0^*(v)$ 求期望。

从表面看，式（10-78）和式（10-79）没有什么本质的变化。但事实上并非如此，式（10-79）可以看成是针对 $f_0^*(v)$ 计算的数学期望，而不是 $f_0(v)$。这样对于式（10-79）的 MC 仿真估计值就可以表示为：

$$\hat{p}_{0,*} = \frac{1}{N_{0,*}} \sum_i I_{R_0}(v_i) w(v_i) \tag{10-80}$$

式（10-80）仍然使用误码指示函数 $I_{R_0}(v)$ 对误码进行计数，但是当误码在第 i 时刻出现时，需要使用因子 $w(v_i)$ 对 $I_{R_0}(v_i)$ 进行加权。这一点正是 IS 与 MC 仿真的差别，因为在 IS 仿真时，式（10-80）求和符号后面数是实数，而 MC 仿真是整数。

作为一种估计器，可以证明 $\hat{p}_{0,*}$ 是一种无偏估计，这一点与 MC 估计器一样。同时经过推导，$\hat{p}_{0,*}$ 的方差可以表示成为：

$$\sigma^2(\hat{p}_{0,*}) = \frac{1}{N_{0,*}} \int_{-\infty}^{\infty} I_{R_0}(v) f_0(v) [w(v) - p_0] dv \tag{10-81}$$

当 $w(v) = 1$ 时，对应于 MC 估计器的方差为：

$$\sigma^2(\hat{p}_0) = \frac{1}{N_0} \int_{-\infty}^{\infty} I_{R_0}(v) f_0(v) [1 - p_0] dv \tag{10-82}$$

观察式（10-82）表示的 MC 估计器的方差，对于大多数情况 $1-p_0 \approx 1$。与此相对应在式（10-81）中，$w(v)-p_0$ 项提供了降低估计方差的可能性，如果设法使 $w(v)<1$，并且在错误范围内对 v 取值，$w(v)-p_0$ 项将减小式（10-81）中的积分项，因此，降低了 $\hat{p}_{0,*}$ 的方差。

10.4.2 偏差概率密度函数的选择

在仿真中，选择偏差概率密度函数的直接目的，就是尽可能地提高错误发生的概率，以减少仿真运行的时间。在实际系统中，传输的是信号和噪声的混合波形，由于信号是确知的，因此，混合波形的统计特性由噪声确定。这样看来，偏差概率密度函数 $f_0^*(v)$ 还是较容易产生的，即只要修改输入噪声序列统计特性即可得到。

在无线通信系统当中，噪声过程一般被认为是高斯随机过程，为了方便分析，这里仅考虑这种情况。那么作为偏差噪声的随机过程与噪声具有相同的分布形式，其概率密度函数 $f_0^*(v)$ 也是高斯的。假设系统有一个零均值高斯噪声源，即 $N(0,\sigma^2)$，根据正态分布的特点，偏差概率密度函数只需要修改均值或者方差这两个参数，就可以确定 $f_0^*(v)$，使得 $f_0^*(v) \in N(\mu,\sigma_*^2)$，如图 10-9 所示画出了几种可能的 $f_0^*(v)$。

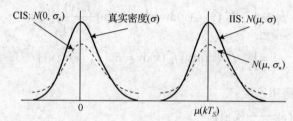

图 10-9 高斯分布的偏置选择：方差尺度变换，均置平移或者两种偏置的组合

需要注意的是，均值 $\mu(kT_S)$ 有可能是时变的，而方差倍乘因子被定义为：

$$\gamma \stackrel{\text{def}}{=} \sigma_*/\sigma \tag{10-83}$$

第一种构建 $f_0^*(v)$ 方法被称为常规重要取样法，即 CIS。这种方法选择的偏差噪声随机过程是一个零均值高斯噪声源，即 $f_0^*(v) \in N(0,\sigma_*^2)$，其中 $\sigma_* > \sigma$，CIS 法在仿真过程已经被广泛应用，CIS 仿真设计的中心问题就是怎样选择合适的 $\gamma = \sigma_*/\sigma$。

另一种选择 $f_0^*(v)$ 方法是通过改变均值 μ，保留原方差 σ 来实现的，该方法被称为改进的重要取样法，即 IIS。IIS 的仿真设计就是选择合适的 μ，需要注意这里 μ 不是常数，而是随时间变化的，即 $\mu = \mu(kT_S)$，$k=1, 2, \cdots, M$ 是仿真的样本下标，M 表示每个符号的采样次数，即 $M = T/T_S$，其中 T 表示码元宽度，T_S 表示采样周期。在一个冲激响应为 $h(t)$ 的线性系统中，可以证明，对高斯噪声源的最佳策略是使 $\mu(kT_S)$ 正比于 $h(kT_S)$。

在利用式（10-80）进行仿真估计时，根据选择的仿真的方法不同，则相对应的实现方法也有所不相同。在仿真实现过程当中，如果噪声源的方差不变，CIS 则是按顺序实现的，但仿真时需要确定 $w(v_i)$，这样看来，用 CIS 实现的结构与"常规"的 MC 是一样的，当出现误码时，则由加权因子 $w(v_i)$ 加权求和得到估值 $\hat{p}_{0,*}$。

在 IIS 中，均值偏移的序列一般都是相关的，所以不能采用顺序处理方式实现，需要采用分块方式来实现。在这种方式中，m 个符号组成一块，进入系统，只有当前的一个符号受系统记忆的影响，因而该符号的误码率需要考虑系统记忆特性前提下进行估计。设信号的符号表有 2 个符号，即 "0" 和 "1"，观测某一特定的符号例如 "0"，系统记忆符号序列 s_i 就有 2^{m-1} 个可能，其中 $i=1, 2, \cdots, 2^{m-1}$。基于上述描述，估值器的工作过程如下：将被记忆符号序列 s_i 序列输入系统，由 $f_0^*(v)$ 产生的噪声样本序列也输入到系统，并重复 2^{m-1} 次进行判决，如有误码出现，则用 $w(v_i)$ 加权求和，最后除以 2^{m-1} 得到 s_i 条件下的 BER 估值。该实验重复 2^{m-1} 次，其平均的 BER 就是符号 "0" 的 BER。

在了解了重要事件采样法（IS）原理以及 $f_0^*(v)$ 选择方法以后，在这里讨论一下关于 IS 的实现需考虑以下几点问题。

（1）方法的确定：首先应确定采用什么方法，比如 CIS、IIS 或其他 IS 形式。

（2）方法选择的原则：这由 MC 的运行时间和目标 BER 来决定。既然 CIS 的改善依赖于每个符号的采样次数 M，因此需要在粗略估计采样次数 M 之后，再进行 CIS 仿真。

（3）估计 M 和系统识别：对 IIS 而言需要估计冲激响应 h，这当然包含了记忆信息，因此，利用某一过程来估计 M 和 h。

（4）设计 IS 实验：通过"设计"IS 实验，选择偏差的参数并估计相应的改善程度，进而估算要仿真某一 BER 所需的运行时间。

小　结

本章主要研究了通信仿真系统的性能指标，对于模拟通信系统来讲，性能指标就是信噪比，当然这个指标在数字通信系统当中也在沿用，不过在数字通信系统当中，使用更多的性能指标是误码率。由于数字通信系统的广泛使用，误码率这一性能指标成为本章研究的重点，如果从章节编排上来分，本章具体内容包括以下几方面。

（1）利用输入信号和系统输出（包含输出信号和噪声）的互相关处理，可以得到信号功率和噪声功率的相关量，信噪比（SNR）就是这两个功率的比值，而上述相关处理既可以利用时域法获得，也可以通过频域法计算，但是无论哪一种算法，都需要考虑 SNR 估计的运算量这一关键问题。

（2）由于 MC 仿真的计算量很大，所以提出了许多替代方法来克服这种缺点，首先提出的就是尾部外推法（TE），该方法通过人为地设置"伪门限"来增加误码率出现的概率，利用多个"伪门限"（通常为 3 个）来外推真实的 BER。这种方法原理直观易懂，实现方便，但是该方法对"伪门限"的设置以及外推的范围有一定的技术要求。

（3）重要事件采样法（IS）通过人为地增加误码出现的概率，来降低仿真运行时间，与 TE 相比 IS 增加误码出现的概率具有准确的数学依据，因此，对运行时间的改善巨大，但是这种方法的运用是有局限性的，某些情况可以应用，而某些情况就完全不能使用。不过 IS 方法的潜在应用前景十分广泛，值得加以介绍。

需要注意的是，不存在"最好的"求解 BER 估计问题的方法，也不存在"最好的"通用技术。在实际应用中，只存在人力、精度和计算量需求之间的折中，而计算量又依赖于使用的计算机和需要解决问题性质，因此，可以采用几种方法的组合使用。但是，即使各种方法都存在问题，也许选择 MC 仿真是最好的方案。

思考与练习

10-1 证明信噪比的估计可以表示成为：

$$\hat{\rho} = \frac{R_{Xs}^2(\tau)}{\langle X^2 \rangle \langle s_\tau^2 \rangle - R_{Xs}^2(\tau)}$$

10-2 根据应用环境的不同，数字通信系统性能描述有可能出现的形式有哪些？各有什么特点？

10-3 尾部外推算法的核心思想是什么？

10-4 重要事件采样算法的核心思想是什么？

10-5 QA 算法的核心思想是什么？

仿真实验

10-1 以高斯信道传输 2PSK 信号为例，利用 TE 法仿真计算误码率，并将仿真结果与理论计算和完全 MC 结果进行比较和分析。

10-2 通过仿真设计并验证 CIS 方法的正确性。

10-3 通过仿真设计并验证 IIS 方法的正确性。

附录 A　傅里叶变换

1. 定义

正变换：
$$X(\mathrm{j}\Omega) = \int_{-\infty}^{\infty} x(t)\mathrm{e}^{-\mathrm{j}\Omega t}\mathrm{d}t \tag{A-1}$$

反变换：
$$x(t) = \frac{1}{2\pi}\int_{-\infty}^{\infty} X(\mathrm{j}\Omega)\mathrm{e}^{\mathrm{j}\Omega t}\mathrm{d}\Omega \tag{A-2}$$

2. 定理与性质

名　称	时域　　$x(t) \leftrightarrow X(\mathrm{j}\Omega)$	频域
定义	$x(t) = \dfrac{1}{2\pi}\int_{-\infty}^{\infty} X(\mathrm{j}\Omega)\mathrm{e}^{\mathrm{j}\Omega t}\mathrm{d}\Omega$	$X(\mathrm{j}\Omega) = \int_{-\infty}^{\infty} x(t)\mathrm{e}^{-\mathrm{j}\Omega t}\mathrm{d}t$ $X(\mathrm{j}\Omega) = \|X(\mathrm{j}\Omega)\|\mathrm{e}^{\mathrm{j}\phi(\Omega)}$
线性	$a_1 x_1(t) + a_2 x_2(t)$	$a_1 X_1(\mathrm{j}\Omega) + a_2 X_2(\mathrm{j}\Omega)$
反转	$x(-t)$	$X(-\mathrm{j}\Omega)$
对称性	$X(\mathrm{j}t)$	$2\pi x(-\Omega)$
尺度变换	$x(at)$	$\dfrac{1}{\|a\|}X\left(\dfrac{\mathrm{j}\Omega}{a}\right)$
时移特性	$x(t \pm t_0)$	$\mathrm{e}^{\pm \mathrm{j}\Omega t_0} X(\mathrm{j}\Omega)$
频移特性	$x(t)\mathrm{e}^{\pm \mathrm{j}\Omega_0 t}$	$X[\mathrm{j}(\Omega \mp \Omega_0)]$
时域线性卷积	$x_1(t) * x_2(t)$	$X_1(\mathrm{j}\Omega) \cdot X_2(\mathrm{j}\Omega)$
频域线性卷积	$x_1(t) \cdot x_2(t)$	$\dfrac{1}{2\pi} X_1(\mathrm{j}\Omega) * X_2(\mathrm{j}\Omega)$
时域微分	$x^{(n)}(t)$	$(\mathrm{j}\Omega)^n X(\mathrm{j}\Omega)$
时域积分	$x^{(-1)}(t)$	$\pi F(0)\delta(\Omega) + \dfrac{1}{\mathrm{j}\Omega} X(\mathrm{j}\Omega)$
频域微分	$(-\mathrm{j}t)^n x(t)$	$X^{(n)}(\mathrm{j}\Omega)$
频域积分	$\pi x(0)\delta(t) + \dfrac{1}{-\mathrm{j}t} x(t)$	$X^{(-1)}(\mathrm{j}\Omega)$

3. 常用的信号的傅里叶变换

名　称	时域信号 $x(t)$	傅里叶变换 $X(\mathrm{j}\Omega)$
矩形脉冲（门函数）	$g_\tau(t) = \begin{cases} 1, & \|t\| < \dfrac{\tau}{2} \\ 0, & \|t\| > \dfrac{\tau}{2} \end{cases}$	$\tau Sa\left(\dfrac{\Omega \tau}{2}\right)$
三角脉冲	$f_\Delta(t) = \begin{cases} 1 - \dfrac{2\|t\|}{\tau}, & \|t\| < \dfrac{\tau}{2} \\ 0, & \|t\| > \dfrac{\tau}{2} \end{cases}$	$\dfrac{\tau}{2} Sa^2\left(\dfrac{\Omega \tau}{4}\right)$
单边指数函数	$\mathrm{e}^{-\alpha t}\varepsilon(t),\ \ \alpha > 0$	$\dfrac{1}{\alpha + \mathrm{j}\Omega}$
双边指数函数	$\mathrm{e}^{-\alpha\|t\|}\varepsilon(t),\ \ \alpha > 0$	$\dfrac{2\alpha}{\alpha^2 + \Omega^2}$

续表

名称	时域信号 $x(t)$	傅里叶变换 $X(j\Omega)$
单位冲激函数	$\delta(t)$	1
常数	1	$2\pi\delta(\Omega)$
阶跃函数	$\varepsilon(t)$	$\pi\delta(\Omega)+\dfrac{1}{j\Omega}$
符号函数	$\operatorname{sgn}(t)=\begin{cases}1,& t>0\\-1,& t<0\end{cases}$	$\dfrac{2}{j\Omega}$
正弦函数	$\sin\Omega_0 t$	$j\pi[\delta(\Omega+\Omega_0)-\delta(\Omega-\Omega_0)]$
余弦函数	$\cos\Omega_0 t$	$\pi[\delta(\Omega+\Omega_0)+\delta(\Omega-\Omega_0)]$
脉冲序列	$\delta_T(t)=\sum\limits_{n=-\infty}^{\infty}\delta(t-nT)$	$\delta_T(\Omega)=\Omega_0\sum\limits_{n=-\infty}^{\infty}\delta(\Omega-n\Omega_0),\ \Omega_0=2\pi/T$

附录 B 离散傅里叶变换（DFT）

1. 定义

设 $x(n)$ 是一个长度为 M 的有限长序列，定义 $x(n)$ 的 N 点离散傅里叶变换（DFT）为：

$$X(k) = \text{DFT}[x(n)] = \sum_{n=0}^{N-1} x(n) W_N^{kn}, \quad k = 0, 1, \cdots, N-1 \quad \text{（B-1）}$$

与式（B-1）相对应，$X(k)$ 的离散傅里叶逆变换（Inverse Discrete Fourier Transform, IDFT）为：

$$x(k) = \text{IDFT}[X(k)] = \frac{1}{N} \sum_{k=0}^{N-1} X(k) W_N^{-kn}, \quad n = 0, 1, \cdots, N-1 \quad \text{（B-2）}$$

其中，$W_N = e^{-j\frac{2\pi}{N}}$，则可以得到：

$$W_N^{kn} = e^{-j\frac{2\pi}{N}kn} \quad \text{（B-3）}$$

其中，N 称为 DFT 变换区间长度，通常要求 $N \geq M$。式（B-1）和式（B-3）称为离散傅里叶变换对。

2. 定理与性质

DFT 变换除了具有线性和周期性这两种基本特性以外，还具有以下特性和定理。

序列	离散傅里叶变换	备注
$x(n)$	$X(k)$	
$y(n) = ax_1(n) + bx_2(n)$	$Y(k) = aX_1(k) + bX_2(k)$	$X_1(k) = \text{DFT}[x_1(n)]$ $X_2(k) = \text{DFT}[x_2(n)]$
$y(n) = x((n+m))_N \cdot R_N(n)$	$Y(k) = W_N^{-km} X(k)$	时域循环移位定理
$y(n) = W_N^{nl} x(n)$	$Y(k) = X((k+l))_N \cdot R_N(k)$	频域循环移位定理
$G(j\Omega)$	$X(k) = X_1(k) \cdot X_2(k)$	$X_1(k) = \text{DFT}[x_1(n)]$ $X_2(k) = \text{DFT}[x_2(n)]$
$x^*(n)$	$X^*(N-k)$	
$x^*(N-n)$	$X^*(k)$	
$x_{ep}(n) = x_{ep}^*(-n) = x_{ep}^*(N-n)$	$X_R(k)$	
$x_{op}(n) = -x_{op}^*(-n) = -x_{op}^*(N-n)1$	$jX_I(k)$	
$x_r(n)$	$X_{ep}(k)$	
$jx_i(n)$	$X_{op}(k)$	

3. 频域采样定理

由频域采样值 $X(k)$ 恢复出原序列 $x(n)$ 的条件是：在频域区间 $[0, 2\pi]$ 的范围内，频域采样点数 N 必须大于等于序列 $x(n)$ 的长度 M，否则就会在时域上产生混叠现象。当满足频域采样定理所给定的条件时，N 点 $X(k)$ 可内插恢复出 $X(z)$ 或 $X(e^{j\omega})$，即：

$$X(z) = \sum_{k=0}^{N-1} X(k) \cdot \phi_k(z) \tag{B-4}$$

其中，$\phi_k(z) = \dfrac{1}{N} \dfrac{1-z^{-N}}{1-W_N^{-k}z^{-1}}$。

$$X(e^{j\omega}) = \sum_{k=0}^{N-1} X(k) \cdot \phi\left(\omega - \dfrac{2\pi}{N}k\right) \tag{B-5}$$

其中，$\phi(\omega) = \dfrac{1}{N} \dfrac{\sin(\omega N/2)}{\sin(\omega/2)} e^{-j\omega\left(\frac{N-1}{2}\right)}$。

4．时域采样定理

一个频带限制在 $(0, f_c)$ 内的时间连续信号 $x(t)$，如果以不大于 $\dfrac{1}{2f_c}$ 的间隔对它进行等间隔采样，则 $x(t)$ 将被所得到的采样值完全确定。也可以这么说：如果以 $f_s \geqslant 2f_c$ 的采样速率进行均匀采样上述信号，$x(t)$ 可以被所得到的采样值完全确定。而最小采样速率 $f_s = 2f_c$ 称为奈奎斯特速率。$\dfrac{1}{2f_c}$ 这个最大采样时间间隔称为奈奎斯特间隔。

在满足时域采样定理的条件下，模拟信号 $x(t)$ 经过理想采样后，得到的采样信号 $\hat{x}(t)$，可以利用一个截止频率为 $\dfrac{\Omega_s}{2}$ 理想低通滤波器 $G(j\Omega)$，不失真地将原来的模拟信号 $x(t)$ 恢复出来。

已知理想低通滤波器的传输函数为 $G(j\Omega)$，截止频率为 $\dfrac{\Omega_s}{2}$，可以表示为：

$$G(j\Omega) = \begin{cases} T, & |\Omega| < \dfrac{\Omega_s}{2} \\ 0, & \text{其他} \end{cases} \tag{B-6}$$

可以证明由于满足采样定理，滤波器的输出为：

$$x(t) = \sum_{n=-\infty}^{\infty} x(nT) \dfrac{\sin\left[\dfrac{\pi(t-nT)}{T}\right]}{\dfrac{\pi(t-nT)}{T}} \tag{B-7}$$

式（B-7）表明恢复的 $x(t)$ 在采样时刻（$t = nT$）与采样值相等，而在采样点之间，则是内插函数的加权和确定，其权值为各采样点的样值 $x(nT)$。

附录 C 几种通信系统仿真中常用的概率分布

分　布	参　数	分布率或概率密度	数 学 期 望	方　差
0-1 分布	$0 < p < 1$	$P(X=k) = p^k(1-p)^{1-k}, \quad k = 0,1$	p	$p(1-p)$
二项分布	$n \geqslant 1$ $0 < p < 1$	$P(X=k) = \binom{n}{k} p^k(1-p)^{n-k}, \quad k = 0,1,\cdots,n$	np	$np(1-p)$
负二项分布	$n \geqslant 1$ $0 < p < 1$	$P(X=k) = \binom{k-1}{r-1} p^k(1-p)^{k-r}, \quad k = r, r+1, r+2, \cdots$	$\dfrac{r}{p}$	$\dfrac{r(1-p)}{p^2}$
几何分布	$0 < p < 1$	$P(X=k) = p(1-p)^{k-1}, \quad k = 1,2,\cdots$	$\dfrac{1}{p}$	$\dfrac{(1-p)}{p^2}$
泊松分布	$\lambda > 0$	$P(X=k) = \dfrac{(\lambda)^k}{k!}\mathrm{e}^{-\lambda}, \quad k = 0,1,2,\cdots$	λ	λ
正态（高斯）分布	a $\sigma > 0$	$f(x) = \dfrac{1}{\sqrt{2\pi}\sigma}\exp\left[-\dfrac{(x-a)^2}{2\sigma^2}\right]$	a	σ^2
均匀分布	$b > a$	$f(x) = \begin{cases} 1/(b-a), & a < x < b \\ 0, & \text{其他} \end{cases}$	$\dfrac{b+a}{2}$	$\dfrac{(b-a)^2}{12}$
指数分布	$\lambda > 0$	$f(x) = \begin{cases} \lambda\mathrm{e}^{-\lambda x}, & x > 0 \\ 0, & \text{其他} \end{cases}$	$\dfrac{1}{\lambda}$	$\dfrac{1}{\lambda^2}$
伽马分布（Γ 分布）	$\alpha > 0$ $\beta > 0$	$f(x) = \begin{cases} \dfrac{1}{\Gamma(\alpha)\beta^\alpha} x^{\alpha-1}\mathrm{e}^{-x/\beta} & x > 0 \\ 0 & \text{其他} \end{cases}$	$\alpha\beta$	$\alpha\beta^2$
瑞利分布	$\sigma > 0$	$f(x) = \begin{cases} \dfrac{x}{\sigma^2}\exp\left[-\dfrac{x^2}{2\sigma^2}\right], & x > 0 \\ 0, & \text{其他} \end{cases}$	$\sqrt{(\pi/2)}\sigma$	$(2-\pi/2)\sigma^2$
χ^2 分布	$m \geqslant 1$	$f(x) = \begin{cases} \dfrac{1}{2^{m/2}\Gamma(m/2)} x^{\frac{m}{2}-1}\mathrm{e}^{-x/2}, & x > 0 \\ 0, & \text{其他} \end{cases}$	m	$2m$
t 分布	$m \geqslant 1$	$f(x) = \dfrac{\Gamma\left(\dfrac{m+1}{2}\right)}{(\pi m)^{1/2}\Gamma(m/2)\left(1+\dfrac{x^2}{m}\right)^{(m+1)/2}}$	0	$\dfrac{m}{m-2}, m > 2$
F 分布	m_1, m_2	$f(x) = \begin{cases} \dfrac{\left(\dfrac{m_1}{m_2}\right)\cdot\left(\dfrac{m_1 x}{m_2}\right)^{(m_1+m_2)/2}\cdot\Gamma\left(\dfrac{m_1+m_2}{2}\right)}{\Gamma(m_1/2)\Gamma(m_2/2)\left(1+\dfrac{m_1 x}{m_2}\right)^{(m_1+m_2)/2}}, & x > 0 \\ 0, & \text{其他} \end{cases}$	$\dfrac{m_2}{m_2-2}, m_2 > 2$	$\dfrac{2m_2^2(m_1+m_2-2)}{m_1(m_2-2)^2(m_2-4)}$ $m_2 > 4$

附录 D 误差函数表

$$\text{erf}(x) = \frac{2}{\sqrt{\pi}} \int_0^x e^{-z^2} dz \qquad (\text{A-9})$$

x	0	1	2	3	4	5	6	7	8	9
0.0	0.00000	0.01128	0.02256	0.03384	0.04511	0.05637	0.06762	0.07885	0.09007	0.10128
0.1	0.11246	0.12362	0.13476	0.14587	0.15695	0.16800	0.17901	0.18999	0.20094	0.21184
0.2	0.22270	0.23352	0.24430	0.25502	0.26570	0.27633	0.28690	0.29742	0.30788	0.31828
0.3	0.32863	0.33891	0.34913	0.35928	0.36936	0.37938	0.38933	0.39921	0.40901	0.41874
0.4	0.42839	0.43797	0.44747	0.45689	0.46623	0.47548	0.48466	0.49375	0.50275	0.51167
0.5	0.52050	0.52924	0.5379	0.54646	0.55494	0.56332	0.57162	0.57982	0.58792	0.59594
0.6	0.60386	0.61168	0.61941	0.62705	0.63459	0.64203	0.64938	0.65663	0.66378	0.67084
0.7	0.67780	0.68467	0.69143	0.69810	0.70468	0.71116	0.71754	0.72382	0.73001	0.73610
0.8	0.74210	0.74800	0.75381	0.75952	0.76514	0.77067	0.77610	0.78144	0.78669	0.79184
0.9	0.79691	0.80188	0.80677	0.81156	0.81627	0.82089	0.82542	0.82987	0.83423	0.83851
1.0	0.84270	0.84681	0.85084	0.85478	0.85865	0.86244	0.86614	0.86977	0.87333	0.87680
1.1	0.88021	0.88353	0.88679	0.88997	0.89308	0.89612	0.89910	0.90200	0.90484	0.90761
1.2	0.91031	0.91296	0.91553	0.91805	0.92051	0.92290	0.92524	0.92751	0.92973	0.93190
1.3	0.93401	0.93606	0.93807	0.94002	0.94191	0.94376	0.94556	0.94731	0.94902	0.95067
1.4	0.95229	0.95385	0.95538	0.95686	0.95830	0.95970	0.96105	0.96237	0.96365	0.96490
1.5	0.96611	0.96728	0.96841	0.96952	0.97059	0.97162	0.97263	0.97360	0.97455	0.97546
1.6	0.97635	0.97721	0.97804	0.97884	0.97962	0.98038	0.98110	0.98181	0.98249	0.98315
1.7	0.98379	0.98441	0.98500	0.98558	0.98613	0.98667	0.98719	0.98769	0.98817	0.98864
1.8	0.98909	0.98952	0.98994	0.99035	0.99074	0.99111	0.99147	0.99182	0.99216	0.99248
1.9	0.99279	0.99309	0.99338	0.99366	0.99392	0.99418	0.99443	0.99466	0.99489	0.99511
2.0	0.99532	0.99552	0.99572	0.99591	0.99609	0.99626	0.99642	0.99658	0.99673	0.99688
2.1	0.99702	0.99715	0.99728	0.99741	0.99753	0.99764	0.99775	0.99785	0.99795	0.99805
2.2	0.99814	0.99822	0.99831	0.99839	0.99846	0.99854	0.99861	0.99867	0.99874	0.99880
2.3	0.99886	0.99891	0.99897	0.99902	0.99906	0.99911	0.99915	0.9992	0.99924	0.99928
2.4	0.99931	0.99935	0.99938	0.99941	0.99944	0.99947	0.9995	0.99952	0.99955	0.99957
2.5	0.99959	0.99961	0.99963	0.99965	0.99967	0.99969	0.99971	0.99972	0.99974	0.99975
2.6	0.99976	0.99978	0.99979	0.9998	0.99981	0.99982	0.99983	0.99984	0.99985	0.99986
2.7	0.99987	0.99987	0.99988	0.99989	0.99989	0.99990	0.99991	0.99991	0.99992	0.99992
2.8	0.99992	0.99993	0.99993	0.99994	0.99994	0.99994	0.99995	0.99995	0.99995	0.99996
2.9	0.99996	0.99996	0.99996	0.99997	0.99997	0.99997	0.99997	0.99997	0.99997	0.99998
3.0	0.99998	0.99998	0.99998	0.99998	0.99998	0.99998	0.99998	0.99999	0.99999	0.99999
3.1	0.99999	0.99999	0.99999	0.99999	0.99999	0.99999	0.99999	0.99999	0.99999	0.99999

参 考 文 献

[1] 齐欢，王小平．系统建模与仿真．北京：清华大学出版社，2013．
[2] 刘思峰等．系统建模与仿真．北京：科学出版社，2012．
[3] 肖田元等．系统仿真导论（第2版）．北京：清华大学出版社，2010．
[4] 张毅，王士星，杨秀霞．仿真系统分析与设计．北京：国防工业出版社，2010．
[5] 郭齐胜，董志明等．系统仿真．北京：国防工业出版社，2008．
[6] 康凤举等．现代仿真技术与应用．北京：国防工业出版社，2006．
[7] 吴大正，杨林耀等．信号与线性系统分析（第4版）．北京：高等教育出版社，2005．
[8] 郑君里，应启珩等．信号与系统（第3版）．北京：高等教育出版社，2011．
[9] 樊昌信．通信原理教程（第3版）北京：电子工业出版社，2013．
[10] 达新宇，陈树新等．通信原理教程（第2版）．北京：北京邮电大学出版社，2009．
[11] Dale Stacey．Aeronautical Radio Communication Systems and Networks．England：John Wiley & Sons Ltd，2008．
[12] 陈树新等．现代通信系统仿真教程（第2版）．北京：清华大学出版社，2012．
[13] 陈树新等．数字信号处理（第3版）．北京：高等教育出版社，2015．
[14] Michel C. Jeruchim 等．通信系统仿真．周希元等译．北京：国防工业出版社，2004．
[15] William H. Tranter 等．通信系统仿真原理与无线通信．肖明波等译．北京：机械工业出版社，2005．
[16] Averill M. Law 等．Simulation Modeling and Analysis（Fourth Edition）．北京：清华大学出版社，2009．
[17] Aragon Zavala 等．基于临近空间平台的无线通信．陈树新等译．北京：国防工业出版社，2014．
[18] David Grace 等．基于高空平台的宽带通信．陈树新等译．北京：国防工业出版社，2015．
[19] 李贺冰等．Simulink 通信仿真教程．北京：国防工业出版社，2006．

参考文献

[1] 张军. 卫星导航新时代. 北京：电子工业出版社，2012.
[2] 刘基余. 卫星导航定位原理. 北京：科学出版社，2012.
[3] 魏子卿. 卫星导航定位原理. 北京：解放军出版社，2010.
[4] 谢钢. GPS原理与接收机设计. 北京：电子工业出版社，2010.
[5] 何秀凤. 导航与定位. 北京：国防工业出版社，2008.
[6] 徐绍铨. GPS测量原理及应用. 武汉：武汉大学出版社，2008.
[7] 寇艳红. 卫星导航系统（GPS 4版）. 北京：电子工业出版社，2005.
[8] 刘勇斌. 卫星导航. 北京：国防工业出版社，2011.
[9] 张守信. GPS测量原理与应用. 北京：国防工业出版社，2013.
[10] 张飞舟. 全球卫星导航系统及其应用. 北京：国防工业出版社，2009.
[11] Dale Stacey. Aeronautical Radio Communication Systems and Networks. England: John Wiley&sons Ltd, 2008.
[12] 徐绍铨. 卫星导航定位原理与方法（第2版）. 北京：科学出版社，2012.
[13] 刘天雄. 卫星导航系统概论. 北京：中国宇航出版社，2015.
[14] Michel C Jeruchim. 通信系统仿真－建模、方法和技术. 北京：电子工业出版社，2004.
[15] William H Tranter 等. 通信系统仿真原理与无线应用. 肖明波，等译. 北京：机械工业出版社，2005.
[16] Averill M Law 等. Simulation Modeling and Analysis (Fourth Edition). 北京：清华大学出版社，2009.
[17] Angus Zu Jun. 系统仿真理论与技术. 陈宗基，等译. 北京：国防工业出版社，2013.
[18] David Gesbert 等. 移动通信的智能天线. 朱世华，等译. 北京：电子工业出版社，2013.
[19] 毛京江. Simulink 建模与仿真实例. 北京：国防工业出版社，2008.